高等职业教育"互联网+"创新型系列教材

电气控制与PLC技术
（S7-1200）

主　编　张君霞　王丽平
副主编　陈光伟
参　编　杨辰飞　李春亚

机 械 工 业 出 版 社

本书主要介绍电气控制技术和可编程序控制器的原理及应用，并系统阐述继电器-接触器和可编程序控制器控制系统分析与设计的一般方法。全书包括理论知识和工作手册两部分，分别单独成册。理论知识部分包括两篇：第1篇为继电器-接触器控制系统，主要包括常用低压电器、电气控制电路的基本环节、典型机械设备电气控制系统分析；第2篇为可编程序控制器，主要包括PLC的基础知识、TIA博途软件及使用、S7-1200 PLC的编程指令、S7-1200 PLC的编程及应用、S7-1200 PLC的通信。工作手册部分包括7个实验和2个实训。

本书可作为高职高专机电一体化技术、数控技术、电气自动化技术以及城市轨道交通类相关专业的教材，也可供电气工程人员参考。

为方便教学，本书有电子课件、思考题与习题答案、模拟试卷及答案等教学资源，凡选用本书作为授课教材的老师，均可通过电话（010-88379564）或QQ（3045474130）咨询。

图书在版编目(CIP)数据

电气控制与PLC技术：S7-1200/张君霞，王丽平主编.—北京：机械工业出版社，2021.8（2025.1重印）

高等职业教育“互联网+”创新型系列教材

ISBN 978-7-111-69457-1

Ⅰ.①电… Ⅱ.①张… ②王… Ⅲ.①电气控制-高等职业教育-教材 ②PLC技术-高等职业教育-教材 Ⅳ.①TM571.2②TM571.6

中国版本图书馆CIP数据核字(2021)第218099号

机械工业出版社（北京市百万庄大街22号 邮政编码100037）

策划编辑：曲世海 责任编辑：曲世海 韩 静

责任校对：张晓蓉 王 延 封面设计：马精明

责任印制：常天培

三河市骏杰印刷有限公司印刷

2025年1月第1版第12次印刷

184mm×260mm · 16印张 · 393千字

标准书号：ISBN 978-7-111-69457-1

定价：49.90元（含工作手册）

电话服务 网络服务

客服电话：010-88361066 机 工 官 网：www.cmpbook.com

010-88379833 机 工 官 博：weibo.com/cmp1952

010-68326294 金 书 网：www.golden-book.com

封底无防伪标均为盗版 机工教育服务网：www.cmpedu.com

前 言

在工业制造、科学研究等领域中，电气控制技术的应用十分广泛。伴随着大规模集成电路和微处理技术的发展，可编程序控制器（PLC）的出现使电气控制技术进入了一个崭新的阶段。了解和学习这些控制技术对高等职业工程类专业的学生来讲，是必不可少的。

本书编写的总目标是深入浅出地讲解电气控制及 PLC 的原理和应用。在内容安排上，简明扼要、难易适中，力求突出针对性、实用性和先进性；既注重必需的理论知识的学习和掌握，又有实验、实训环节。在结构上，采用层层深入的方法，循序渐进：首先介绍常用低压电气元器件的结构、工作原理和使用方法，再介绍电动机的基本控制电路，然后是典型机械设备控制系统的组成及分析方法，最后是 PLC（西门子 S7－1200 系列）及其控制系统的设计和应用。为了体现职业教育的特点，便于讲练结合，本书配有实验和综合实训，突出实用性。

在使用本书教学的过程中，可根据学时安排，有选择地进行内容讲授：少学时教学可将第 3、8 章简单介绍，第 7 章和工作手册中的内容有选择地重点讲解和训练。将理论讲授和实验、实训内容合理搭配，教学效果会更好。在实践教学环节中，要注重培养学生科学严谨的工作态度和工匠精神。

本书由张君霞、王丽平任主编并负责全书的统稿。陈光伟任副主编，杨辰飞和李春亚参与编写。其中张君霞编写第 3 章、第 6 章和工作手册；王丽平编写第 4 章和第 5 章；陈光伟编写第 2 章；李春亚编写第 1 章和第 7 章；杨辰飞编写第 8 章。

在本书编写过程中，参阅了一些同行专家的论著文献、相关厂家的资料和设计手册，在此对相关作者一并表示衷心感谢。

由于编者水平所限，书中难免有疏漏和不妥之处，敬请读者批评指正。

编 者

二维码索引

序号	二维码	页码	序号	二维码	页码
1		4	10		58
2		10	11		66
3		12	12		66
4		17	13		108
5		18	14		115
6		23	15		117
7		28	16		132
8		31	17		143
9		51	18		150

（续）

序号	二维码	页码	序号	二维码	页码
19		154	23		185
20		161	24		197
21		183	25		199
22		185	26		208

目　录

前言
二维码索引
绪论 …… 1

第1篇　继电器-接触器控制系统

第1章　常用低压电器 …… 4
1.1　低压电器的基本知识 …… 4
1.2　开关电器 …… 8
1.3　熔断器 …… 12
1.4　主令电器 …… 16
1.5　接触器 …… 22
1.6　继电器 …… 25
1.7　常用低压电器的选择 …… 35
思考题与习题 …… 37
第2章　电气控制电路的基本环节 …… 39
2.1　电气控制系统图识图及制图标准 …… 39
2.2　三相异步电动机起动控制电路 …… 48
2.3　三相异步电动机正反转控制电路 …… 56
2.4　三相异步电动机制动控制电路 …… 58
2.5　三相笼型异步电动机调速控制电路 …… 61
2.6　异步电动机的其他基本控制电路 …… 65
2.7　电气控制电路设计基础 …… 72
2.8　技能训练：三相异步电动机正反转控制电路装调 …… 81
思考题与习题 …… 83
第3章　典型机械设备电气控制系统分析 …… 85
3.1　车床电气控制电路 …… 85
3.2　铣床电气控制电路 …… 89
3.3　桥式起重机电气控制电路 …… 93
思考题与习题 …… 99

第2篇　可编程序控制器

第4章　PLC的基础知识 …… 101
4.1　PLC概述 …… 101
4.2　PLC的基本结构及工作原理 …… 105
4.3　PLC的技术性能和编程语言 …… 110
4.4　S7-1200 PLC简介 …… 113
4.5　S7-1200 PLC硬件 …… 114

4.6　S7－1200 PLC 数据类型及存储区 …… 124
思考题与习题 …… 129
第5章　TIA 博途软件及使用 …… 130
5.1　TIA 博途软件概述 …… 130
5.2　TIA 博途软件的界面 …… 132
5.3　简单项目的建立与运行 …… 134
5.4　变量表、监控表和强制表 …… 143
思考题与习题 …… 147
第6章　S7－1200 PLC 的编程指令 …… 148
6.1　位逻辑指令 …… 148
6.2　定时器与计数器指令 …… 154
6.3　比较指令 …… 161
6.4　程序控制指令 …… 163
6.5　数据处理指令 …… 166
6.6　数学运算指令与逻辑运算指令 …… 169
6.7　移位和循环移位指令 …… 174
6.8　常用扩展指令 …… 176
思考题与习题 …… 178
第7章　S7－1200 PLC 的编程及应用 …… 179
7.1　S7－1200 PLC 的程序结构 …… 179
7.2　梯形图的编程规则 …… 183
7.3　S7－1200 PLC 典型控制程序 …… 185
7.4　PLC 应用程序举例 …… 188
思考题与习题 …… 196
第8章　S7－1200 PLC 的通信 …… 197
8.1　西门子通信网络基础知识 …… 197
8.2　S7－1200 PLC 的以太网通信与 S7 通信应用 …… 199
8.3　S7－1200 PLC 与 HMI 的通信 …… 214
思考题与习题 …… 223
参考文献 …… 224

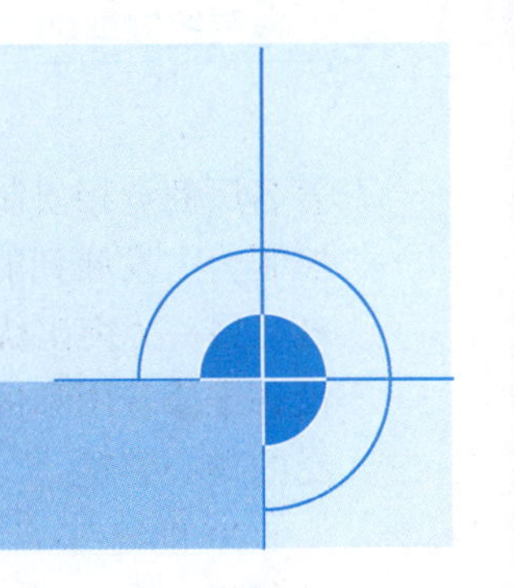

绪 论

电气控制技术是以生产机械的驱动装置——电动机为控制对象、以微电子装置为核心、以电力电子装置为执行机构组成电气控制系统，按规定的规律调节电动机的运行方式，使之满足生产工艺的最佳要求，且又具有提高效率、降低能耗、提高产品质量、降低劳动强度的最佳效果。

1. 电气控制技术的发展概况

19 世纪末，直流发电机、交流发电机和直流电动机、异步电动机相继问世，揭开了电气控制技术发展的序幕。20 世纪初，电动机逐步取代蒸汽机用来驱动生产机械，拖动方式由集中拖动发展为单独拖动，为了简化机械传动系统，出现了一台机器的几个运动部件由几台电动机分别拖动，这种方式称为多电动机拖动。在这种情况下，机器的电气控制系统不但可对各台电动机的起动、制动、反转、停车等进行控制，还可以对各台电动机之间的协调、联锁、顺序切换、显示工作状态进行控制。对生产过程比较复杂的系统，还要对影响产品质量的各种工艺参数，如温度、压力、流量、速度、时间等能够自动测量和自动调节，这样就构成了功能相当完善的电气自动化系统。到 20 世纪 30 年代，电气控制技术的发展，推动了电器产品的进步，继电器、接触器、按钮、开关等元器件形成了功能齐全的多种系列，基本控制已形成规范，并可以实现远距离控制。这种主要用于控制交流电动机的系统通常称为继电器-接触器控制系统。

继电器-接触器控制具有使用的单一性，即一台控制装置只能针对某一种固定程序的设备。随着产品机型的更新换代，生产线承担的加工任务也随之改变，这就需要改变控制程序，使生产线的机械设备按新的工艺过程运行，而继电器-接触器控制系统是采用固定接线的，很难适应这个要求。大型自动生产线的控制系统使用的继电器数量很多，这种有触头的电器工作频率较低，在频繁动作情况下寿命较短，从而造成系统故障，使生产线的运行可靠性降低。为了解决这个问题，20 世纪 60 年代初期利用电子技术研制出矩阵式顺序控制器和晶体管逻辑控制系统来代替继电器-接触器控制系统，对复杂的自动控制系统则采用电子计算机控制。

1968 年，美国通用汽车（GM）公司为适应汽车型号不断更新的发展需求，提出把计算机的完备功能以及灵活性、通用性好等优点和继电器-接触器控制系统的简单易懂、操作方便、价格便宜等优点结合起来，做成一种能适应工业环境的通用控制装置，同时依据现场电气操作维护人员与工程技术人员的技能和习惯，将编程方法和程序输入方式加以简化，使得不熟悉计算机的人员也能很快掌握它的使用技术。

根据这一设想，美国数字设备公司（DEC）于 1969 年率先研制出第一台可编程序控制器（简称 PLC），并在通用汽车公司的自动装配线上试用获得成功。从此以后，许多国家的著名厂商竞相研制PLC，各自形成系列，而且品种更新很快，功能不断增强，从最初的逻辑控制为主发展到能进行模拟量控制，再到具有数据运算、数据处理和通信联网等多种功能。PLC另一个突出优点是可靠性很高，平均无故障运行时间可达10万h以上，可以大大减少设备维修费用和停产造成的经济损失。当前，PLC已经成为电气自动控制系统中应用最为广泛的核心装置。

20世纪70年代出现了计算机群控系统，综合运用计算机辅助设计（CAD）、计算机辅助制造（CAM）、智能机器人等多项高新技术，形成了从产品设计、制造到智能化生产的完整体系，将自动制造技术、电气控制技术推进到更高的水平。

2. 本课程的性质与任务

本课程是一门实用性很强的专业课。电气控制技术在生产过程、科学研究和其他各个领域的应用十分广泛。该课程的主要内容是以电动机或其他执行电器为控制对象，介绍和讲解继电器-接触器控制系统和PLC控制系统的工作原理、设计方法和实际应用。其中PLC的飞速发展和其强大的功能，使它已成为实现工业自动化的主要手段之一。所以本课程重点是介绍可编程序控制器（即PLC），但这并不意味着继电器-接触器控制系统就不重要了。这是因为：首先，继电器-接触器控制在小型电气系统中还普遍使用，而且它是组成电气控制系统的基础；其次，尽管PLC取代了继电器，但它所取代的主要是逻辑控制部分，而电气控制系统中的信号采集和驱动输出部分仍然要由电气元器件及其控制电路来完成。所以，对继电器-接触器控制系统的学习是非常必要的。该课程的目标是让学生掌握一门非常实用的工业控制技术，培养和提高学生的实际应用和动手能力，并且具备岗位所需的职业素养、创新意识和工匠精神。

电气控制技术是机电类专业学生所必须掌握的基础实际应用课程之一，具体要求如下：

1）熟悉常用控制电器的工作原理和用途，达到正确使用和选用的目的，并了解一些新型元器件的用途。

2）熟练掌握电气控制电路的基本环节，并具备阅读和分析电气控制电路的能力，从而能设计简单的电气控制电路，较好地掌握电气控制电路的简单设计法。

3）了解电气控制电路分析的步骤，熟悉典型生产设备的电气控制系统的工作原理。

4）了解电气控制电路设计的基础，能够根据要求设计出基本的电气控制电路。

5）掌握PLC的基本原理及编程方法，能够根据工艺过程和控制要求进行系统设计和编制应用程序。

6）具有设计和改进常用机械设备电气控制电路的基本能力。

7）具有调试、维护PLC控制系统的基本能力。

第1篇

继电器–接触器控制系统

第1章

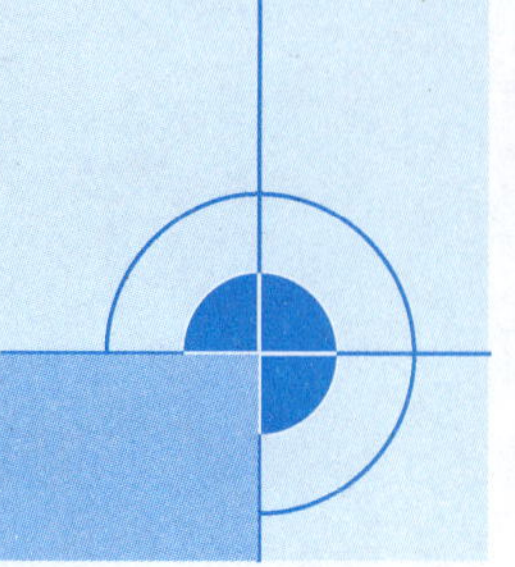

常用低压电器

电器按其工作电压等级可分为高压电器和低压电器。低压电器一般是指在交流 50Hz、额定电压 1200V，直流额定电压 1500V 及以下的电路中起通断、保护、控制或调节作用的电器产品。由于在大多数用电行业及人们的日常生活中一般都采用低压供电，使用低压设备。而低压供电的输送、分配、保护以及设备的运行、控制是靠低压电器来实现的，因此低压电器的技术含量水平直接影响低压供电系统和控制系统的质量。本部分内容主要介绍用于电力拖动及控制系统领域中的常用低压电器及基本控制电路。

我国低压电器产品研发目前已经实现了从仿制设计到自主创新设计的跨越。国内的低压电器产品正朝着高性能、高可靠性、小型化、数模化、模块化、组合化、电子化、智能化、可通信、零部件通用化的方向发展。工程技术人员在学习和使用的过程中，要树立科技强国的使命感，为加快建设科技强国、实现高水平科技自立自强贡献力量。

1.1　低压电器的基本知识

低压电器是构成控制系统最常用的器件，了解它的分类、作用和用法，对设计、分析和维护控制系统都是十分必要的。

1.1.1　低压电器的分类

低压电器的用途广泛、功能多样、种类繁多、结构各异，工作原理也各有不同。低压电器有多种分类方法：按动作原理可分为手动电器（依靠外力直接操作来进行切换的电器，如刀开关、按钮等）和自动电器（依靠指令或物理量变化而自动动作的电器，如交流接触器、继电器等）；按工作原理可分为电磁式电器和非电量控制电器；按执行机理可分为有触头电器和无触头电器。

通常按用途分为以下几类：

（1）配电电器　配电电器主要用于供、配电系统中，进行电能输送和分配。这类电器有刀开关、自动开关、隔离开关、转换开关等。对这类电器的主要技术要求是分断能力强、限流效果好、动稳定性及热稳定性能好。

（2）控制电器　控制电器主要用于各种控制电路和控制系统。这类电器有接触器、继电器、转换开关、电磁阀等。对这类电器的主要技术要求是有一定的通断能力、操作频率高、电器和机械寿命长。

（3）主令电器　主令电器主要用于发送控制指令。这类电器有按钮、主令开关、行程开关和万能转换开关等。对这类电器的主要技术要求是操作频率要高、抗冲击、电器和机械寿命长。

(4) 保护电器　保护电器主要用于对电路和电气设备进行安全保护。这类低压电器有熔断器、热继电器、安全继电器、电压继电器、电流继电器和避雷器等。对这类电器的主要技术要求是有一定的通断能力、反应灵敏、动作可靠性高。

(5) 执行电器　执行电器主要用于执行某种动作和传动功能。这类低压电器有电磁铁、电磁离合器等。随着电子技术和计算机技术的进步，近几年又出现了利用集成电路和电子元器件构成的电子式电器、利用单片机构成的智能化电器以及可直接与现场总线连接的具有通信功能的电器。

1.1.2　低压电器的作用

低压电器是构成控制系统的最基本元器件，它的性能好坏将直接影响控制系统能否正常工作。电器能够依据操作信号或外界现场信号的要求，自动或手动地改变系统的状态、参数，实现对电路或被控对象的控制、保护、测量、指示、调节。它的工作原理是将一些电量信号或非电量信号转变为非通即断的开关信号或随信号变化的模拟量信号，实现对被控对象的控制。

低压电器的主要作用如下：

1）控制作用：如电梯的上下移动、快慢速自动切换与自动停层等。

2）保护作用：能根据设备的特点，对设备、环境以及人身安全实行自动保护，如电动机的过热保护、电网的短路保护、漏电保护等。

3）测量作用：利用仪表及与之相配套的电器，对设备、电网或其他非电参数进行测量，如电流、电压、功率、转速、温度、压力等。

4）调节作用：低压电器可对一些电量和非电量进行调整，以满足用户的要求，如电动机速度的调节、柴油机油门的调整、房间温度和湿度的调节、光照度的自动调节等。

5）指示作用：利用电器的控制、保护等功能，显示检测出的设备运行状况与电器电路工作情况。

6）转换作用：在用电设备之间转换或对低压电器、控制电路分时投入运行，以实现功能转换，如被控装置操作的手动与自动转换、供电系统的市电与自备电源的切换等。

当然，低压电器的作用远不止这些，随着科学技术的发展，新功能、新设备会不断涌现。

常用低压电器的主要种类及用途见表1-1。

表1-1　常用低压电器的主要种类及用途

序号	类　别	主要品种	主要用途
1	断路器	框架式断路器	主要用于电路的过载、短路、欠电压、漏电保护，也可用于不需要频繁接通和断开的电路
		塑料外壳式断路器	
		快速直流断路器	
		限流式断路器	
		剩余电流断路器（又称漏电保护断路器）	
2	接触器	交流接触器	主要用于远距离频繁控制负载，切断带电负荷电路
		直流接触器	

（续）

序号	类　别	主要品种	主要用途
3	继电器	电磁式继电器	主要用于控制电路中，将被控量转换成控制电路所需的电量或开关信号
		时间继电器	
		温度继电器	
		热继电器	
		速度继电器	
		干簧继电器	
4	熔断器	瓷插式熔断器	主要用于电路短路保护，也用于电路的过载保护
		螺旋式熔断器	
		有填料封闭管式熔断器	
		无填料封闭管式熔断器	
		快速熔断器	
		自复式熔断器	
5	主令电器	控制按钮	主要用于发布控制命令，改变控制系统的工作状态
		位置开关	
		万能转换开关	
		主令控制器	
6	刀开关	开启式负荷开关	主要用于不频繁地接通和分断电路
		封闭式负荷开关	
		熔断器式刀开关	
7	转换开关	组合开关	主要用于电源切换，也可用于负荷通断或电路切换
		换向开关	
8	控制器	凸轮控制器	主要用于控制回路的切换
		平面控制器	
9	起动器	电磁起动器	主要用于电动机的起动
		星-三角起动器	
		自耦减压起动器	
10	电磁铁	制动电磁铁	主要用于起重、牵引、制动等场合
		起重电磁铁	
		牵引电磁铁	

1.1.3 低压电器的基本结构特点

低压电器一般都有两个基本部分：一是感测部分，用于感测外界的信号并做出有规律的反应，在自控电器中感测部分大多由电磁机构组成，在手控电器中感测部分通常为操作手柄等；另一个是执行部分，主要为触头系统，如触头可根据指令进行电路的接通或切断。

1. 电磁机构

电磁机构由线圈、铁心（静铁心）和衔铁（动铁心）等部分组成。从常用的衔铁运动形式上看，其结构型式大致可分为拍合式和直动式两大类，如图1-1所示。其中图1-1a为衔铁沿棱角转动的拍合式铁心，其铁心材料由电工硅钢片制成，广泛用于直流电器中；图1-1b为衔铁沿轴转动的拍合式铁心，铁心形状有E形和U形两种，其铁心材料由电工硅钢片叠成，多用于触头容量较大的交流电器中；图1-1c为衔铁直线运动的双E形直动式铁心，它也是由硅钢片叠压而成，分为交、直流两大类。

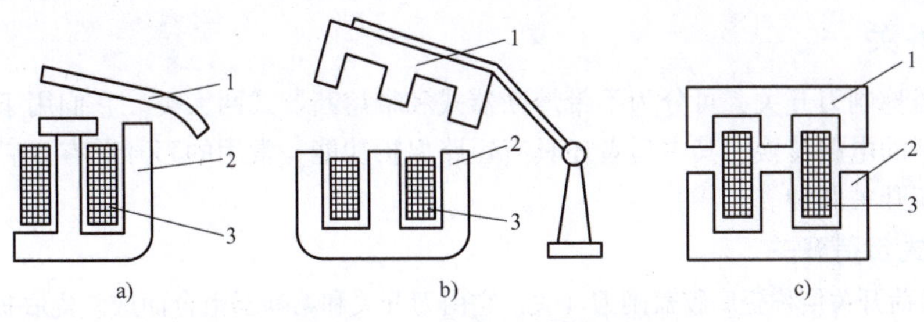

图1-1　电磁机构的结构型式

1—衔铁　2—铁心　3—吸引线圈

当线圈中有工作电流通过时，电磁吸力克服弹簧的反作用力，使得衔铁与铁心闭合，由连接机构带动相应的触头动作。在交流电流产生的交变磁场中，为避免因磁通过零点造成衔铁的抖动，需要在交流电器铁心的端部开槽，嵌入一个铜短路环，使环内感应电流产生的磁通与环外磁通不同时过零，使电磁吸力 F 总是大于弹簧的反作用力，因而可以消除交流铁心的抖动。

2. 触头系统

在工作过程中可以分开与闭合的电接触称为可分合接触，又称为触头，触头是成对的，一为动触头，一为静触头。

触头的作用是接通或分断电路，因此要求触头要具有良好的接触性能，电流容量较小的电器（如接触器、继电器）常采用银质材料作触头，这是因为银的氧化膜的电阻率与纯银相似，可以避免表面氧化膜电阻率增加而造成接触不良。

触头的结构有桥式和指式两类。图1-2所示为触头的结构型式，其中图1-2a是两个点接触的桥式触头，图1-2b是两个面接触的桥式触头。两个触头串于同一电路中，电路的接通与断开由两个触头共同完成。点接触形式适用于电流不强且触头压力小的场合；面接触形式适用于电流较强的场合。图1-2c是指形触头，其接触区为一直线，触头接通或分断时产生滚动摩擦，以利于去掉氧化膜，故其触头可以用纯铜制造，特别适合于触头分合次数多、电流大的场合。

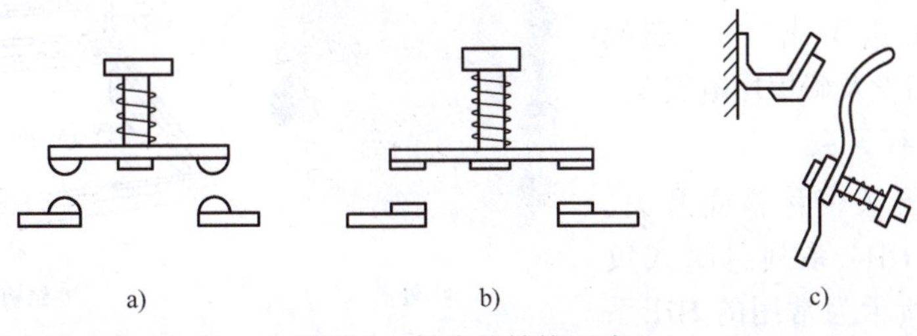

图1-2　触头的结构型式

1.2 开关电器

开关电器常用来不频繁地接通或分断控制电路或直接控制小容量电动机，这类电器也可以用来隔离电源或自动切断电源而起到保护作用，主要包括刀开关、转换开关、低压断路器等。

1.2.1 刀开关

刀开关俗称闸刀开关，可分为不带熔断器式和带熔断器式两大类。它们用于隔离电源和无负载情况下的电路转换，其中后者还具有短路保护功能。常用的刀开关有开启式负荷开关和封闭式负荷开关两种。

1. 开启式负荷开关

开启式负荷开关俗称瓷底胶盖闸刀开关，它由刀开关和熔断器组合而成。瓷底板上装有进线座、静触头、熔丝、出线座和带瓷质手柄的闸刀。常用的有 HK1、HK2 系列，如图 1-3 所示。

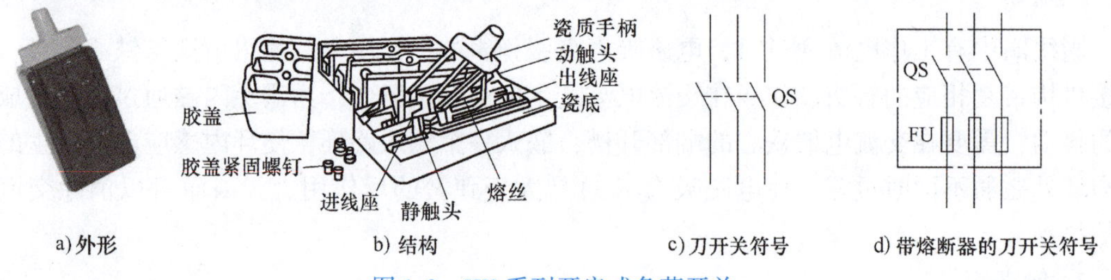

a) 外形　b) 结构　c) 刀开关符号　d) 带熔断器的刀开关符号

图 1-3　HK 系列开启式负荷开关

这种系列的刀开关因其内部设有熔丝，故可对电路进行短路保护，常用作照明电路的电源开关或用于 5.5kW 以下三相异步电动机不频繁起动和停止的控制开关。

在选用时，开启式负荷开关的额定电压应大于或等于负载额定电压，对于一般的电路，如照明电路，其额定电流应大于或等于线路最大工作电流；而对于电动机电路，其额定电流应大于或等于电动机额定电流的 3 倍。

开启式负荷开关在安装时应注意：

1）闸刀在合闸状态时，手柄应朝上，不准倒装或平装，倒装时手柄可能因为自重落下而引起误动作。

2）电源进线应接在静触头一边的进线端（进线座在上方），而用电设备应接在动触头一边的出线端（出线座在下方），即“上进下出”，不准颠倒，以方便更换熔丝及确保用电安全。

2. 封闭式负荷开关

封闭式负荷开关俗称铁壳开关，常用的有 HH3、HH4 系列封闭式负荷开关，图 1-4 所示为常用的 HH 系列封闭式负荷开关的外形与结构。

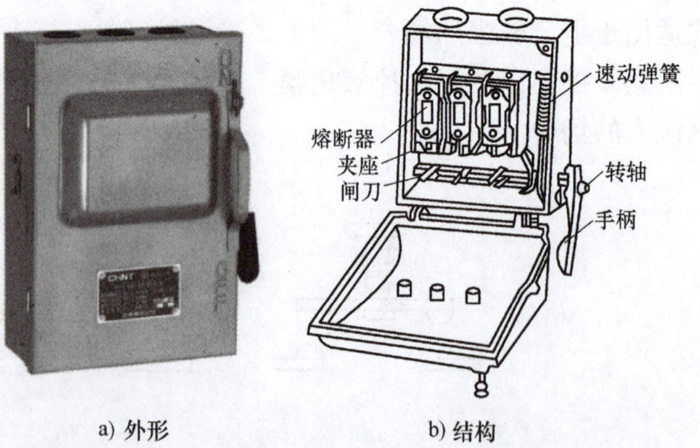

a) 外形　b) 结构

图 1-4　HH 系列封闭式负荷开关

封闭式负荷开关由刀开关、熔断器、灭弧装置、手柄、操作机构和外壳构成。三把闸刀固定在一根绝缘转轴上，由操作手柄操纵；操作机构设有机械联锁，当盖子打开时，手柄不能合闸，手柄合闸时，盖子不能打开，保证了操作安全。在手柄转轴与底座间还装有速动弹簧，使刀开关的接通与断开速度与手柄动作速度无关，抑制了电弧过大。

封闭式负荷开关用来控制照明电路时，其额定电流可按电路的额定电流来选择，而用来控制不频繁操作的小功率电动机时，其额定电流要按大于电动机额定电流的 1.5 倍来选择。但不宜用于电流超过 60A 以上负载的控制，以保证可靠灭弧及用电安全。

封闭式负荷开关在安装时，应保证外壳可靠接地，以防漏电而发生意外。接线时，电源线接在静触座的接线端上，负载则接在熔断器一端，不得接反，以确保操作安全。

1.2.2 转换开关

转换开关又称为组合开关，是一种变形刀开关，在结构上是用动触片代替了闸刀，以左右旋转代替了刀开关的上下分合动作，有单极、双极和多极之分。常用的型号有 HZ 等系列。图 1-5a、b 所示的是 HZ－10/3 型转换开关的外形与结构，其图形符号和文字符号如图 1-5c 所示。

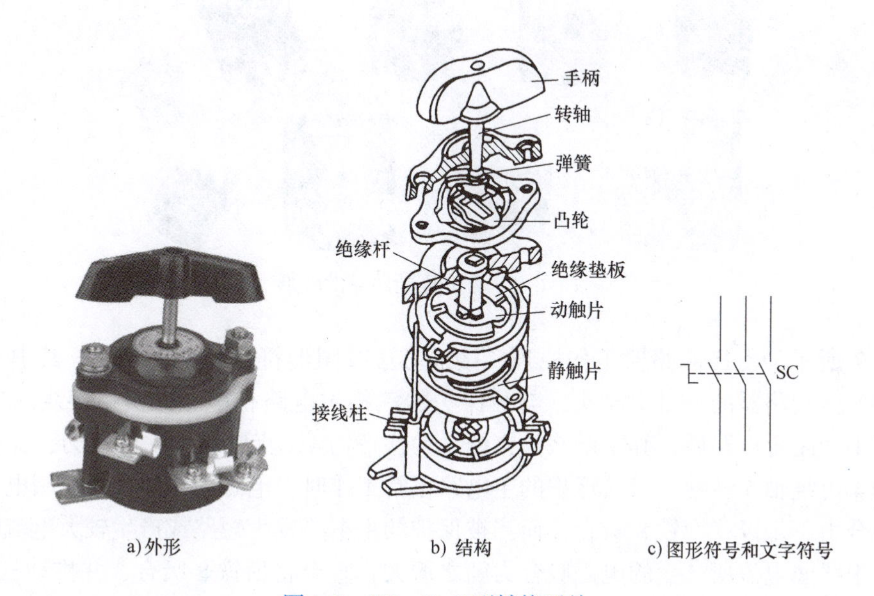

图 1-5　HZ－10/3 型转换开关

转换开关共有三副静触片，每一副静触片的一边固定在绝缘垫板上，另一边伸出盒外并附有接线柱供电源和用电设备接线。三个动触片装在另外的绝缘垫板上，绝缘垫板套在附有手柄的绝缘杆上。手柄每次能沿任一方向旋转 90°，并带动三个动触片分别与对应的三副静触片保持接通或断开。在开关转轴上也装有扭簧储能装置，使开关的分合速度与手柄动作速度无关，有效地抑制了电弧过大。

转换开关多用于不频繁接通和断开的电路，或无电切换电路，如用作机床照明电路的控制开关，或 5kW 以下小容量电动机的起动、停止和正反转控制。在选用时，可根据电压等级、额定电流大小和所需触头数选定。

1.2.3 低压断路器

低压断路器，原名空气开关、自动开关，现与 IEC 一致，国家统一命名为低压断路器系列产品。低压断路器按其结构和性能可分为框架式、塑料外壳式和漏电保护式三类。它是一种既能作开关用，又具有电路自动保护功能的低压电器，用于电动机或其他用电设备不频繁通断操作的线路转换。当电路发生过载、短路、欠电压等非正常情况时，能自动切断与它串联的电路，有效地保护故障电路中的用电设备。漏电保护断路器除具备一般断路器的功能外，还可以在电路出现漏电（如人触电）时自动切断电路进行保护。由于低压断路器具有操作安全、动作电流可调整、分断能力较强等优点，因而在各种电气控制系统中得到了广泛的应用。

1. 低压断路器的结构和工作原理

低压断路器主要由操作机构、触头系统、灭弧装置、保护装置（各种脱扣器）及外壳等组成，图 1-6 所示为常见低压断路器的外形。

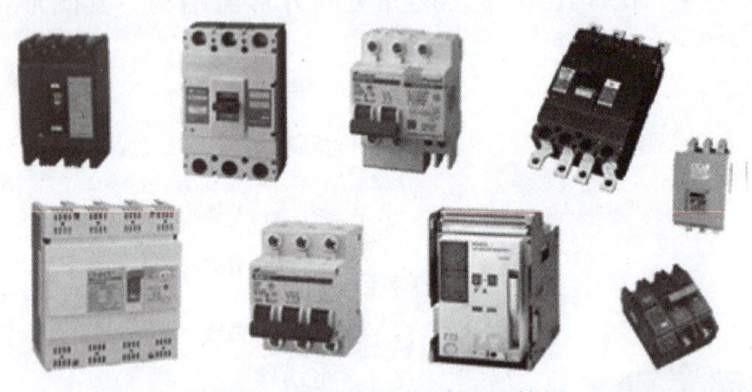

图 1-6 常见低压断路器的外形

图 1-7 所示为低压断路器工作原理、接线方法及图形符号和文字符号。其中，图 1-7a 中的 2 是低压断路器的三对主触头，与被保护的三相主电路相串联，实物接线图如图 1-7c 所示。当手动闭合电路后，其主触头由锁链 3 钩住搭钩 4，克服弹簧 1 的拉力，保持闭合状态。搭钩 4 可绕轴 5 转动。当被保护的主电路正常工作时，电磁脱扣器 6 中线圈电流所产生的电磁吸合力不足以将衔铁 8 吸合；而当被保护的主电路发生短路或产生较大电流时，电磁脱扣器 6 中线圈电流所产生的电磁吸合力随之增大，直至将衔铁 8 吸合，并推动杠杆 7，把搭钩 4 顶离。在弹簧 1 的作用下主触头断开，切断主电路，起到保护作用。当电路电压严重下降或消失时，欠电压脱扣器 11 中的吸力减少或失去吸力，衔铁 10 被弹簧 9 拉开，推动杠杆 7，将搭钩 4 顶开，断开了主触头。当电路发生过载时，过载电流流过热元件 13，使双金属片 12 向上弯曲，将杠杆 7 推动，断开主触头，从而起到保护作用。

2. 智能化低压断路器

随着电气设备的智能化发展，对低压断路器的性能有了更高的要求，新型智能化的断路器成为发展趋势。传统断路器的保护功能是利用了热效应或电磁效应原理，通过机械结构动作来实现的。智能化的断路器采用了以微处理器或单片机为核心的智能控制器（智能脱扣器），它不仅具有普通断路器的各种保护功能，同时还具有实时显示电路中各种电气参数（如电流、电压、功率因数等），对电路进行在线监测、试验、自诊断和通信等功能；还能

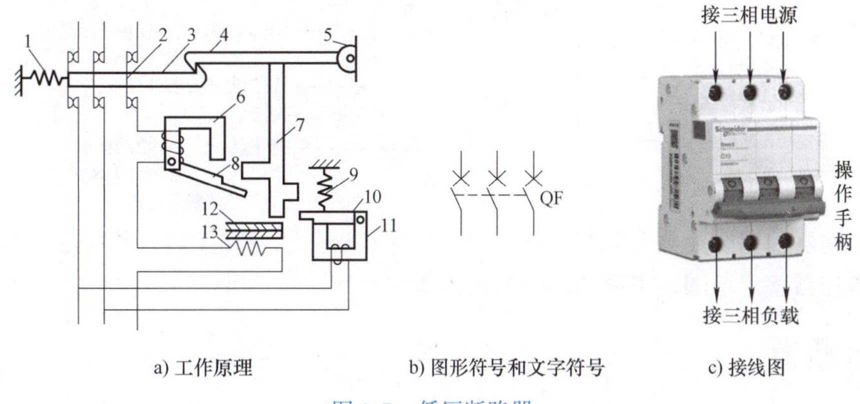

图 1-7　低压断路器

1—弹簧　2—主触头　3—锁链　4—搭钩　5—轴　6—电磁脱扣器　7—杠杆
8、10—衔铁　9—弹簧　11—欠电压脱扣器　12—双金属片　13—热元件

够对各种保护功能的动作参数进行显示、设定和修改，将电路动作时的故障参数存储在非易失存储器中以便查询。智能化断路器的原理框图如图 1-8 所示。

目前国内生产的智能化断路器有框架式和塑料外壳式两种。框架式断路器主要用作智能化自动配电系统中的主断路器。塑料外壳式断路器主要用在配电网络中分配电能和作为线路及配电设备的控制与保护，也可用于三相笼型异步电动机的控制。图 1-9 所示为 CFW45 系列智能型框架断路器的外形。

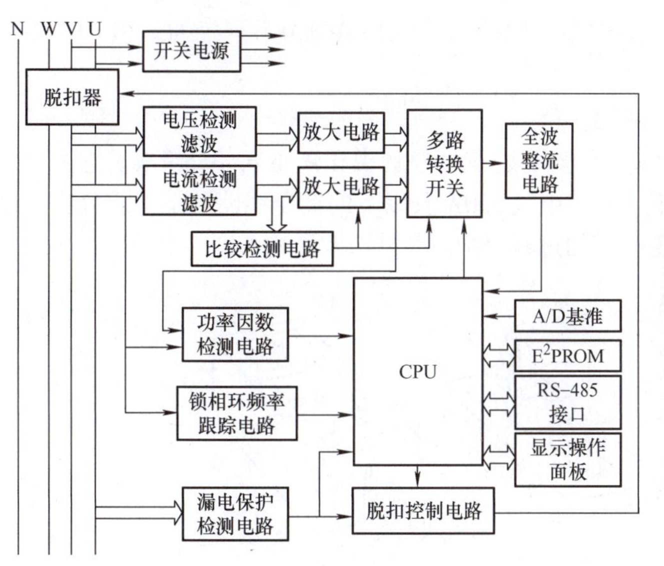

图 1-8　智能化断路器的原理框图

图 1-9　CFW45 系列智能型框架断路器的外形

3. 低压断路器的类型及其主要参数

低压断路器的主要型号有 DW10、DW15、DZ5、DZ10、DZ20 等系列。低压断路器的型号含义如下：

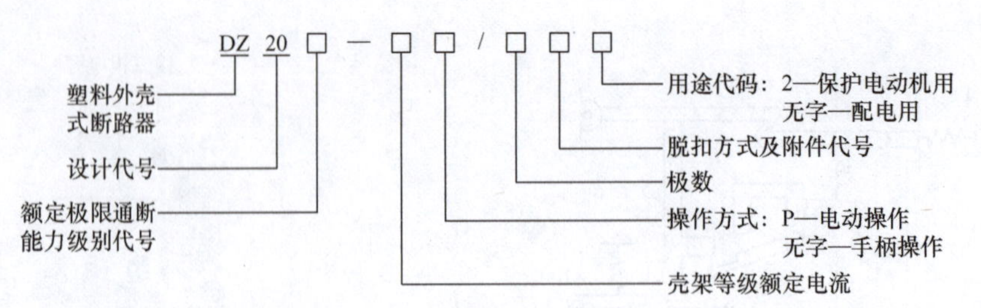

低压断路器的主要参数有额定电压、额定电流、极数、脱扣类型及其额定电流、整定范围、电磁脱扣器整定范围、主触头的分断能力等。

1.3 熔断器

熔断器是低压配电网络和电力拖动系统中主要用作短路保护的电器。它使用时串联在被保护的电路中，当电路发生短路故障时，通过熔断器的电流达到或超过某一规定值，其自身产生的热量使熔体熔断，从而自动分断电路，以起到保护作用。它具有结构简单、价格便宜、动作可靠、使用维护方便等优点，因此得到了广泛的应用。

熔断器主要由熔体、安装熔体的熔管和熔座三部分组成。熔体的材料通常有两种：一种是由铅、铅锡合金或锌等低熔点材料所制成的，多用于小电流电路；另一种是由银铜等较高熔点的金属制成的，多用于大电流电路。

熔断器按结构型式分为半封闭插入式、无填料封闭管式、有填料封闭管式和快速熔断器。

1.3.1 熔断器的结构和类型

以下介绍熔断器的结构和类型，其中半封闭插入式包括 RC1A 系列瓷插式和 RL1 系列螺旋式。

1. RC1A 系列瓷插式熔断器的结构

RC1A 系列瓷插式熔断器由动触头、熔丝、瓷盖、静触头和瓷座五部分组成。它主要用于交流 50Hz、额定电压 380V 及以下、额定电流 220A 及以下的低压线路的末端或分支电路中，作为电气设备的短路保护及一定程度的过载保护。其外形及结构如图 1-10 所示。

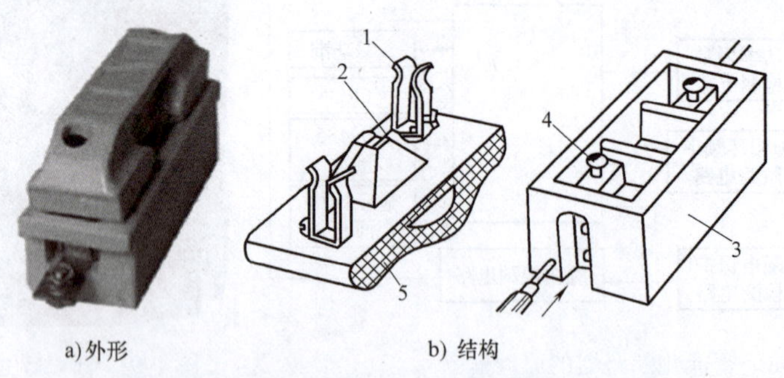

图 1-10 RC1A 系列瓷插式熔断器的外形及结构

1—动触头 2—熔丝 3—瓷座 4—静触头 5—瓷盖

2. RL1 系列螺旋式熔断器的结构

RL1 系列螺旋式熔断器主要由瓷帽、金属螺管、指示器、熔管、瓷套、下接线端、上接线端及瓷座等几部分组成，它属于有填料封闭管式熔断器。其外形及结构如图 1-11 所示。

3. 其他熔断器

其他常见的熔断器还有 RT14 系列有填料封闭管式圆筒形帽熔断器、RM10 系列无填料封闭管式熔断器、RT0 系列有填料封闭管式熔断器、快速熔断器和自复式熔断器。

RT14 系列有填料封闭管式圆筒形帽熔断器适用于交流 50 ~ 60Hz、额定电压 380V、额定电流 63A 以下的工业电气装置的配电设备中，作为线路严重过载和短路保护之用。常见 RT14 系列熔断器外形如图 1-12 所示。

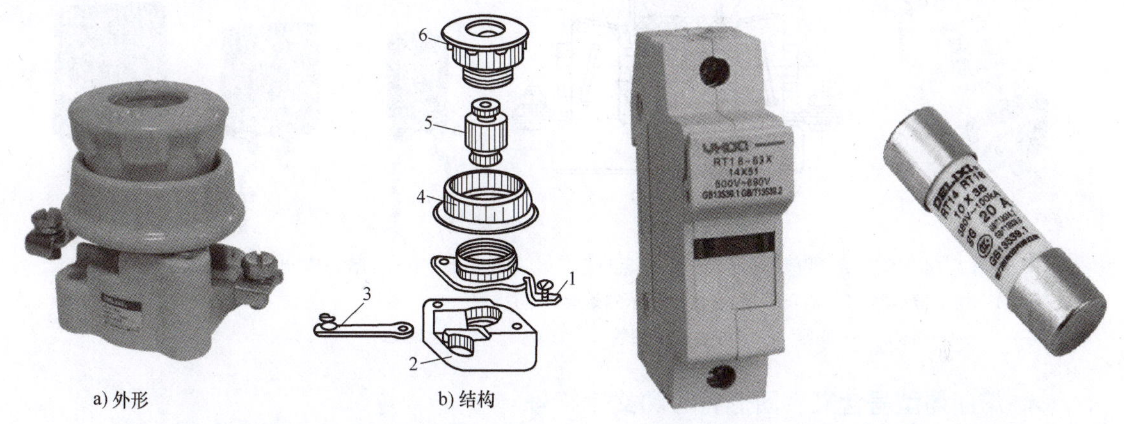

a) 外形　　b) 结构

图 1-11　RL1 系列螺旋式熔断器的外形及结构

1—上接线端　2—瓷座　3—下接线端

4—瓷套　5—熔管　6—瓷帽

图 1-12　RT14 系列有填料封闭管式圆筒形帽熔断器

RM10 系列无填料封闭管式熔断器结构如图 1-13 所示，主要由钢纸管、黄铜套管、黄铜帽、插刀、熔体和夹座组成。无填料封闭管式熔断器主要用作低压配电电路短路和过载保护，此类熔断器分断能力低、限流特性较差，优点是熔体拆卸方便。

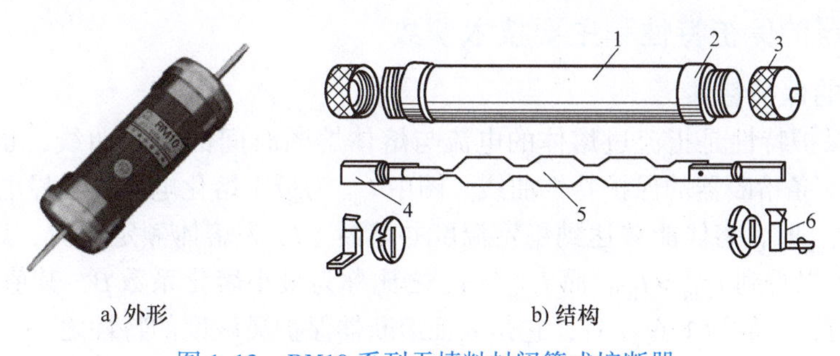

a) 外形　　b) 结构

图 1-13　RM10 系列无填料封闭管式熔断器

1—钢纸管　2—黄铜套管　3—黄铜帽　4—插刀　5—熔体　6—夹座

RT0 系列有填料封闭管式熔断器结构如图 1-14 所示，主要由熔断指示器、石英砂填料、指示器熔丝、插刀、底座、夹座和熔管组成。它适用于交流 50Hz、额定电压 380V 或直流 440V 及以下电压等级的动力网络和成套配电设备中，可作为导线、电缆及较大容量电气设备的短路和连续过载保护。有填料封闭管式熔断器具有较高的分断能力、限流特性好、保护特性稳定。

快速熔断器又称为半导体保护熔断器，主要用于半导体功率元器件的过电流保护。它的结构简单、使用方便、动作灵敏可靠。快速熔断器结构和有填料封闭管式熔断器结构基本相同，但熔体材料和形状不同。目前常用的快速熔断器有 RS0、RS3、RLS2 等系列。

自复式熔断器是一种新型熔断器，如图 1-15 所示。它以金属钠做熔体，在常温下钠的电阻很小，电导率高，允许通过正常的工作电流。当电路发生短路故障时，短路电流产生的高温使钠迅速气化，气态钠呈高阻态，从而限制了短路电流。当故障排除后，温度下降，金属钠重新固化，恢复良好的导电性能。该熔断器的优点是能重复使用，不必更换熔体；缺点是只能限制故障电流，而不能分断故障电路。

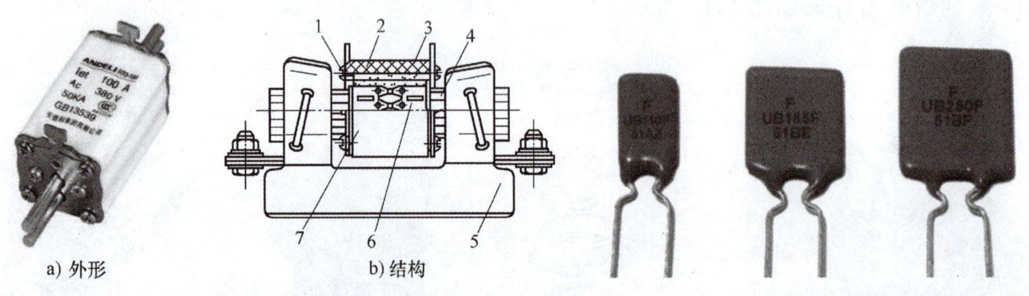

图 1-14　RT0 系列有填料封闭管式熔断器

1—熔断指示器　2—石英砂填料　3—指示器熔丝　4—插刀　5—底座　6—夹座　7—熔管

图 1-15　常见自复式熔断器外形

4. 熔断器型号含义、图形符号和文字符号

（1）熔断器型号含义　熔断器型号含义如下：

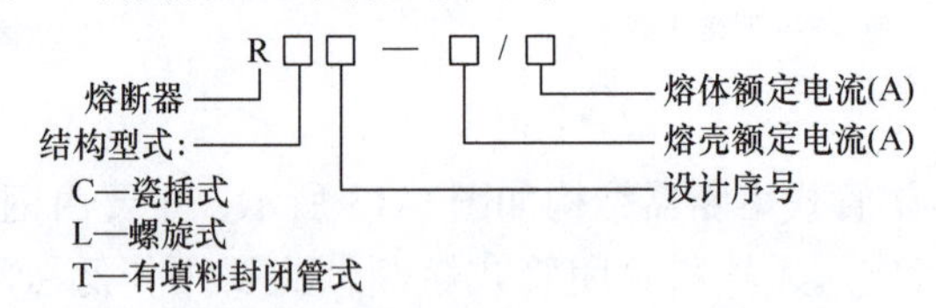

（2）图形符号和文字符号　熔断器的图形符号和文字符号如图 1-16 所示。

1.3.2　熔断器的保护特性和主要技术参数

1. 熔断器的保护特性

熔断器的保护特性是指流过熔体的电流与熔体熔断时间的关系曲线，也称安秒特性。图 1-17 所示是一条熔断器的保护特性曲线。图中 I_{min} 为最小熔化电流或临界电流，当流过的熔体电流等于 I_{min} 时，熔体能够达到稳定温度并熔断。I_N 为熔体额定电流，熔体在 I_N 下不会熔断，所以可以得到 $I_{min} > I_N$。而 I_{min} 与 I_N 之比称为最小熔化系数 β，其值对应不同的形式会有不同的值，一般为 1.6 左右，它是表征熔断器保护灵敏度的特性之一。

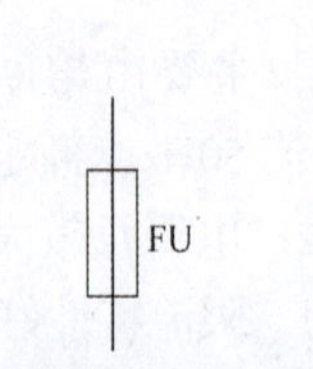

图 1-16　熔断器的图形符号和文字符号

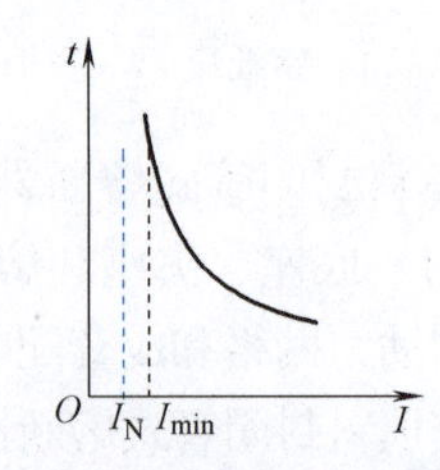

图 1-17　熔断器的保护特性

2. 熔断器的主要技术参数

在选配熔断器时，通常需要考虑以下主要技术参数：

1）额定电压：是指熔断器（熔壳）长期工作时以及分断后能够承受的电压值，其值一般大于或等于电气设备的额定电压。

2）额定电流：指熔断器（熔壳）长期通过的、不超过允许温升的最大工作电流值。

3）熔体的额定电流：指长期通过熔体而不熔断的最大电流值。

4）熔体的熔断电流：指通过熔体并使其熔断的最小电流值。

5）极限分断能力：指熔断器在故障条件下，能够可靠地分断电路的最大短路电流值。

1.3.3 熔断器的技术数据

常用熔断器的技术数据见表1-2。

表1-2 常用熔断器的技术数据

型号	熔壳额定电压/V	熔壳额定电流/A	熔体额定电流等级/A	短路分断能力	
				kA	λ
RC1A-5	AC 380 AC 220	5	2、5	0.25	≥0.4
RC1A-10		10	2、4、6、10	0.5	
RC1A-15		15	6、10、15	0.5	
RC1A-30		30	20、25、30	1.5	
RC1A-60		60	40、50、60	3	
RC1A-100		100	80、100	3	
RC1A-200		200	120、150、200	3	
RL1-15	AC 500 AC 380 AC 220	15	2、4、6、10、15	2	≥0.3
RL1-60		60	20、25、30、35、40、50、60	3.5	
RL1-100		100	60、80、100	20	
RL1-200		200	100、125、150、200	50	
RL2-25		25	2、4、6、15、20	1	
RL2-60		60	25、35、50、60	2	
RL2-100		100	80、100	3.5	
RM10-15	AC 500 AC 380 AC 220 AC 440 DC 220	15	6、10、15	1.2	0.8
RM10-60		60	15、20、25、30、40、50、60	3.5	0.7
RM10-100		100	60、80、100	10	0.35
RM10-200		200	100、125、160、200	10	0.35
RM10-350		350	200、240、260、300、350	10	0.35
RM10-600		600	350、450、500、600	12	0.35
RM10-1000		1000	600、700、850、1000	12	0.35

（续）

型　号	熔壳额定电压/V	熔壳额定电流/A	熔体额定电流等级/A	短路分断能力	
				kA	λ
RT0-50	AC 380	50	5、10、15、20、30、40、50	50	0.1~0.2
RT0-100		100	30、40、50、60、80、100		
RT0-200	DC 440	200	80、100、120、150、200		
RT0-400		400	150、200、250、300、350、400		
RT0-600		600	350、400、450、500、550、600		
RT0-1000	AC 380 DC 440	1000	700、800、900、1000		
RT0-200	AC 1140	200	30、60、80、100、120、160、200		
RT12-20	AC 415	20	2、4、6、10、16、20	80	0.1~0.2
RT12-32		32	20、25、32		
RT12-63		63	32、40、50、63		
RT12-100		100	63、80、100		
RT15-100		100	40、50、63、80、100	100	
RT15-200		200	125、160、200		
RT15-315		315	250、315		
RT15-400		400	350、400		
RT14-20	AC 380	20	2、4、6、10、16、20	100	0.1~0.2
RT14-32		32	2、4、6、10、16、20、25、32		
RT14-63		63	10、16、20、25、32、40、50		

1.3.4　熔断器的使用及维护

1）应正确选用熔体及熔断器。有分支电路时，分支电路的熔体额定电流应比前一级小2~3级；对不同性质的负载，如照明电路、电动机电路的主电路和控制电路等，应尽量分别保护，装设单独的熔断器。

2）安装螺旋式熔断器时，必须注意将电源线接到瓷底座的下接线端，以保证其安全。

3）瓷插式熔断器在安装熔丝时，熔丝应顺着螺钉旋紧方向绕过去，同时应注意不要划伤熔丝，也不要把熔丝绷紧以免减小熔丝截面尺寸或插断熔丝。

4）更换熔体时应切断电源，并应换上相同额定电流的熔体，不能随意加大熔体额定电流。

5）电动机起动瞬间熔体即熔断，其故障的原因一般是熔体安装时受损伤或熔体规格太小以及负载侧短路或接地。

6）熔丝未熔断但电路不通，其故障的原因一般是熔体两端或接线端接触不良。

1.4　主令电器

主令电器是用来发布命令、改变控制系统工作状态的电器，它可以直接作用于控制电路，也可以通过电磁式电器的转换对电路实现控制，其主要类型有控制按钮、行程开关、接近开关、万能转换开关、凸轮控制器和主令控制器等。

1.4.1 控制按钮

控制按钮是一种典型的主令电器，其作用通常是用来短时间地接通或断开小电流的控制电路，从而控制电动机或其他电气设备的运行。如图 1-18 所示为常见控制按钮的外形。

1. 控制按钮的结构与符号

控制按钮的典型外形及结构如图 1-19 所示。它既有常开触头，也有常闭触头。常态时在复位弹簧的作用下，由桥式动触头将静触头 1、2 闭合，静触头 3、4 断开；当按下按钮时，桥式动触头将 1、2 分断，3、4 闭合。1、2 被称为常闭触头或动断触头，3、4 被称为常开触头或动合触头。

图 1-18 常见控制按钮的外形

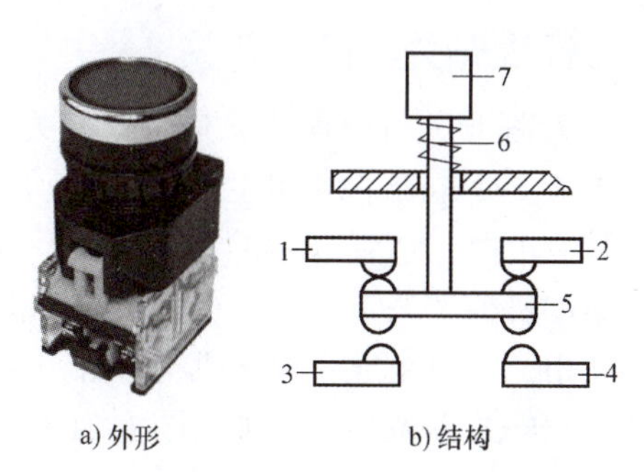

图 1-19 控制按钮的典型外形及结构示意图

1、2—常闭触头 3、4—常开触头

5—桥式触头 6—复位弹簧 7—按钮帽

控制按钮的图形符号和文字符号如图 1-20 所示。

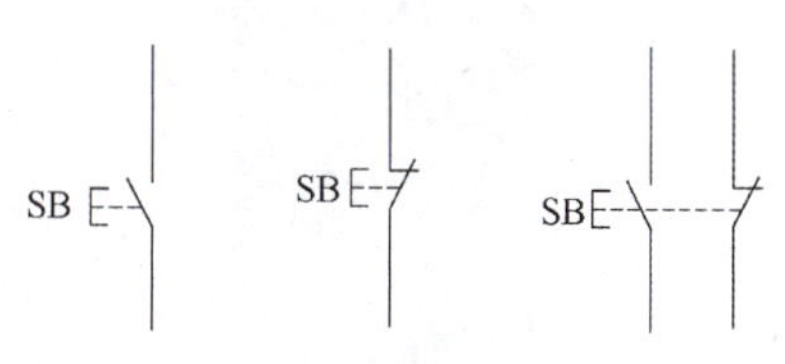

图 1-20 控制按钮的图形符号和文字符号

2. 控制按钮的型号及含义

选择按钮时应根据所需的触头数、使用的场所以及颜色来定。常用的按钮型号有 LA2、LA18、LA19、LA20 及新型号 LA25 等系列，引进生产的有瑞士 EAO 系列、德国 LAZ 系列等。其中 LA2 系列有一对常开触头和一对常闭触头，具有结构简单、动作可靠、坚固耐用的优点。LA18 系列按钮采用积木式结构，触头数量可按需要进行增减。LA19 系列为按钮与信号灯的组合，按钮兼作信号灯灯罩，用透明塑料制成。

LA25 系列按钮型号含义如下：

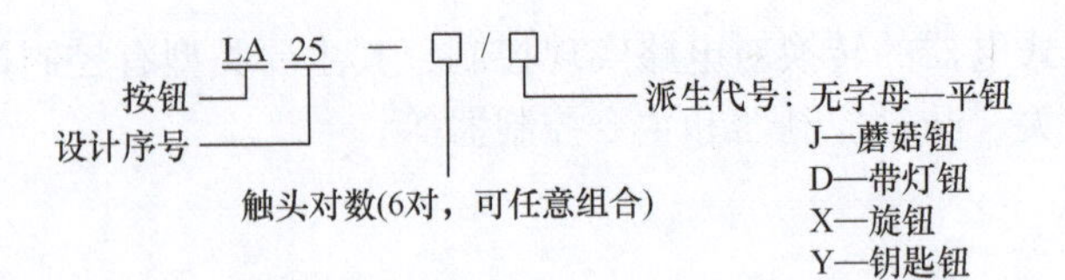

为标明按钮的作用，避免误操作，通常将按钮帽做成红、绿、黑、黄、蓝、白、灰等色。国标对按钮颜色做了如下规定：

1）“起动/接通”按钮的颜色应为白、灰、黑或绿色，优先白色，不允许用红色。

2）“急停和紧急”断开按钮应使用红色。

3）“停止/断开”按钮应使用黑、灰或白色，优先用黑色。不允许用绿色，允许选用红色。

4）“起动/接通”与“停止/断开”交替操作的按钮优先颜色为白、灰或黑色，不允许用红、黄或绿色。

5）“点动”按钮优先颜色为白、灰或黑色，不允许用红、黄或绿色。

6）“复位”按钮应为蓝、白、灰或黑色。如果“复位”按钮还有停止的作用时，最好使用白、灰或黑色，优先选用黑色，但不允许用绿色。

7）对于不同功能使用相同颜色白、灰或黑的场合，应使用辅助编码方法（如开关、位置、符号）以识别按钮。

1.4.2 行程开关与接近开关

（1）行程开关 行程开关是位置开关（又称限位开关）的一种，是一种常用的小电流主令电器。利用生产机械运动部件的碰撞使其触头动作来实现接通或分断控制电路，达到一定的控制目的。通常，这类开关被用来限制机械运动的位置或行程，使运动机械按一定位置或行程自动停止、反向运动、变速运动或自动往返运动等。行程开关主要由三部分组成：操作机构、触头系统和外壳。行程开关种类很多，按其结构可分为直动式、滚轮式和微动式三种。图 1-21 所示为常见行程开关的外形。

a) 直动式行程开关

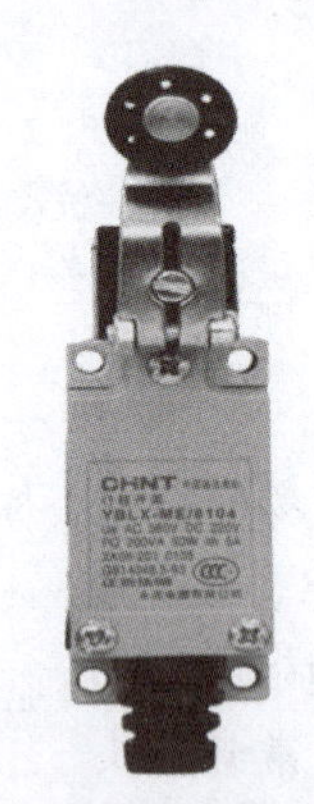

b) 滚轮式行程开关

c) 微动式行程开关

图 1-21 常见行程开关的外形

直动式行程开关的动作原理与按钮相同。但它的缺点是触头分合速度取决于生产机械的移动速度，当移动速度低于 0.4m/min 时，触头分断太慢，易受电弧烧损。为此，应采用有弹簧机构瞬时动作的滚轮式行程开关。滚轮式行程开关和微动式行程开关的结构与工作原理这里不再介绍。图1-22所示为直动式行程开关的外形及结构。

LX系列行程开关型号含义如下：

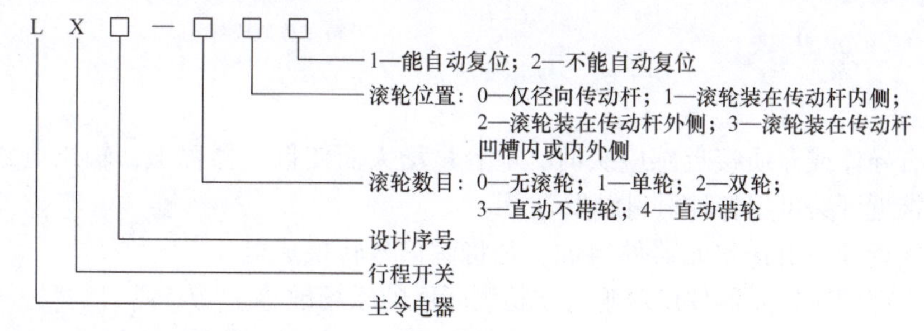

行程开关的图形符号和文字符号如图1-23所示。

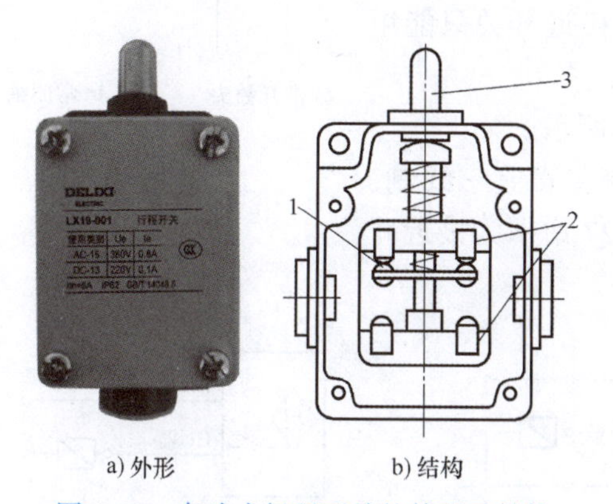

a) 外形　　b) 结构

图1-22　直动式行程开关的外形及结构

1—动触头　2—静触头　3—推杆

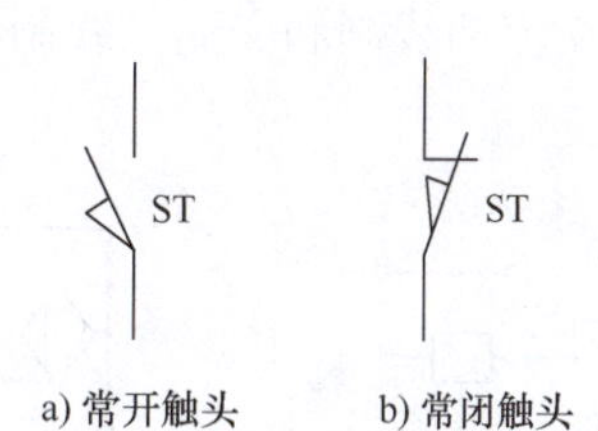

a) 常开触头　　b) 常闭触头

图1-23　行程开关的图形符号和文字符号

(2) 接近开关　接近开关近年来获得了广泛的应用，它是靠移动物体与接近开关的感应头接近时，使其输出一个电信号，故又称为无触头开关。在继电器-接触器控制系统中应用时，接近开关输出电路要驱动一个中间继电器，由其触头对继电器-接触器电路进行控制。图1-24所示为常见接近开关的外形。

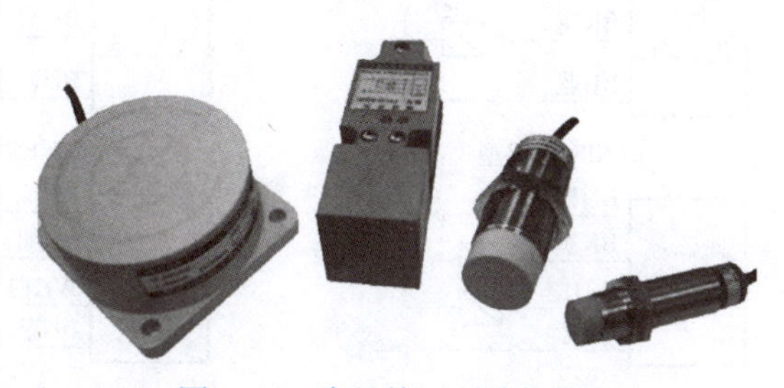

图1-24　常见接近开关的外形

接近开关分为电感式、电容式和霍尔式等几种，其中以电感式接近开关较为常用。

电感式接近开关的感应头是一个具有铁氧体磁心的电感线圈，图1-25所示为电感式接近开关的外形和工作原理图。接近开关由一个高频振荡器和整形放大器（晶体管放大电路）组成。其工作原理是高频振荡器线圈在检测面产生一个交变的磁场，当金属体接近检测面时，金属体产生涡流，由于涡流的去磁作用，导致振荡回路的谐振频率和谐振阻抗改变，振荡减弱以致停止。振荡器的振荡和停振信号，经过整形放大器转换成开关信号输出。电感式接近开关只能检测金属物体的接近，常用的型号有LJ1、LJ2、LJ5、LXJ6等系列。

电容式接近开关的感应头是一个圆形平板电极，这个电极与振荡电路的地线形成一个分

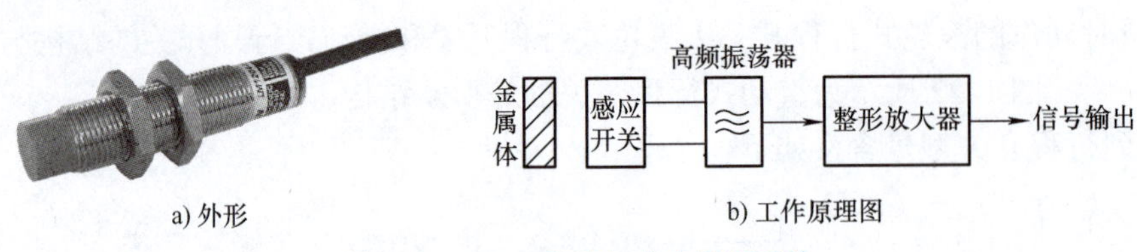

图 1-25　LJ12 系列电感式接近开关

布电容，当有导体或介质接近感应头时，电容量增大而使振荡器停振，输出电路发出电信号。电容式接近开关可用各种材料触发。

霍尔式接近开关由霍尔元器件组成，是将磁信号转换成电信号输出，内部的磁敏元器件仅对垂直于检测断面的磁场敏感。当S极正对接近开关时，接近开关输出为高电平；当N极正对接近开关时，接近开关输出为低电平。霍尔式接近开关只能用磁性物体触发。

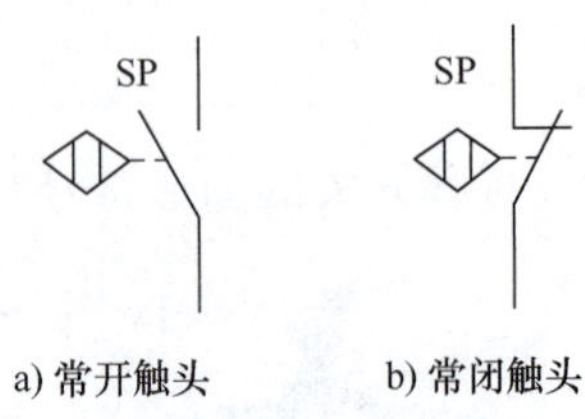

图 1-26　接近开关的图形符号和文字符号

接近开关的图形符号和文字符号如图 1-26 所示。

接近开关按输出型式又可分为直流两线制、直流三线制、直流四线制、交流两线制和交流三线制。图 1-27 所示为接近开关输出型式。

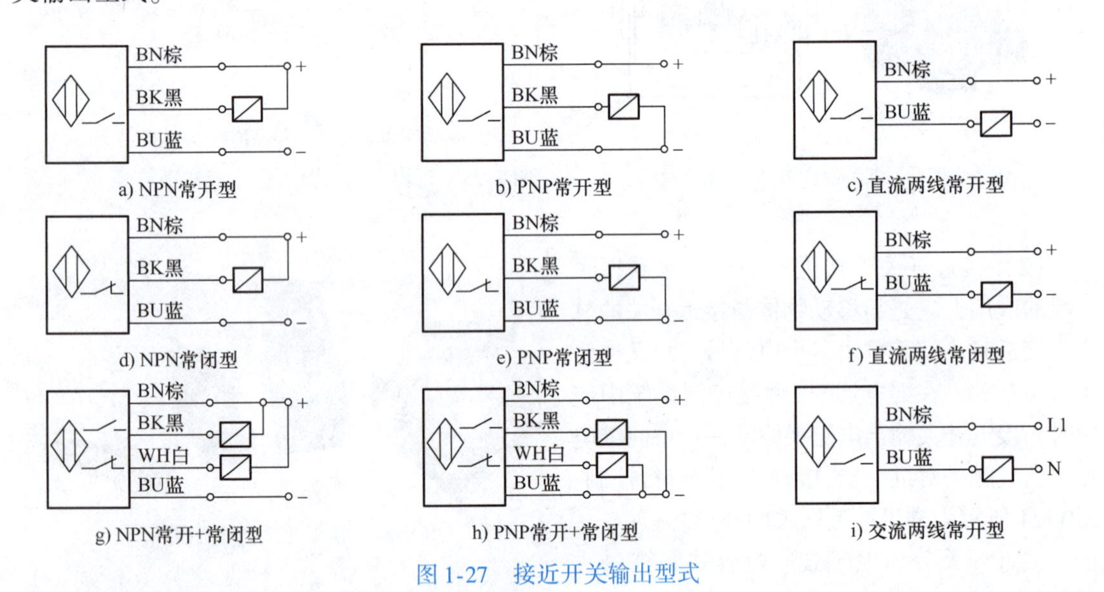

图 1-27　接近开关输出型式

两线制接近开关安装简单，接线方便，应用比较广泛，但却有残余电压和漏电流大的缺点。直流三线式接近开关的输出型有 NPN 和 PNP 两种，20 世纪 70 年代日本产品绝大多数是 NPN 输出，西欧各国 NPN、PNP 两种输出型都有。PNP 输出接近开关一般应用在 PLC 或计算机作为控制信号，NPN 输出接近开关用于控制直流继电器，在实际应用中要根据控制电路的特性选择其输出形式。

1.4.3　万能转换开关

万能转换开关是一种多档位、多段式、控制多回路的主令电器，当操作手柄转动时，带动开关内部的凸轮转动，从而使触头按规定顺序闭合或断开。万能转换开关一般用于交流500V、直流440V、约定发热电流20A以下的电路中，作为电气控制电路的转换和配电设备的远距离控制、电气测量仪表的转换，也可用于小容量异步电动机、伺服电动机、微型电动机的直接控制。

常用的万能转换开关有LW5、LW6系列。

图1-28为LW6系列万能转换开关外形及单层结构示意图，它主要由触头座、操作定位机构、凸轮、手柄等部分组成，其操作位置有0～12个，触头底座有1～10层，每层底座均可装三对触头。每层凸轮均可做成不同形状，当操作手柄带动凸轮转到不同位置时，可使各对触头按设置的规律接通和分断，因而这种开关可以组成数百种线路方案，以适应各种复杂要求，故被称为“万能”转换开关。

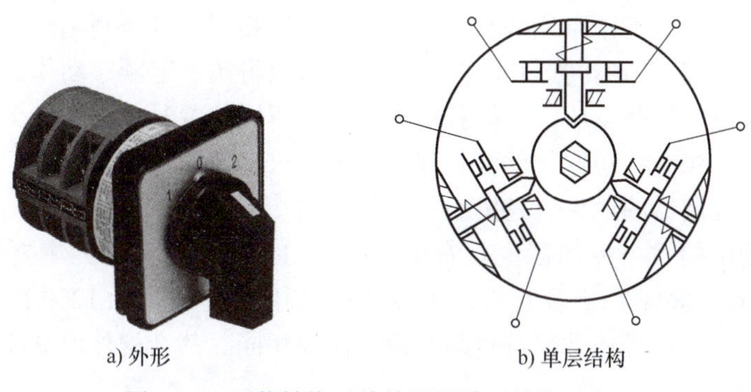
a) 外形　　b) 单层结构

图1-28　万能转换开关外形及单层结构示意图

1.4.4　凸轮控制器

凸轮控制器是一种大型的手动控制电器，也是多档位、多触头，利用手动操作转动凸轮去接通和分断、允许通过大电流的触头转换开关，主要用于起重设备，直接控制中、小型绕线转子异步电动机的起动、制动、调速和换向。

凸轮控制器主要由触头、手柄、转轴、凸轮、灭弧罩及定位机构等组成，其外形及结构如图1-29所示。当手柄转动时，在绝缘方轴上的凸轮随之转动，从而使触头组按顺序接通、分断电路，改变绕线转子异步电动机定子电路的接法和转子电路的电阻值，直接控制电动机的起动、调速、换向及制动。凸轮控制器与万能转换开关虽然都是用凸轮来控制触头的动作，但两者的用途则完全不同。

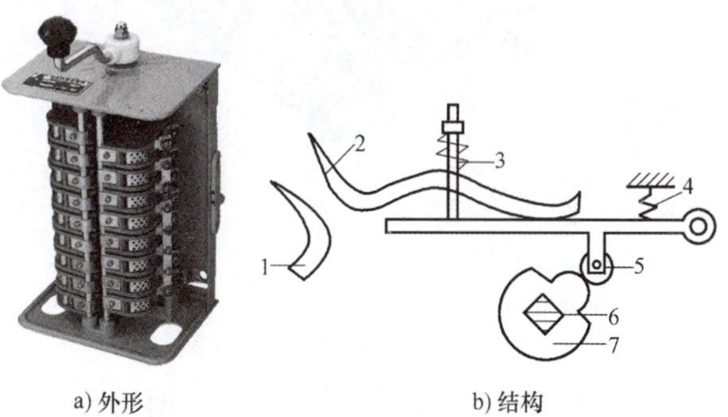

a) 外形　　b) 结构

图1-29　凸轮控制器外形及结构

1—静触头　2—动触头　3—触头弹簧　4—复位弹簧

5—滚子　6—绝缘方轴　7—凸轮

国内生产的凸轮控制器系列有KT10、KT14及KT15系列，其额定电流有25A、60A及32A、63A等规格。

凸轮控制器的图形符号及触头通断表示方法如图1-30所示。它与转换开关、万能转换开关的表示方法相同，操作位置分为零位、向左、向右档位。具体的型号不同，其触头数目的多少也不同。图中数字1~4表示触头号，2、1、0、1、2表示档位（即操作位置）。图中虚线表示操作位置，在不同操作位置时，各对触头的通断状态示于触头的下方或右侧与虚线相交位置，在触头右、下方涂黑圆点，表示在对应操作位置时触头接通，没涂黑圆点的触头在该操作位置不接通。

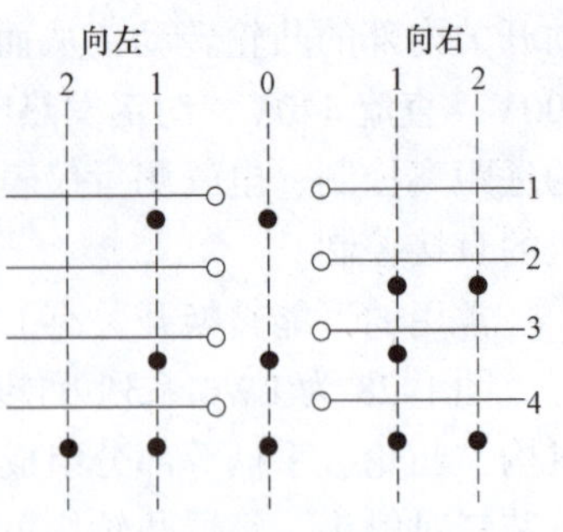

图 1-30　凸轮控制器的图形符号及触头通断表示方法

1.4.5　主令控制器

主令控制器是用以频繁切换复杂的多回路控制电路的主令电器，主要用作起重机、轧钢机及其他生产机械磁力控制盘的主令控制。

主令控制器的结构与工作原理基本上与凸轮控制器相同，也是利用凸轮来控制触头的断合。在方形转轴上安装一串不同形状的凸轮块，就可获得按一定顺序动作的触头。即使在同一层，不同角度及形状的凸轮块，也能获得当手柄在不同位置时，同一触头接通或断开的效果。再由这些触头去控制接触器，就可获得按一定要求动作的电路了。由于控制电路的容量都不大，所以主令控制器的触头也是按小电流设计的。

目前生产和使用的主令控制器主要有 LK14、LK15、LK16 型。其主要技术性能为：额定电压为交流 50Hz、380V 以下及直流 220V 以下；额定操作频率为 1200 次/h。

主令控制器的图形符号和文字符号与凸轮控制器相同。其结构外形如图 1-31 所示。

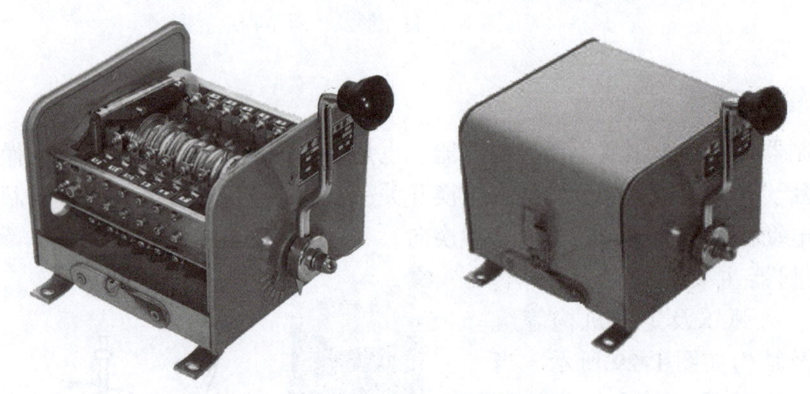

图 1-31　LK14 型主令控制器外形

1.5　接触器

当电动机功率稍大或起动频繁时，使用手动开关控制既不安全又不方便，更无法实现远距离操作和自动控制，此时就需要用自动电器来替代普通的手动开关。

接触器是一种用来频繁地接通或分断交、直流主电路及大容量控制电路的自动切换电器，主要用于控制电动机、电热设备、电焊机和电容器组等。它是电力拖动自动控制系统中使用最广泛的电气元器件之一。

接触器按其主触头通过电流的种类不同，可分为交流接触器和直流接触器。由于它们的结构大致相同，因此下面仅以交流接触器为例，分析接触器的组成部分和作用。图 1-32 所示为常见交流接触器的外形。

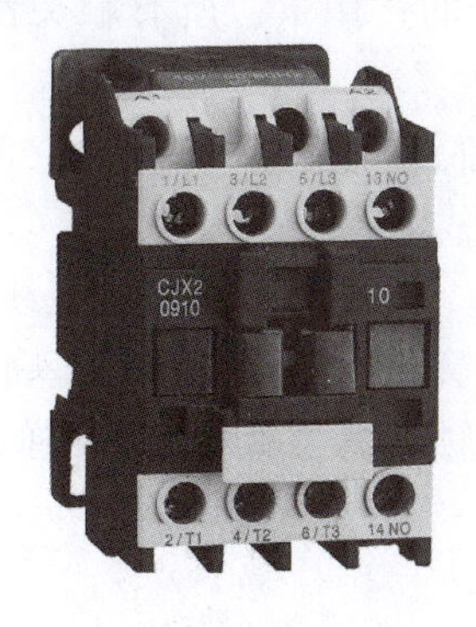

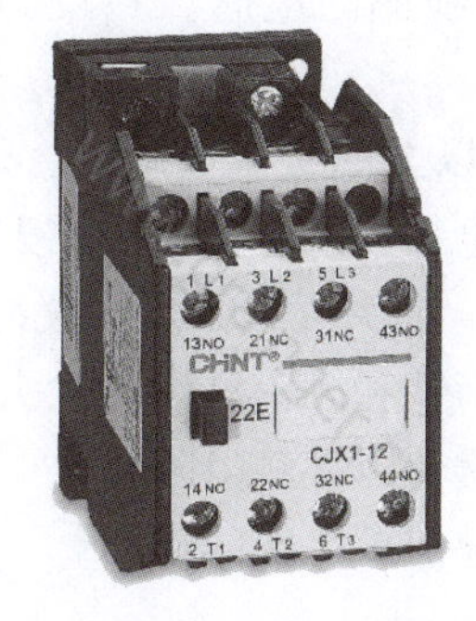

图 1-32 常见交流接触器的外形

1.5.1 交流接触器的结构及工作原理

1. 结构

交流接触器的结构示意图如图 1-33 所示，其图形符号和文字符号如图 1-34 所示。

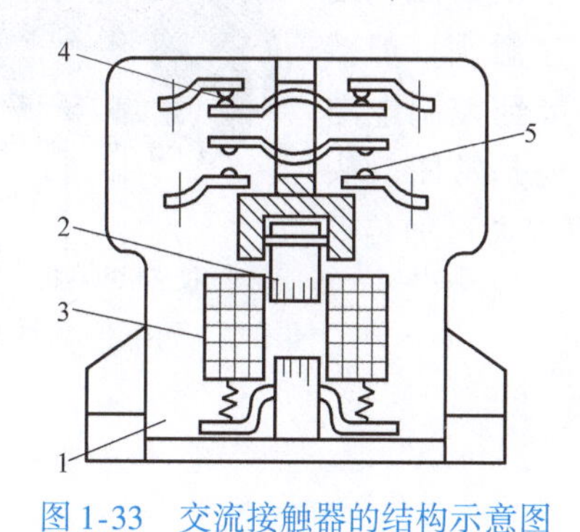

图 1-33 交流接触器的结构示意图

1—铁心 2—衔铁 3—线圈 4—常闭触头 5—常开触头

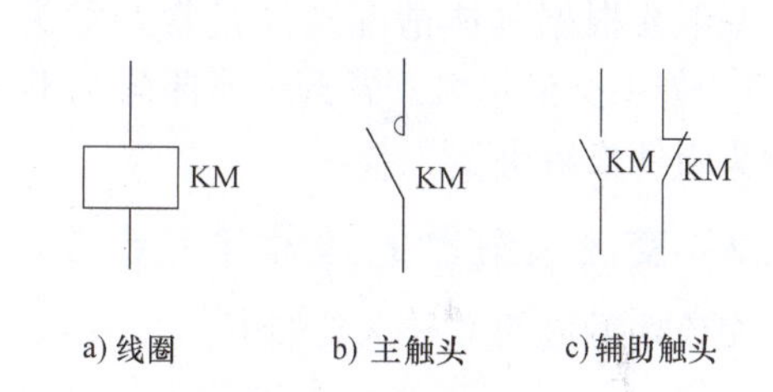

图 1-34 交流接触器的图形符号和文字符号

交流接触器主要由以下四个部分组成：

（1）电磁机构 电磁机构由线圈、衔铁和铁心等组成。它能产生电磁吸力，驱使触头动作。在铁心头部平面上装有短路环，如图 1-35 所示。安装短路环的目的是消除交流电磁铁在吸合时可能产生的衔铁振动和噪声。当交变电流过零时，电磁铁的吸力为零，衔铁被释放，当交变电流过了零值后，衔铁又被吸合，这样一放一吸，使衔铁发生振动。当装上短路环后，在其中产生感应电流，能阻止交变电流过零时磁场的消失，使衔铁与铁心之间始终保持一定的吸力，因此消除了振动现象。

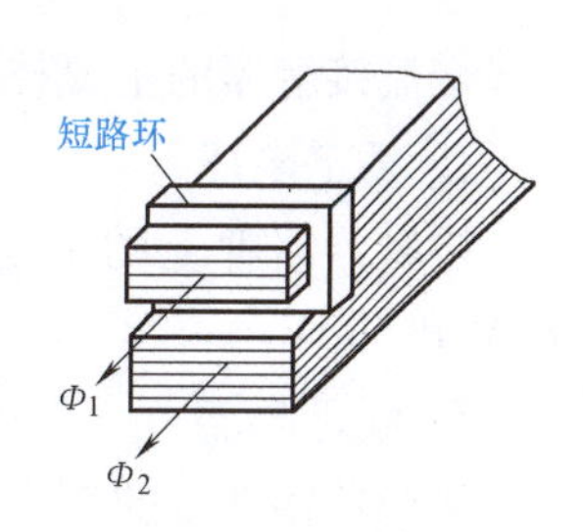

图 1-35 短路环

（2）触头系统 触头系统包括主触头和辅助触头。主触头用于接通和分断主电路，通常为三对常开触头。辅助触头用于控制电路，起电气联锁作用，故又称联锁触头，一般有常开、常闭触头各两对。在线圈未通电时（即平常状态下），处于相互断开状态的触头叫常开触头，又叫动合触头；处于相互接触状态的触头叫常闭触头，又叫动断触头。

接触器中的常开触头和常闭触头是联动的，当线圈通电时，所有的常闭触头先行分断，然后所有的常开触头跟着闭合；当线圈断电时，在反力弹簧的作用下，所有触头都恢复原来的平常状态。

（3）灭弧罩　额定电流在20A以上的交流接触器，通常都设有陶瓷灭弧罩。它的作用是迅速切断触头在分断时所产生的电弧，以避免发生触头烧毛或熔焊。

（4）其他部分　包括反力弹簧、触头压力簧片、缓冲弹簧、短路环、底座和接线柱等。反力弹簧的作用是当线圈断电时使衔铁和触头复位。触头压力簧片的作用是增大触头闭合时的压力，从而增大触头接触面积，避免因接触电阻增大而产生触头烧毛现象。缓冲弹簧可以吸收衔铁被吸合时产生的冲击力，起保护底座的作用。

2. 工作原理

交流接触器的工作原理：当线圈通电后，线圈中电流产生的磁场，使铁心产生电磁吸力将衔铁吸合。衔铁带动动触头动作，使常闭触头断开，常开触头闭合；当线圈断电时，电磁吸力消失，衔铁在反力弹簧的作用下释放，各触头随之复位。

交流接触器的触头系统包括主触头和辅助触头。图1-36所示为交流接触器的接线图，接触器主触头接线柱标注为L1、L2、L3和T1、T2、T3，对应的线圈接线柱标为A1、A2。主触头一般接到主电路上，先后顺序没有特别要求，辅助触头接到控制电路上，一般要根据具体情况选择是常开触头（NO）还是常闭触头（NC）。如果交流接触器常开、常闭触头不够用，可以通过加装辅助触头组件来解决。

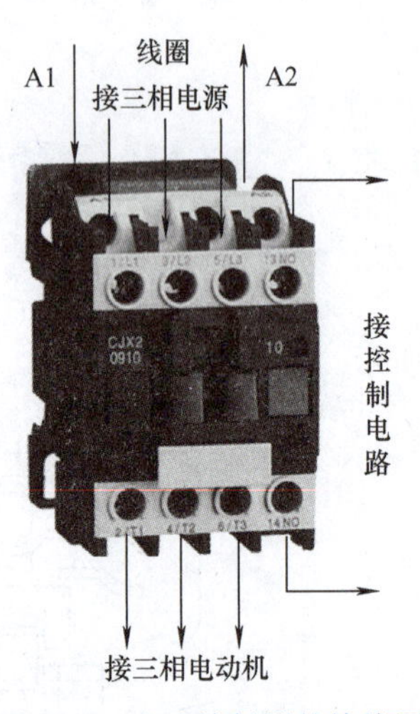

图1-36　交流接触器的接线图

1.5.2　交流接触器的型号与主要技术参数

交流接触器的型号含义如下：

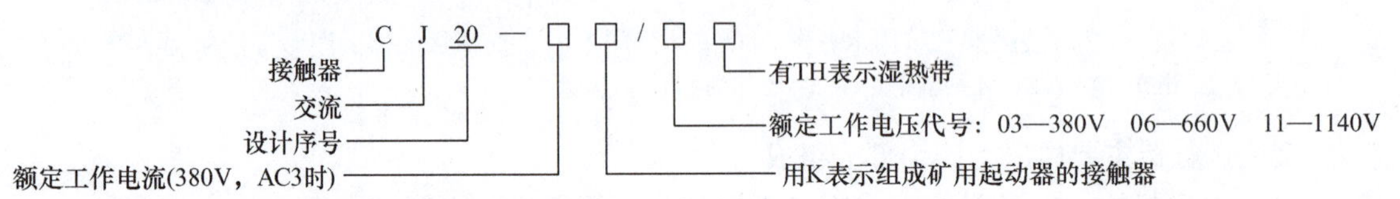

交流接触器的主要技术参数有如下几个：

1. 额定电压

接触器铭牌上的额定电压是指主触头的额定电压。交流电压的等级有127V、220V、380V和500V。

2. 额定电流

接触器铭牌上的额定电流是指主触头的额定电流。交流电流的等级有5A、10A、20A、40A、60A、100A、150A、250A、400A和600A。

3. 吸引线圈的额定电压

交流电压的等级有36V、110V、127V、220V和380V。

CJ20系列交流接触器的技术参数见表1-3。

表 1-3 CJ20 系列交流接触器的技术参数

型　号	频率/Hz	辅助触头额定电流/A	吸引线圈电压/V	主触头额定电流/A	额定电压/V	可控制电动机最大功率/kW
CJ20－10	50	5	AC 36、AC 127、AC 220、AC 380	10	380/220	4/2.2
CJ20－16				16	380/220	7.5/4.5
CJ20－25				25	380/220	11/5.5
CJ20－40				40	380/220	22/11
CJ20－63				63	380/220	30/18
CJ20－100				100	380/220	50/28
CJ20－160				160	380/220	85/48
CJ20－250				250	380/220	132/80
CJ20－400				400	380/220	220/115

1.5.3 直流接触器

直流接触器主要用于额定电压至440V、额定电流至1600A的直流电力线路中，实现远距离接通和分断电路，控制直流电动机的频繁起动、停止和反向。

直流电磁机构通以直流电，铁心中无磁滞损耗和涡流损耗，因而铁心不发热。而吸引线圈的匝数多、电阻大、铜耗大，线圈本身发热，因此吸引线圈做成长而薄的圆筒状，且不设线圈骨架，使线圈与铁心直接接触，以便散热。

触头系统也包括主触头与辅助触头。主触头一般做成单极或双极，单极直流接触器用于一般的直流回路中，双极直流接触器用于分断后电路完全隔断的电路以及控制电动机的正、反转电路中。由于通断电流大、通电次数多，因此采用滚滑接触的指形触头。辅助触头由于通断电流小，常采用点接触的桥式触头。直流接触器一般采用磁吹灭弧装置。

国内常用的直流接触器有CZ18、CZ21、CZ22等系列。直流接触器的图形符号和文字符号同交流接触器。

1.6 继电器

继电器是一种根据外界输入的一定信号（电的或非电的）来控制电路中电流通断的自动切换电器。它具有输入电路（又称感应元件）和输出电路（又称执行元件）。当感应元件中的输入量（如电流、电压、温度、压力等）变化到某一定值时继电器动作，执行元件便接通或断开控制电路。其触头通常接在控制电路中。

电磁式继电器的结构和工作原理与接触器相似，结构上也是由电磁机构和触头系统组成。但是，继电器控制的是小功率信号系统，流过触头的电流很弱，所以不需要灭弧装置。另外，继电器可以对各种输入量做出反应，而接触器只有在一定的电压信号下才能动作。

继电器种类繁多，常用的有电流继电器、电压继电器、中间继电器、时间继电器、热继电器以及温度、压力、计数、频率继电器等。

电子元器件的发展应用，推动了各种电子式的小型继电器的出现，这类继电器比传统的继电器灵敏度更高、寿命更长、动作更快、体积更小，一般都采用密封式或封闭式结构，用插座与外电路连接，便于迅速替换，能与电子电路配合使用。下面对几种经常使用的继电器进行简单介绍。

1.6.1 电流、电压继电器

根据输入电流大小而动作的继电器称为电流继电器。电流继电器的线圈串接在被测量的电路中，以反映电流的变化，其触头接在控制电路中，用于控制接触器线圈或信号指示灯的通/断。为了不影响被测电路的正常工作，电流继电器线圈阻抗应比被测电路的等效阻抗小得多。因此，电流继电器的线圈匝数少、导线粗。电流继电器按用途还可分为过电流继电器和欠电流继电器。过电流继电器的任务是当电路发生短路及过电流时立即将电路切断，继电器线圈电流小于整定电流时继电器不动作，只有超过整定电流时才动作。过电流继电器的动作电流整定范围：交流过电流继电器为（110%～350%）I_N，直流过电流继电器为（70%～300%）I_N。欠电流继电器的任务是当电路电流过低时立即将电路切断，继电器线圈通过的电流大于或等于整定电流时，继电器吸合，只有电流低于整定电流时，继电器才释放。欠电流继电器动作电流整定范围：吸合电流为（30%～50%）I_N，释放电流为（10%～20%）I_N，欠电流继电器一般是自动复位的。图1-37所示为常见电流继电器的外形。

与此类似，电压继电器是根据输入电压大小而动作的继电器，其结构与电流继电器相似，不同的是电压继电器的线圈与被测电路并联，以反映电压的变化，因此，它的吸引线圈匝数多、导线细、电阻大。电压继电器按用途也可分为过电压继电器和欠电压继电器。过电压继电器动作电压整定范围为（105%～120%）U_N；欠电压继电器吸合电压整定范围为（30%～50%）U_N，释放电压调整范围为（7%～20%）U_N。图1-38所示为常见电压继电器的外形。

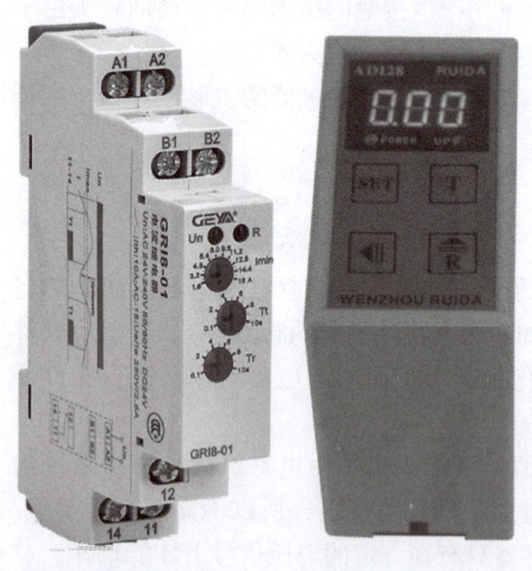

图1-37　常见电流继电器的外形

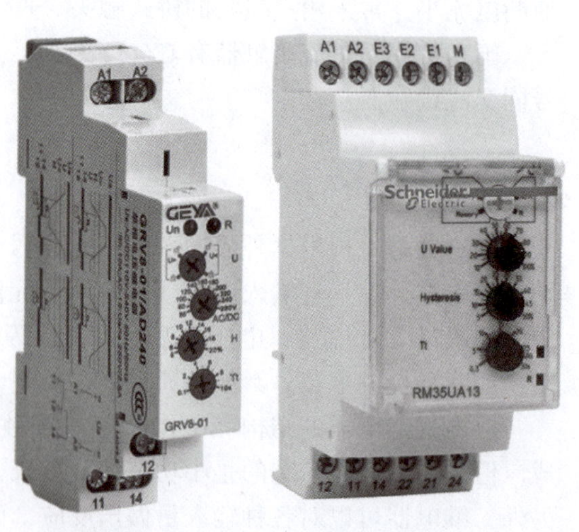

图1-38　常见电压继电器的外形

下面以JL18系列电流继电器为例，介绍其规格表示方法，并在表1-4中列出了其主要技术参数。

表 1-4　JL18 系列电流继电器技术参数

型　号	线圈额定值		结构特征
	工作电压/V	工作电流/A	
JL18－1.0		1.0	
JL18－1.6		1.6	
JL18－2.5		2.5	
JL18－4.0		4.0	
JL18－6.3		6.3	
JL18－10		10	
JL18－16		16	
JL18－25	AC 380 DC 440	25	触头工作电压：AC 380V DC 440V 发热电流：10A 可自动及手动复位
JL18－40		40	
JL18－63		63	
JL18－100		100	
JL18－160		160	
JL18－250		250	
JL18－400		400	
JL18－630		630	

电流继电器的型号含义如下：

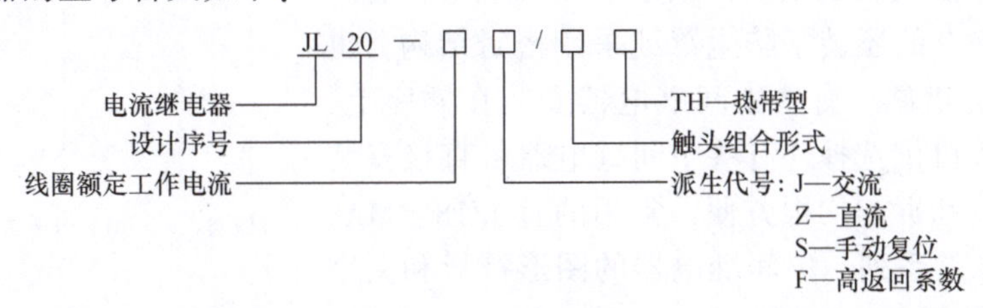

整定电流调节范围：交流吸合（110%～350%）I_N；直流吸合（70%～300%）I_N。电流、电压继电器的图形符号和文字符号如图 1-39 所示。

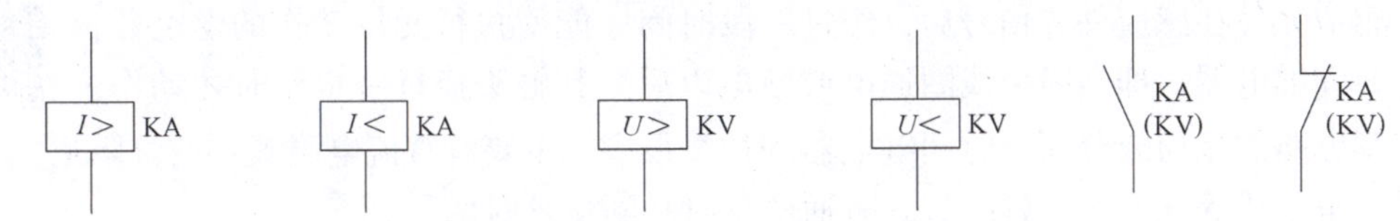

图 1-39　电流、电压继电器的图形符号和文字符号

1.6.2　中间继电器

中间继电器的作用是将一个输入信号变成多个输出信号或将信号放大（即增大触头容量）的继电器。其实质为电压继电器，但它的触头数量较多（可达 8 对）、触头容量较大（5～10A）、动作灵敏。

中间继电器按电压不同可分为两类：一类是用于交直流电路中的JZ系列，另一类是只用于直流操作的各种继电保护线路中的DZ系列。图1-40所示为常见中间继电器的外形。

常用的中间继电器有JZ7系列，以JZ7-62为例，JZ为中间继电器的代号，7为设计序号，有6对常开触头、2对常闭触头。表1-5为JZ7系列中间继电器的主要技术数据。

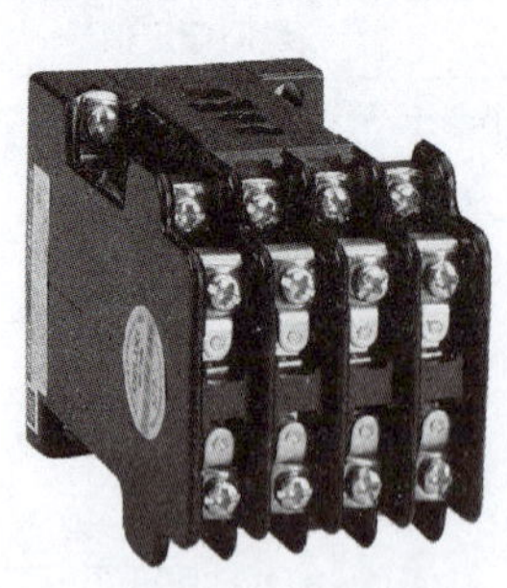

a) JZ7系列中间继电器

b) CR-MX插拔式中间继电器

图1-40 常见中间继电器的外形

表1-5 JZ7系列中间继电器的主要技术数据

型号	触头额定电压/V	触头额定电流/A	触头对数		吸引线圈电压(交流50Hz时)/V	额定操作频率/(次/h)
			常开	常闭		
JZ7-44	500	5	4	4	12、36、127、220、380	1200
JZ7-62			6	2		
JZ7-80			8	0		

新型中间继电器触头闭合过程中动、静触头间有一段滑擦、滚压过程，可以有效地清除触头表面的各种生成膜及尘埃，减小了接触电阻，提高了接触可靠性，有的还装了防尘罩或采用密封结构，也是提高可靠性的措施。有些中间继电器安装在插座上，插座有多种型式可供选择，有些中间继电器可直接安装在导轨上，安装和拆卸均很方便，常用的有JZ18、MA、K、HH5、RT11等系列。中间继电器的图形符号和文字符号如图1-41所示。

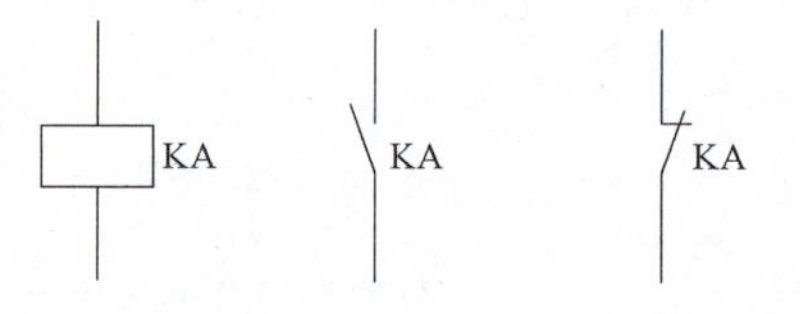

a) 线圈　b) 常开触头　c) 常闭触头

图1-41 中间继电器的图形符号和文字符号

1.6.3 时间继电器

感应元件在感应外界信号后，经过一段时间才能使执行元件动作的继电器，称为时间继电器。即当吸引线圈通电或断电以后，其触头经过一定延时才动作，以控制电路的接通或分断。时间继电器的种类很多，主要有直流电磁式、空气阻尼式、电动机式、电子式等几大类；延时方式有通电延时和断电延时两种。

1. 直流电磁式时间继电器

该类继电器用阻尼的方法来延缓磁通变化的速度，以达到延时的目的。其结构简单、运行可靠、寿命长、允许通电次数多，但仅适用于直流电路，延时时间较短。一般通电延时仅为0.1~0.5s，而断电延时可达0.2~10s。因此，直流电磁式时间继电器主要用于断电延时。

2. 空气阻尼式时间继电器

该类继电器由电磁机构、工作触头及气室三部分组成，它的延时是靠空气的阻尼作用来实现的。常见的型号有JS7-A系列，按其控制原理有通电延时和断电延时两种类型。

图 1-42 所示为 JS7 - A 系列空气阻尼式时间继电器的外形及工作原理图。

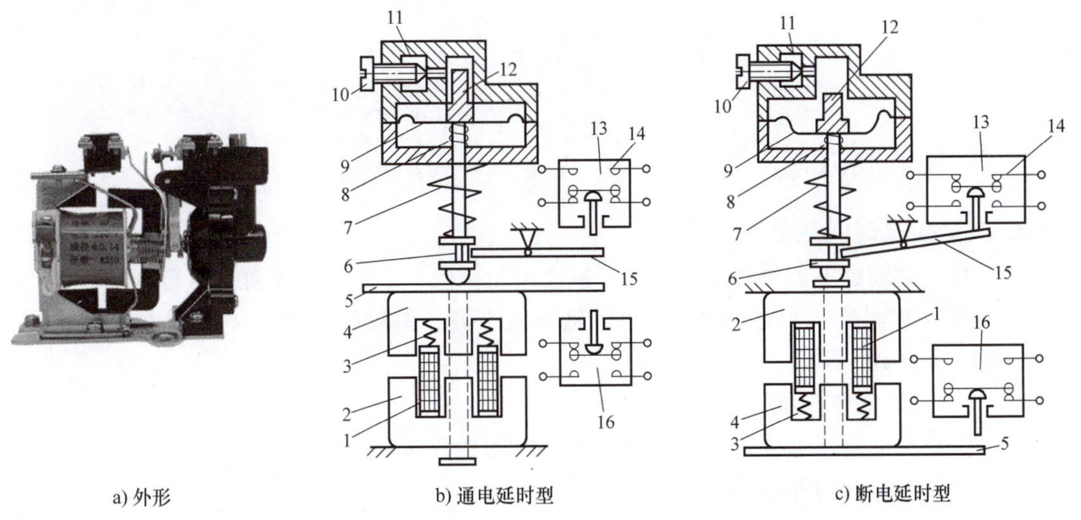

a) 外形　　b) 通电延时型　　c) 断电延时型

图 1-42　JS7 - A 系列空气阻尼式时间继电器的外形及工作原理图

1—线圈　2—静铁心　3、7、8—弹簧　4—衔铁　5—推板　6—顶杆　9—橡皮膜　10—螺钉
11—进气孔　12—活塞　13、16—微动开关　14—延时触头　15—杠杆

当通电延时型时间继电器电磁铁线圈 1 通电后，将衔铁 4 吸下，于是顶杆 6 与衔铁间出现一个空隙，当与顶杆相连的活塞 12 在弹簧 7 作用下由上向下移动时，在橡皮膜 9 上面形成空气稀薄的空间（气室），空气由进气孔 11 逐渐进入气室，活塞因受到空气的阻力，不能迅速下降，在降到一定位置时，杠杆 15 使延时触头 14 动作（常开触头闭合，常闭触头断开）。线圈断电时，弹簧使衔铁和活塞等复位，空气经橡皮膜与顶杆之间推开的气隙迅速排出，触头瞬时复位。

断电延时型时间继电器与通电延时型时间继电器的原理和结构均相同，只是将其电磁机构翻转 180°后再安装。

空气阻尼式时间继电器延时时间有 0.4～180s 和 0.4～60s 两种规格，具有延时范围较宽、结构简单、工作可靠、价格低廉、寿命长等优点，是机床交流控制电路中常用的时间继电器。它的缺点是延时精度较低。

表 1-6 列出了 JS7 - A 系列空气阻尼式时间继电器的技术数据，其中 JS7 - 2A 型和 JS7 - 4A 型既带有延时动作触头，又带有瞬时动作触头。

表 1-6　JS7 - A 系列空气阻尼式时间继电器的技术数据

型　号	触头额定容量		延时触头对数				瞬时动作触头数量		线圈电压/V	延时范围/s
	电压/V	电流/A	线圈通电延时		线圈断电延时					
			常开	常闭	常开	常闭	常开	常闭		
JS7 - 1A	380	5	1	1					AC 36、127、220、380	0.4～60 及 0.4～180
JS7 - 2A			1	1			1	1		
JS7 - 3A					1	1				
JS7 - 4A					1	1	1	1		

国内生产的新产品JS23系列，可取代JS7－A、B及JS16等老产品。JS23系列时间继电器的型号含义如下：

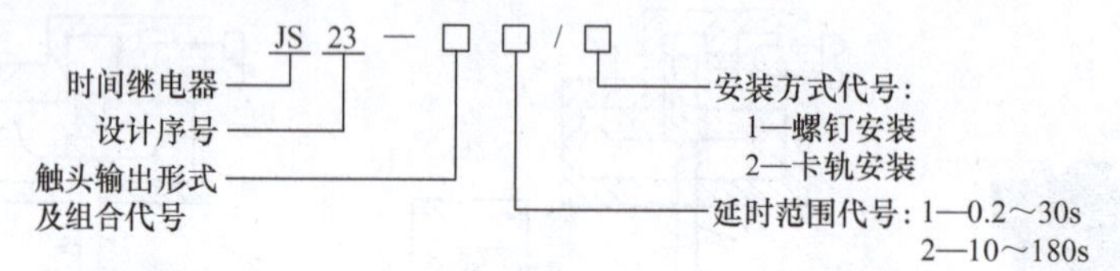

3. 电动机式时间继电器

电动机式时间继电器由同步电动机、减速齿轮机构、电磁离合系统及执行机构组成，该类继电器延时时间长（可达数十小时）、延时精度高，但结构复杂、体积较大，常用的有JS10、JS11系列和7PR系列。

4. 电子式时间继电器

电子式时间继电器可分为晶体管式时间继电器和数字式时间继电器。图1-43所示为常见电子式时间继电器的外形。

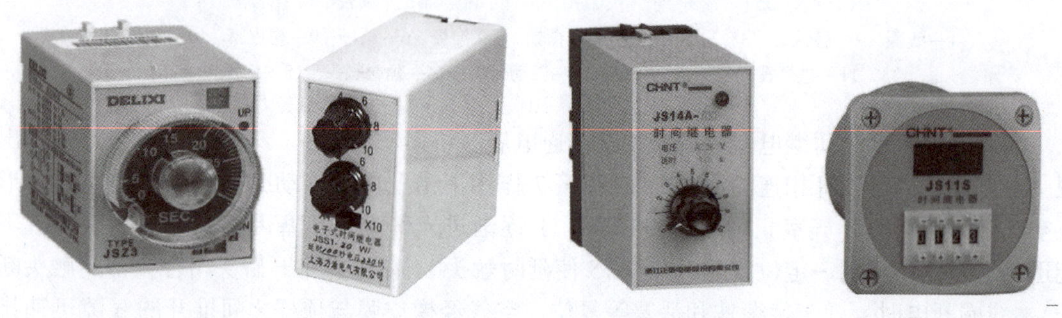

图1-43　常见电子式时间继电器的外形

晶体管式时间继电器由于具有延时范围广、体积小、精度高、调节方便以及寿命长等优点而得到了广泛的应用。晶体管式时间继电器分为通电延时型、断电延时型和带瞬动触头的通电延时型。它们均是利用*RC*电路充放电原理构成延时的。这种时间继电器主要用于中等延时（0.05s～1h）的场合。

数字式时间继电器采用数字脉冲计数电路，相比晶体管式时间继电器，延时范围更大，精度更高，主要用于各种需要精确延时和延时时间较长的场合。这类时间继电器功能强大，有通电延时、断电延时、定时吸合、循环延时四种延时形式、十几种延时范围供用户选择，这是晶体管式时间继电器不可比拟的。

国内生产的电子式时间继电器产品有JSS1系列，引进生产的有日本富士公司生产的ST、HH、AR系列等。JSS1系列电子式时间继电器型号含义如下：

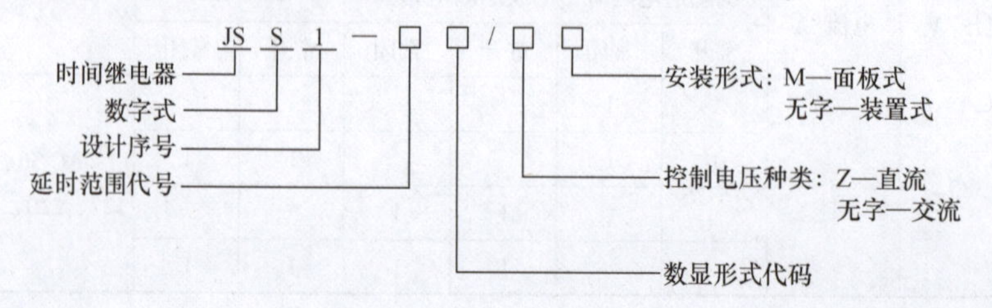

JSS1 系列电子式时间继电器型号中数显形式代码的含义见表 1-7。

表 1-7　JSS1 系列电子式时间继电器型号中数显形式代码的含义

代码	无	A	B	C	D	E	F
含义	不带数显	2 位数显递增	2 位数显递减	3 位数显递增	3 位数显递减	4 位数显递增	4 位数显递减

时间继电器的图形符号和文字符号如图 1-44 所示。

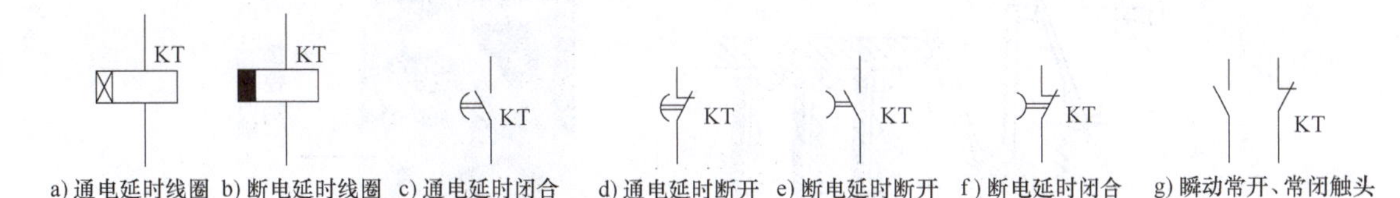

a) 通电延时线圈　b) 断电延时线圈　c) 通电延时闭合的常开触头　d) 通电延时断开的常闭触头　e) 断电延时断开的常开触头　f) 断电延时闭合的常闭触头　g) 瞬动常开、常闭触头

图 1-44　时间继电器的图形符号和文字符号

1.6.4　热继电器

电动机在实际运行中常遇到过载情况，若电动机过载不大，时间较短，只要电动机绕组不超过允许温升，这种过载是允许的。但若是长时间过载，绕组超过允许温升时，将会加剧绕组绝缘的老化，缩短电动机的使用年限，严重时会将电动机烧毁。因此，应采用热继电器作为电动机的过载保护。

1. 热继电器的结构及工作原理

热继电器是利用电流通过元器件所产生的热效应原理而反时限动作的继电器，专门用来对连续运行的电动机进行过载及断相保护，以防止电动机过热而烧毁。它主要由加热元件、双金属片和触头组成。双金属片是它的测量元件，由两种具有不同线膨胀系数的金属通过机械辗压而制成，线膨胀系数大的称为主动层，小的称为被动层。加热双金属片的方式有四种：直接加热、热元件间接加热、复合式加热和电流互感器加热。图 1-45 所示为常见热继电器的外形。

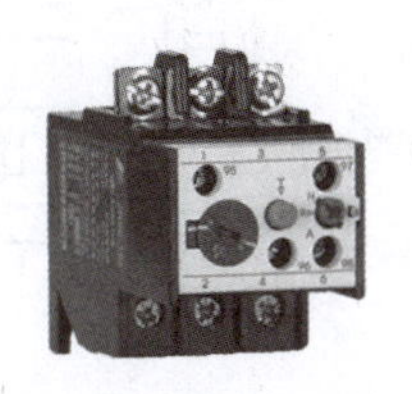

图 1-45　常见热继电器的外形

图 1-46 所示是热继电器的结构原理图及实物接线图。热元件 3 串接在电动机定子绕组中，电动机绕组电流即为流过热元件的电流。当电动机正常运行时，热元件产生的热量虽能使双金属片 2 弯曲，但还不足以使继电器动作；当电动机过载时，热元件产生的热量增大，使双金属片弯曲位移增大，经过一定时间后，双金属片弯曲到推动导板 4，并通过补偿双金属片 5 与推杆 14 将触头 9 和 6 分开。触头 9 和 6 为热继电器串接于接触器线圈回路的常闭触头，断开后使接触器失电，接触器的常开触头断开电动机的电源以保护电动机。调节旋钮 11 是一个偏心轮，它与支撑件 12 构成一个杠杆，转动偏心轮，改变它的半径，即可改变补

偿双金属片 5 与导板 4 接触的距离，因而达到调节整定动作电流的目的。此外，靠调节复位螺钉 8 来改变常开触头 7 的位置，使热继电器能工作在手动复位和自动复位两种工作状态。手动复位时，在故障排除后要按下按钮 10 才能使动触头 9 恢复与静触头 6 相接触的位置。

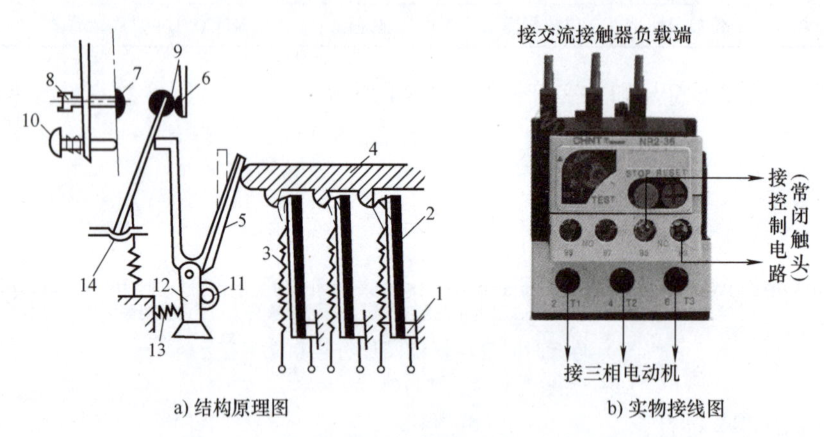

图 1-46　热继电器的结构原理图及实物接线图

1—固定支点　2—双金属片　3—热元件　4—导板　5—补偿双金属片　6—静触头　7—常开触头　8—复位螺钉　9—动触头　10—按钮　11—调节旋钮　12—支撑件　13—压簧　14—推杆

2. 带断相保护的热继电器

三相电动机的一根接线松开或一相熔丝熔断，是造成三相异步电动机烧坏的主要原因之一。如果热继电器所保护的电动机是星形联结，那么当线路发生一相断电时，另外两相电流增大很多，由于线电流等于相电流，流过电动机绕组的电流和流过热继电器的电流增加比例相同，因此普通的两相或三相热继电器可以对此做出保护。如果电动机是三角形联结，则发生断相时，由于电动机的相电流与线电流不等，流过电动机绕组的电流和流过热继电器的电流增加比例不相同，而热元件又串接在电动机的电源进线中，按电动机的额定电流即线电流来整定，整定值较大，因而当故障线电流达到额定电流时，在电动机绕组内部，电流较大的那一相绕组的故障电流将超过额定相电流，便有过热烧毁的危险，所以三角形联结必须采用带断相保护的热继电器。带有断相保护的热继电器是在普通热继电器的基础上增加一个差动机构，对三个电流进行比较。带断相保护的热继电器结构如图 1-47 所示。

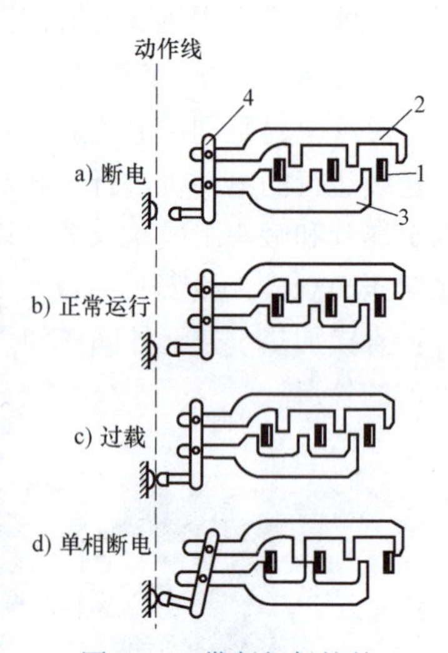

图 1-47　带断相保护的热继电器结构

1—双金属片剖面　2—上导板　3—下导板　4—杠杆

当一相（设 A 相）断路时，A 相（右侧）热元件温度由原正常热状态下降，双金属片由弯曲状态伸直，推动上导板右移；同时由于 B、C 相电流较大，推动下导板向左移，使杠杆扭转，继电器动作，起到断相保护作用。

热继电器采用热元件，其反时限动作特性能比较准确地模拟电动机的发热过程与电动机温升，确保了电动机的安全。值得一提的是，由于热继电器具有热惯性，不能瞬时动作，故不能用作短路保护。

3. 热继电器的主要参数及常用型号

热继电器的主要参数有：热继电器额定电流、相数、整定电流及调节范围、热元件额定电流等。

热继电器的额定电流是指热继电器中，可以安装的热元件的最大整定电流值。

热元件的额定电流是指热元件的最大整定电流值。

热继电器的整定电流是指能够长期通过热元件而不致引起热继电器动作的最大电流值。通常热继电器的整定电流是按电动机的额定电流整定的。对于某一热元件的热继电器，可手动调节整定电流旋钮，通过偏心轮机构，调整双金属片与导板的距离，能在一定范围内调节其电流的整定值，使热继电器更好地保护电动机。

JR16、JR20系列是目前广泛应用的热继电器，其型号含义如下：

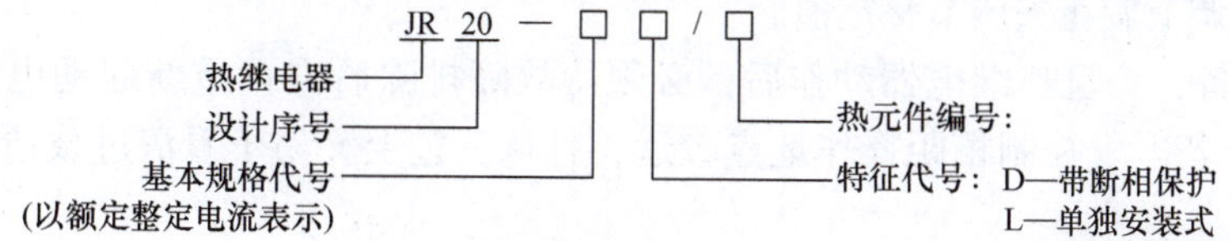

表1-8列出了JR16系列热继电器的主要规格参数。

表1-8 JR16系列热继电器的主要规格参数

型　号	额定电流/A	热元件规格	
		额定电流/A	电流调节范围/A
JR16—20/3 JR16—20/3D	20	0.35	0.25～0.35
		0.5	0.32～0.5
		0.72	0.45～0.72
		1.1	0.68～1.1
		1.6	1.0～1.6
		2.4	1.5～2.4
		3.5	2.2～3.5
		5.0	3.2～5.0
		7.2	4.5～7.2
		11.0	6.8～11
		16.0	10.0～16
		22	14～22
JR60—60/3 JR60—60/3D	60	22	14～22
		32	20～32
		45	28～45
		63	45～63
JR16—150/3 JR16—150/3D	150	63	40～63
		85	53～85
		120	75～120
		160	100～160

热继电器的图形符号和文字符号如图 1-48 所示。

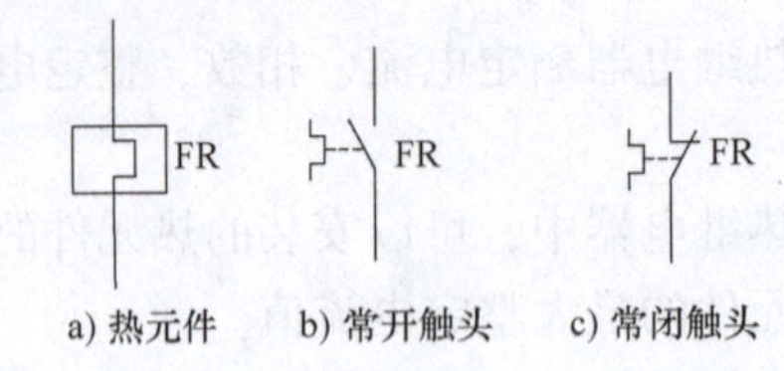

a) 热元件　b) 常开触头　c) 常闭触头

图 1-48　热继电器的图形符号和文字符号

4. 热继电器的正确使用及维护

1）热继电器的额定电流等级不多，但其热元件编号很多，每一种编号都有一定的电流整定范围。在使用时应使热元件的电流整定范围中间值与保护电动机的额定电流值相等，再根据电动机运行情况通过调节旋钮去调节整定值。

2）对于重要设备，一旦热继电器动作后，必须待故障排除后方可重新起动电动机，应采用手动复位方式；若电气控制柜距操作地点较远，且从工艺上又易于看清过载情况，则可采用自动复位方式。

3）热继电器和被保护电动机的周围介质温度应尽量相同，否则会破坏已调整好的配合情况。

4）热继电器必须按照产品说明书中规定的方式安装。当与其他电器装在一起时，应将热继电器置于其他电器下方，以免其动作特性受其他电器发热的影响。

5）使用中应定期去除尘埃和污垢，并定期通电校验其动作特性。

1.6.5　速度继电器

速度继电器又称为反接制动继电器。它的主要作用是与接触器配合，实现对电动机的制动。也就是说，在三相交流异步电动机反接制动转速过零时，自动切除反相序电源。图 1-49 所示为其外形及结构。

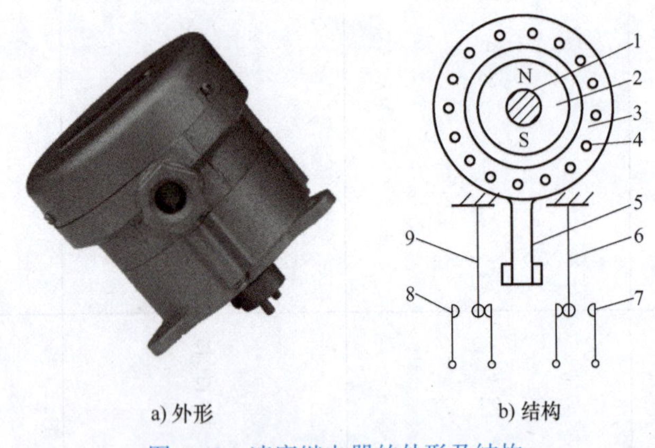

a) 外形　b) 结构

图 1-49　速度继电器的外形及结构

1—转轴　2—转子　3—定子　4—绕组　5—摆锤

6、9—簧片　7、8—静触头

速度继电器主要由转子、圆环（笼型空心绕组）和触头三部分组成。

转子由一块永久磁铁制成，与电动机同轴相连，用以接收转动信号。当转子（磁铁）旋转时，笼型绕组切割转子磁场产生感应电动势，形成环内电流。转子转速越高，这一电流就越大。此电流与磁铁磁场相作用，产生电磁转矩，圆环在此力矩的作用下带动摆锤，克服弹簧力而顺着转子转动的方向摆动，并拨动触头改变其通断状态（在摆锤左右各设一组触头，分别在速度继电器正转和反转时发生作用）。当调节弹簧弹性力时，可使速度继电器在不同转速时拨动触头，改变通/断状态。

速度继电器的动作速度一般不低于120r/min，复位转速约在100r/min以下，该数值可以调整。工作时，允许的转速高达1000～3600r/min。由速度继电器的正转和反转触头的动作，来反映电动机转向和速度的变化。常用的型号有JY1和JFZ0。

速度继电器的图形符号和文字符号如图1-50所示。

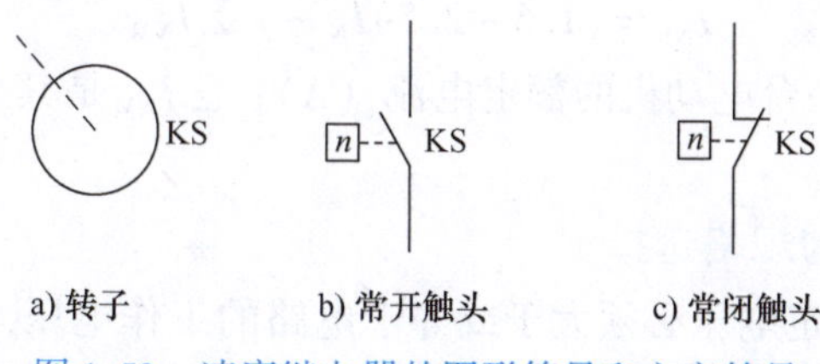

图1-50　速度继电器的图形符号和文字符号

1.7　常用低压电器的选择

低压电器的类型通常按使用条件和场合来选择，然后按所需的功率、线路额定电压选择电器的额定电压和额定电流，针对不同类型的低压电器，其具体选择方法也有所不同。

1.7.1　刀开关的选择

刀开关一般根据电流种类、电压等级、电动机容量（电路电流）及控制的极数进行选择。

用于照明电路时，刀开关的额定电压应大于或等于电路的最大工作电压，其额定电流应大于或等于电路的最大工作电流。

用于电动机直接起动时，刀开关的额定电压应大于或等于电路的最大工作电压，其额定电流应大于或等于电动机额定电流的3倍。

1.7.2　主令电器的选择

主令电器的额定电压可参考控制电路的工作电压。由于控制电路的工作电流一般都小于5A，所以它们的额定电流一般都选定为5A。

1.7.3　熔断器的选择

熔断器的选择包括熔断器类型的选择、熔体额定电流的选择和熔断器（熔壳）的规格选择。

1. 熔断器类型的选择

熔断器的类型应根据负载的保护特性、短路电流的大小及安装条件进行选择。

2. 熔体额定电流的选择

熔断器用来进行短路保护时，其熔体根据保护对象来选择。

1）对于照明回路、信号指示回路以及电阻炉等回路，取熔体的额定电流大于或等于实际负载电流。

2）对于电动机的短路保护与它的台数多少有关。

对于单台电动机：

$$I_{NF}=(1.5\sim2.5)I_{NM} \tag{1-1}$$

式中，I_{NF}是熔体额定电流（A）；I_{NM}是电动机额定电流（A）。

当电动机轻载起动或起动时间较短时，式(1-1) 中的系数取1.5；当电动机重载起动或起动次数较多且时间较长时，式中的系数取2.5。

对于多台电动机：

$$I_{NF}=(1.5\sim2.5)I_{N_{max}}+\sum I_{NM} \tag{1-2}$$

式中，$I_{N_{max}}$是容量最大的一台电动机的额定电流（A）；$\sum I_{NM}$是其余各台电动机的额定电流之和（A）。

3. 熔断器（熔壳）的规格选择

熔断器（熔壳）的额定电压必须大于或等于电路的工作电压，熔断器（熔壳）的额定电流必须大于或等于所装熔体的额定电流。

1.7.4 接触器的选择

接触器分为交流接触器和直流接触器两大类，控制交流负载应选用交流接触器，控制直流负载应选用直流接触器。

1. 使用类别的选择

接触器的使用类别应与负载性质相一致。交流接触器按使用类别被划分为AC1～AC4四类，其对应的控制对象分别为：

AC1—无感或微感负载，如白炽灯、电阻炉等；

AC2—绕线转子异步电动机的起动和停止；

AC3—笼型异步电动机的运转和运行中分断；

AC4—笼型异步电动机的起动、反接制动、反向和点动。

2. 额定电压与额定电流的选择

在一般情况下，接触器的选用主要考虑的是接触器主触头的额定电压与额定电流。

主触头的额定电压应大于或等于主电路的工作电压。

主触头的额定电流应大于或等于主电路的工作电流（负载电流）。

若已知三相电动机额定功率和额定电压，电动机工作电流（负载电流）计算公式如下：

$$电动机工作电流(A)=\frac{额定功率(kW)\times10^3}{1.73\times380\times功率因数\times效率}$$

也可按下列经验公式计算：

$$I_f=10P_N/KU_N \tag{1-3}$$

式中，I_f是电动机工作电流（A）；P_N是电动机额定功率（W）；U_N是电动机额定电压（V）；K是经验系数，取决于电动机的性能，范围在1～1.4之间。一般地，功率因数取0.85，效率取0.85，K可取1.24。

接触器如使用在频繁起动、制动和正反转的场合时，一般其额定电流降一个等级来选用。

3. 控制线圈电压种类与额定电压的选择

接触器控制线圈的电压种类（交流或直流电压）与电压等级应根据控制电路要求选用。

4. 辅助触头的种类及数量的选择

接触器辅助触头的种类及数量应满足控制需要，当辅助触头的对数不能满足要求时，可用增设中间继电器的方法来解决。

1.7.5 继电器的选择

1. 电磁式通用继电器

选用时首先考虑的是交流类型还是直流类型，然后根据控制电路需要，决定采用电压继电器还是电流继电器。作为保护用的继电器应该考虑过电压（或过电流）、欠电压（或欠电流）继电器的动作值和释放值、中间继电器触头的类型和数量以及电磁线圈的额定电压或额定电流。

2. 时间继电器

时间继电器应根据下列原则进行选择：

1）根据系统的延时范围选用适当的类型。

2）根据控制电路的功能特点选用相应的延时方式。

3）根据控制电压选择吸引线圈的电压等级。

首先根据时间继电器的延时方式、延时范围、延时精度、触头形式以及工作环境等因素，确定采用何种时间继电器，是通电延时型还是断电延时型，然后再选择线圈的额定电压。

3. 热继电器

热继电器结构型式的选择，主要取决于电动机绕组接法以及是否要求断相保护。热继电器热元件的整定电流可按下式选取：

$$I_{NFR}=(0.95\sim1.05)I_{NM} \tag{1-4}$$

式中，I_{NFR}是热元件整定电流（A）；I_{NM}是电动机额定电流（A）。

在恶劣的工作环境下，起动频繁的电动机则按下式选取：

$$I_{NFR}=(1.15\sim1.5)I_{NM} \tag{1-5}$$

对于过载能力差的电动机，热元件的整定电流为电动机额定电流的60%～80%；对于重复短时工作制的电动机，其过载保护不宜选用热继电器，而应选用电流继电器。

4. 速度继电器

根据生产机械设备的实际安装情况以及电动机额定工作转速，选择合适的速度继电器型号。

思考题与习题

1-1　常用的刀开关有几种？分别用在什么场合？

1-2　刀开关的选用方法及安装注意事项有哪些？

1-3　常用熔断器的种类有哪些？

1-4　两台电动机不同时起动，一台电动机额定电流为14.8A，另一台电动机额定电流为6.47A，试选择用作短路保护熔断器的额定电流及熔体的额定电流。

1-5　常用主令电器有哪些？在电路中各起什么作用？

1-6　写出下列电器的作用、图形符号和文字符号：

熔断器　组合开关　按钮　低压断路器　交流接触器　热继电器　时间继电器

1-7　简述交流接触器在电路中的作用、结构和工作原理。

1-8　中间继电器与交流接触器有什么差异？在什么条件下中间继电器也可以用来起动电动机？

1-9　JS7 系列时间继电器的原理是什么？如何调整延时时间？画出其图形符号并解释各触头的动作特点。

1-10　在电动机的控制电路中，熔断器和热继电器能否相互代替？为什么？

1-11　电动机的起动电流大，起动时热继电器应不应该动作？为什么？

1-12　熔断器应该如何选择？

第2章

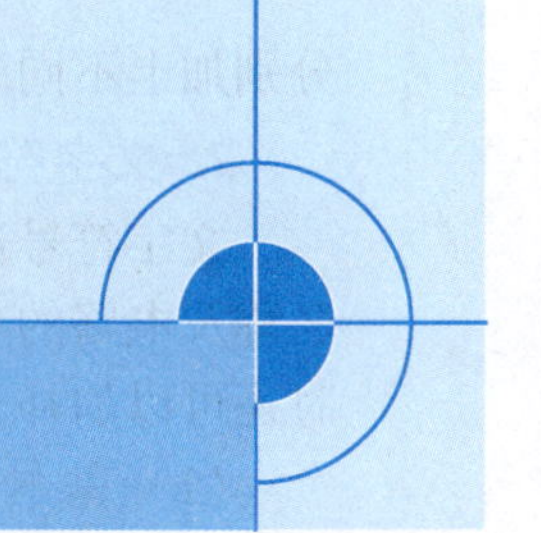

电气控制电路的基本环节

在生产过程中，可用导线把继电器、接触器、按钮、行程开关、热继电器等元件，按照一定的控制方式连接起来，组成用来满足所需生产工艺要求的自动控制线路。虽然生产工艺和生产过程不同，对控制线路的要求也不同，但是无论哪一种控制系统，都是由一些基本的典型控制线路组成的。因此，首先需要掌握一些基本的典型控制线路的工作原理，进而掌握复杂电气控制系统的分析方法和设计方法。本章主要培养学生严格按国家标准和工艺规范识图、制图，培养学生严谨细致、精益求精的工作态度。

2.1 电气控制系统图识图及制图标准

电气控制电路是由许多电气元器件按具体要求而组成的一个系统。为了表达生产机械电气控制系统的原理、结构等设计意图，同时也为了方便电气元器件的安装、调整、使用和维修，必须将电气控制系统中各电气元器件的连接用一定的图形表示出来，这种图就是电气控制系统图。为了便于设计、分析、安装和使用控制电路，电气控制系统图必须采用统一规定的符号、文字和标准的画法。

电气控制系统图包括电气原理图、电气安装接线图、电气元器件布置图、互连图和框图等。各种图的图纸尺寸一般选用297mm×210mm、297mm×420mm、420mm×594mm、594mm×841mm四种幅面，特殊需要可按《机械制图》国家标准选用其他尺寸。本书将主要介绍电气原理图、电气元器件布置图和电气安装接线图。

2.1.1 常用电气控制系统的图示符号

我国早已加入WTO（世界贸易组织），电气工程技术要与国际接轨，要与WTO中的各国交流电气工程技术，必须具备通用的电气工程语言，因此，国家标准局参照国际电工委员会（IEC）颁布的有关文件，制定了我国电气设备的有关国家标准，如GB/T 4728.1～13—2008、2018《电气简图用图形符号》等。

1. 图形符号

图形符号通常用于图样或其他文件，以表示一个设备或概念，包括符号要素、一般符号和限定符号。

（1）符号要素　符号要素是一种具有确定意义的简单图形，必须同其他图形组合才能构成一个设备或概念的完整符号，如接触器常开主触头的符号就由接触器触头功能符号和常开触头符号组合而成。

（2）一般符号　一般符号是用以表示一类产品或此类产品特征的一种简单符号，如电机的一般符号为“⊛”，“＊”号用M代替可以表示电动机，用G代替可以表示发电机。

（3）限定符号　限定符号是用于提供附加信息的一种加在其他符号上的符号。限定符号一般不能单独使用，但它可以使图形符号更具多样性。例如，在电阻器一般符号的基础上分别加上不同的限定符号，就可以得到可变电阻器、压敏电阻器、热敏电阻器等。

2. 文字符号

文字符号适用于电气技术领域中技术文件的编制，用以标明电气设备、装置和元器件的名称及电路的功能、状态和特征。文字符号分为基本文字符号和辅助文字符号。此外，必要时还可以加补充文字符号。

（1）基本文字符号　基本文字符号有单字母符号和双字母符号两种。单字母符号是按拉丁字母顺序将各种电气设备、装置和元器件划分为 23 个大类，每一类用一个专用单字母符号表示，如“C”表示电容器类，“R”表示电阻器类。

双字母符号是由一个表示种类的单字母符号与另一字母组成，组合形式是单字母符号在前，另一个字母在后，如“F”表示保护器件类，“FU”则表示熔断器。

（2）辅助文字符号　辅助文字符号是用以表示电气设备、装置和元器件以及电路的功能、状态和特征的，如“L”表示限制，“RD”表示红色等。辅助文字符号也可以放在表示种类的单字母符号后边组成双字母符号，如“SP”表示压力传感器，“YB”表示电磁制动器等。为简化文字符号，当辅助文字符号由两个以上字母组成时，允许只采用其第一位字母进行组合，如“MS”表示同步电动机。辅助文字符号还可以单独使用，如“ON”表示接通，“M”表示中间线等。

（3）补充文字符号的原则　当基本文字符号和辅助文字符号不能满足使用要求时，可按国家标准中文字符号组成原则予以补充。

1）在不违背国家标准文字符号编制原则的条件下，可采用国际标准中规定的电气技术文字符号。

2）在优先采用基本文字符号和辅助文字符号的前提下，可补充国家标准中未列出的双字母符号和辅助文字符号。

3）使用文字符号时，应按有关电气名词术语国家标准或专业技术标准中规定的英文术语缩写而成。基本文字符号不得超过两个字母，辅助文字符号一般不能超过三个字母。例如，表示“起动”，采用“START”的前两位字母“ST”作为辅助文字符号；而表示“停止（STOP）”的辅助文字符号必须再加一个字母，为“STP”。因拉丁字母“I”和“O”容易同阿拉伯数字“1”和“0”混淆，所以不允许单独作为文字符号使用。

常用的电气图形、文字符号见表 2-1。

表 2-1　常用电气图形、文字符号

名　称		图形符号	文字符号	名　称		图形符号	文字符号
一般三相电源开关		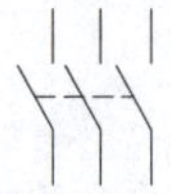	QS	位置开关	复合触头	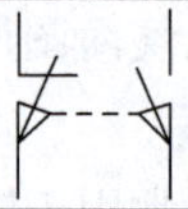	ST
低压断路器		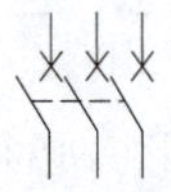	QF	熔断器			FU
位置开关	常开触头		ST	按钮	常开	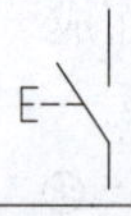	SB
	常闭触头	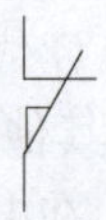			常闭	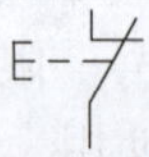	

（续）

名称		图形符号	文字符号
按钮	复式	E	SB
接触器	线圈		KM
	主触头		
	常开辅助触头		
	常闭辅助触头		
速度继电器	常开触头	n	KS
	常闭触头	n	
制动电磁铁			YB
时间继电器	通电延时线圈		KT
	断电延时线圈		
	常开延时闭合触头		
时间继电器	常闭延时断开触头		KT
	常闭延时闭合触头		
	常开延时断开触头		
热继电器	热元件		FR
	常闭触头		
继电器	中间继电器线圈		KA
	过电压继电器线圈	$U>$	KV
	欠电压继电器线圈	$U<$	
	过电流继电器线圈	$I>$	KA
	欠电流继电器线圈	$I<$	
	常开触头		相应继电器符号
	常闭触头		

（续）

名　称	图形符号	文字符号
转换开关		SA
电位器		RP
桥式整流装置		UR
照明灯		EL
信号灯		HL
电阻器		R
接插器		XS
电磁铁		YA
电磁吸盘		YH
直流串励电动机		M
直流并励电动机		
直流他励电动机		
直流复励电动机		

名　称	图形符号	文字符号
直流发电机		G
三相笼型异步电动机		M
三相绕线转子异步电动机		
三相自耦变压器		T
半导体二极管		VD
单相变压器		T
整流变压器		
照明变压器		
控制电路电源用变压器		TC
PNP 型晶体管		VT
NPN 型晶体管		

3. 接线端子标记

三相交流电源引入线采用L_1、L_2、L_3标记，中性线为N。

电源开关之后的三相交流电源主电路分别按U、V、W顺序进行标记，接地端为PE。

电动机分支电路各接点标记采用三相文字代号后面加数字来表示，数字中的十位数表示电动机代号，个位数表示该支路接点的代号，从上到下按数值的大小顺序标记，如U_{11}表示M_1电动机的第一相的第一个接点代号，U_{12}为第一相的第二个接点代号，以此类推。

电动机绕组首端分别用U_1、V_1、W_1标记，尾端分别用U_2、V_2、W_2标记，双绕组的中点则用U_3、V_3、W_3标记。也可以用U、V、W标记电动机绕组首端，用U′、V′、W′标记绕组尾端，用U″、V″、W″标记双绕组的中点。

分级三相交流电源主电路采用三相文字代号U、V、W的前面加上阿拉伯数字1、2、3等来标记，如1U、1V、1W，2U、2V、2W等。控制电路采用阿拉伯数字编号，一般由三位或三位以下的数字组成。标注方法按“等电位”原则进行，在垂直绘制的电路中，标号顺序一般由上而下编号，凡是线圈、绕组、触头或电阻、电容等元器件所间隔的线段，都应标以不同的电路标号。

4. 项目代号

在电路图上，通常用一个图形符号表示的基本件、部件、组件、功能单元、设备、系统等，称为项目。项目代号是用以识别图、图表、表格和设备中的项目种类，并提供项目的层次关系、种类、实际位置等信息的一种特定的代码。通过项目代号可以将图、图表、表格、技术文件中的项目与实际设备中的该项目一一对应和联系起来。

一个完整的项目代号由4个相关信息的代号段（高层代号、位置代号、种类代号、端子代号）组成。一个项目代号可以只由一个代号段组成，也可以由几个代号段组成。通常，种类代号可单独表示一个项目，而其余大多应与种类代号组合起来，才能较完整地表示一个项目。

种类代号是用于识别项目种类的代号，是项目代号中的核心部分。种类代号一般由字母代码和数字组成，其中的字母代码必须是规定的文字符号，例如KM_2表示第二个接触器。

在集中表示法和半集中表示法的图中，项目代号只在图形符号旁标注一次，并用机械连接线连接起来。在分开表示法的图中，项目代号应在项目每一部分旁都要标注出来。

2.1.2 电气原理图

用图形符号和项目代号表示电路各个元器件连接关系和电气工作原理的图称为电气原理图。由于电气原理图结构简单、层次分明，适于分析、研究电路工作原理等特点，因而广泛应用于设计和生产实际中。图2-1所示即为CW6132型卧式车床电气原理图。

在绘制电气原理图时，一般应遵循以下原则：

1）电气原理图应采用规定的标准图形符号，按主电路与辅助电路分开，并依据各电气元器件的动作顺序等原则而绘制。其中主电路就是从电源到电动机大电流通过的路径。辅助电路包括控制电路、照明电路、信号电路及保护电路等，由继电器和接触器的线圈、继电器的触头、接触器的辅助触头、按钮、照明灯、信号灯、控制变压器等电气元器件组成。

2）电器应是未通电时的状态；二进制逻辑元件应是置零时的状态；机械开关应是循环开始前的状态。

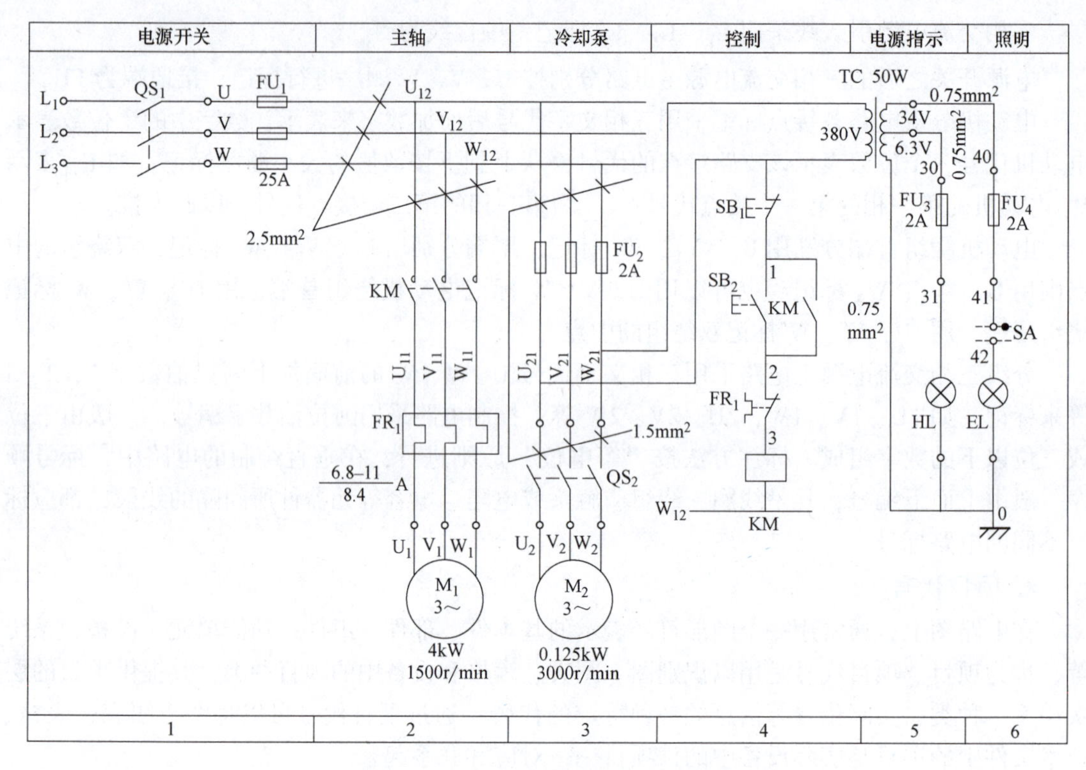

图 2-1　CW6132 型卧式车床电气原理图

3）控制系统内的全部电动机、电器和其他器械的带电部件，都应在原理图中表示出来。

4）在电气原理图上方将图分成若干图区，并标明该区电路的用途；在继电器、接触器线圈下方列有触头表，以说明线圈和触头的从属关系。

5）在电气原理图中应标出各个电源电路的电压值、极性、频率及相数，某些元器件的特性（如电阻、电容、变压器的参数值等），不常用电器（如位置传感器、手动触头等）的操作方式、状态和功能。

6）动力电路的电源电路绘成水平线，受电部分的主电路和控制保护支路分别垂直绘制在动力电路下面的左侧和右侧。

7）在电气原理图中，各个电气元器件在控制电路中的位置，不按实际位置画出，应根据便于阅读的原则安排，但为了表示是同一元器件，元器件的不同部件要用同一文字符号来表示。

8）电气元器件应按功能布置，并尽可能按工作顺序排列，其布局顺序应该是从上到下、从左到右。

9）在电气原理图中，有直接联系的交叉导线连接点，要用黑圆点表示，其中 T 形交叉处的连接点可省略；无直接联系的交叉导线连接点，不画黑圆点。

2.1.3　电气元器件布置图

电气元器件布置图所绘内容为原理图中各电气元器件的实际安装位置，可按实际情况分别绘制，如电气控制箱中的电器板、控制面板等。电气元器件布置图是控制设备生产及维护的技术文件，电气元器件的布置应注意以下几个方面：

1）体积大和较重的电气元器件应安装在电器板的下面，而发热元件应安装在电器板的上面。

2）强电、弱电应分开。弱电应屏蔽，防止外界干扰。

3）需要经常维护、检修、调整的电气元器件安装位置不宜过高或过低。

4）电气元器件的布置应考虑整齐、美观、对称。外形尺寸与结构类似的电气元器件安装在一起，以利于加工、安装和配线。

5）电气元器件布置不宜过密，要留有一定间距，如有走线槽，应加大各排元器件间距，以利于布线和维护。

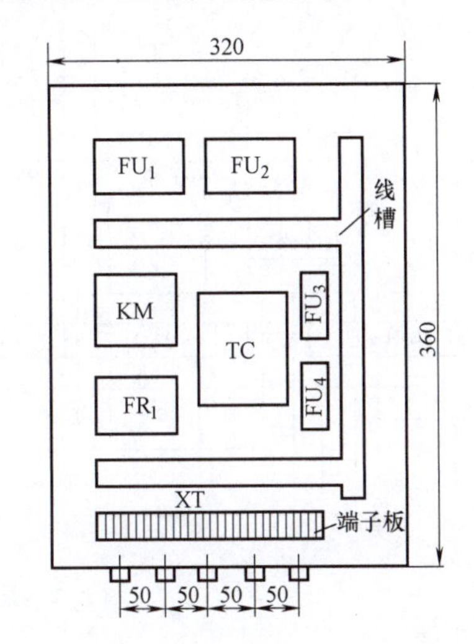

图 2-2　CW6132 型卧式车床电气元器件布置图

电气元器件布置图根据元器件的外形绘制，并标出各元器件间距尺寸。每个元器件的安装尺寸及其公差范围，应严格按产品手册标准标注，作为底板加工依据，以保证各元器件顺利安装。在电气元器件布置图中，还要选用适当的接线端子板或接插件，按一定顺序标上进出线的接线号。图2-2为与图2-1对应的电器箱内的电气元器件布置图。图中 FU_1 ~ FU_4 为熔断器，KM 为接触器，FR_1 为热继电器，TC 为照明变压器，XT 为接线端子板。

2.1.4　电气安装接线图

电气安装接线图是电气原理图的具体实现形式，它是用规定的图形符号按各电气元器件相对位置而绘制的实际接线图，因而可以直接用于安装配线。由于电气安装接线图在具体的施工、维修中能够起到电气原理图无法起到的作用，所以它在生产现场得到了普遍应用。电气安装接线图是根据元器件位置布置最合理、连接导线最经济等原则来安排的。一般来说，绘制电气安装接线图应按照下列原则进行：

1）电气安装接线图中的各电气元器件的图形符号、文字符号及接线端子的编号应与电气原理图一致，并按电气原理图连接。

2）各电气元器件均按其在安装底板中的实际安装位置绘出，元器件所占图面按实际尺寸以统一比例绘制。

3）一个元器件的所有部件绘在一起，并且用点画线框起来，即采用集中表示法。有时将多个电气元器件用点画线框起来，表示它们是安装在同一安装底板上的。

4）安装底板内外的电气元器件之间的连线通过接线端子板进行连接，安装底板上有几个接至外电路的引线，端子板上就应绘出几个线的接点。

5）绘制电气安装接线图时，走向相同的相邻导线可以绘成一股线。

图 2-3 是某生产机械电气安装接线图。

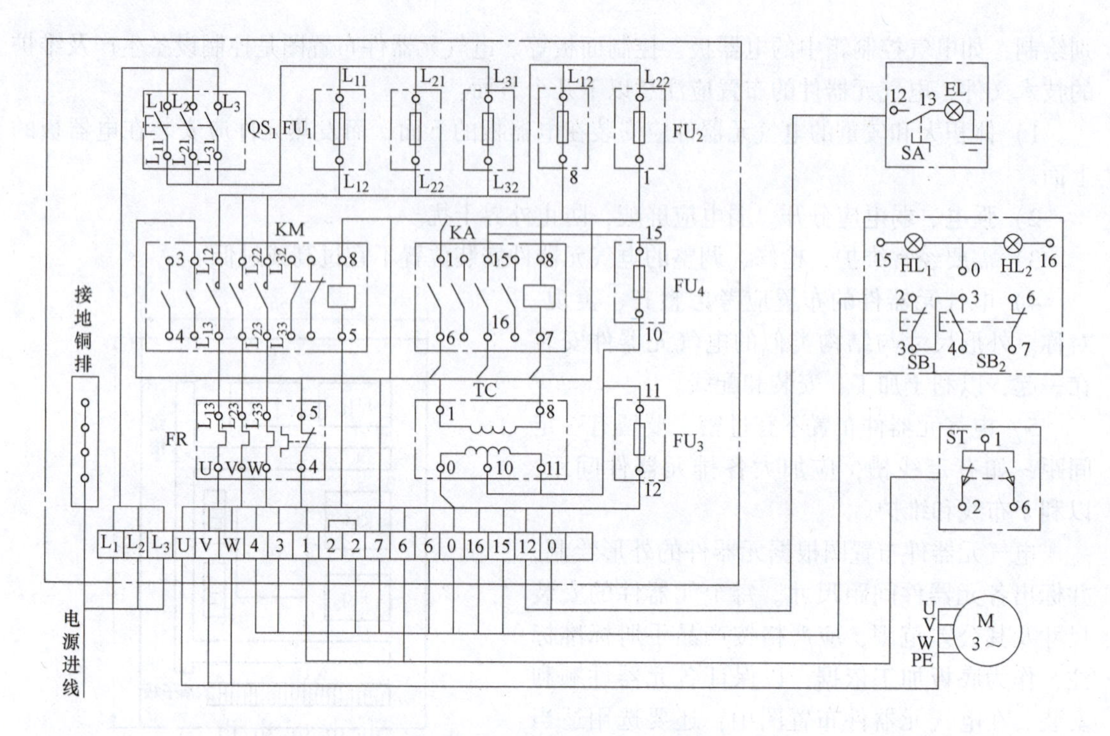

图 2-3　某生产机械电气安装接线图

2.1.5　阅读和分析电气控制电路图的方法

1. 识图的基本方法

电气控制电路图识图的基本方法是“先机后电、先主后辅、化整为零、集零为整、统观全局、总结特点”。

（1）先机后电　首先了解生产机械的基本结构、运行情况、工艺要求、操作方法，以期对生产机械的结构及其运行有个总体的了解，进而明确对电力拖动的要求，为分析电路做好前期准备。

（2）先主后辅　先阅读主电路，看设备由几台电动机拖动，了解各台电动机的作用，结合加工工艺分析电动机的起动方法，有无正、反转控制，采用何种制动方式，采用哪些电动机保护措施，然后再分析辅助电路。从主电路入手，根据每台电动机、电磁阀等执行电器的控制要求去分析它们的控制内容（包括起动、方向控制、调速和制动等）。

（3）化整为零　在分析控制电路时，根据主电路中各电动机、电磁阀等执行电器的控制要求，逐一找出控制电路中的控制环节，将电动机控制电路，按功能不同划分为若干个局部控制电路来进行分析。其步骤为：①从执行电器（电动机、电磁阀等）着手，看主电路上有哪些控制电器的触头，根据其组合规律看控制方式；②根据主电路的控制电器主触头文字符号，在控制电路中找到有关的控制环节及环节间的相互联系，将各台电动机的控制电路划分成若干个局部电路，每一台电动机的控制电路，又按起动环节、制动环节、调速环节、反向运行环节来分析电路；③设想按动了某操作按钮（应记住各信号元件、控制元件或执行元件的原始状态），查看电路，观察电气元器件的触头是如何控制其他电气元器件动作的，再查看这些被带动的控制元件的触头又是如何控制执行元件或其他电气元器件动作的，并随时注意控制元件的触头使执行元件有何运动，进而驱动被控机械有何运动，还要继续追查执行元件带动机械运动时，会使哪些信号元件状态发生变化。

(4) 集零为整、统观全局、总结特点　在逐个分析完局部电路后，还应统观全部电路，看各局部电路之间的联锁关系，机、电、液之间的配合情况，电路中设有哪些保护环节，以期对整个电路有清晰的了解，对电路中的每个电路、电器中的每个触头的作用都应了解清楚。最后总体检查，经过化整为零，初步分析了每一个局部电路的工作原理以及各部分之间的控制关系后，还必须用“集零为整”的方法，检查整个控制电路，看是否有遗漏。特别要从整体角度去进一步检查和理解各控制环节之间的联系，理解电路中每个电气元器件的作用。在读图过程中，特别要注意相互间的联系和制约关系。

2. 识图的查线读图法

阅读和分析电气控制电路图的基本方法是查线读图法（直接读图法或跟踪追击法），具体步骤如下：

(1) 识读主电路的步骤

第一步：分清主电路中用电设备。用电设备是指消耗电能的用电器具或电气设备，如电动机、电弧炉、电阻炉等。识图时，首先要看清楚有几个用电器以及它们的类别、用途、接线方式、特殊要求等。以电动机为例，从类别上讲，有交流电动机和直流电动机之分；而交流电动机又分为异步电动机和同步电动机；异步电动机又分为笼型和绕线转子两种。

第二步：要弄清楚用电设备是用什么电气元器件控制的。控制电气设备的方法很多，有的直接用开关控制，有的用各种起动器控制，有的用接触器或继电器控制。

第三步：了解主电路中其他元器件的作用。通常主电路中除了用电器和控制用的电器（如接触器、继电器）外，还常接有电源开关、熔断器以及保护电器。

第四步：看电源。查看主电路电源是三相380V还是单相220V；主电路电源是由母线汇流排供电或配电屏供电的（一般为交流电），还是从发电机供电的（一般为直流电）。

(2) 识读辅助电路的步骤　由于有各种不同类型的生产机械设备，它们对电力拖动也提出了各不相同的要求，表现在电路图上有各种不相同的辅助电路。辅助电路包含控制电路、信号电路和照明电路。

分析控制电路可根据主电路中各电动机和执行电器的控制要求，逐一找出控制电路中的控制环节，将控制电路“化整为零”，按功能不同划分成若干个局部控制电路来进行分析。如果控制电路较复杂，则可先排除照明、显示等与控制关系不密切的电路，以便集中精力进行分析。具体步骤如下：

第一步：看电源。看清电源的种类，是交流的还是直流的，弄清电源是从什么地方接来及其电压等级。电源一般是从主电路的两条相线上接来，其电压为380V；也有从主电路的一条相线和零线上接来，电压为220V；此外，也可以从专用隔离电源变压器接来，常用电压有127V、36V等。当辅助电路为直流时，其电压一般为24V、12V、6V等。

第二步：看辅助电路是如何控制主电路的。对复杂的辅助电路，在电路图中，整个辅助电路构成一条大回路。在这个大回路中又分成几条独立的小回路，每条小回路控制一个用电器或一个动作。当某条小回路形成闭合回路且有电流流过时，在回路中的电气元器件（接触器或继电器）则动作，把用电设备（如电动机）接入电源或从电源切除。

第三步：研究电气元器件之间的联系。电路中一切电气元器件都不是孤立的，而是互相联系、互相制约的。在电路中有时用电气元器件 A 控制电气元器件 B，甚至又用电气元器件 B 去控制电气元器件 C。这种互相制约的关系有时表现在同一个回路，有时表现在不同的几个回路中，这就是控制电路中的电气联锁。

第四步：研究其他电气设备和电气元器件，如整流设备、照明灯等。要了解它们的电路走向和作用。

上面所介绍的读图方法和步骤，只是一般的通用方法，需通过对具体电路的分析逐步掌握，不断总结，才能提高识图能力。

2.2 三相异步电动机起动控制电路

三相异步电动机的结构简单、价格便宜、坚固耐用、运行可靠、维修方便。与同容量的直流电动机比较，异步电动机具有体积小、重量轻、转动惯量小的特点，因此在各类企业中得到了广泛的应用。三相异步电动机的控制电路大多采用接触器、继电器、刀开关、按钮等有触头电器组合而成。由于三相异步电动机的结构不同，分为笼型异步电动机和绕线转子异步电动机。二者的构造不同，起动方法也不同，它们的起动控制电路差别更大。下面，对它们的起动控制电路分别加以介绍。

2.2.1 笼型异步电动机直接起动控制

所谓直接起动，就是利用刀开关或接触器将电动机定子绕组直接接到额定电压的电源上，故又称全压起动。直接起动的优点是起动设备与操作都比较简单，其缺点是起动电流大。对于较小容量笼型异步电动机，因电动机起动电流相对较小，且惯性小、起动快，一般来说，对电网、对电动机本身都不会造成影响，因此可以直接起动，但必须根据电源的容量来限制直接起动电动机的容量。

在工程实践中，直接起动可按以下经验公式核定：

$$\frac{I_Q}{I_N} \leqslant \frac{3}{4}+\frac{P_H}{4P_N} \tag{2-1}$$

式中，I_Q 是电动机的起动电流（A）；I_N 是电动机的额定电流（A）；P_N 是电动机的额定功率（kW）；P_H 是电源的总容量（kV · A）。

1. 采用刀开关直接起动控制

用开启式负荷开关、转换开关或封闭式负荷开关控制电动机的起动和停止，是最简单的手动控制方法。

图 2-4 是采用刀开关直接起动电动机的控制电路，其中，M 为被控三相异步电动机；QS 是刀开关；FU 是熔断器。刀开关是电动机的控制电器，熔断器是电动机的保护电器。其原理是：合上刀开关 QS，电动机将通电并旋转；断开 QS，电动机将断电并停转。冷却泵、小型台钻、砂轮机的电动机一般采用这种起动控制方式。

2. 采用接触器直接起动控制

图 2-5 所示为接触器控制电动机直接起动电路。

从图可见，主电路由刀开关 QS、熔断器 FU_1、接触器 KM 的主触头、热继电器 FR 的热元件和电动机 M 组成。控制电路由熔断器 FU_2、热继电器 FR 的常闭触头、停止按钮 SB_1、起动按钮 SB_2、接触器 KM 的线圈及其辅助常开触头组成。

在主电路中，串接热继电器 FR 的三相热元件；在控制电路中，串接热继电器 FR 的常闭触头。一旦过载并达到一定时间后，FR 动作，其常闭触头断开，切断控制电路，电动机失电停转。

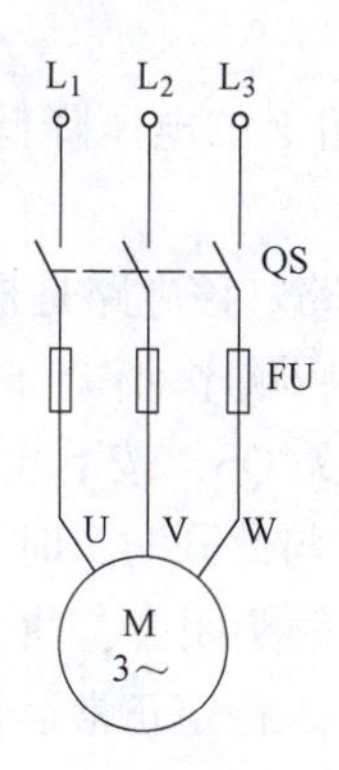

图 2-4 刀开关直接起动电动机的控制电路

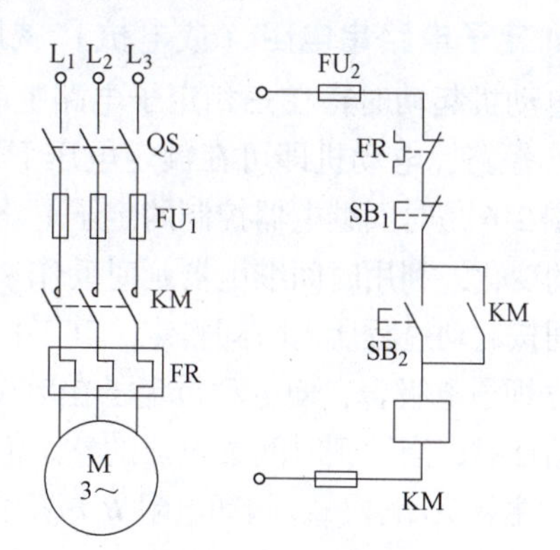

图 2-5 接触器控制电动机直接起动电路

在起动按钮两端并联有接触器 KM 的辅助常开触头 KM，使该电路具有自锁功能。

电路的工作过程如下：

合上 QS→按下 SB_2→KM 线圈得电—┬→KM 自锁触头闭合
　　　　　　　　　　　　　　　　└→KM 主触头闭合→电动机 M 起动运转

电路具有以下保护功能：

1）短路保护：由熔断器实现主电路、控制电路的短路保护。短路时，熔断器的熔体熔断，切断电路。熔断器可作为电路的短路保护，但达不到过载保护的目的。

2）过载保护：由热继电器 FR 实现。由于热继电器的热惯性比较大，即使热元件流过几倍电动机额定电流，热继电器也不会立即动作。因此，在电动机起动时间不太长的情况下，热继电器是经得起电动机起动电流冲击而不动作的。只有在电动机长时间过载情况下，串联在主电路中的热继电器 FR 的热元件发热增大，使双金属片产生变形，能使串联在控制电路中的热继电器 FR 的常闭触头断开，断开控制电路，使接触器 KM 线圈失电，其主触头释放，切断主电路使电动机断电停转，实现对电动机的过载保护。

3）欠电压和失电压保护：依靠接触器本身的电磁机构来实现。当电源电压由于某种原因而严重下降（欠电压）或消失（失电压）时，接触器的衔铁自行释放，电动机失电停止运转。控制电路具有欠电压和失电压保护，具有两个优点：①防止电源电压严重下降时，电动机欠电压运行；②防止电源电压恢复时，电动机突然自行起动运转造成设备和人身事故。

2.2.2 笼型异步电动机减压起动控制

对于容量较大的笼型异步电动机，由于起动电流大，使电网电压波动很大时，必须采用减压起动的方法，限制起动电流。

减压起动是指起动时降低加在电动机定子绕组上的电压，待电动机转速接近额定转速后再将电压恢复到额定电压下运行。由于定子绕组电流与定子绕组电压近似成正比关系，因此减压起动可以减小起动电流，从而减小电路电压降，也就减小了对电网的影响。但由于电动机的电磁转矩与电动机定子电压的二次方成正比，将使电动机的起动转矩相应减小，因此减压起动仅适用于空载或轻载下起动。

常用的减压起动方法有定子电路串电阻（或电抗）减压起动、星形-三角形（Y-△）减压起动、自耦变压器减压起动等。对减压起动控制的要求：不能长时间减压运行；不能出现全压起动；在正常运行时应尽量减少工作电器的数量。

1. 定子电路串电阻（或电抗）减压起动

电动机起动时，在三相定子电路上串接电阻 R，使定子绕组上的电压降低，起动后再将电阻 R 短路，电动机即可在额定电压下运行。

图 2-6 是时间继电器控制的定子电路串电阻减压起动控制电路。该电路是根据起动过程中时间的变化，利用时间继电器延时动作来控制各电气元器件的先后顺序动作，时间继电器的延时时间按起动过程所需时间整定。其工作原理如下：当合上刀开关 QS，按下起动按钮 SB_2 时，KM_1 立即通电吸合，使电动机定子在串接电阻 R 的情况下起动，与此同时，时间继电器 KT 通电开始计时，当达到时间继电器的整定值时，其延时闭合的常开触头闭合，使 KM_2 通电吸合，KM_2 的主触头闭合，将起动电阻 R 短接，电动机在额定电压下进入稳定正常运转。

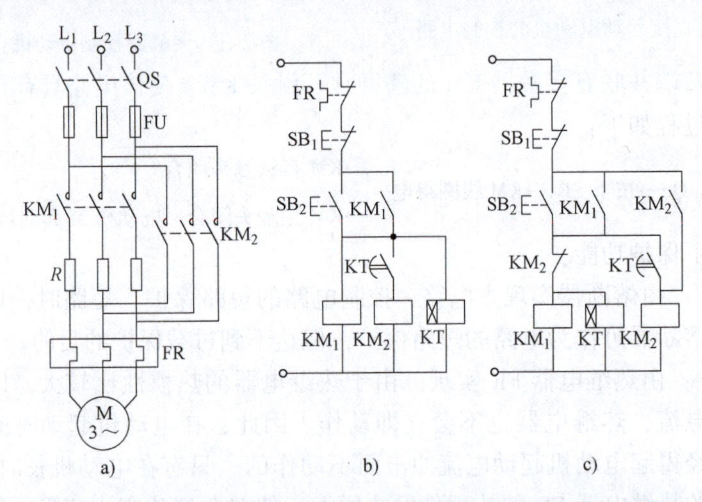

图 2-6 时间继电器控制的定子电路串电阻减压起动控制电路

分析图 2-6b 可知，在起动结束后，接触器 KM_1 和 KM_2、时间继电器 KT 线圈均处于长时间通电状态。其实只要电动机全压运行一开始，KM_1 和 KT 线圈的通电就是多余的了。因为这不仅使能耗增加，同时也会缩短接触器、继电器的使用寿命。其解决方法为：在接触器 KM_1 和时间继电器 KT 的线圈电路中串入 KM_2 的常闭触头，KM_2 要有自锁，如图 2-6c 所示。这样当 KM_2 线圈通电时，其常闭触头断开使 KM_1、KT 线圈断电。

电路的工作过程如下：

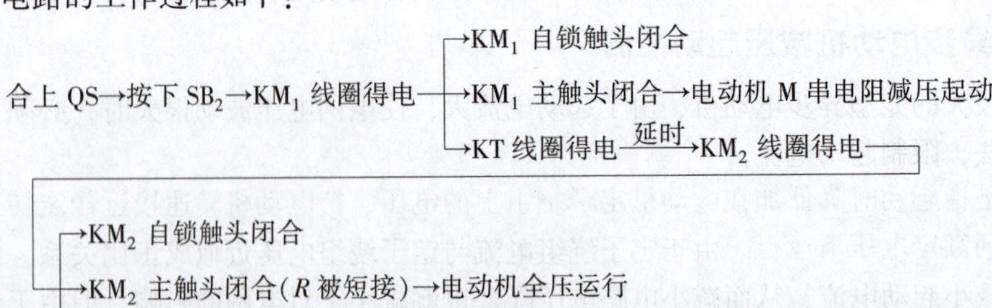

定子所串电阻一般采用 ZX1、ZX2 系列的铸铁电阻。铸铁电阻功率大，允许通过的电流

较大，注意三相所串电阻应相等。每相串接的减压电阻可用下述经验公式进行估算：

$$R = 190\frac{I_Q - I'_Q}{I_Q I'_Q} \tag{2-2}$$

式中，I_Q 是未串接电阻前的起动电流（A），可取 $I_Q=(4\sim7)I_N$；I'_Q是串接电阻后的起动电流（A），可取 $I'_Q=(2\sim3)I_N$；I_N 是电动机的额定电流（A）。

电阻功率可用公式 $P=I_N^2R$ 计算。由于起动电阻 R 仅在起动过程中接入，并且起动时间又很短，所以实际选用的电阻功率可减少到计算值的 1/3 ~ 1/4。若电动机定子回路只串接两相起动电阻，则电阻值按式（2-2）计算值的 1.5 倍计算。

定子串电阻减压起动的方法不受定子绕组接线形式的限制，起动过程平滑，设备简单，但能量损耗大，故此种方法适用于起动要求平稳、电动机轻载或空载及起动不频繁的场合。

2. 星形–三角形（Y–△）减压起动

三相笼型异步电动机的星形–三角形减压起动是指：当电动机起动时，将定子绕组接成星形联结；起动完毕后，再将定子绕组换接成三角形联结。星形联结时，加在每相定子绕组上的起动电压只有三角形联结的 $1/\sqrt{3}$，起动电流为三角形联结的 1/3，起动转矩也只有三角形联结的 1/3。星形–三角形（Y–△）减压起动控制电路如图 2-7 所示。

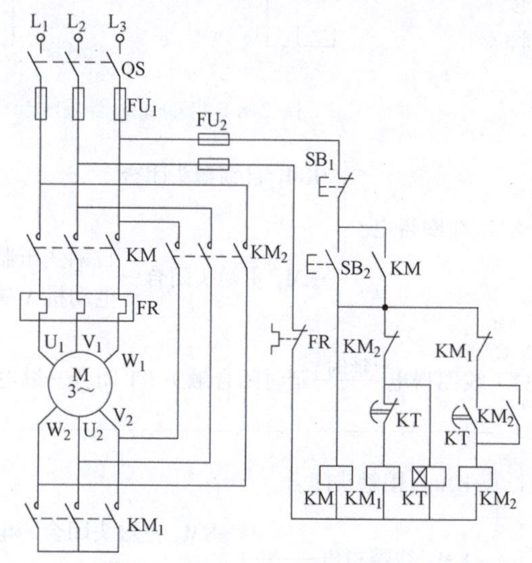

图 2-7 星形–三角形（Y–△）减压起动控制电路

电路的工作过程如下：

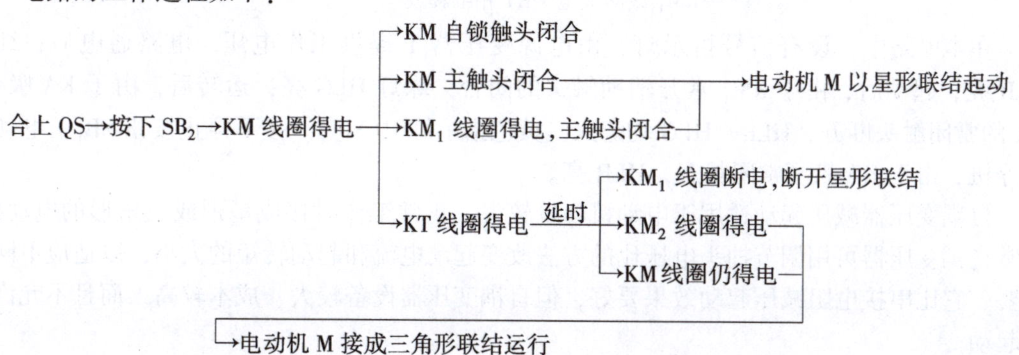

星形–三角形（Y-△）减压起动方式，设备简单经济，起动过程中没有电能损耗，但起动转矩较小，只能空载或轻载起动，只适用于三相定子绕组首尾都引出并且正常运转时为三角形联结的电动机。我国设计的 Y 系列电动机，4kW 及以上的电动机的额定电压都用三角形联结接 380V，就是为了适用星形–三角形（Y-△）减压起动而设计的。

3. 自耦变压器减压起动

这种减压起动方式是利用自耦变压器来降低加在电动机定子绕组上的起动电压的。起动时，变压器的绕组接成星形联结，其一次侧接电网，二次侧接电动机定子绕组。改变自耦变压器抽头的位置可以获得不同的起动电压，在实际应用中，自耦变压器一般有 65%、85% 等抽头。起动完毕，将自耦变压器切除，电动机直接接电源，进入全压运行。其控制电路如图 2-8 所示。

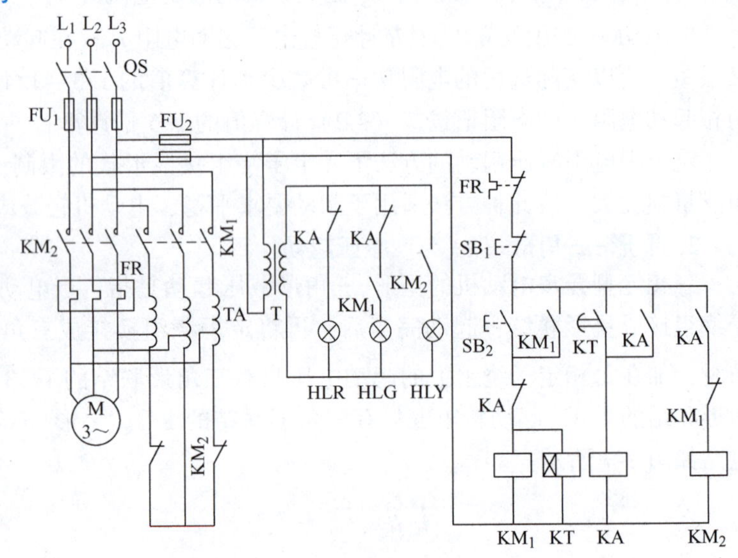

图 2-8　自耦变压器减压起动控制电路

电路的工作过程如下：

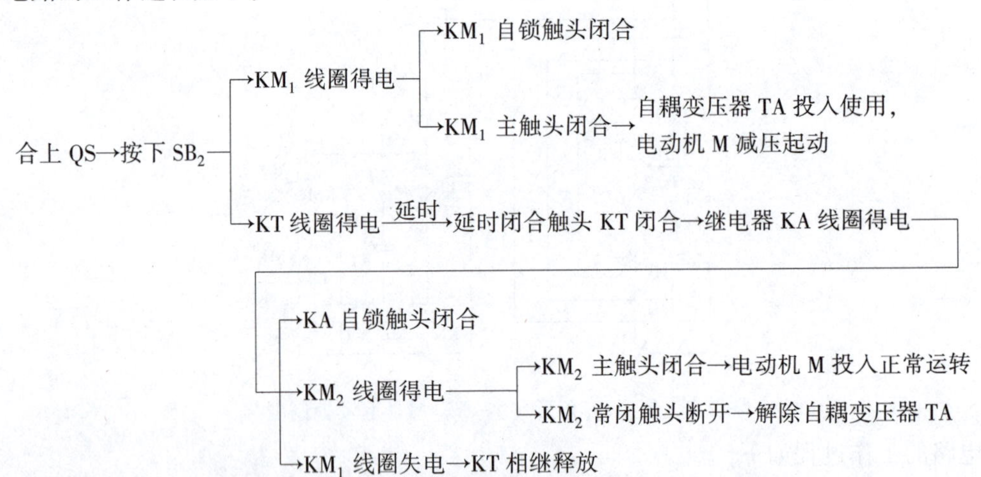

在本电路中，设有信号指示灯，由电源变压器 T 提供工作电压。电路通电后，红灯 HLR 亮；起动后，由于 KM_1 常开辅助触头的闭合，绿灯 HLG 亮；运转后，由于 KA 吸合，KA 的常闭触头断开，HLR、HLG 均熄灭，黄色指示灯 HLY 亮。按下停止按钮 SB_1，电动机 M 停机，由于 KA 恢复常闭状态，HLR 亮。

自耦变压器减压起动适用于电动机容量较大、正常工作时接成星形或三角形的电动机。通常自耦变压器可用调节抽头电压比的方法改变起动电流和起动转矩的大小，以适应不同的需要。它比串接电阻减压起动效果要好，但自耦变压器设备较大、成本较高，而且不允许频繁起动。

2.2.3　绕线转子异步电动机的起动控制

在实际生产中，对起动转矩要求较大或能平滑调速的场合，常常采用三相绕线转子异步电动机。三相绕线转子异步电动机可以通过集电环在转子绕组中串接外加电阻，来减小起动电流、提高转子电路的功率因数、增加起动转矩，并且还可通过改变所串电阻的大小进行调速。

三相绕线转子异步电动机的起动有在转子绕组中串接起动电阻和串接频敏变阻器等方法。

1. 转子绕组串接电阻起动控制电路

根据转子电流变化及起动时间两方面因素，可以采用按电流原则和按时间原则两种控制电路。

（1）按电流原则控制绕线转子电动机转子串电阻起动控制电路　如图2-9所示，起动电阻接成星形，串接于三相转子电路中。起动时，起动电阻全部接入电路。起动过程中，电流继电器根据电动机转子电流大小的变化控制电阻的逐级切除。图中，KA_1 ~ KA_3 为欠电流继电器，这3个继电器的吸合电流值相同，但释放电流不一样。KA_1 的释放电流最大，KA_2 次之，KA_3 的释放电流最小。刚起动时，起动电流较大，KA_1 ~ KA_3 同时吸合动作，使全部电阻接入。随着转速升高，电流减小，KA_1 ~ KA_3 依次释放，分别短接电阻，直到转子串接的电阻全部短接。

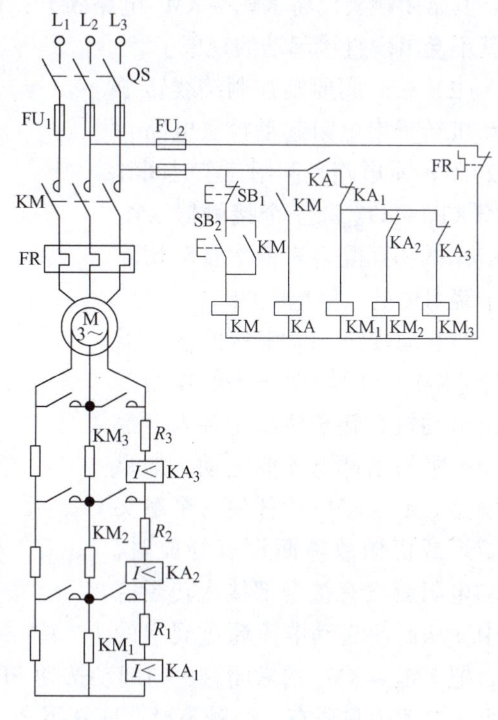

图2-9　按电流原则控制绕线转子电动机转子串电阻起动控制电路

电路的工作过程如下：

合上QS→按下 SB_2→KM线圈得电→
- →KM自锁触头闭合
- →KM主触头闭合→电动机M串接全部电阻起动
- →KM常开触头闭合→中间继电器KA线圈得电，为 KM_1 ~ KM_3 通电做准备

→随着转速升高，转子电流逐渐减小→KA_1 最先释放，其常闭触头闭合→KM_1 线圈得电，主触头闭合，短接第一级电阻 R_1→电动机M转速又升高，转子电流又减小→KA_2 释放，其常闭触头闭合

→KM_2 线圈得电，主触头闭合，短接第二级电阻 R_2→电动机M转速再升高，转子电流再减小→KA_3 最后释放，其常闭触头闭合→KM_3 线圈得电，主触头闭合，短接最后电阻 R_3→电动机M起动过程结束

按下 SB_1→KM、KA、KM_1 ~ KM_3 线圈均断电释放→电动机M断电停止运转

电路中，中间继电器KA的作用是保证起动刚开始时接入全部起动电阻，以免电动机直接起动。由于电动机刚开始起动时，起动电流由零增大到最大值需一定的时间。如果电路中没有KA，则可能出现 KA_1 ~ KA_3 还没有动作，而 KM_1 ~ KM_3 的吸合将把转子电阻全部短

接，则电动机相当于直接起动。加入中间继电器 KA 以后，只有 KM 线圈通电动作以后，KA 线圈才通电，KA 的常开触头闭合。在这之前，起动电流已达到电流继电器吸合值并已动作，其常闭触头已将 KM_1 ~ KM_3 电路断开，确保转子电路的电阻串接在电路中，这样电动机就不会出现直接起动的现象了。

（2）按时间原则控制绕线转子电动机转子串电阻起动控制电路　图 2-10 所示电路是利用三个时间继电器 KT_1 ~ KT_3 和三个接触器 KM_1 ~ KM_3 的相互配合来依次自动切除转子绕组中的三级电阻的。

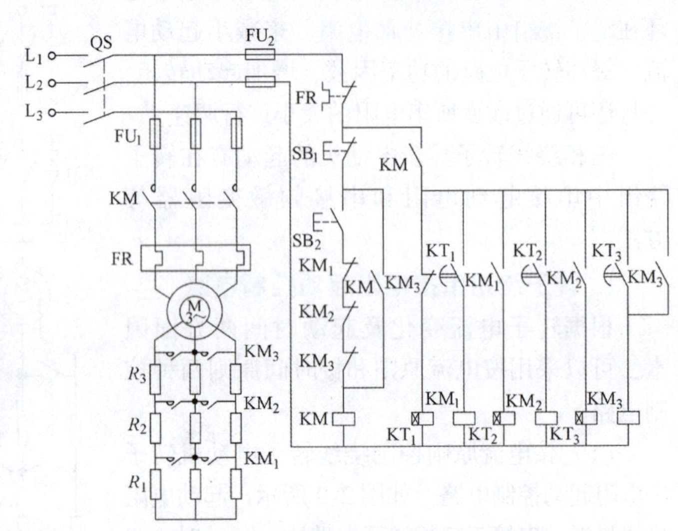

图 2-10　按时间原则控制绕线转子电动机转子串电阻起动控制电路

与起动按钮 SB_2 串接的接触器 KM_1 ~ KM_3 常闭辅助触头的作用是保证电动机在转子绕组中接入全部外加电阻的条件下才能起动。如果接触器 KM_1 ~ KM_3 中任何一个触头因熔焊或机械故障而没有释放时，起动电阻就没有被全部接入转子绕组中，从而使起动电流超过规定的值。把 KM_1 ~ KM_3 的常闭触头与起动按钮 SB_2 串接在一起，就可避免这种现象的发生，因三个接触器中只要有一个触头没有恢复闭合，电动机就不可能接通电源直接起动。

电路的工作过程如下：

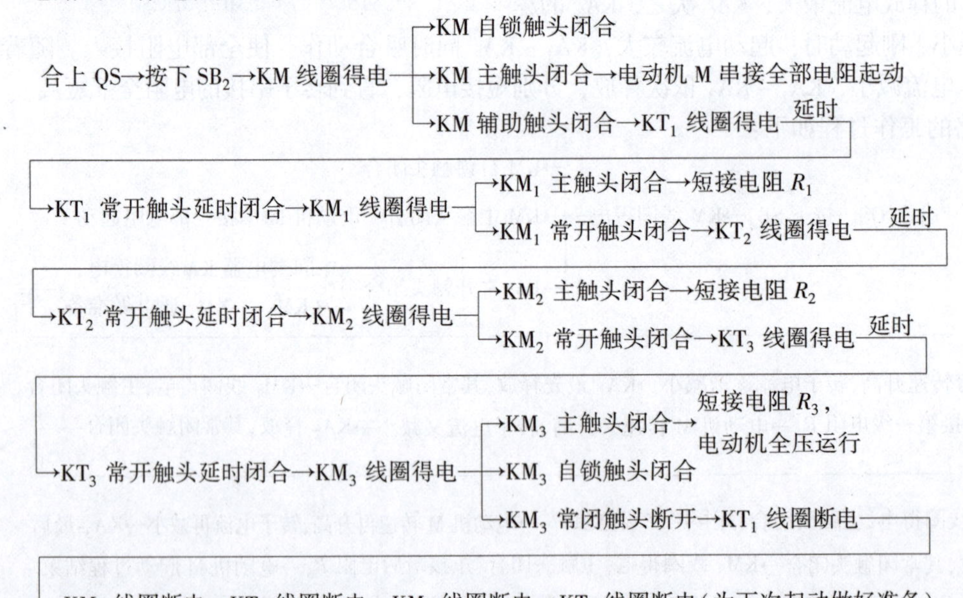

2. 转子绕组串接频敏变阻器起动控制电路

绕线转子异步电动机转子串电阻的起动方法，由于在起动过程中逐级切除转子电阻，在切除的瞬间电流会突然增大，产生一定的机械冲击力。如果想减小电流的冲击，必须增加电

阻的级数，这将使控制电路复杂、工作不可靠，而且起动电阻体积较大。

频敏变阻器的阻抗能够随着电动机转速的上升、转子电流频率的下降而自动减小，所以它是绕线转子异步电动机较为理想的一种起动装置，常用于较大容量的绕线转子异步电动机的起动控制。

（1）频敏变阻器简介　频敏变阻器是一种静止的、无触头的电磁元件，其阻抗值随频率变化而变化。它是由几块30～50mm厚的铸铁板或钢板叠成的三柱式铁心，在铁心上分别装有线圈，三个线圈连接成Y联结，并与电动机转子绕组相接。

电动机起动时，频敏变阻器通过转子电路获得交变电动势，绕组中的交变电流在铁心中产生交变磁通，呈现出电抗X。由于变阻器铁心是用较厚铸铁板或钢板制成，交变磁通在铁心中产生很大的涡流损耗和少量的磁滞损耗（涡流损耗占总损耗的80%以上）。涡流损耗在变阻器电路中相当于一个等值电阻R。由于电抗X与电阻R都是由交变磁通产生的，其大小又都随着转子电流频率的变化而变化，因此在电动机起动过程中，随着转子频率的改变，涡流趋肤效应的强弱也在改变。转速低时频率高，涡流截面积小，电阻就大。随着电动机转速升高频率降低，涡流截面积自动增大，电阻减小，同时频率的变化又引起电抗的变化。所以，绕线转子异步电动机串接频敏变阻器起动开始时，频敏变阻器的等效阻抗很大，限制了电动机的起动电流，随着电动机转速的升高，转子电流频率降低，等效阻抗自动减小，从而达到了自动改变电动机转子阻抗的目的，实现了平滑无级起动。

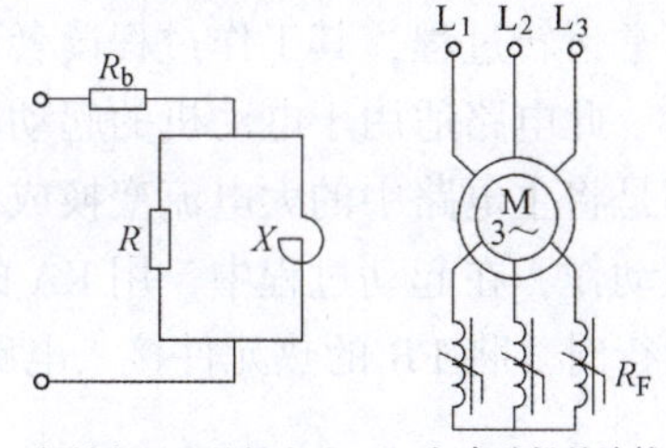

图2-11　频敏变阻器等效电路及其与电动机的连接

图2-11所示为频敏变阻器等效电路及其与电动机的连接。

（2）控制电路分析　按电动机的不同工作方式，频敏变阻器有两种使用方式。当电动机是重复短时工作制时，只需将频敏变阻器直接串在电动机转子回路中，不需用接触器控制；当电动机是长时运转工作制时，可采用图2-12所示的电路进行控制。该电路可利用转换开关SA实现自动控制和手动控制。

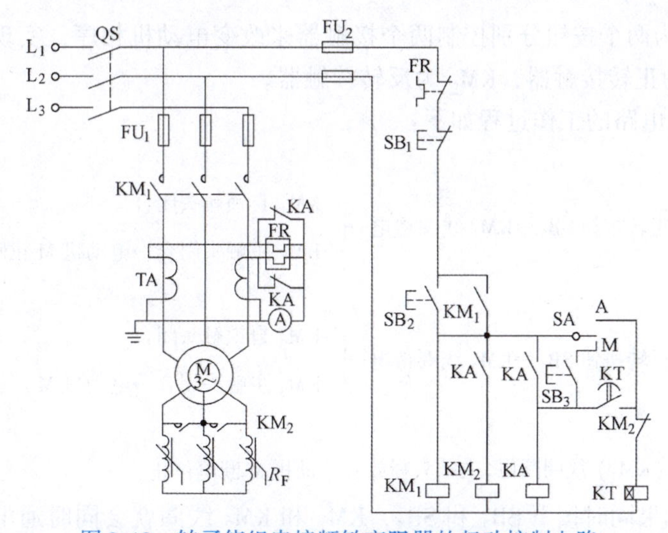

图2-12　转子绕组串接频敏变阻器的起动控制电路

自动控制电路的工作过程如下：

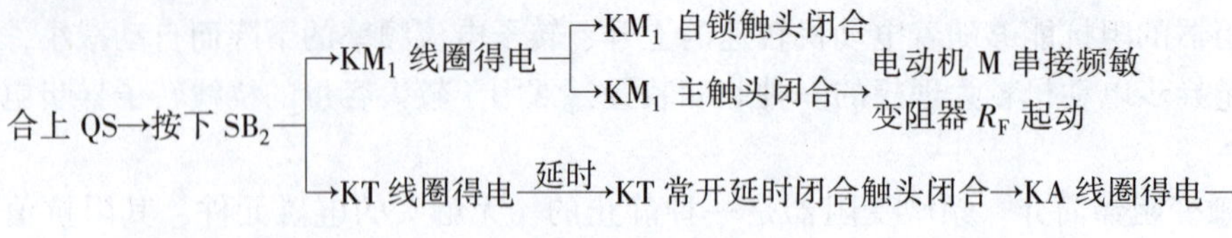

→KA 自锁触头闭合

→KA 两对常闭触头断开→FR 热元件接入电路

→KA 常开触头闭合→KM_2 线圈得电—→KM_2 主触头闭合→短接频敏变阻器 R_F，电动机 M 全压运行

　　　　　　　　　　　　　　　　　—→KM_2 常闭触头断开→KT 线圈断电，触头复位

1）自动控制。将转换开关 SA 扳到自动位置（即 A 位置），时间继电器 KT 将起作用。

2）手动控制。将转换开关 SA 扳到手动位置（即 M 位置），时间继电器 KT 不起作用。利用按钮 SB_3 手动控制，使中间继电器 KA 和接触器 KM_2 动作，从而控制电动机的起动和正常运转过程，其工作过程读者可自行分析。

此电路适用于电动机的起动电流大、起动时间长的场合。主电路中电流互感器 TA 的作用是将主电路中的大电流变换成小电流进行测量。为避免因起动时间较长而使热继电器 FR 误动作，在起动过程中，用 KA 的常闭触头将 FR 的热元件短接，待起动结束，电动机正常运行时才将 FR 的热元件接入电路，从而起到过载保护的作用。

2.3　三相异步电动机正反转控制电路

在生产实际中，常常要求生产机械实现正反两个方向的运动，如工作台的前进、后退，起重机吊钩的上升、下降等，这就要求电动机能够实现正反转。由三相异步电动机的工作原理可知，改变电动机三相电源的相序，就能改变电动机的转向。

2.3.1　按钮控制的电动机正反转控制电路

图 2-13 所示为两个按钮分别控制两个接触器来改变电动机相序，实现电动机正反转的控制电路。KM_1 为正转接触器，KM_2 为反转接触器。

图 2-13a 所示电路的工作过程如下：

（1）正转

合上 QS→按下正转按钮 SB_2→KM_1 线圈得电—→KM_1 自锁触头闭合

　　　　　　　　　　　　　　　　　　　　—→KM_1 主触头闭合→电动机 M 正转

（2）反转

合上 QS→按下反转按钮 SB_3→KM_2 线圈得电—→KM_2 自锁触头闭合

　　　　　　　　　　　　　　　　　　　　—→KM_2 主触头闭合→电动机 M 反转

（3）停止

按下 SB_1→KM_1（KM_2）线圈断电，主触头释放→电动机 M 断电停止

不难看出，如果同时按下 SB_2 和 SB_3，KM_1 和 KM_2 线圈就会同时通电，其主触头闭合造成电源两相短路，因此，这种电路不能采用。图 2-13b 是在图 2-13a 基础上扩展而成，将

KM_1、KM_2 常闭辅助触头串接在对方线圈电路中，形成相互制约的控制，称为互锁或联锁控制。这种利用接触器（或继电器）常闭触头的互锁又称为电气互锁。该电路欲使电动机由正转到反转，或由反转到正转，必须先按下停止按钮，而后再反向起动。

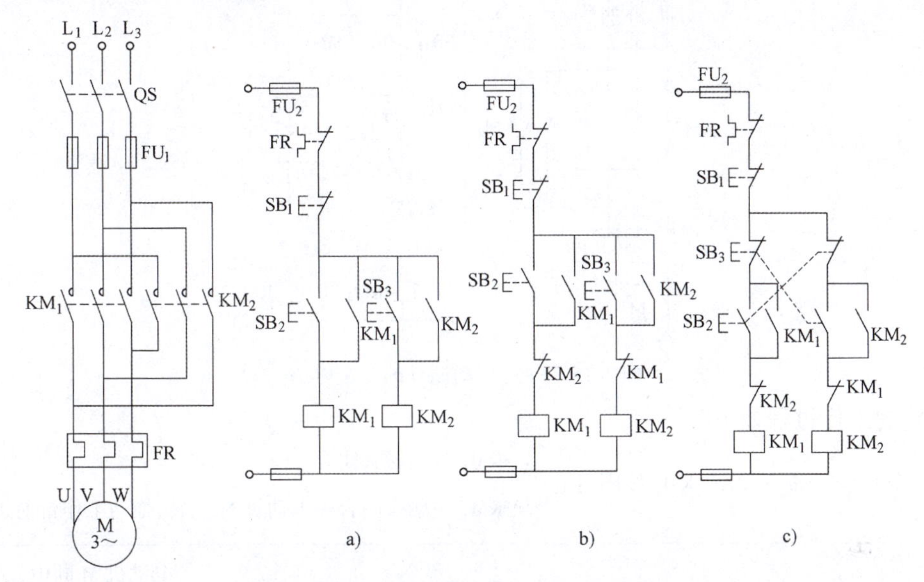

图 2-13　按钮控制的电动机正反转控制电路

图 2-13b 所示的电路只能实现“正–停–反”或者“反–停–正”控制，这对需要频繁改变电动机运转方向的机械设备来说，是很不方便的。对于要求频繁实现正反转的电动机，可用图 2-13c 所示电路控制，它是在图 2-13b 电路基础上将正转起动按钮 SB_2 与反转起动按钮 SB_3 的常闭触头串接在对方线圈电路中，利用按钮的常开、常闭触头的机械连接，在电路中形成互相制约的接法，称为机械互锁。这种具有电气、机械双重互锁的控制电路是常用的、可靠的电动机正反转控制电路，它既可实现“正–停–反–停”控制，又可实现“正–反–停”控制。

2.3.2　行程开关控制的电动机正反转控制电路

机械设备中如龙门刨工作台、高炉的加料设备等均需自动往返运行，而自动往返的可逆运行通常是利用行程开关来检测往返运动的相对位置，进而控制电动机的正反转来实现生产机械的往返运动。

图 2-14 为机床工作台往返运动的示意图。行程开关 ST_1、ST_2 分别固定安装在床身上，反映加工终点与原位。撞块 A、B 固定在工作台上，随着运动部件的移动分别压下行程开关 ST_1、ST_2，进而实现往返运动。

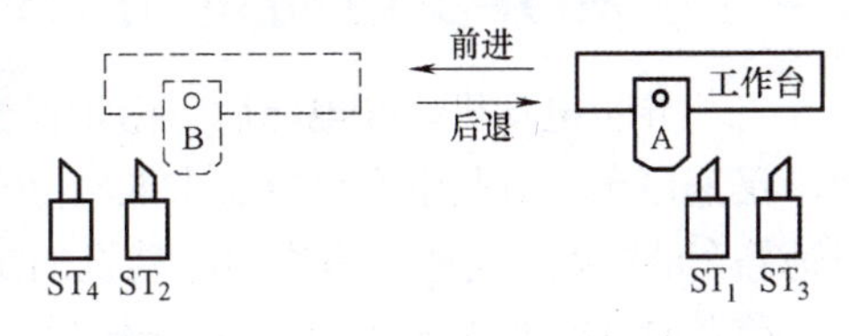

图 2-14　机床工作台往返运动示意图

图 2-15 为往返自动循环的控制电路。图中 ST_1、ST_2 为工作台后退与前进限位开关；ST_3、ST_4 为正反向极限保护用行程开关，用于防止 ST_1、ST_2 失灵时造成工作台从床身上冲出去的事故。这种利用行程开关，根据机械运动位置变化所进行的控制，称为行程控制。

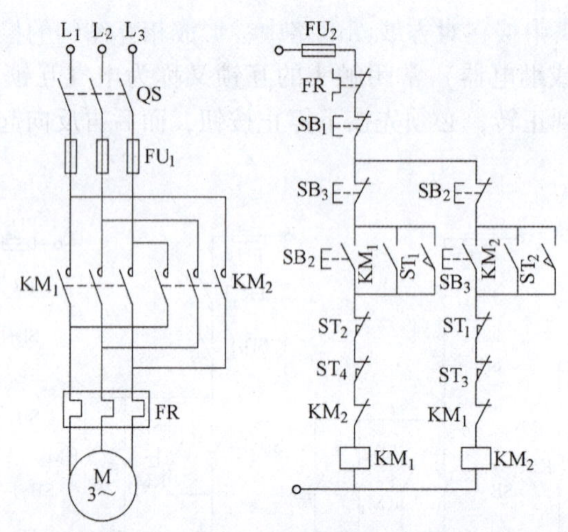

图 2-15　往返自动循环的控制电路

电路的工作过程如下：

合上 QS→按下 SB_2→KM_1 线圈得电→KM_1 自锁触头闭合；→KM_1 主触头闭合→电动机 M 正转，拖动工作台前进

→工作台前进到预定位置，压下 ST_2→ST_2 常闭触头断开→KM_1 线圈断电→电动机 M 断电，工作台停止前进；→ST_2 常开触头闭合→KM_2 线圈得电→KM_2 自锁触头闭合；→KM_2 主触头闭合

→电动机 M 改变电源相序而反转，工作台后退→工作台退到设定位置，压下 ST_1→ST_1 常闭触头断开→KM_2 线圈断电→电动机 M 停止后退；→ST_1 常开触头闭合→KM_1 线圈得电→电动机 M 又正转，工作台又前进

→如此往返循环，直至按下停止按钮 SB_1→KM_1（或 KM_2）线圈断电→电动机 M 停止运转

2.4　三相异步电动机制动控制电路

三相异步电动机切断电源后，由于惯性，总要经过一段时间才能完全停止。有些生产机械要求迅速停车，有些生产机械要求准确停车，所以常常需要采取一些使电动机在切断电源后就迅速停车的措施，这些措施称为电动机的制动。制动方式有电气、机械结合的方法和电气的方法。前者如电磁机械制动，后者有能耗制动和反接制动等，本节主要介绍能耗制动和反接制动。

2.4.1　能耗制动控制电路

能耗制动是在电动机脱离三相交流电源后，给定子绕组加一直流电源，产生静止磁场，从而产生一个与电动机原转矩方向相反的电磁转矩，以实现制动。

图 2-16 所示为按速度原则控制的可逆运行能耗制动控制电路，用速度继电

器取代了时间继电器。当电动机脱离交流电源后，其惯性转速仍很高，速度继电器的常开触头仍闭合，使 KM_3 得电通入直流电进行能耗制动。速度继电器 KS 与电动机用虚线相连表示同轴。两对常开触头 KS_1 和 KS_2 分别对应于被控电动机的正、反转运行。

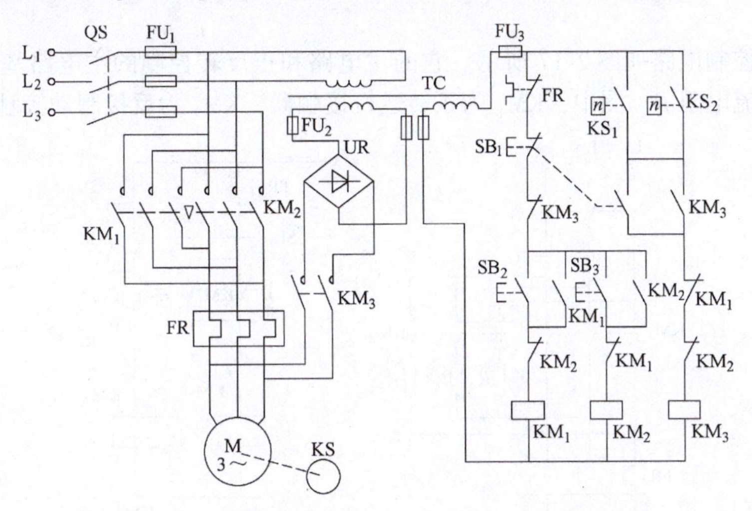

图 2-16　按速度原则控制的可逆运行能耗制动控制电路

电路的工作过程如下：

（1）起动

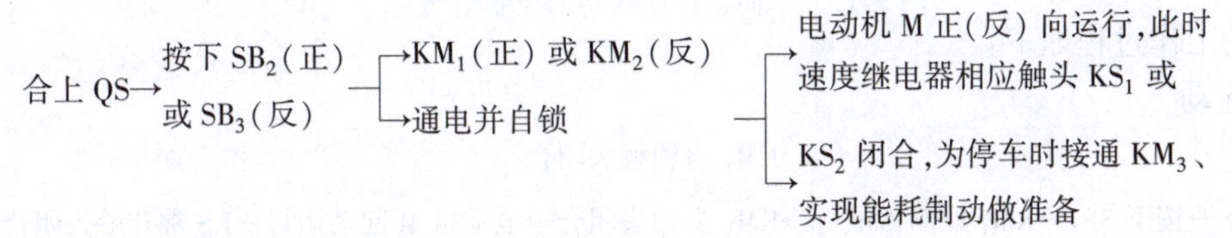

（2）制动停车

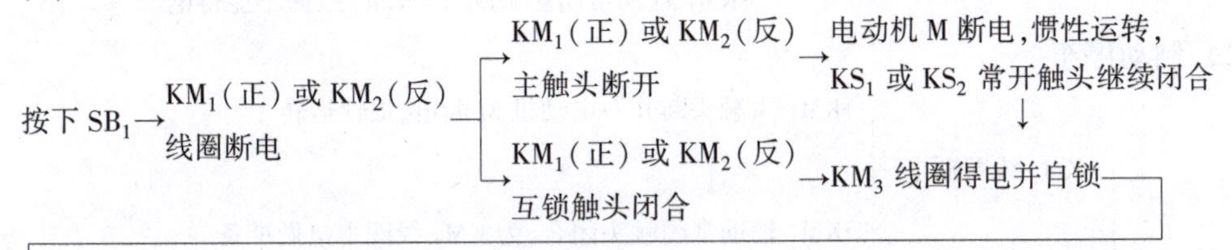

→直流电通入电动机 M 定子绕组，进行能耗制动

当电动机 M 转速 $n \approx 0$ 时，KS_1 或 KS_2 常开触头复位 →KM_3 线圈断电释放→切断电动机 M 直流电源，制动结束

能耗制动的优点是制动准确、平稳，且能量损耗小，但需附加直流电源装置，设备费用较高，制动转矩相对较小，特别是到低速阶段，制动转矩更小。因此，能耗制动一般只适用于制动要求平稳准确的场合，如磨床、立式铣床等设备的控制电路中。

2.4.2　反接制动控制电路

反接制动是将运动中的电动机电源反接（即将任意两根相线接法交换）以改变电动机定子绕组中的电流相序，从而使定子绕组的旋转磁场反向，转子受到与原旋转方向相反的制动转矩而迅速停止转动。

反接制动过程中，当制动到转子转速接近零值时，如不及时切断电源，电动机将会反向旋转。为此，必须在反接制动中，采取一定的措施，保证当电动机的转速被制动到接近零值时迅速切断电源，防止反向旋转。在一般的反接制动控制电路中常利用速度继电器进行自动控制。

反接制动控制电路如图 2-17 所示。它的主电路和正反转控制的主电路基本相同，只是增加了 3 个限流电阻 *R*。图中，KM_1 为正转运行接触器，KM_2 为反接制动接触器。

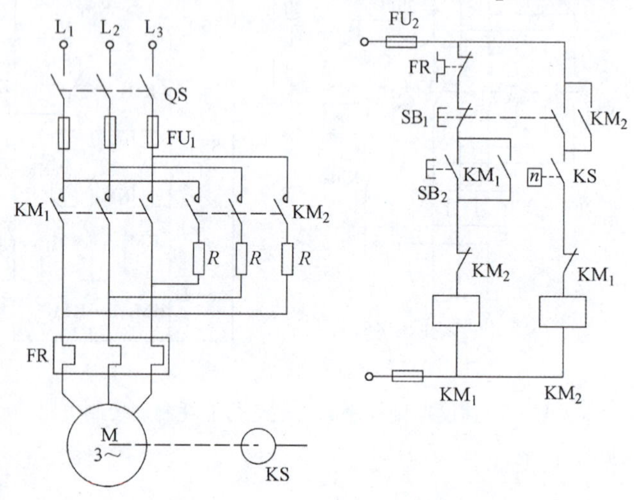

图 2-17　单向运行反接制动控制电路

电路的工作过程如下：

（1）起动

合上 QS→按下 SB_2→KM_1 线圈得电
- →KM_1 自锁触头闭合
- →KM_1 主触头闭合→电动机 M 起动运行→KS 常开触头闭合
- →KM_1 辅助常闭触头断开→KM_2 线圈不能得电

（2）制动停车

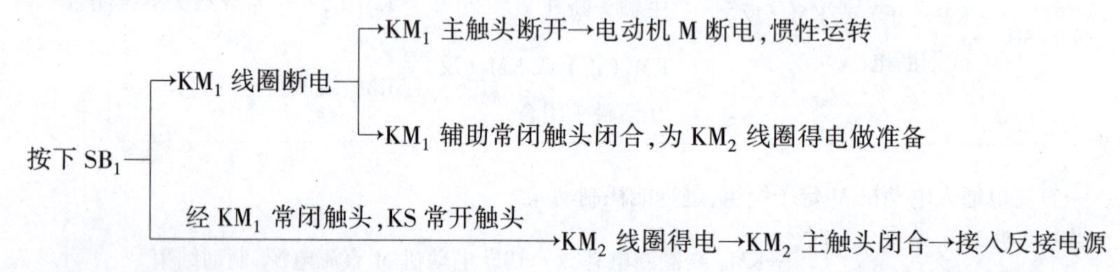

反接电源 $\xrightarrow{\text{电阻}}$ 电动机制动 $\xrightarrow{\text{转速下降}}$ KS 常开触头复位→KM_2 线圈断电→切除反接电源

由于反接制动时，旋转磁场与转子的相对速度很高，感应电动势很大，所以转子电流比直接起动的电流还大。反接制动电流一般为电动机额定电流的 10 倍左右，故在主电路中串接电阻 *R* 以限制反接制动电流。

反接制动的优点是制动转矩大、制动快，缺点是制动准确性差、制动过程中冲击强烈、易损坏传动零件。此外，在反接制动时，电动机既吸取机械能又吸取电能，并将这两部分能量消耗于电动机绕组和制动电阻上，因此，能量消耗大，所以反接制动一般只适用于系统惯量较大、制动要求迅速且不频繁的场合。

2.5 三相笼型异步电动机调速控制电路

根据异步电动机的基本原理可知，交流电动机转速公式为

$$n = (60f/p)(1-s) \tag{2-3}$$

式中，n 是电动机转速；p 是电动机磁极对数；f 是供电电源频率；s 是转差率。

由式(2-3) 分析可知，通过改变定子电源频率 f、磁极对数 p 以及转差率 s 都可以实现交流异步电动机的速度调节，具体可以归纳为变频调速、变极调速和变转差率调速三大类。下面主要介绍变极调速和变频调速两种。

2.5.1 电动机磁极对数的产生与变化

当电网频率固定以后，三相异步电动机的同步转速与它的磁极对数成反比，因此只要改变电动机定子绕组磁极对数，就能改变它的同步转速，从而改变转子转速。在改变定子极数时，转子极数也必须同时改变。为了避免在转子方面进行变极改接，变极电动机常用笼型转子，因为笼型转子本身没有固定的极数，它的极数由定子磁场极数确定。

磁极对数的改变可用两种方法：一种是在定子上装设两套独立的绕组，各自具有不同的极数；第二种方法是在每相绕组上，通过改变每相绕组线圈的连接方式来改变极数，或者说改变定子绕组每相的电流方向，由于构造的复杂，通常速度改变的比值为2∶1。如果希望获得更多的速度等级，例如四速电动机，可同时采用上述两种方法，即在定子上装设两套绕组，每一套都能改变极数。

图2-18 所示为4/2 极双速电动机定子绕组接线示意图。电动机定子绕组有6 个接线端，分别为 U_1、V_1、W_1、U_2、V_2、W_2。图2-18a 是将电动机定子绕组的 U_1、V_1、W_1 三个接线端接三相交流电源，而将电动机定子绕组的 U_2、V_2、W_2 三个接线端悬空，三相定子绕组按三角形接线，此时每个绕组中的①、②线圈相互串联，电流方向如箭头所示，电动机的极数为4 极；如果将电动机定子绕组的 U_2、V_2、W_2 三个接线端子接到三相电源上，而将 U_1、V_1、W_1 三个接线端子短接，则原来三相定子绕组的三角形（△）联结变成双星形（YY）

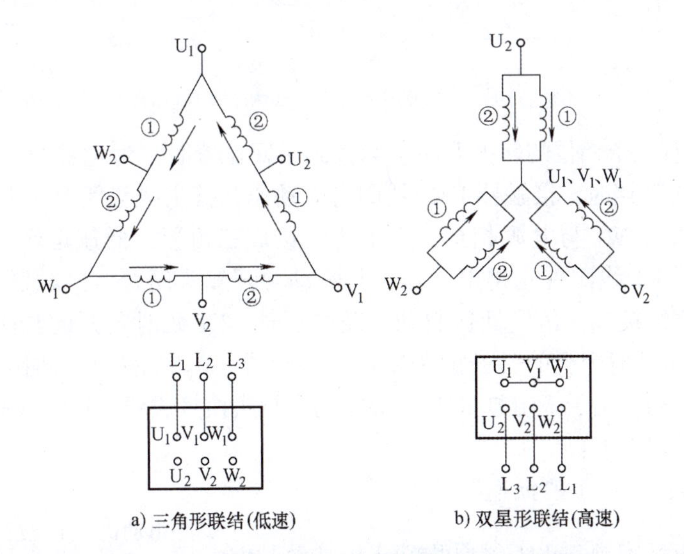

a) 三角形联结(低速)　　b) 双星形联结(高速)

图2-18　4/2 极双速电动机定子绕组接线示意图

联结，此时每相绕组中的①、②线圈相互并联，电流方向如图2-18b中箭头所示，于是电动机的极数变为2极。注意观察两种情况下各绕组的电流方向。

必须注意：绕组改极后，其相序方向和原来相序相反。所以，在变极时，必须把电动机任意两个出线端对调，以保持高速和低速时的转向相同。例如，在图2-18中，当电动机绕组为三角形联结时，将U_1、V_1、W_1分别接到三相电源L_1、L_2、L_3上；当电动机的定子绕组为双星形联结，即由4极变到2极时，为了保持电动机转向不变，应将W_2、V_2、U_2分别接到三相电源L_1、L_2、L_3上。当然，也可以将其他任意两相对调。

2.5.2　双速电动机控制电路

图2-19所示为4/2极双速异步电动机的控制电路。图中用了三个接触器控制电动机定子绕组的连接方式。当接触器KM_1的主触头闭合，KM_2、KM_3的主触头断开时，电动机定子绕组为三角形联结，对应“低速”档；当接触器KM_1主触头断开，KM_2、KM_3主触头闭合时，电动机定子绕组为双星形联结，对应“高速”档。为了避免“高速”档起动电流对电网的冲击，本电路在“高速”档时，先以“低速”起动，待起动电流过去后，再自动切换到“高速”运行。

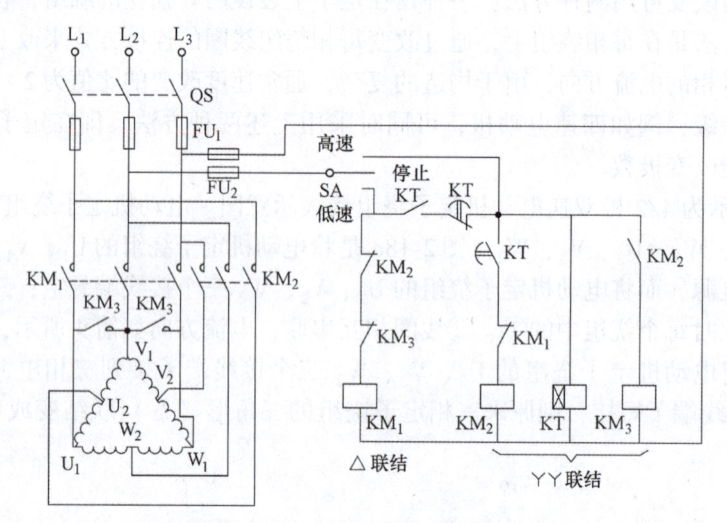

图2-19　4/2极双速异步电动机的控制电路

SA是一个具有三个档位的转换开关。当扳到中间位置时，为“停止”位，电动机不工作；当扳到“低速”档时，接触器KM_1线圈得电动作，其主触头闭合，电动机定子绕组的三个出线端U_1、V_1、W_1与电源相接，定子绕组接成三角形，低速运转。当扳到“高速”档时，时间继电器KT线圈首先得电动作，其瞬动常开触头闭合，接触器KM_1线圈得电动作，电动机定子绕组接成三角形低速起动。经过延时，KT延时断开的常闭触头断开，KM_1线圈断电释放，KT延时闭合的常开触头闭合，接触器KM_2线圈得电动作。紧接着KM_3线圈也得电动作，电动机定子绕组被KM_2、KM_3的主触头换接成双星形，以高速运行。

电路的工作过程如下：

（1）转换开关SA位于“低速”位置

合上QS→SA扳到“低速”→KM_1线圈得电→KM_1主触头闭合—┬→电动机定子绕组三角形
└→联结，电动机低速运转

（2）转换开关SA位于“高速”位置

合上QS→SA扳到“高速”→KT线圈得电—
→KT瞬动常开触头闭合→KM_1线圈得电→①
延时→②

①→KM_1主触头闭合→电动机定子绕组三角形联结，电动机低速运转

②
→KT延时断开的常闭触头断开→KM_1线圈断电释放→KM_1常闭辅助触头闭合
→KT延时闭合的常开触头闭合→KM_2线圈得电—

→KM_2主触头闭合—
→KM_2辅助触头闭合→KM_3线圈得电→KM_3主触头闭合—
→电动机定子绕组以双星形联结，电动机高速运转

（3）转换开关SA位于“停止”位置　KM_1、KM_2、KM_3、KT线圈全部失电，电动机断电，停止运转。

2.5.3　变频调速控制电路

由式(2-3)可见，改变异步电动机的供电频率，即可平滑地调节同步转速，实现调速运行。变频调速是利用电动机的同步转速随频率变化的特性，通过改变电动机的供电频率进行调速的方法。在交流异步电动机的诸多调速方法中，变频调速的性能最好，调速范围大、稳定性好、运行效率高。采用通用变频器对笼型异步电动机进行调速控制，由于使用方便、可靠性高并且经济效益显著，所以逐步得到推广应用。通用变频器的特点是其通用性，是指可以应用于普通的异步电动机调速控制的变频器。除此之外，还有高性能专用变频器、高频变频器、单相变频器等。

1. 变频器的基本结构和原理

变频器的基本结构由主电路、内部控制电路板、外部接口及显示操作面板组成，其软件丰富，各种功能主要靠软件来完成。变频器主电路分为交-交和交-直-交两种形式。交-交变频器可将工频交流电直接变换成频率、电压均可控制的交流电，又称直接式变频器。而交-直-交变频器则是先把工频交流电通过整流器变成直流电，然后再把直流电变换成频率、电压均可控制的交流电，又称间接式变频器。目前常用的通用变频器即属于交-直-交变频器，以下简称变频器。变频器的基本结构如图2-20所示。

由图2-20可见，变频器主要由主电路（包括整流器、中间直流环节、逆变器）和控制电路组成，分述如下：

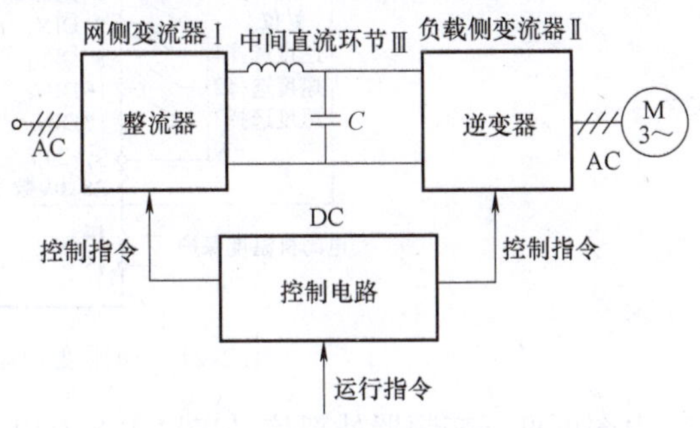

图2-20　变频器的基本结构

（1）整流器　一般的三相变频器的整流器电路采用三相全波整流桥。它的主要作用是对工频的外部电源进行整流，并给逆变器和控制电路提供所需要的直流电源。整流电路按其控制方式可以是直流电压源也可以是直流电流源。

（2）中间直流环节　中间直流环节的作用是对整流电路的输出进行平滑处理，以保证

逆变器和控制电路能够得到质量较高的直流电源。当整流器是电压源时，中间直流环节的主要元器件是大容量的电解电容；而当整流器是电流源时，中间直流环节则主要由大容量电感组成。此外，由于电动机制动的需要，在中间直流环节中有时还包括制动电阻以及其他辅助电路。

（3）逆变器　逆变器是变频器最主要的部分之一。它的主要作用是在控制电路的控制下将中间直流环节输出的直流电转换为频率和电压都任意可调的交流电。逆变器的输出就是变频器的输出，它被用来实现对异步电动机的调速控制。

（4）控制电路　控制电路的主要作用是将运行指令得到的各种信号进行运算，根据要求为变频器主电路提供必要的门极（基极）驱动信号，并对变频器以及异步电动机提供必要的保护。此外，控制电路还通过A-D、D-A等外部接口电路接收/发送多种形式的外部信号和给出系统内部工作状态，以便使变频器能够和外部设备配合进行各种高性能的控制。

2. 变频器的外部接口电路

随着变频器的发展，其外部接口电路的功能也越来越丰富。外部接口电路的主要作用就是为了使用户能够根据系统的不同需要对变频器进行各种操作，并和其他电路一起构成高性能的自动控制系统。变频器的外部接口电路通常包括以下的硬件电路：逻辑控制指令输入电路、频率指令输入/输出电路、过程参数监测信号输入/输出电路和数字信号输入/输出电路等。而变频器和外部信号的连接则需要通过相应的接口进行，如图2-21所示。

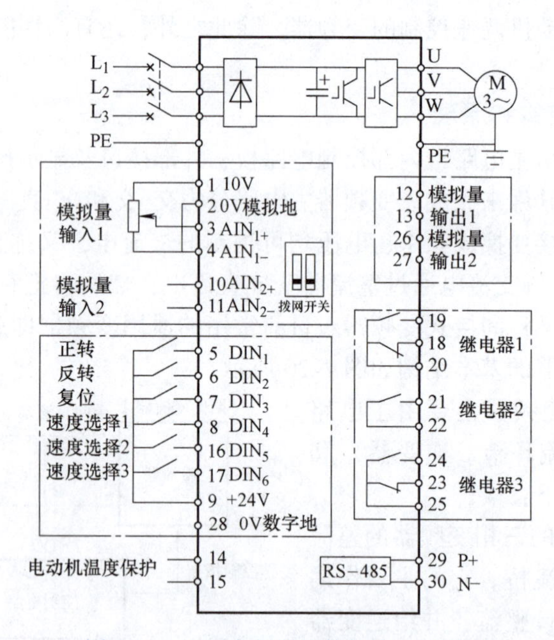

图2-21　通用变频器的外部接口示意图

由图可见，变频器外部信号接口主要有以下端子：

（1）多功能输入端子和输出端子　在变频器中设置了一些输入端子和输出端子，用户可以根据需要设定并改变这些端子的功能，以满足使用需要，如逻辑控制指令输入端子、频率控制信号输入/输出端子等。

（2）模拟量输入/输出端子　变频器的模拟量输入信号主要包括过程参数（如温度、压力）、直流制动的电流指令、过电流检测值；模拟量输出信号主要包括变频器输出电流和频率。模拟量输入端子的作用是将上述模拟量输入信号输入变频器，从而调节变频器的运行频率；模拟量输出信号则反映变频器的实际运行频率、电流等。

（3）数字量输入/输出端子　变频器的数字量输入/输出端子主要用于和数控设备以及PLC的配合使用。其中，数字量输入端子的作用是使变频器可以接收数控设备或PLC输出的数字信号指令，而数字量输出端子的作用则主要是用于监测变频器的运行状态，如就绪、起动、故障和停止等。

（4）通信端子　变频器还具有RS-232或RS-485的通信端子。这些端子的主要作用是和计算机或PLC进行通信，并按照计算机或PLC的指令完成所需的动作。

3. 应用举例

图2-22所示为使用变频器的三相异步电动机可逆调速控制电路，此电路可实现电动机正、反向运行并有调速和点动功能。根据功能要求，首先要对变频器编程并修改参数来选择控制端子的功能，将变频器DIN_1、DIN_2、DIN_4和DIN_5端子分别设置为正转运行、反转运行、速度选择1和速度选择2功能。图中KA_1为变频器的输出继电器，定义为正常工作时，KA_1触头闭合，当变频器出现故障或者电动机过载时触头打开。

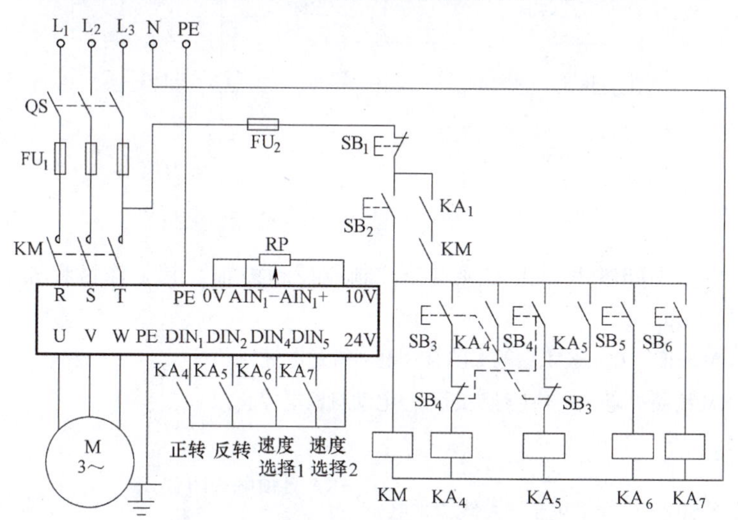

图2-22　使用变频器的三相异步电动机可逆调速控制电路

按起动按钮SB_2，接触器触头KM通电并自锁，若变频器有故障则不能自锁。变频器通过接触器触头KM接通电源上电。SB_3、SB_4为正、反向运行控制按钮。SB_5、SB_6为频率控制信号按钮。SB_1为总停止控制按钮。

2.6　异步电动机的其他基本控制电路

在实际工作中，电动机除了有起动、正反转、制动、调速等控制要求外，还有其他一些控制要求，如机床调整时的点动、多电动机的先后顺序控制、多地点多条件控制、联锁控制、步进控制以及自动循环控制等。在控制电路中，为满足机械设备的正常工作要求，需要采用多种基本控制电路组合起来完成所要求的控制功能。

2.6.1 点动与长动控制

生产机械长时间工作，即电动机连续运转，称为长动控制。点动控制就是当按下起动按钮时，电动机转动，松开起动按钮后，电动机停转。点动控制起停时间的长短由操作者手动控制。在生产实际中，有的生产机械需要点动控制，有的既需要长动（连续运行）控制，又需要点动控制。点动与连续运行的主要区别在于是否接入自锁触头，点动控制加入自锁后就可以连续运行。当需要在连续状态和点动状态两者之间进行选择时，需选择联锁控制电路。实现点动与长动功能的控制电路如图 2-23 所示。

图 2-23a 是用选择开关 SA 来选择点动控制或长动控制。断开 SA，按下 SB_2 就是点动控制；合上 SA，按下 SB_2 就是长动控制。

图 2-23b 是用复合按钮 SB_3 来实现点动控制或长动控制。按下 SB_2 就是长动控制，按下 SB_3 则实现点动控制。

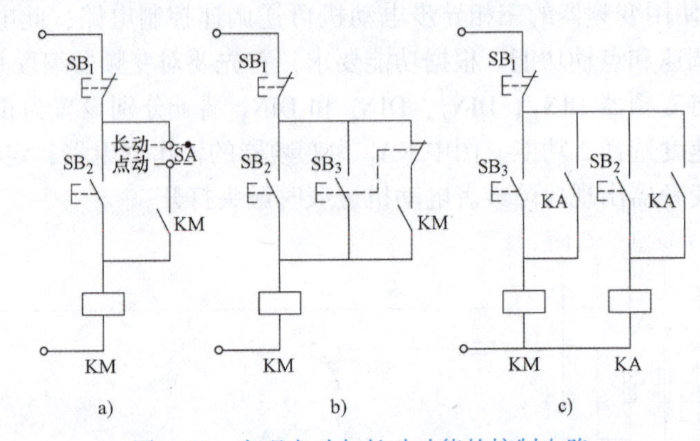

图 2-23 实现点动与长动功能的控制电路

图 2-23c 是采用中间继电器来实现点动控制或长动控制。其工作过程如下：

点动工作时：

按下 SB_3→KM 线圈得电→KM 主触头闭合→电动机通电运转

松开 SB_3→KM 线圈失电→KM 主触头断开→电动机断电停止

长动工作时：

按下 SB_2→中间继电器 KA 线圈得电→KA 自锁触头闭合；→KA 常开触头闭合→KM 线圈得电→KM 主触头闭合→电动机通电长时间运转

2.6.2 多地点与多条件控制

在一些大型机械设备中，为了操作方便，常要求在多个地点进行控制；在某些设备上，为了保证操作安全，需要多个条件满足，设备才能开始工作，这样的要求可通过在控制电路中串联或并联电器的常闭触头和常开触头来实现。

图 2-24 为多地点控制电路。接触器 KM 线圈的得电条件为按钮 SB_2、SB_4、SB_6 中的任一常开触头闭合，KM 辅助常开触头构成自锁，这里的常开触头并联构成逻辑或的关系，任

一条件满足，就能接通电路；KM线圈失电条件为按钮SB_1、SB_3、SB_5中任一常闭触头断开，常闭触头串联构成逻辑与的关系，其中任一条件满足，即可切断电路。

图2-25为多条件控制电路。接触器KM线圈得电条件为按钮SB_4、SB_5、SB_6的常开触头全部闭合，KM的辅助常开触头构成自锁，即常开触头串联成逻辑与的关系，全部条件满足，才能接通电路；KM线圈失电条件是按钮SB_1、SB_2、SB_3的常闭触头全部打开，即常闭触头并联构成逻辑或的关系，全部条件满足，切断电路。

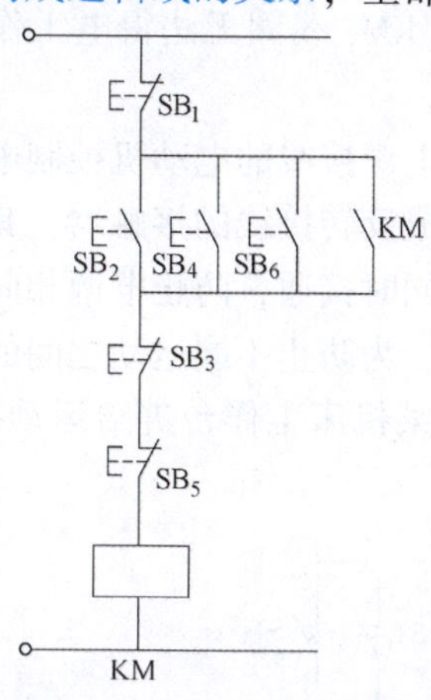

图2-24　多地点控制电路

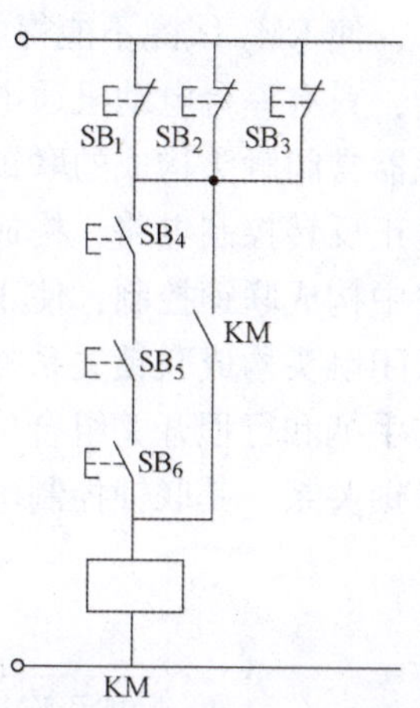

图2-25　多条件控制电路

2.6.3　顺序控制

在机床的控制电路中，常常要求电动机的起停有一定的顺序，例如磨床要求先起动润滑油泵，然后再起动主电动机；龙门刨床在工作台移动前，导轨润滑油泵要先起动；铣床的主轴旋转后，工作台方可移动等。顺序控制电路有顺序起动、同时停止控制电路，有顺序起动、顺序停止控制电路，还有顺序起动、逆序停止控制电路。图2-26为两台电动机的顺序控制电路。

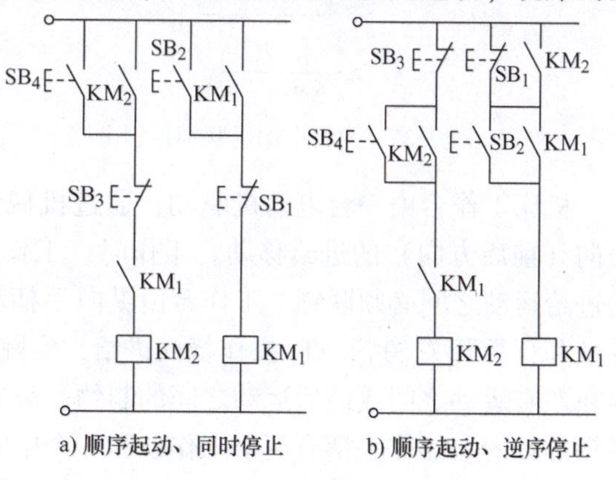

图2-26　两台电动机的顺序控制电路

图2-26a是顺序起动、同时停止控制电路。在这个电路中，只有KM_1线圈通电后，其串入KM_2线圈电路中的常开触头KM_1闭合，才使KM_2线圈有通电的可能。按下SB_1按钮，两台电动机同时停止。

图2-26b是顺序起动、逆序停止控制电路。停车时，必须先按下SB_3按钮，断开KM_2线圈电路，使并联在按钮SB_1下的常开触头KM_2断开后，再按下SB_1才能使KM_1线圈断电。

通过上面的分析可知，要实现顺序动作，可将控制先起动电动机的接触器的常开触头串联在控制后起动电动机的接触器线圈电路中，用若干个停止按钮控制电动机的停止顺序，或者将先停的接触器的常开触头与后停的停止按钮并联即可。

2.6.4 联锁控制

联锁控制也称互锁控制，是保证设备正常运行的重要控制环节，常用于制约不能同时出现的电路接通状态。

图 2-27 所示的电路是控制两台电动机不准同时接通工作的控制电路，图中接触器 KM_1 和 KM_2 分别控制电动机 M_1 和 M_2，其常闭触头构成互锁即联锁关系。当 KM_1 动作时，其常闭触头打开，使 KM_2 线圈不能得电；同样，KM_2 动作时，KM_1 线圈无法得电工作，从而保证任何时候，只有一台电动机通电运行。

由接触器常闭触头构成的联锁控制也常用于具有两种电源接线的电动机控制电路中，如前述电动机正反转控制电路，构成正转接线的接触器与构成反转接线的接触器，其常闭触头在控制电路中构成联锁控制，使正转接线与反转接线不能同时接通，防止电源相间短路。除用接触器常闭触头构成联锁关系外，在运动复杂的设备上，为防止不同运动之间的干涉，常设置用操作手柄和行程开关组合构成的联锁控制。这里以某机床工作台进给运动控制为例，说明这种联锁关系，其联锁控制电路如图 2-28 所示。

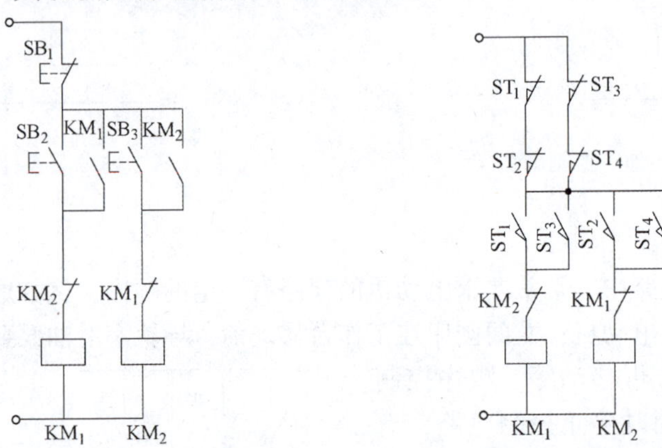

图 2-27 两台电动机联锁控制电路　　图 2-28 机床工作台进给联锁控制电路

机床工作台由一台电动机驱动，通过机械传动链传动，可完成纵向（左右两方向）和横向（前后方向）的进给移动。工作时，工作台只允许沿一个方向进给移动，因此各方向的进给运动之间必须联锁。工作台由纵向手柄和行程开关 ST_1、ST_2 操作纵向进给，由横向手柄和行程开关 ST_3、ST_4 操作横向进给，实际上两操作手柄各自都只能扳在一种工作位置，存在左右运动之间或前后运动之间的制约，只要两操作手柄不同时扳在工作位置，即可达到联锁的目的。操作手柄有两个工作位和一个中间不工作位，正常工作时，只有一个手柄扳在工作位，当由于误动作等意外事故使两手柄都被扳到工作位时，联锁电路将立即切断进给控制电路，进给电动机停转，工作台进给停止，防止运动干涉损坏机床的事故发生。图 2-28 是工作台的联锁控制电路，KM_1、KM_2 分别为进给电动机正转和反转控制接触器，纵向控制行程开关 ST_1、ST_2 常闭触头串联构成的支路与横向控制行程开关 ST_3、ST_4 常闭触头串联构成的支路并联起来组成联锁控制电路。当纵向操作手柄扳在工作位时，将会压动行程开关 ST_1（或 ST_2），切断一条支路，另一条由横向手柄控制的支路因横向手柄不在工作位而仍然正常通电，此时 ST_1（或 ST_2）的常开触头闭合，使接触器 KM_1（或 KM_2）线圈得电，电动机转动，工作台在给定的方向进给移动。当工作台纵向移动时，若横向手柄也被扳到工作位，行程开关ST_3或ST_4受压，切断联锁电路，使接触器线圈失电，电动机立即停转，工作台进给运动自动停止，从而实现进给运动的联锁保护。

2.6.5 自动循环控制

在实际生产中，很多设备的工作过程包括若干工步，这些工步按一定的动作顺序自动地逐步完成，并且可以不断重复地进行，实现这种工作过程的控制即是自动循环控制。根据设备的驱动方式，可将自动循环控制电路分为两类：一类是对由电动机驱动的设备实现工作循环的自动控制；另一类是对由液压系统驱动的设备实现工作循环的自动控制。从电气控制的角度来说，实际上控制电路是对电动机工作的自动循环实现控制和对液压系统工作的自动循环实现控制。

1. 电动机的自动循环控制

电动机的自动循环控制，实质上是通过控制电路按照工作循环图确定的工作顺序要求对电动机进行起动和停止的控制。

设备的工作循环图标明动作的顺序和每个工步的内容，确定各工步应接通的电器，同时还注明控制工步转换的转换主令。自动循环工作中的转换主令，除起动循环的主令由操作者给出外，其他各步转换的主令均来自设备工作过程中出现的信号，如行程开关信号、压力继电器信号、时间继电器信号等，控制电路在转换主令的控制下，自动地切换工步，切换工作电器，实现工作的自动循环。

（1）单机自动循环控制电路　常见的单机自动循环控制是在转换主令的作用下，按要求自动切换电动机的转向，如前述由行程开关操作电动机正反转的控制，或电动机按要求自动反复起停的控制。图2-29所示为自动间歇供油的润滑系统控制电路。图中，KM为控制液压泵电动机起停的接触器，KT_1控制油泵电动机工作供油的时间，KT_2控制停止供油间断的时间。合上开关SA以后，液压泵电动机起动，间歇供油循环开始。

（2）多机自动循环控制电路　在实际生产中，有些设备是由多个动力部件构成，并且各个动力部件具有自己的工作循环过程，这些设备工作的自动循环过程是由某些单机工作循环组合构成。通过对设备工作循环图的分析，即可看出，控制电路实质上是根据工作循环图的要求，对多台电动机实现有序的起、停和正反转的控制。图2-30为由两个动力部件构成的机床运动简图及工作循环图，图中行程开关ST_1为动力头Ⅰ的原位开关，ST_2为其终点限

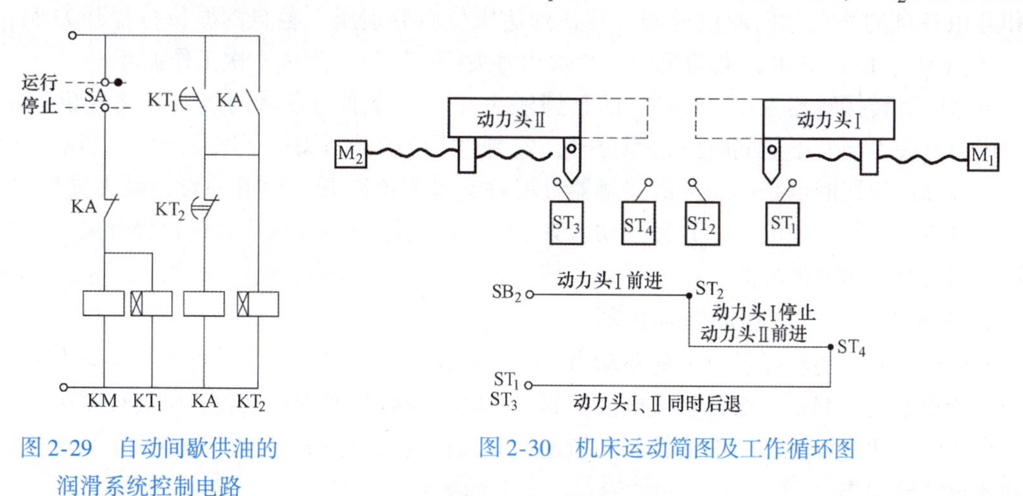

图2-29　自动间歇供油的润滑系统控制电路

图2-30　机床运动简图及工作循环图

位开关；ST_3 为动力头Ⅱ的原位开关，ST_4 为其终点限位开关；M_1 是动力头Ⅰ的驱动电动机，M_2 是动力头Ⅱ的驱动电动机。

图2-31是机床工作自动循环的控制电路，SB_2 为工作循环开始的起动按钮，KM_1 与 KM_3 分别为 M_1 电动机的正转和反转控制接触器；KM_2 与 KM_4 分别为 M_2 电动机的正转和反转控制接触器。

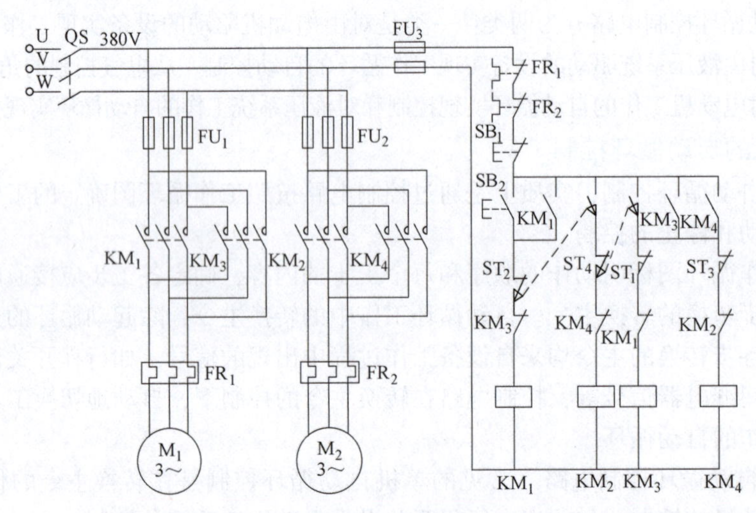

图2-31　机床工作自动循环的控制电路

机床工作自动循环过程分为三个工步，起动按钮 SB_2 按下，开始第一个工步，此时电动机 M_1 的正转接触器 KM_1 得电工作，动力头Ⅰ向前移动，到达终点位后，压下终点行程限位开关 ST_2，ST_2 信号作为转换主令，控制工作循环由第一工步切换到第二工步，ST_2 的常闭触头使 KM_1 线圈失电，M_1 电动机停转，动力头Ⅰ停在终点位，同时 ST_2 的常开触头闭合，接通 KM_2 的线圈电路，使电动机 M_2 正转，动力头Ⅱ开始向前移动，至终点位时，此时 ST_4 的常闭触头切断 M_2 电动机的正转控制接触器 KM_2 的线圈电路，同时其常开触头闭合使电动机 M_1 与 M_2 的反转控制接触器 KM_3 与 KM_4 的线圈同时接通，电动机 M_1 与 M_2 反转，动力头Ⅰ和Ⅱ由各自的终点位向原位返回，并在到达原位后分别压下各自的原位行程开关 ST_1 和 ST_3，使 KM_3、KM_4 失电，电动机停转，两动力头停在原位，完成一次工作循环。

电路中反转接触器 KM_2 与 KM_4 的自锁触头并联，分别为各自的线圈电路提供自锁作用。当动力头Ⅰ与Ⅱ不能同时到达原位时，先到达原位的动力头压下原位开关，切断该动力头控制接触器的线圈电路，相应的接触器自锁触头也复位断开，但另一自锁触头仍然闭合，保证接触器线圈不会失电，直到另一动力头也返回到达原位，并压下原位行程开关，切断接触器线圈电路，结束循环。

2. 液压系统工作的自动循环控制

液压传动系统能够提供较大的驱动力，并且运动传递平稳、均匀、可靠、控制方便。当液压系统和电气控制系统组合构成电液控制系统时，很容易实现自动化，电液控制被广泛地应用在各种自动化设备上。电液控制是指通过电气控制系统控制液压传动系统按给定的工作运动要求完成动作。

液压动力滑台工作自动循环控制是一典型的电液控制，下面将其作为例子，分析液压系

统工作自动循环的控制电路。

液压动力滑台是机床加工工件时完成进给运动的动力部件，由液压系统驱动，自动完成加工的自动循环。滑台工作循环的工步顺序与内容以及各工步之间的转换主令，同电动机的自动工作循环控制一样，由设备的工作循环图给出。电液控制系统的分析通常分为三步：①工作循环图分析，以确定工步顺序及每步的工作内容，明确各工步的转换主令；②液压系统分析，分析液压系统的工作原理，确定每工步中应通电的电磁阀线圈，并将分析结果和工作循环图给出的条件通过动作表的形式列出，动作表上列有每个工步的内容、转换主令和电磁阀线圈通电状态；③控制电路分析，是根据动作表给出的条件和要求，逐步分析电路如何在转换主令的控制下完成电磁阀线圈通断电的控制。液压动力滑台电液控制系统如图 2-32 所示。

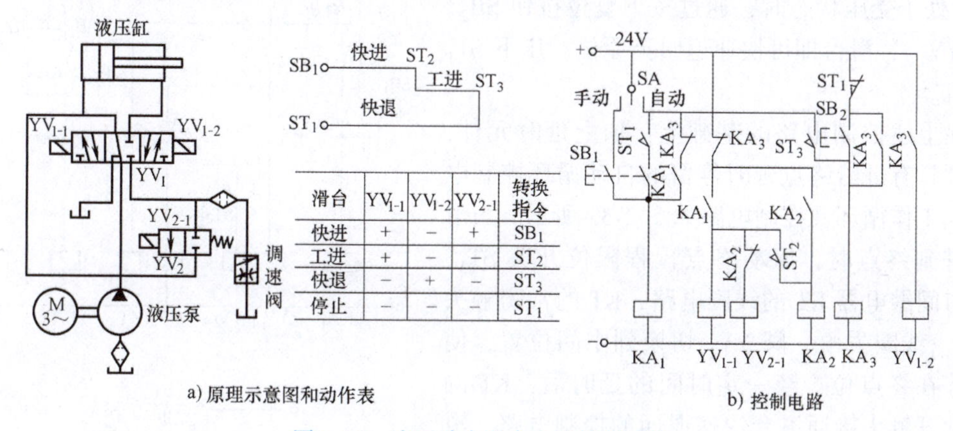

滑台	YV_{1-1}	YV_{1-2}	YV_{2-1}	转换指令
快进	+	−	+	SB_1
工进	+	−	−	ST_2
快退	−	+	−	ST_3
停止	−	−	−	ST_1

a) 原理示意图和动作表

图 2-32　液压动力滑台电液控制系统

在图 2-32a 中可以看到，液压动力滑台的自动工作循环共有四个工步：滑台快进、工进、快退及原位停止，分别由行程开关 ST_2、ST_3、ST_1 及按钮 SB_1 控制工步的切换和循环的起动。对应于四个工步，液压系统有四个工作状态，满足活塞的四个不同运动要求。其工作原理如下：

动力滑台快进，要求电磁换向阀 YV_1 在左位，压力油经换向阀进入液压缸左腔，推动活塞右移，此时电磁换向阀 YV_2 也要求位于左位，使得液压缸右腔回油经 YV_2 阀返回液压缸左腔，增大液压缸左腔的进油量，活塞快速向前移动，为实现上述油路工作状态，电磁阀线圈 YV_{1-1} 必须通电，使阀 YV_1 切换到左位，YV_{2-1} 通电使 YV_2 切换到左位。动力滑台前移到达工进起点时，压下行程开关 ST_2，动力滑台进入工进的工步。动力滑台工进时，活塞运动方向不变，但移动速度改变，此时控制活塞运动方向的阀 YV_1 仍在左位，但控制液压缸右腔回油通路的阀 YV_2 切换到右位，切断右腔回油进入左腔的通路，而使液压缸右腔的回油经调速阀流回油箱。调速阀节流控制回油的流量，从而限定活塞以给定的工进速度继续向右移动，YV_{1-1} 保持通电，使阀 YV_1 仍在左位，但是 YV_{2-1} 断电，使阀 YV_2 在弹簧力的复位作用下切换到右位，满足工进油路的工作状态。工进结束后，动力滑台在终点位压动终点行程限位开关 ST_3，转入快退工步。滑台快退时，活塞的运动方向与快进、工进时相反，此时液压缸右腔进油，左腔回油，阀 YV_1 必须切换到右位，改变油的通路，阀 YV_1 切换以后，压力油经阀 YV_1 进入液压缸的右腔，左腔回油经 YV_1 直接回油箱，通过切断 YV_{1-1} 的线圈电路使其失电，同时接通 YV_{1-2} 的线圈电路使其通电吸合，阀 YV_1 切换到右位，满足快退时液压系统的油路状态。动力滑台快速退回到原位以后，压动原位行程开关 ST_1，即进入停止状态。此时要求阀 YV_1 位于中间位的油路状态，YV_2 处于右位，当电磁阀线圈 $YV_{1\text{-}1}$、$YV_{1\text{-}2}$、$YV_{2\text{-}1}$ 均失电时，即可满足液压系统使滑台停在原位的工作要求。

在图 2-32b 所示控制电路中，SA 为选择开关，用于选定滑台的工作方式。开关扳在自动循环工作方式时，按下起动按钮 SB_1，循环工作开始。SA 扳到手动调整工作方式时，电路不能自锁持续供电，按下按钮 SB_1，可接通 $YV_{1\text{-}1}$ 与 $YV_{2\text{-}1}$ 线圈电路，滑台快速前进，松开 SB_1，$YV_{1\text{-}1}$、$YV_{2\text{-}1}$ 线圈失电，滑台立即停止移动，从而实现点动向前调整的动作。SB_2 为滑台快速复位按钮，当由于调整前移或工作过程中突然停电的原因，滑台没有停在原位不能满足自动循环工作的起动条件，即原位行程开关 ST_1 不处于受压状态时，通过按下复位按钮 SB_2，接通 $YV_{1\text{-}2}$，滑台即可快速返回至原位，压下 ST_1 后停机。

在上述控制电路的基础上，加上延时元件，可得到具有进给终点延时停留的自动循环控制电路，其工作循环及控制电路如图 2-33 所示。当滑台工进到终点时，压动终点行程限位开关 ST_3，接通时间继电器 KT 的线圈电路，KT 的常闭触头使 $YV_{1\text{-}1}$ 线圈失电，阀 YV_1 切换到中间位置，使滑台停在终点位，经一定时间的延时后，KT 的延时常开触头接通滑台快速退回的控制电路，滑台进入快退的工步，退回原位后行程开关 ST_1 被压下，切断电磁阀线圈 $YV_{1\text{-}2}$ 的电路，滑台停在原位。其他工步的控制和调整控制方式，带有延时停留的控制电路与无终点延时停留的控制电路相同。

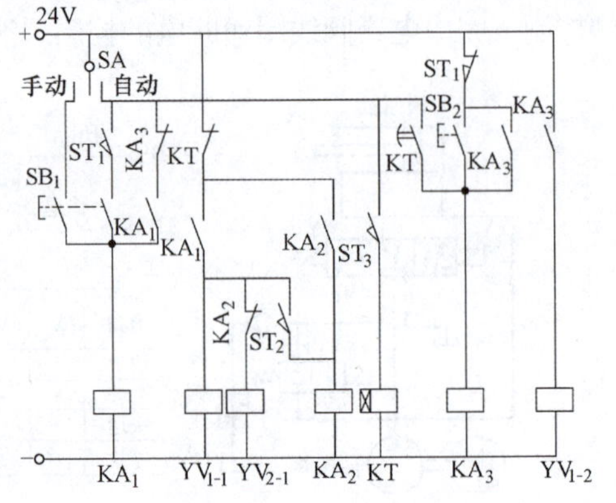

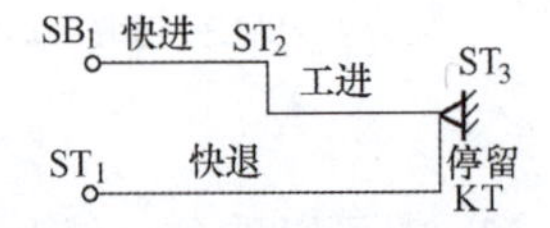

图 2-33　具有进给终点延时停留功能的滑台工作循环和控制电路

2.7　电气控制电路设计基础

电气控制电路设计是建立在机械结构设计的基础上，并以能最大限度地满足机械设备和用户对电气控制的要求为基本目标。通过对本节的学习，读者能够根据生产机械的工艺要求，设计出合乎要求的、经济的电气控制系统。电气控制电路设计涉及的内容很广泛，在这一节里将概括地介绍电气控制电路设计的基本知识。

2.7.1　电气设计的基本内容和一般原则

1. 电气设计的基本内容

1）拟定电气设计任务书。

2）确定电力拖动方案和控制方案。

3）设计电气原理图。

4）选择电动机、电气元器件，并制订电气元器件明细表。

5）设计操作台、电气柜及非标准电气元器件。

6）设计电气设备布置总图、电气安装图以及电气接线图。

7）编写电气说明书和使用操作说明书。

以上电气设计各项内容，必须以有关国家标准为纲领。根据总体技术要求和控制电路的复杂程度不同，内容可增可减，某些图样和技术文件可适当合并或增删。

2. 电气设计的一般原则

1）最大限度地满足生产机械和生产工艺对电气控制的要求，这些生产工艺要求是电气控制设计的依据。因此在设计前，应深入现场进行调查，搜集资料，并与生产过程有关人员、机械部分设计人员、实际操作者密切配合，明确控制要求，共同拟定电气控制方案，协同解决设计中的各种问题，使设计成果满足生产工艺要求。

2）在满足控制要求的前提下，设计方案力求简单、经济、合理，不要盲目追求自动化和高指标，力求控制系统操作简单、使用与维修方便。

3）正确、合理地选用电气元器件，确保控制系统安全可靠地工作，同时考虑技术进步、造型美观。

4）为适应生产的发展和工艺的改进，在选择控制设备时，应使设备能力留有适当余量。

3. 电力拖动方案确定的原则

所谓电力拖动方案是指根据生产机械的精度、工作效率、结构、运动部件的数量、运动要求、负载性质、调速要求以及投资额等条件去确定电动机的类型、数量、传动方式及拟订电动机的起动、运行、调速、转向、制动等控制要求。它是电气设计的主要内容之一，作为电气控制原理图设计及电气元器件选择的依据，是以后各部分设计内容的基础和先决条件。

（1）确定拖动方式　电力拖动方式有以下两种：

1）单独拖动。一台设备只由一台电动机拖动。

2）多电动机拖动。一台设备由多台电动机分别驱动各个工作机构，通过机械传动链将动力传送到每个工作机构。电气传动发展的趋势是多电动机拖动，这样不仅能缩短机械传动链，提高传动效率，而且能简化总体结构，便于实现自动化。具体选择时可根据工艺及结构决定电动机的数量。

（2）确定调速方案　不同的对象有不同的调速要求。为了达到一定的调速范围，可采用齿轮变速箱、液压调速装置、双速或多速电动机以及电气的无级调速传动方案。无级调速有直流调压调速、交流调压调速和变频变压调速。目前，变频变压调速技术的使用越来越广泛，在选择调速方案时，可参考以下几点：

1）重型或大型设备主运动及进给运动，应尽可能采用无级调速，这有利于简化机械结构，缩小体积，降低制造成本。

2）精密机械设备如坐标镗床、精密磨床、数控机床以及某些精密机械手，为了保证加工精度和动作的准确性，便于自动控制，也应采用电气无级调速方案。

3）一般中小型设备如普通机床没有特殊要求时，可选用经济、简单、可靠的三相笼型异步电动机，配以适当级数的齿轮变速箱。为了简化结构，扩大调速范围，也可采用双速或多速的笼型异步电动机。在选用三相笼型异步电动机的额定转速时，应满足工艺条件要求。

（3）电动机的调速特性与负载特性相适应　不同机电设备的各个工作机构具有各不相同的负载特性，如机床的主轴运动为恒功率负载，而进给运动为恒转矩负载。在选择电动机调速方案时，要使电动机的调速特性与负载特性相适应，否则将会引起拖动工作的不正常，电动机不能充分合理地使用。例如，双速笼型异步电动机，当定子绕组由三角形联结改接成双星形联结时，转速增加1倍，功率却增加很少。因此，它适用于恒功率传动。对于低速为星形联结的双速电动机改接成双星形联结后，转速和功率都增加1倍，而电动机所输出的转矩却保持不变，它适用于恒转矩传动。他励直流电动机的调磁调速属于恒功率调速，而调压调速则属于恒转矩调速。分析调速性质和负载特性，找出电动机在整个调速范围内的转矩、功率与转速的关系，以确定负载需要恒功率调速还是恒转矩调速，为合理确定拖动方案、控制方案以及电动机和电动机容量的选择提供必要的依据。

4. 电气控制方案确定的原则

设备的电气控制方法很多，有继电器触头控制、无触头逻辑控制、可编程序控制器控制、计算机控制等。总之，合理地确定控制方案，是实现简便可靠、经济适用的电力拖动控制系统的重要前提。

电气控制方案的确定，应遵循以下原则：

（1）控制方式与拖动需要相适应　控制方式并非越先进越好，而应该以经济效益为标准。对于控制逻辑简单、加工程序基本固定的机床，采用继电器触头控制方式较为合理；对于经常改变加工程序或控制逻辑复杂的机床，则采用可编程序控制器较为合理。

（2）控制方式与通用化程度相适应　通用化是指生产机械加工不同对象的通用化程度，它与自动化是两个概念。对于某些加工一种或几种零件的专用机床，它的通用化程度很低，但它可以有较高的自动化程度，这种机床宜采用固定的控制电路；对于单件、小批量且可加工形状复杂零件的通用机床，则采用数字程序控制，或采用可编程序控制器控制，因为它们可以根据不同的加工对象而设定不同的加工程序，因而有较好的通用性和灵活性。

（3）控制方式应最大限度满足工艺要求　根据加工工艺要求，控制电路应具有自动循环、半自动循环、手动调整、紧急快退、保护性联锁、信号指示和故障诊断等功能，以最大限度满足工艺要求。

（4）控制电路的电源应可靠　简单的控制电路可直接用电网电源，元器件较多、电路较复杂的控制装置，可将电网电压隔离降压，以降低故障率。对于自动化程度较高的生产设备，可采用直流电源，这有助于节省安装空间，便于同无触头元器件连接，元器件动作平稳，操作维修也较安全。

影响方案确定的因素较多，最后选定方案的技术水平和经济水平，取决于设计人员设计经验和设计方案的灵活运用。

2.7.2　电气控制电路的设计方法和步骤

当生产机械的电力拖动方案和电气控制方案已经确定后，就可以进行电气控制电路的设计了。电气控制电路的设计方法有两种。一种是经验设计法，它是根据生产工艺的要求，按照电动机的控制方法，采用典型环节电路直接进行设计。这种方法比较简单，但对比较复杂的电路，设计人员必须具有丰富的工作经验，需绘制大量的电路图并经多次修改后才能得到符合要求的控制电路。另一种为逻辑设计法，它采用逻辑代数进行设计，按此方法设计的电路结构合理，可节省所用元器件的数量。本节主要介绍经验设计法。

1. 电气控制电路设计的一般步骤

1）根据选定的电力拖动方案和电气控制方案设计系统的原理框图，拟订出各部分的主

要技术要求和主要技术参数。

2）根据各部分的要求，设计出原理框图中各个部分的具体电路。在进行具体电路的设计时，一般应先设计主电路，然后设计控制电路、辅助电路、联锁与保护环节等。

3）完善电气控制电路。初步设计完成电气原理图后，应仔细检查，看电路是否符合设计要求，并反复修改，尽可能使之完善和简化。

4）合理选择电气原理图中每一电气元器件，并制订出元器件目录清单。

2. 电气控制电路的设计

前面已经介绍过的各种控制电路都有一个共同的规律：拖动生产机械的电动机的起动与停止均由接触器主触头控制，而主触头的动作则由控制电路中接触器线圈的通电与断电决定，线圈的通电与断电则由线圈所在控制电路中一些电器的常开、常闭触头组成的“与”“或”和“非”等条件来控制。下面举例说明经验设计法设计控制电路。

某机床有左、右两个动力头，用以铣削加工，它们各由一台交流电动机拖动；另外有一个安装工件的滑台，由另一台交流电动机拖动。加工工艺是在开始工作时，要求滑台先快速移动到加工位置，然后自动变为慢速进给，进给到指定位置自动停止，再由操作者发出指令使滑台快速返回，回到原位后自动停车。要求两动力头电动机在滑台电动机正向起动后起动，而在滑台电动机正向停车时也停车。

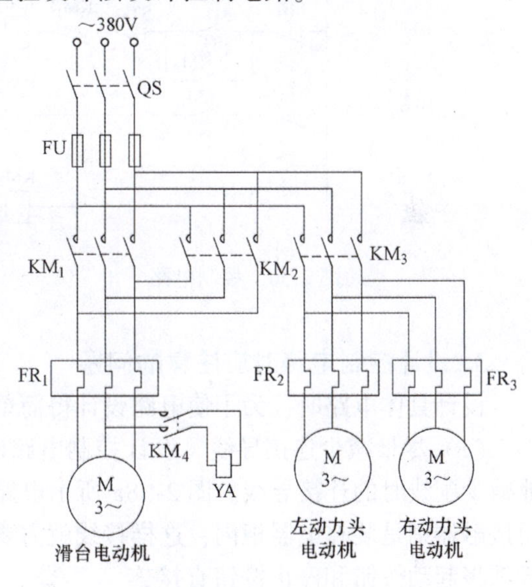

图 2-34 主电路

（1）主电路设计　动力头拖动电动机只要求单方向旋转，为使两台电动机同步起动，可用一个接触器 KM_3 控制。滑台拖动电动机需要正、反转，可用两个接触器 KM_1、KM_2 控制。滑台的快速移动由电磁铁 YA 改变机械传动链来实现，由接触器 KM_4 来控制。主电路如图 2-34 所示。

（2）控制电路设计　滑台电动机的正、反转分别用两个按钮 SB_1 与 SB_2 控制，停车则分别用 SB_3 与 SB_4 控制。由于动力头电动机在滑台电动机正转后起动，停车时也停车，故可用接触器 KM_1 的常开辅助触头控制 KM_3 的线圈，如图 2-35a 所示。

滑台的快速移动可采用电磁铁 YA 通电时，改变凸轮的变速比来实现。滑台的快速前进与返回分别用 KM_1 与 KM_2 的辅助触头控制 KM_4，再由 KM_4 触头去通断电磁铁 YA。滑台快速前进到加工位置时，要求慢速进给，因而在 KM_1 触头控制 KM_4 的支路上串联行程开关 ST_3 的常闭触头。此部分的辅助电路如图 2-35b 所示。

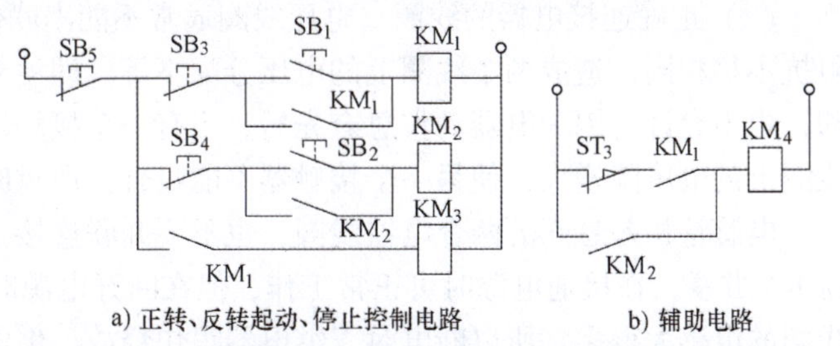

图 2-35 控制电路草图

(3) 联锁与保护环节设计　用行程开关 ST_1 的常闭触头控制滑台慢速进给到位时的停车；用行程开关 ST_2 的常闭触头控制滑台快速返回至原位时的自动停车。接触器 KM_1 与 KM_2 之间应互相联锁，三台电动机均应用热继电器作过载保护。完整的控制电路如图 2-36 所示。

(4) 电路的完善　电路初步设计完毕后，可能还有不够合理的地方，因此需仔细校核。图 2-36 中，一共用了三个 KM_1 的常开辅助触头，而一般的接触器只有两个常开辅助触头，因此必须进行修改。从电路的工作情况可以看出，KM_3 的常开辅助触头完全可以代替 KM_1 的常开辅助触头去控制电磁铁 YA，修改完善后的控制电路如图 2-37 所示。

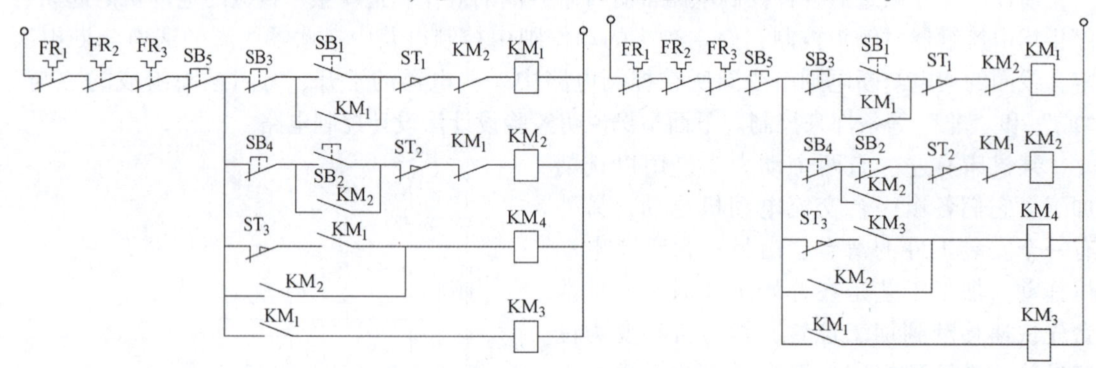

图 2-36　控制电路　　图 2-37　修改完善后的控制电路

3. 设计控制电路时应注意的问题

设计具体电路时，为了使电路设计得简单且准确可靠，应注意以下几个问题：

(1) 尽量减少连接导线　设计控制电路时，应考虑各电气元器件的实际位置，尽可能地减少配线时的连接导线。图 2-38a 所示电路是不合理的，因为按钮一般是装在操作台上，而接触器则是装在电器柜内，这样接线就需要由电器柜二次引出连接线到操作台上，所以一般都将起动按钮和停止按钮直接连接，就可以减少一次引出线，图 2-38b 所示。

图 2-38b 所示电路不仅连接导线少，更主要的是工作可靠。由于 SB_1、SB_2 安装位置较近，当发生短路故障时，图 2-38a 的电路将造成电源短路。

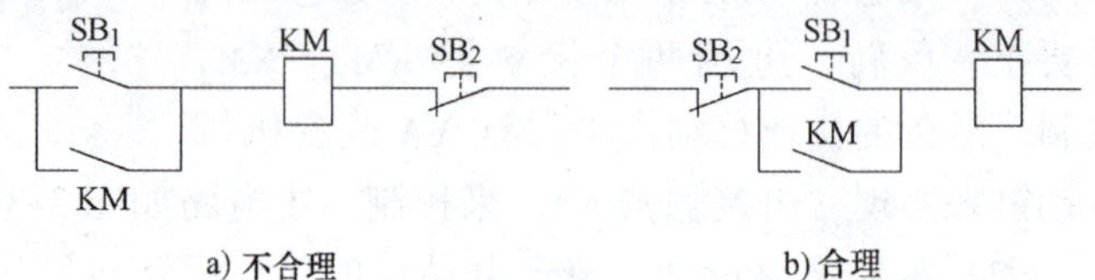

图 2-38　连接电路

(2) 正确连接电器的线圈　电压线圈通常不能串联使用，如图 2-39a 所示。由于它们的阻抗不尽相同，造成两个线圈上的电压分配不等。即使外加电压是同型号线圈的额定电压之和，也不允许。因为电器动作总有先后，当有一个接触器先动作时，则其线圈阻抗增大，该线圈上的电压降增大，使另一个接触器不能吸合，严重时将使线圈烧毁。

电感量相差悬殊的两个电器线圈，也不要并联连接。图 2-39b 中直流电磁铁 YA 与继电器 KA 并联，在接通电源时可正常工作，但在断开电源时，由于电磁铁线圈的电感比继电器线圈的电感大得多，所以断电时，继电器很快释放，但电磁铁线圈产生的自感电动势可能使继电器又吸合一段时间，从而造成继电器的误动作。解决方法为可各用一个接触器的触头来控制，如图2-39c所示。

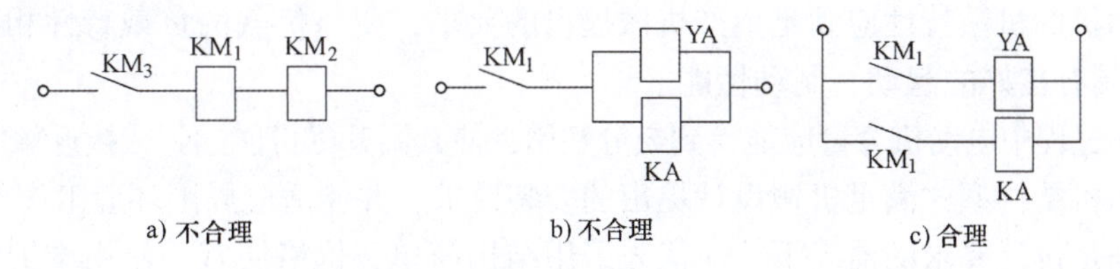

图2-39　电磁线圈的串、并联

(3) 控制电路中应避免出现寄生电路　寄生电路是电路动作过程中意外接通的电路。图2-40所示是一个具有指示灯HL和热保护的正反向电路。正常工作时，能完成正反向起动、停止和信号指示。当热继电器FR动作时，电路就出现了寄生电路，如图2-40中虚线所示，使正向接触器KM_1不能有效释放，起不了保护作用，反转时亦然。

(4) 尽可能减少电器数量、采用标准件和相同型号的电器　尽量减少不必要的触头，以简化电路，提高电路可靠性。图2-41a所示电路改成图2-41b后可减少一个触头。当控制的支路数较多，而触头数目不够时，可采用中间继电器增加控制支路的数量。

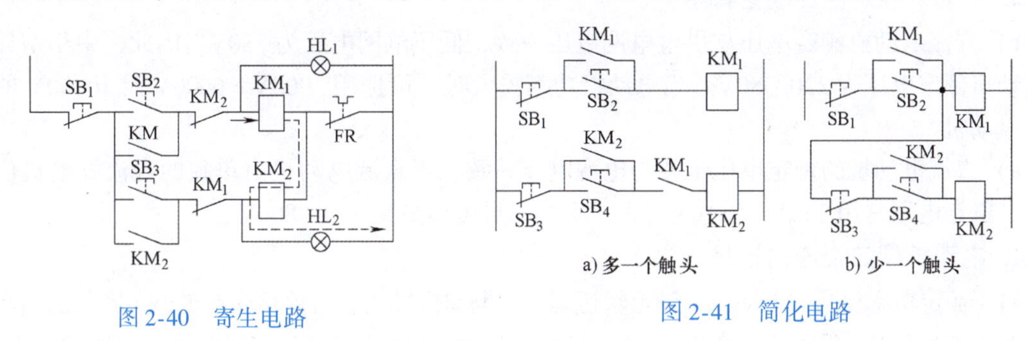

图2-40　寄生电路

图2-41　简化电路

(5) 多个电器的依次动作问题　在电路中应尽量避免许多电器依次动作才能接通另一个电器的控制电路。

(6) 可逆电路的联锁　在频繁操作的可逆电路中，正反向接触器之间不仅要有电气联锁，而且要有机械联锁。

(7) 电路结构力求简单可靠　尽量选用常用的且经过实际考验过的电路。

(8) 要有完善的保护措施　在电气控制电路中，为保证操作人员、电气设备及生产机械的安全，一定要有完善的保护措施。常用的保护环节有漏电流、短路、过载、过电流、过电压、失电压等保护环节，有时还应设有合闸、断开、事故、安全等必需的指示信号。

2.7.3　电动机的选择

正确选择电动机具有重要意义，合理地选择电动机是从驱动机床的具体对象、加工规范，也就是机床的使用条件出发，综合经济、合理、安全等多方面考虑，使电动机能够安全可靠地运行。电动机的选择包括电动机结构型式、电动机额定电压、电动机额定转速、额定功率和电动机的容量等技术指标的选择。

1. 电动机选择的基本原则

1）电动机的机械特性应满足生产机械提出的要求，要与负载的负载特性相适应，保证运行稳定且具有良好的起动、制动性能。

2）工作过程中电动机容量应能得到充分利用，使其温升尽可能达到或接近额定温升值。

3）电动机结构型式满足机械设计提出的安装要求，并能适应周围环境工作条件。

4）在满足设计要求的前提下，应优先采用结构简单、价格便宜、使用维护方便的三相笼型异步电动机。

2. 电动机结构型式的选择

1）从工作方式上，根据不同工作制相应选择连续、短时及断续周期性工作的电动机。

2）从安装方式上分为卧式和立式两种。

3）按不同工作环境选择电动机的防护型式，开启式适用于干燥、清洁的环境；防护式适用于干燥、灰尘不多、没有腐蚀性和爆炸性气体的环境；封闭式分为自扇冷式、他扇冷式和密封式三种，前两种用于潮湿、多腐蚀性灰尘、多侵蚀的环境，后一种用于浸入水中的机械；防爆式适用于有爆炸危险的环境中。

3. 电动机额定电压的选择

1）交流电动机额定电压与供电电网电压一致，低压电网电压为380V，因此，中小型异步电动机额定电压为220/380V。当电动机功率较大时，可选用3000V、6000V及10000V的高压电动机。

2）直流电动机的额定电压也要与电源电压一致，当直流电动机由单独的直流发电机供电时，额定电压常用220V及110V。大功率电动机可提高到600～800V。

4. 电动机额定转速的选择

对于额定功率相同的电动机，额定转速越高，电动机尺寸、重量和成本越小，因此选用高速电动机较为经济。但由于生产机械所需转速一定，电动机转速越高，传动机构转速比越大，传动机构越复杂，因此应综合考虑电动机与机械两方面的多种因素来确定电动机的额定转速。

5. 电动机容量的选择

电动机容量的选择有两种方法：

（1）分析计算法　该方法是根据生产机械负载图，在产品目录上预选一台功率相当的电动机，再用此电动机的技术数据和生产机械负载图求出电动机的负载图，最后，按电动机的负载图从发热方面进行校验，并检查电动机的过载能力是否满足要求，如若不行，重新计算直至合格为止。此法计算工作量大，负载图绘制较难，实际使用不多。

（2）调查统计类比法　该方法是在不断总结经验的基础上选择电动机容量的一种实用方法。此法比较简单，对同类型设备的拖动电动机容量进行统计和分析，从中找出电动机容量与设备参数的关系，得出相应的计算公式。以下为典型机床的统计分析法公式（P单位均为kW）：

1）卧式车床：

$$P = 36.5D^{1.54} \tag{2-4}$$

式中，D是工件最大直径（m）。

2）立式车床：

$$P = 20D^{0.88} \tag{2-5}$$

式中，D是工件最大直径（m）。

3）摇臂钻床：

$$P = 0.0646D^{1.19} \tag{2-6}$$

式中，D是最大钻孔直径（mm）。

4）卧式镗床：

$$P = 0.04D^{1.7} \tag{2-7}$$

式中，D是镗杆直径（mm）。

2.7.4 电气控制电路设计举例

本节以C6132型卧式车床电气控制电路为例，简要介绍该电路的经验设计方法与步骤。已知该机床技术条件为：床身最大工件回转直径为160mm，工件最大长度为500mm。具体设计步骤如下：

1. 拖动方案及电动机的选择

车床主运动由电动机M_1拖动；液压泵由电动机M_2拖动；冷却泵由电动机M_3拖动。

主运动电动机由式（2-4）可得：$P = 36.5 \times 0.16^{1.54}\text{kW} = 2.17\text{kW}$，所以可选择主电动机$M_1$为JO2－22－4型，技术参数为2.2kW、380V、4.9A、1450r/min。液压泵电动机M_2、冷却泵电动机M_3可按机床要求均选择为JCB－22，技术参数为380V、0.125kW、0.43A、2700r/min。

2. 电气控制电路的设计

（1）主电路　三相电源通过刀开关QS_1引入，供给主运动电动机M_1、液压泵电动机M_2、冷却泵电动机M_3及控制电路。熔断器FU_1作为电动机M_1的保护元件，FR_1为电动机M_1的过载保护热继电器。FU_2作为电动机M_2、M_3和控制电路的保护元件，FR_2、FR_3分别为电动机M_2和M_3的过载保护热继电器。冷却泵电动机由刀开关QS_2手动控制，以便根据需要供给切削液。电动机M_1的正反转由接触器KM_1和KM_2控制，液压泵电动机由KM_3控制。由此组成的主电路如图2-42的左半部分。

（2）控制电路　从车床的拖动方案可知，控制电路应有三个基本控制环节，即主运动电动机M_1的正反转控制环节；液压泵电动机M_2、冷却泵电动机M_3的单方向控制环节；联锁环节用来避免元器件误动作造成电源短路和保证主轴箱润滑良好。用经验设计法确定出控制电路，见图2-42的右半部分。

用微动开关与机械手柄组成的控制开关SA_1有三档位置。当SA_1在0位时，$SA_{1\text{-}1}$闭合，中间继电器KA得电自锁。主运动电动机起动前，应先按下SB_1，使液压泵电动机接触器KM_3得电，M_2起动，为主运动电动机起动做准备。

主轴正转时，控制开关放在正转档，使$SA_{1\text{-}2}$闭合，主运动电动机M_1正转起动。主轴反转时，控制开关放在反转档，使$SA_{1\text{-}3}$闭合，主运动电动机反向起动。由于$SA_{1\text{-}2}$、$SA_{1\text{-}3}$不能同时闭合，故形成电气互锁。中间继电器KA的主要作用是失电压保护，当电压过低或断电时，KA释放；重新供电时，需将控制开关放在0位使KA得电自锁，才能起动主运动电动机。

局部照明用变压器TC降至36V供电，以保护操作安全。

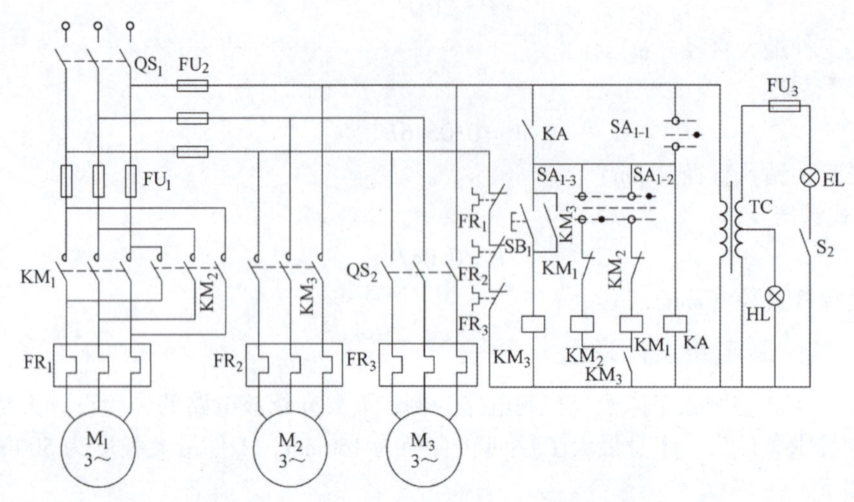

图 2-42　C6132 型卧式车床电气控制电路图

3. 电气元器件的选择

1）电源开关 QS_1 和 QS_2 均选用三极刀开关。根据工作电流，并保证留有足够的余量，可选用 HZ10－25/3 型。

2）熔断器 FU_1、FU_2、FU_3 的选择。熔体电流可按式（1-1）选择。FU_1 保护主电动机，选 RL1－15 型熔断器，配用 15A 的熔体；FU_2 保护液压泵和冷却泵电动机及控制电路，选 RL1－15 型熔断器，配用 2A 的熔体；FU_3 为照明变压器的二次保护，选 RL1－15 型熔断器，配用 2A 的熔体。

3）接触器的选择。根据电动机 M_1 和 M_2 的额定电流，接触器 KM_1、KM_2 和 KM_3 均选用 CJ10－10 型交流接触器，线圈电压为 380V。中间继电器 KA 选用 JZ7－44 型交流中间继电器，线圈电压为 380V。

4）热继电器的选择。根据电动机工作情况，热元件额定电流可按式（1-3）选取。用于主运动电动机 M_1 的过载保护时，选 JR20－20/3 型热继电器，热元件电流可调至 7. 2A；用于液压泵电动机 M_2 的过载保护时，选 JR20－10 型热继电器，热元件电流可调至 0. 43A。

5）控制变压器的选择，局部照明灯为 40W，所以可选用 BK－50 型控制变压器，一次电压为 380V，二次电压为 36V 和 6. 3V。

4. 电气元器件明细表

C6132 型卧式车床电气控制电路电气元器件明细表见表 2-2。

表 2-2　C6132 型卧式车床电气元器件明细表

序号	符　号	名　称	型　号	规　格	数量
1	M_1	异步电动机	JO2－22－4	2. 2kW　380V　4. 9A　1450r/min	1
2	M_2、M_3	液压泵、冷却泵电动机	JCB－22	0. 125kW　380V　0. 43A　2700r/min	2
3	QS_1、QS_2	刀开关	HZ10－25/3	500V　25A	2
4	FU_1	熔断器	RL1－15	500V　15A	3
5	FU_2、FU_3	熔断器	RL1－15	500V　2A	4

（续）

序号	符　号	名　称	型　号	规　格	数量
6	FR_1	热继电器	JR20－20/3	660V　20A	1
7	FR_2、FR_3	热继电器	JR20－10	660V　10A	2
8	KM_1、KM_2、KM_3	交流接触器	CJ10－10	380V　10A	3
9	KA	中间继电器	JZ7－44	380V　5A	1
10	TC	控制变压器	BK－50	50V·A　380V/36V、6.3V	1
11	HL	指示信号灯	ZSD－0	6.3V	1
12	EL	照明灯		40W　36V	1

2.8　技能训练：三相异步电动机正反转控制电路装调

2.8.1　任务目的

1）能分析交流电动机正反转控制电路的控制原理。

2）能正确识读电路图、装配图。

3）会按照工艺要求正确安装交流电动机正反转控制电路。

4）能根据故障现象检修交流电动机正反转控制电路。

2.8.2　任务内容

有一台三相交流异步电动机（Y112M－4，4kW，额定电压380V，额定电流8.8A，△联结，1440r/min），现需要对它进行正反转控制，并进行安装与调试，原理图如图2-43所示。

2.8.3　训练准备

1. 工具、仪表及器材

1）工具：测电笔、螺钉旋具、尖嘴钳、斜口钳、剥线钳、电工刀、校验灯等。

2）仪表：5050型绝缘电阻表、T301－A型钳形电流表、MF47型万用表。

3）器材：接触器正反转控制电路板一块。导线规格：动力电路采用BV1.5mm^2和BVR1.5mm^2（黑色）塑铜线；控制电路采用BVR1mm^2塑铜线（红色），接地线采用BVR（黄绿双色）塑铜线（截面积至少1.5mm^2）。紧固体及编码套管等的数量按需要而定。

2. 选择电气元器件

按照三相异步电动机型号，给电路中的开关、熔断器（熔体）、热继电器、接触器、按钮等选配型号。

选用热继电器要注意下列两点：

1）由电动机的额定电流选热继电器的型号和电流等级。

2）根据热继电器与电动机的安装条件和环境不同，将热元件电流做适当调整（放大1.15～1.5倍）。

2.8.4 训练步骤

1. 绘制电气原理图

三相异步电动机正反转控制电路如图 2-43 所示。

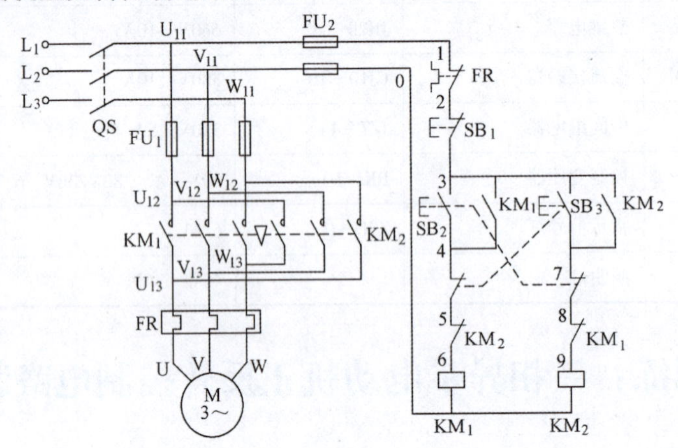

图 2-43 三相异步电动机正反转控制电路

2. 绘制安装接线图

根据图 2-43 所示三相异步电动机正反转控制电路绘制安装接线图，注意线号在电气原理图和安装接线图中要一致。电气元器件布置图及接线图如图 2-44 和图 2-45 所示。

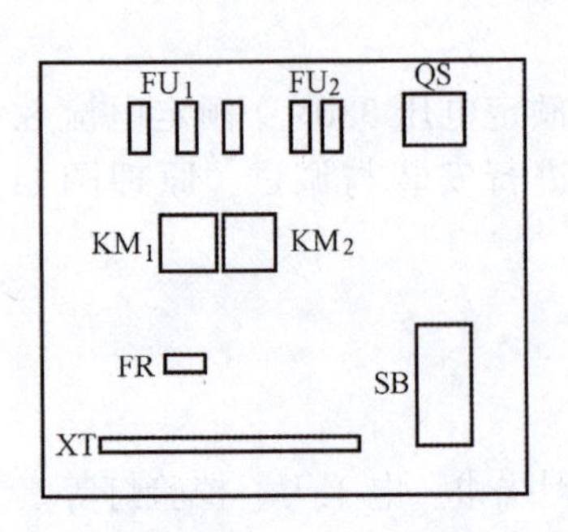

图 2-44 电气元器件布置图

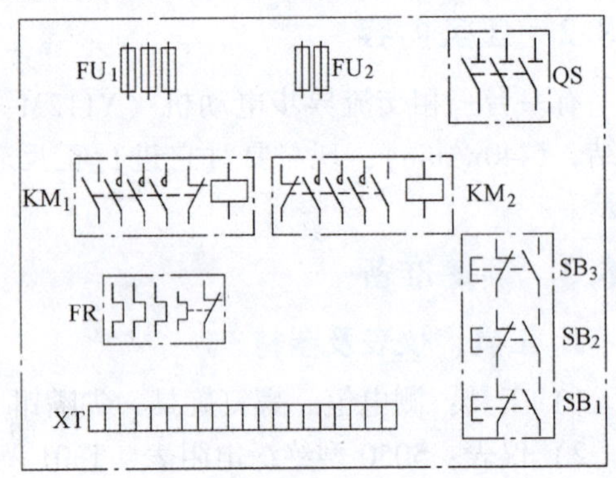

图 2-45 接线图

3. 制订电气元器件明细表（见表 2-3）

表 2-3 三相异步电动机正反转控制电路电气元器件明细表

符号	名称	型号与规格	数量	备 注
M	三相异步电动机	Y112M－4，4kW、380V、△联结、8.8A、1440r/min	1	
QS	刀开关	HZ10－25/3，三极、25A	1	
FU_1	熔断器	RL1－60/25，500V，60A、配熔体 25A	3	

（续）

符号	名称	型号与规格	数量	备注
FU_2	熔断器	RL1－15/2，500V，15A、配熔体 2A	2	
KM_1、KM_2	交流接触器	CJ10－20，20A、线圈电压 380V	2	
FR	热继电器	JR16－20/3，三极、20A、整定电流 8.8A	1	
SB_1～SB_3	按钮	LA10－3H，保护式、380V，5A、按钮数 3	3	
XT	端子板	JX2－1015，380V、10A、15 节	1	

4. 检查、布置、固定电气元器件

安装接线前应对所使用的电气元器件逐个进行检查，先检查再使用，避免安装、接线后发现问题再拆换，提高制作电路的工作效率。电气元器件检查完成后，在控制板上对其进行合理布置并固定。

5. 依照安装接线图进行接线

接线时，必须按照接线图规定的走线方位进行。一般从电源端起按线号顺序接线，先接主电路，然后接辅助电路。接线过程中注意对照图样核对，防止接错。

6. 检查电路和试车

试车前应做好准备工作，包括清点工具；清除安装底板上的线头杂物；装好接触器的灭弧罩；检查各组熔断器的熔体；分断各开关，使按钮处于未操作前的状态；检查三相电源是否对称等。然后按下述步骤通电试车。

（1）空操作试验　先切除主电路（一般可断开主电路熔断器），装好辅助电路熔断器，接通三相电源，使电路不带负荷（电动机）通电操作，以检查辅助电路工作是否正常。操作各按钮检查它们对接触器、继电器的控制作用；检查接触器的自锁、联锁等控制作用。还要观察各电器操作动作的灵活性，注意有无卡住或阻滞等不正常现象；细听电器动作时有无过大的振动噪声；检查有无线圈过热等现象。

（2）带负荷试车　控制电路经过数次空操作试验动作无误，即可切断电源，接通主电路，带负荷试车。电动机起动前应先做好停车准备，起动后要注意它的运行情况。如果发现电动机起动困难、发出噪声及线圈过热等异常现象，应立即停车，切断电源后进行检查。

试车运转正常后，可投入正常运行。

思考题与习题

2-1　电气控制电路图识图的基本方法是什么？

2-2　在电气原理图中，QS、FU、KM、KT、KA、SB、ST 分别是哪种电气元器件的文字符号？

2-3　三相笼型异步电动机减压起动的方法有哪几种？三相绕线转子异步电动机减压起动的方法有哪几种？

2-4　画出用按钮和接触器控制电动机正反转的控制电路。

2-5　画出自动往返循环控制电路，要求有限位保护。

2-6　什么是能耗制动？什么是反接制动？各有什么特点？各自的适用场合有哪些？

2-7　三相异步电动机是如何实现变极调速的？双速电动机变速时相序有什么要求？

2-8　变频器的基本结构原理是什么？

2-9　长动与点动的区别是什么？如何实现长动？

2-10 多台电动机的顺序控制电路中有哪些规律可循？

2-11 试述电液控制电路的分析过程。

2-12 设计一个笼型异步电动机的控制电路，要求：①能实现可逆长动控制；②能实现可逆点动控制；③有过载、短路保护。

2-13 设计两台笼型异步电动机的起停控制电路，要求：①M_1 起动后，M_2 才能起动；②M_1 如果停止，M_2 一定停止。

2-14 设计 3 台笼型异步电动机的起停控制电路，要求：①M_1 起动 10s 后，M_2 自动起动；②M_2 运行 6s 后，M_1 停止，同时 M_3 自动起动；③再运行 15s 后，M_2 和 M_3 停止。

2-15 电气控制系统设计的基本内容有哪些？

2-16 电力拖动的方案如何确定？

2-17 电气系统的控制方案如何确定？

2-18 电动机的选择一般包括哪些内容？

2-19 设计控制电路时应注意什么问题？

2-20 设计一台专用机床的电气控制电路，画出电气原理图，并制订电气元器件明细表。

本机床采用钻孔—倒角组合刀具加工零件的孔和倒角。加工工艺如下：快进→工进→停留光刀（3s）→快退→停车。专用机床采用三台电动机，其中 M_1 为主运动电动机，采用 Y112M－4，容量为 4kW；M_2 为工进电动机，采用 Y90L－4，容量为 1.5kW；M_3 为快速移动电动机，采用 Y801－2，容量为 0.75kW。

设计要求如下：

①工作台工进至终点或返回到原点，均由限位开关使其自动停止，并有限位保护。为保证位移准确定位，要求采用制动措施。

②快速电动机可进行点动调整，但在工进时无效。

③设有紧急停止按钮。

④应有短路和过载保护。

⑤其他要求可根据工艺，由读者自行考虑。

⑥通过实例，说明经验设计法的设计步骤。

第3章

典型机械设备电气控制系统分析

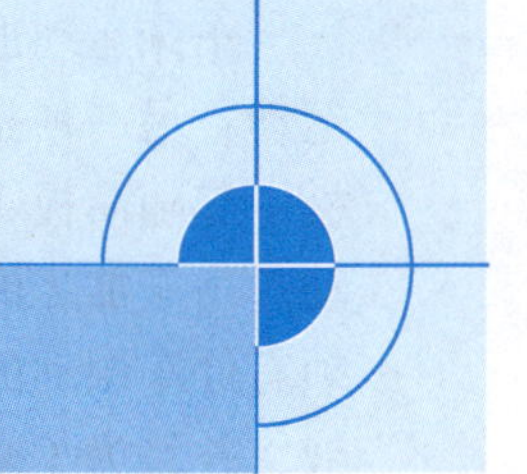

本章通过分析典型机械设备的电气控制系统，一方面进一步学习掌握电气控制电路的组成以及各种基本控制电路在具体的电气控制系统中的应用，同时学习掌握分析电气控制电路的方法，提高阅读电路图的能力，为进行电气控制系统的设计打下基础；另一方面通过了解一些具有代表性的典型机械设备的电气控制系统及其工作原理，为以后实际工作中对机械设备电气控制电路的分析、调试及维护打好基础。

机械设备电气控制系统的分析步骤如下：

1）设备运动分析，对由液压系统驱动的设备还需进行液压系统工作状态分析。

2）主电路分析，确定动力电路中用电设备的数目、接线状况及控制要求，控制执行件的设置及动作要求，如交流接触器主触头的位置，各组主触头分、合动作要求，限流电阻的接入和短接等。

3）控制电路分析，分析各种控制功能的实现。

本章通过实际案例巩固所学的知识，做到融会贯通，提高分析问题和解决问题的能力，并树立安全生产意识。

3.1 车床电气控制电路

车床是机械加工中应用极为广泛的一种机床，主要用于加工各种回转表面（内外圆柱面、圆锥表面、成形回转表面等）、回转体的端面、螺纹等。车床的类型很多，主要有卧式车床、立式车床、转塔车床、仿形车床等。

车床通常由一台主电动机拖动，经由机械传动链，实现切削主运动和刀具进给运动的输出，其运动速度由变速齿轮箱通过手柄操作进行切换。刀具的快速移动、冷却泵和液压泵等，常采用单独电动机驱动。不同型号的车床，其主电动机的工作要求不同，因而由不同的控制电路构成，但是由于卧式车床运动变速是由机械系统完成的，且机床运动形式比较简单，因此相应的控制电路也比较简单。本节以C650型卧式车床为例，进行电气控制系统的分析。

3.1.1 主要结构与运动形式

C650型卧式车床属于中型车床，可加工的最大工件回转直径为1020mm，最大工件长度为3000mm，机床的结构示意图如图3-1所示。

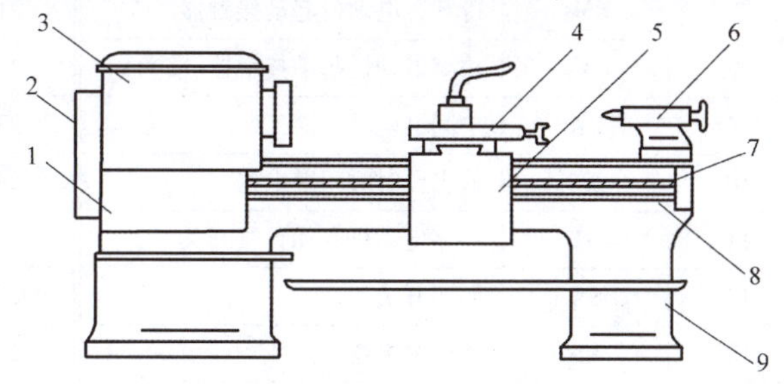

图3-1　C650型卧式车床结构示意图

1—进给箱　2—挂轮箱　3—主轴变速箱
4—溜板与刀架　5—溜板箱　6—尾架
7—丝杠　8—光杠　9—床身

车床运动形式主要有两种：一种是主运动，是指安装在主轴箱中的主轴带动工件的旋转运动；另一种是进给运动，是指溜板箱带动溜板和刀架直线运动。刀具安装在刀架上，与溜板一起随溜板箱沿主轴轴线方向实现进给移动，主轴的转动和溜板箱的移动均由主电动机驱动。由于加工的工件比较大，加工时其转动惯量也比较大，需停车时不易立即停止转动，必须有停车制动的功能，较好的停车制动是采用电气制动。在加工的过程中，还需提供切削液，并且为了减轻工人的劳动强度和节省辅助工作时间，要求带动刀架移动的溜板箱能够快速移动。

3.1.2 电力拖动与控制要求

1）主电动机 M_1，完成主轴主运动和刀具进给运动的驱动，电动机采用直接起动的方式起动，可正反两个方向旋转，并可进行正反两个旋转方向的电气停车制动。为加工调整方便，还具有点动功能。

2）冷却泵电动机 M_2，拖动冷却泵，在加工时提供切削液，采用直接起动停止方式，并且为连续工作状态。

3）快速移动电动机 M_3，电动机可根据使用需要，随时手动控制起停。

4）主电动机和冷却泵电动机部分应具有短路和过载保护。

5）应具有局部安全照明装置。

3.1.3 电气控制电路分析

C650 型卧式车床的电气控制原理图如图 3-2 所示，使用的电气元器件符号与功能说明见表 3-1。

表 3-1 C650 型卧式车床电气元器件符号与功能说明

序号	符号	名称与用途	序号	符号	名称与用途
1	M_1	主电动机	15	SB_1	总停止控制按钮
2	M_2	冷却泵电动机	16	SB_2	主电动机正向点动按钮
3	M_3	快速移动电动机	17	SB_3	主电动机正转按钮
4	KM_1	主电动机正转接触器	18	SB_4	主电动机反转按钮
5	KM_2	主电动机反转接触器	19	SB_5	冷却泵电动机停转按钮
6	KM_3	短接限流电阻接触器	20	SB_6	冷却泵电动机起动按钮
7	KM_4	冷却泵电动机起动接触器	21	FU_1 ~ FU_6	熔断器
8	KM_5	快移电动机起动接触器	22	FR_1	主电动机过载保护热继电器
9	KA	中间继电器	23	FR_2	冷却泵电动机保护热继电器
10	KT	通电延时时间继电器	24	R	限流电阻
11	ST	快移电动机点动行程开关	25	EL	照明灯
12	SA	照明开关	26	TA	电流互感器
13	KS	速度继电器	27	QS	隔离开关
14	PA	电流表	28	TC	控制变压器

1. 主电路分析

图 3-2 所示的主电路中有三台电动机的驱动电路，隔离开关 QS 将三相电源引入。电动

机 M_1 电路接线分为三部分：第一部分由正转控制交流接触器 KM_1 和反转控制交流接触器 KM_2 的两组主触头构成电动机的正反转接线；第二部分为一电流表 PA 经电流互感器 TA 接在主电动机 M_1 的动力回路上，以监视电动机绕组工作时的电流变化，为防止电流表被起动电流冲击损坏，利用一时间继电器的常闭触头，在起动的短时间内将电流表暂时短接掉；第三部分为一串联电阻限流控制部分，交流接触器 KM_3 的主触头控制限流电阻 R 的接入和切除，在进行点动调整时，为防止连续的起动电流造成电动机过载，串入限流电阻 R，保证电路设备正常工作。

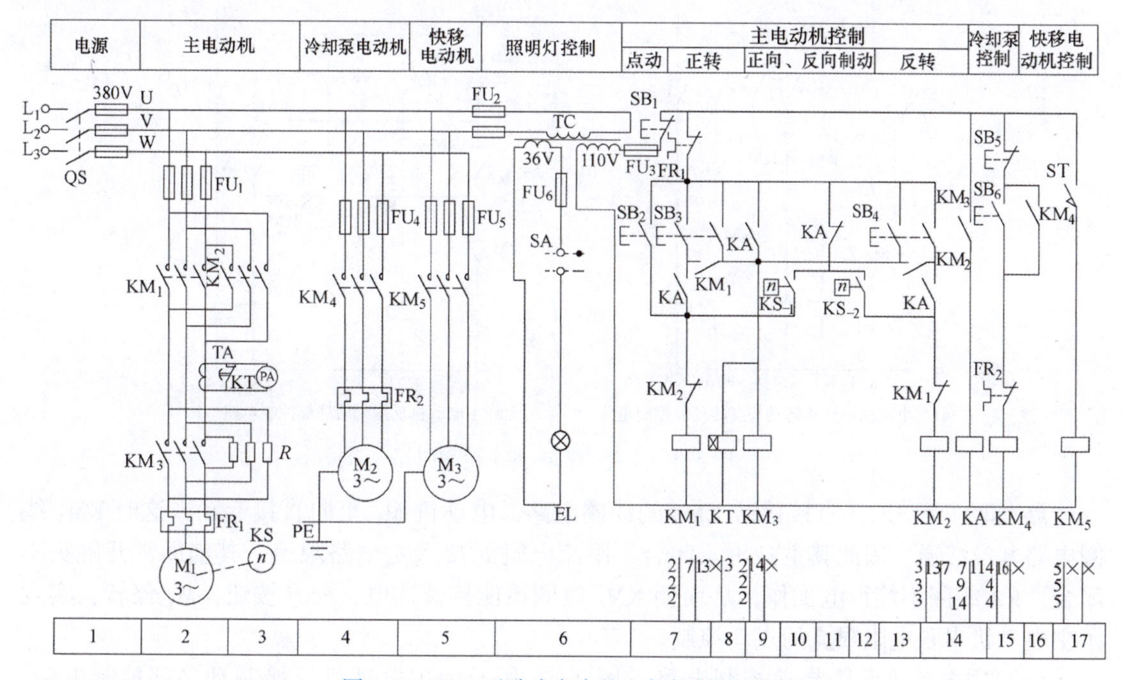

图 3-2　C650 型卧式车床的电气控制原理图

速度继电器 KS 的速度检测部分与电动机的主轴同轴相连，在停车制动过程中，当主电动机转速接近零时，其常开触头可将控制电路中反接制动相应电路切断，完成停车制动。

电动机 M_2 由交流接触器 KM_4 的主触头控制其动力电路的接通与断开；电动机 M_3 由交流接触器 KM_5 控制。

为保证主电路的正常运行，主电路中还设置了采用熔断器的短路保护环节和采用热继电器的电动机过载保护环节。

2. 控制电路分析

控制电路可划分为主电动机 M_1 的控制电路和电动机 M_2 与 M_3 的控制电路两部分。由于主电动机控制电路部分较复杂，因而还可以进一步将主电动机控制电路划分为正反转起动、点动局部控制电路和停车制动局部控制电路，它们的局部控制电路分别如图 3-3 所示。下面对各部分控制电路逐一进行分析。

（1）主电动机正反转起动与点动控制　如图 3-3a 所示，正转时按下 SB_3，其两常开触头同时动作闭合，其中一个常开触头接通交流接触器 KM_3 的线圈电路和时间继电器 KT 的线圈电路，时间继电器的常闭触头用在主电路中短接电流表 PA，经延时断开后，电流

表接入电路正常工作；KM_3 的主触头将主电路中限流电阻短接，其辅助常开触头同时将中间继电器 KA 的线圈电路接通，KA 的常闭触头将停车制动的基本电路切除，其常开触头与 SB_3 的常开触头均在闭合状态，控制主电动机的交流接触器 KM_1 的线圈电路得电工作，其主触头闭合，电动机 M_1 正向直接起动。反向直接起动控制过程与其相同，只是起动按钮为 SB_4。

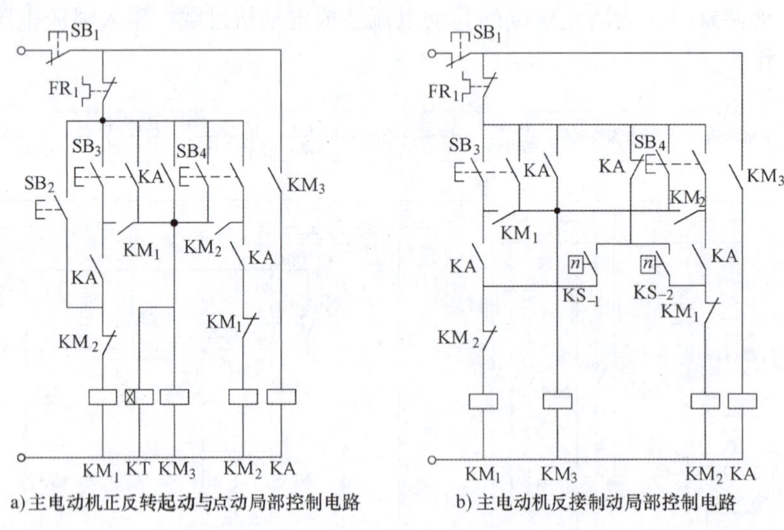

图 3-3　主电动机的基本控制电路

点动时按下 SB_2，直接接通 KM_1 的线圈电路，电动机 M_1 正向直接起动，这时 KM_3 线圈电路并没接通，因此其主触头不闭合，限流电阻 R 接入主电路限流，其辅助常开触头不闭合，KA 线圈不能得电工作，从而使 KM_1 线圈不能持续通电，松开按钮，M_1 停转，实现了主电动机串联电阻限流的点动控制。

（2）主电动机反接制动控制电路　图 3-3b 所示为主电动机反接制动局部控制电路。C650 型卧式车床采用反接制动的方式进行停车制动，停止按钮按下后开始制动过程，当电动机转速接近零时，速度继电器的触头打开，结束制动。

以原工作状态为正转时进行停车制动过程为例，说明电路的工作过程。当电动机正向转动时，速度继电器 KS 的常开触头 KS_{-2} 闭合，制动电路处于准备状态，压下停车按钮 SB_1，切断电源，KM_1、KM_3、KA 线圈均失电，松开 SB_1，此时控制反接制动电路工作与不工作的 KA 常闭触头恢复原状闭合，与 KS_{-2} 触头一起，将反向接触器 KM_2 的线圈电路接通，电动机 M_1 接入反相序电源，反向转矩将平衡正向惯性转动转矩，强迫电动机迅速停车，当电动机速度趋近于零时，速度继电器触头 KS_{-2} 复位断开，切断 KM_2 的线圈电路，完成正转的反接制动。反转时的反接制动工作过程相似，在反转状态下，KS_{-1} 触头闭合，制动时，接通接触器 KM_1 的线圈电路，进行反接制动。

（3）刀架的快速移动和冷却泵电动机的控制　刀架快速移动是由转动刀架手柄压动位置开关 ST，接通快速移动电动机 M_3 的控制接触器 KM_5 的线圈电路，KM_5 的主触头闭合，M_3 电动机起动，经传动系统驱动溜板箱带动刀架快速移动。

冷却泵电动机 M_2 由起动按钮 SB_6 和停止按钮 SB_5 控制接触器 KM_4 线圈电路的通断，以实现电动机 M_2 的控制。

3.2 铣床电气控制电路

铣床主要用于加工各种形式的平面、斜面、成形面和沟槽等。安装分度头后，能加工直齿齿轮或螺旋面，使用圆工作台则可以加工凸轮和弧形槽。铣床应用广泛，种类很多，X62W 型卧式万能铣床是应用最广泛的铣床之一。

3.2.1 主要结构与运动形式

X62W 型卧式万能铣床的结构如图 3-4 所示，由床身、主轴、工作台、悬梁、回转台、溜板、刀杆支架、升降台、底座等几部分组成。铣刀的心轴，一端靠刀杆支架支撑，另一端固定在主轴上，并由主轴带动旋转。床身的前侧面装有垂直导轨，升降台可沿导轨上下移动。升降台上面的水平导轨上，装有可横向移动（即前后移动）的溜板，溜板的上部有可以转动的回转台，工作台装在回转台的导轨上，可以纵向移动（即左右移动）。这样，安装于工作台的工件就可以在 6 个方向（上、下、左、右、前、后）调整位置和进给。溜板可绕垂直轴线左右旋转 45°，因此工作台还能在倾斜方向进给，可以加工螺旋槽。

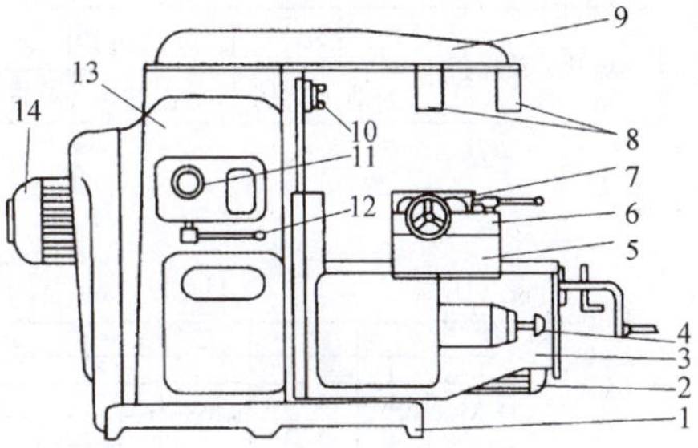

图 3-4 X62W 型卧式万能铣床结构示意图

1—底座 2—进给电动机 3—升降台 4—进给变速手柄及变速箱 5—溜板 6—回转台 7 —工作台 8—刀杆支架 9—悬梁 10—主轴 11—主轴变速箱 12—主轴变速手柄 13—床身 14—主电动机

由上述可知，X62W 型万能铣床的运动形式有以下几种：

（1）主运动　主轴带动铣刀的旋转运动。

（2）进给运动　加工中工作台带动工件的上、下、左、右、前、后运动和圆工作台的旋转运动。

（3）辅助运动　工作台带动工件的快速移动。

3.2.2 电力拖动与控制要求

机床的主轴运动和工作台进给运动分别由单独的电动机拖动，并有不同的控制要求。

1）主轴电动机 M_1 空载时可直接起动，要求用正反转实现顺铣和逆铣。根据铣刀的种类提前预选方向，加工中不变换旋转方向。由于主轴变速机构惯性大，主轴电动机应有制动装置。同时从安全和操作方便考虑，换刀时主轴也处于制动状态，主轴电动机可在两处实现起停控制操作。

2）进给电动机 M_2 拖动工作台实现纵向、横向和垂直方向的进给运动，方向选择通过操作手柄和机械离合器配合来实现，每种方向要求电动机有正反转运动。任一时刻，工作台只能向一个方向移动，故各进给方向间有必要的联锁控制。为提高生产率，缩短调整运动的时间，工作台能快速移动。

3）根据工艺要求，主轴旋转与工作台进给应有先后顺序控制。加工开始前，主轴开动后，才能进行工作台的进给运动。加工结束时，必须在铣刀停止转动前，停止进给运动。

4）主轴与工作台的变速由机械变速系统完成。为使齿轮易于啮合，减小齿轮端面的冲击，要求变速时电动机有变速冲动（瞬时点动）控制。

5）铣削时的切削液由冷却泵电动机 M_3 拖动提供。

6）当主轴电动机或冷却泵电动机过载时，进给运动必须立即停止，以免损坏刀具和机床。

7）使用圆工作台时，要求圆工作台的旋转运动和工作台的纵向、横向及垂直运动之间有联锁控制，即圆工作台旋转时，工作台不能向任何方向移动。

3.2.3 电气控制电路分析

X62W 型万能铣床电气控制原理图如图 3-5 所示，包括主电路、控制电路和照明电路三部分。X62W 型万能铣床控制电路所用的电气元器件符号与功能说明见表 3-2。

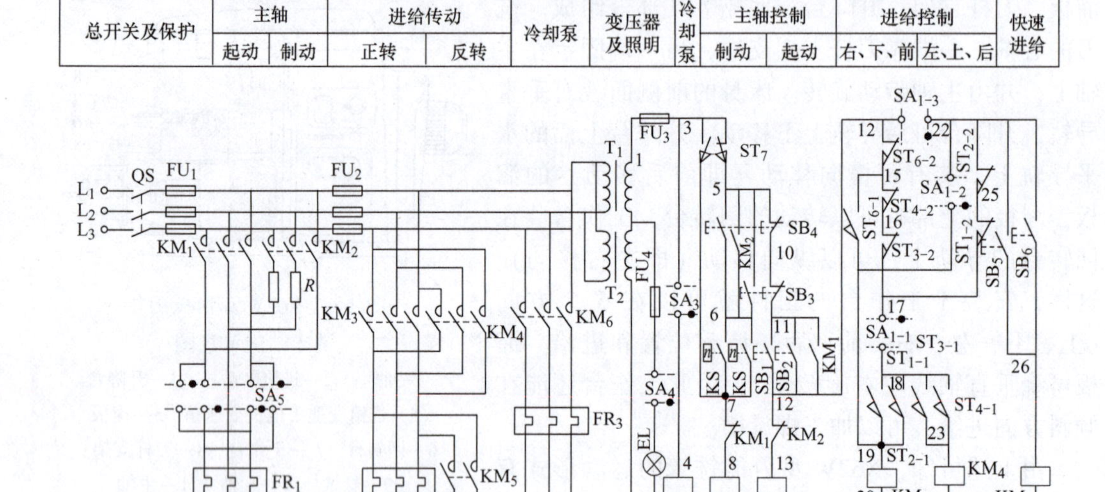

图 3-5　X62W 型万能铣床电气控制原理图

表 3-2　X62W 型万能铣床电气元器件符号与功能说明

序　号	符　号	名称与用途	序　号	符　号	名称与用途
1	M_1	主电动机	13	ST_7	主轴变速瞬动开关
2	M_2	进给电动机	14	SB_1、SB_2	主轴起动按钮
3	M_3	冷却泵电动机	15	SB_3、SB_4	主轴停止按钮
4	SA_1	圆工作台转换开关	16	SB_5、SB_6	工作台快速移动按钮
5	SA_3	冷却泵开关	17	KM_1	主电动机控制接触器
6	SA_4	照明开关	18	KM_2	主轴反接制动接触器
7	SA_5	主轴换向开关	19	KM_3、KM_4	进给电动机正反转接触器
8	ST_1	工作台向右进给行程开关	20	KM_5	快速移动控制接触器
9	ST_2	工作台向左进给行程开关	21	KM_6	冷却泵控制接触器
10	ST_3	工作台向前及向下进给开关	22	YA	工作台快速移动牵引电磁铁
11	ST_4	工作台向后及向上进给开关	23	QS	电源开关
12	ST_6	进给变速瞬动开关			

1. 主电路

铣床由三台电动机拖动。M_1为主轴电动机，用接触器KM_1直接起动，用转换开关SA_5实现正反转控制，用制动接触器KM_2串联不对称电阻R实现反接制动；M_2为进给电动机，其正反转由接触器KM_3、KM_4控制，快速移动由接触器KM_5控制电磁铁YA实现；冷却泵电动机M_3由接触器KM_6控制。

三台电动机都用热继电器实现过载保护，熔断器FU_2实现M_2和M_3的短路保护，FU_1实现M_1的短路保护。

2. 控制电路

控制变压器将380V降为110V作为控制电源，降为36V作为机床照明的电源。

（1）主电动机的控制

1）主电动机的起动控制。将转换开关SA_5扳到预选方向位置，闭合QS，按下起动按钮SB_1（或SB_2），KM_1得电并自锁，M_1直接起动。M_1速度上升到速度继电器的动作值后，速度继电器的触头动作，为反接制动做准备。

2）主电动机的制动控制。按下停止按钮SB_3（或SB_4），KM_1失电，KM_2得电，进行反接制动。当M_1的转速下降至一定值时，KS的触头自动断开，KM_2失电，制动过程结束。

3）主轴变速冲动控制。变速时，拉出变速手柄，转动变速盘，选择需要的转速，此时凸轮机构压下，使冲动行程开关ST_7常闭触头先断开，使M_1断电。随后ST_7常开触头接通，接触器KM_2线圈得电动作，M_1反接制动。当手柄继续向外拉至极限位置，ST_7不受凸轮控制而复位，M_1停转。接着把手柄推向原来位置，凸轮又压下ST_7，使动合触头接通，接触器KM_2线圈得电，M_1反转一下，以利于变速后齿轮啮合，继续把手柄推向原位，ST_7复位，M_1停转，操作结束。

（2）进给电动机的控制　可分为三个部分：第一部分为顺序控制部分，当主轴电动机起动后，KM_1辅助触头闭合，进给电动机控制接触器KM_3和KM_4的线圈电路方能通电工作；第二部分为工作台进给运动之间的联锁控制部分，可实现水平工作台各运动之间的联锁，也可实现水平工作台与圆工作台工作之间的联锁；第三部分为进给电动机正反转接触器线圈电路部分。

SA_1是圆工作台选择开关，设有接通和断开两个位置，三对触头的通断情况见表3-3。当不需要圆工作台工作时，将SA_1置于断开位置；否则，置于接通位置。

表3-3　圆工作台选择开关工作状态

触头		接通	断开
SA_{1-1}	17—18	-	+
SA_{1-2}	22—19	+	-
SA_{1-3}	12—22	-	+

水平工作台进给方向有左右（纵向）、前后（横向）、上下（垂直）运动。这六个方向的运动是通过两个手柄（十字形手柄和纵向手柄）操纵四个限位开关（ST_1 ~ ST_4）来完成机械挂档，接通KM_3或KM_4，实现M_2的正反转而拖动工作台按预选方向进给。十字形手柄和纵向手柄各有两套，分别设在铣床工作台的正面和侧面。

1）水平工作台左右（纵向）进给运动的控制。左右进给运动由纵向操作手柄控制，该手柄有左、中、右三个位置，各位置对应的限位开关ST_1、ST_2的工作状态见表3-4。

表3-4　工作台的纵向进给行程开关工作状态

触　头		向左进给	停　止	向右进给
ST_{1-1}	18—19	−	−	+
ST_{1-2}	25—17	+	+	−
ST_{2-1}	18—23	+	−	−
ST_{2-2}	22—25	−	+	+

工作台向右运动的控制：主轴起动后，将纵向操作手柄扳到“右”，挂上纵向离合器，同时压行程开关ST_1，ST_{1-1}闭合，接触器KM_3得电，进给电动机M_2正转，拖动工作台向右运动。停止时将手柄扳回中间位置，纵向进给离合器脱开，ST_1复位，KM_3断电，M_2停转，工作台停止运动。

工作台向左运动的控制：将纵向操作手柄扳到“左”，挂上纵向离合器，压行程开关ST_2，ST_{2-1}闭合，接触器KM_4得电，M_2反转，拖动工作台向左运动。停止时，将手柄扳回中间位置，纵向进给离合器脱开，同时ST_2复位，KM_4断电，M_2停转，工作台停止运动。

工作台的左右两端安装有限位撞块，当工作台运行到达终点位置时，撞块撞击手柄，使其回到中间位置，实现工作台的终点停车。

2）水平工作台前后和上下运动的控制。工作台前后和上下运动由十字形手柄控制，该手柄有上、下、中、前、后五个位置，各位置对应的行程开关ST_3、ST_4的工作状态见表3-5。

表3-5　工作台横向及升降进给行程开关工作状态

位　置		向前向下	停　止	向右向上
ST_{3-1}	18—19	+	−	−
ST_{3-2}	16—17	−	+	+
ST_{4-1}	18—23	−	−	+
ST_{4-2}	15—16	+	+	−

工作台向前运动控制：将十字形手柄扳向“前”，挂上横向离合器，同时压行程开关ST_3，ST_{3-1}闭合，接触器KM_3得电，进给电动机M_2正转，拖动工作台向前运动。

工作台向下运动控制：将十字形手柄扳向“下”，挂上垂直离合器，同时压行程开关ST_3，ST_{3-1}闭合，接触器KM_3得电，进给电动机M_2正转，拖动工作台向下运动。

工作台向后运动控制：将十字形手柄扳向“后”，挂上横向离合器，同时压行程开关ST_4，ST_{4-1}闭合，接触器KM_4得电，进给电动机M_2反转，拖动工作台向后运动。

工作台向上运动控制：将十字形手柄扳向“上”，挂上垂直离合器，同时压行程开关ST_4，ST_{4-1}闭合，接触器KM_4得电，进给电动机M_2反转，拖动工作台向上运动。

停止时，将十字形手柄扳向中间位置，离合器脱开，行程开关ST_3（或ST_4）复位，接触器KM_3（或KM_4）断电，进给电动机M_2停转，工作台停止运动。

工作台的上、下、前、后运动都有极限保护，当工作台运动到极限位置时，撞块撞击十字手柄，使其回到中间位置，实现工作台的终点停车。

3）水平工作台进给运动间的联锁控制。水平工作台六个运动方向采用机械和电气双重联锁。工作台的左、右用一个手柄控制，手柄本身就能起到左、右运动的联锁。工作台的横向和垂直运动间的联锁，由十字形手柄实现。工作台的纵向与横向、垂直运动间的联锁，则利用电气方法实现。行程开关 ST_1、ST_2 和 ST_3、ST_4 的常闭触头分别串联后，再并联形成两条通路供给 KM_3 和 KM_4 线圈。若一个手柄扳动后再去扳动另一个手柄，将使两条电路断开，接触器线圈就会断电，工作台停止运动，从而实现运动间的联锁。

4）工作台的快速移动。当铣床不进行铣削加工时，工作台能够在纵向、横向、垂直六个方向快速移动。工作台快速移动是由进给电动机 M_2 拖动的。当工作台按照选定的速度和方向进行工作时，按下起动按钮 SB_5（或 SB_6），接触器 KM_5 得电，快速移动电磁铁 YA 通电，工作台快速移动。松开 SB_5（或 SB_6）时，快速移动停止，工作台仍按原方向继续运动。

工作台也可以在主轴电动机不转的情况下进行快速移动，此时应将主轴换向开关 SA_5 扳在“停止”位置，然后按下 SB_1 或 SB_2，使接触器 KM_1 线圈得电并自锁，操纵工作台手柄选定方向，使进给电动机 M_2 起动，再按下快速移动按钮 SB_5 或 SB_6，接触器 KM_5 得电，快速移动电磁铁 YA 通电，工作台便可以快速移动。

5）圆工作台控制。在使用圆工作台时，应将工作台纵向和十字形手柄都置于中间位置，并将转换开关 SA_1 扳到“接通”位置，SA_{1-2} 接通，SA_{1-1}、SA_{1-3} 断开。按下按钮 SB_1（或 SB_2），主轴电动机起动，同时 KM_3 得电，使 M_2 起动，带动圆工作台单方向回转，其旋转速度可通过蘑菇形变速手柄进行调节。

在图 3-5 中，KM_3 的通电路径为点 12→ST_{6-2}→ST_{4-2}→ST_{3-2}→ST_{1-2}→ST_{2-2}→SA_{1-2}→KM_3 线圈→KM_4 常闭触头→点 21。

6）圆工作台和水平工作台间的联锁。圆工作台工作时，不允许机床工作台在纵、横、垂直方向上有任何移动。圆工作台转换开关 SA_1 扳到“接通”位置时，SA_{1-1}、SA_{1-3} 切断了水平工作台的进给控制回路，使机床工作台不能在纵、横、垂直方向上做进给运动。圆工作台的控制电路中串联了 ST_{1-2}、ST_{2-2}、ST_{3-2}、ST_{4-2} 常闭触头，所以扳动工作台任一方向的进给手柄，都将使圆工作台停止转动，实现了圆工作台和水平工作台纵向、横向及垂直方向运动的联锁控制。

（3）冷却泵电动机的控制和照明电路　由转换开关 SA_3 控制接触器 KM_6 实现冷却泵电动机 M_3 的起动和停止。机床的局部照明由变压器 T_2 输出 36V 安全电压，由开关 SA_4 控制照明灯 EL。

3.3 桥式起重机电气控制电路

3.3.1 概述

起重机是一种用来起吊和下放重物，以及在固定范围内装卸、搬运物料的起重机械。它广泛应用于工矿企业、车站、港口、建筑工地、仓库等场所，是现代化生产不可缺少的机械设备。

起重机按其起吊重量可划分为三级：小型为5~10t，中型为10~50t，重型及特重型为50t以上。

起重机按结构和用途分为臂架式旋转起重机和桥式起重机两种。其中桥式起重机是一种横架于车间、仓库和料场上空进行物料吊运的起重设备，又称“天车”或“行车”。桥式起重机按起吊装置不同，又可分为吊钩桥式起重机、电磁盘桥式起重机和抓斗桥式起重机，其中尤以吊钩桥式起重机应用最广。

本节以小型桥式起重机为例来分析起重机电气控制电路的工作原理。

3.3.2 桥式起重机的结构简介

桥式起重机主要由桥架、大车移行机构和装有起升、运动机构的小车等几部分组成，如图3-6所示。

1）桥架是桥式起重机的基本构件，主要由两正轨箱形主梁、端梁和走台等部分组成。主梁上铺设了供小车运动的钢轨，两主梁的外侧装有走台，装有驾驶室一侧的走台为安装及检修大车移行机构而设，另一侧走台为安装小车导电装置而设。在主梁一端的下方悬挂着全视野的操纵室（驾驶室，又称吊舱）。

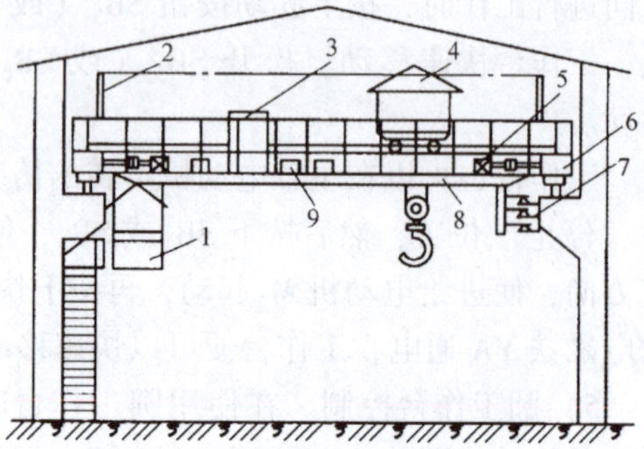

图3-6 桥式起重机总体结构示意图

1—驾驶室 2—辅助滑线架 3—控制盘 4—小车 5—大车电动机 6—大车端梁 7—主滑线 8—大车主梁 9—电阻箱

2）大车移行机构由驱动电动机、制动器、减速器和车轮等部件组成。常见的驱动方式有集中驱动和分别驱动两种，目前国内生产的桥式起重机大多采用分别驱动方式。

分别驱动方式指的是用一个控制电路同时对两台驱动电动机、减速装置和制动器实施控制，分别驱动安装在桥架两端的大车车轮。

3）小车由安装在小车架上的移行机构和提升机构等组成。小车移行机构也由驱动电动机、减速器、制动器和车轮组成，在小车移行机构的驱动下，小车可沿桥架主梁上的轨道移动。小车提升机构用以吊运重物，它由电动机、减速器、卷筒、制动器等组成。起重量超过10t时，设两个提升机构：主钩（主提升机构）和副钩（副提升机构），一般情况下两钩不能同时起吊重物。

3.3.3 桥式起重机的主要技术参数

桥式起重机的主要技术参数有：额定起重量、跨度、起升高度、运行速度、提升速度、通电持续率及工作类型等。

（1）额定起重量　指起重机实际允许的最大起吊重量，如10/3，分子表示主钩起重量为10t，分母表示副钩起重量为3t。

（2）跨度　指起重机主梁两端车轮中心线间的距离，即大车轨道中心线间的距离。一般常用的跨度有10.5m、13.5m、16.5m、19.5m、22.5m、25.5m、28.5m与31.5m等规格。

（3）起升高度　指吊具的上、下极限位置间的距离。一般常见的起升高度有12m、16m、12/14m、12/18m、19/21m、20/22m、21/23m、22/24m、24/26m等，其中带分数线的分子为主钩起升高度，分母为副钩起升高度。

(4) 运行速度　运行机构在拖动电动机额定转速运行时的速度，以 m/min 为单位。小车运行速度一般为 40～60m/min，大车运行速度一般为 100～135m/min。

(5) 提升速度　指在电动机额定转速时，重物的最大提升速度。该速度的选择应由货物的性质和重量来决定，一般提升速度不超过 30m/min。

(6) 通电持续率　由于桥式起重机为断续工作，其工作的繁重程度用通电持续率 $JC\%$ 表示：

$$JC\% = \frac{\text{通电时间}}{\text{周期时间}} \times 100\% = \frac{\text{工作时间}}{\text{工作时间} + \text{休息时间}} \times 100\%$$

通常一个周期定为 10min，标准的通电持续率规定为 15%、25%、40%、60% 四种，起重用电动机铭牌上标有 $JC\%$ 为 25% 时的额定功率，当电动机工作在 $JC\%$ 值不为 25% 时，该电动机容量按下式近似计算：

$$P_{JC} = P_{25}\sqrt{\frac{25\%}{JC\%}} \tag{3-1}$$

式中，P_{JC} 是任意 $JC\%$ 下的功率（kW）；P_{25} 是 $JC\%$ 为 25% 时的电动机容量（kW）。

(7) 工作类型　起重机按其载荷率和工作繁忙程度可分为轻级、中级、重级和特重级四种工作类型。

1）轻级：工作速度低，使用次数少，满载机会少，通电持续率为 15%。

2）中级：经常在不同载荷下工作，速度中等，工作不太繁重，通电持续率为 25%。

3）重级：工作繁重，经常在重载下工作，通电持续率为 40%。

4）特重级：经常起吊额定负载，工作特别繁忙，通电持续率为 60%。

3.3.4　提升机构对电力拖动的主要要求

(1) 供电要求　由于起重机工作时是经常移动的，因此起重机与电源之间不能采用固定连接方式，对于小型起重机供电方式采用软电缆供电，随着大车或小车的移动，供电电缆随之伸展和叠卷。对于中小型起重机常用滑线和电刷供电，即将三相交流电源接到沿车间长度方向架设的三根主滑线上，并刷有黄、绿、红三色，再通过电刷引到起重机的电气设备上，首先进入驾驶室中保护盘上的总电源开关，然后再向起重机各电气设备供电。对于小车及其上的提升机构等电气设备，则由位于桥架另一侧的辅助滑线来供电。

(2) 起动要求　提升机构起吊或下放重物可工作于不同档位，提升第一档的作用是为了消除传动间隙，将钢丝绳张紧，称为预备级。这一档的电动机要求起动转矩不能过大，以免产生过强的机械冲击，一般在额定转矩的一半以下。

(3) 调速要求

1）在提升开始或下放重物至预定位置前，需低速运行。一般在 30% 额定转速内分几档。

2）具有一定的调速范围，普通起重机调速范围为 3∶1，也有要求为（5～10）∶1 的起重机。

3）轻载时，要求能快速升降，即轻载提升速度应大于额定负载的提升速度。

(4) 下降要求　根据负载的大小，提升电动机可以工作在电动、倒拉制动、回馈制动等工作状态下，以满足对不同下降速度的要求。

（5）制动要求　为了安全，起重机要采用断电制动方式的机械抱闸制动，以避免因停电造成无制动力矩，导致重物自由下落引发事故，同时也还要具备电气制动方式，以减小机械抱闸的磨损。

（6）控制方式　桥式起重机常用的控制方式有两种：一种是用凸轮控制器直接控制所有的驱动电动机，这种方法普遍用于小型起重设备；另一种是采用主令控制器配合磁力控制屏控制主卷扬电动机，而其他电动机采用凸轮控制器，这种方法主要用于中型以上起重机。

除了上述要求以外，桥式起重机还应有完善的保护和联锁环节。

3.3.5　10t桥式起重机典型电路分析

10t桥式起重机属于小型桥式起重机范畴，仅有主钩提升机构，大车采用分别驱动方式，其他部分与前面所述相同。图3-7和图3-9是采用KT系列凸轮控制器直接控制的10t桥式起重机的电气控制原理图。

由图3-7b可知，凸轮控制器档数为5-0-5，左、右各有5个操作位置，分别控制电动机

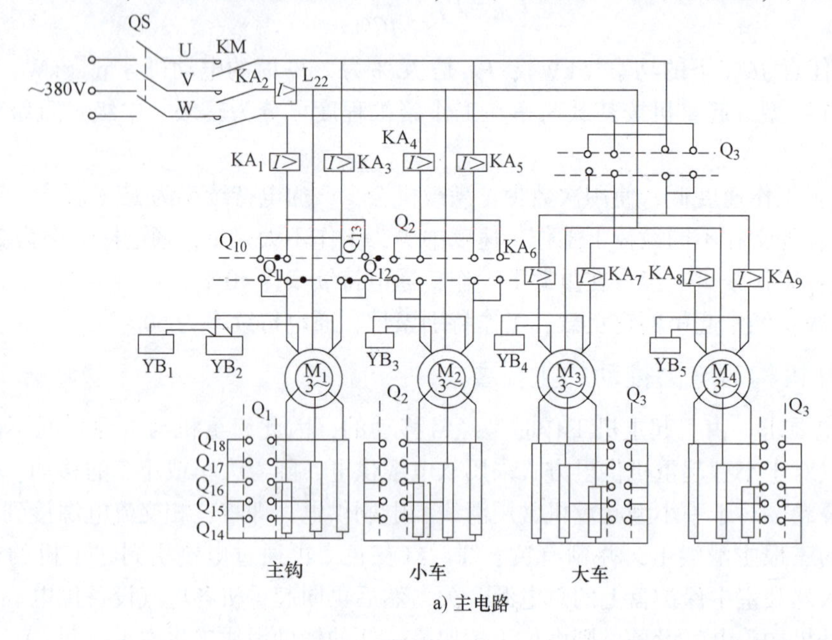

a) 主电路

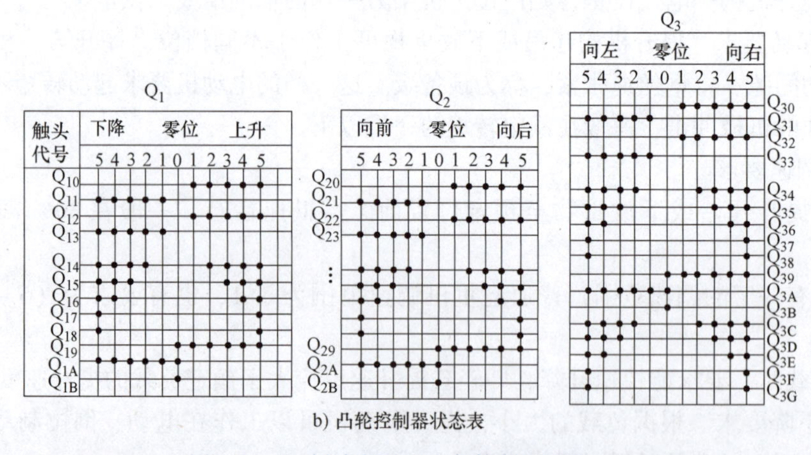

b) 凸轮控制器状态表

图3-7　10t桥式起重机电气控制原理图

的正反转；中间为零位停车位置，用以控制电动机的起动及调速。图中 Q_1 为提升机构电动机凸轮控制器，Q_2 为小车移行机构凸轮控制器，Q_3 为大车移行机构凸轮控制器，并显示出其各触头在不同操作位置时的工作状态。

图中 YB 为电力液压驱动式机械抱闸制动器，在起重机接通电源的同时，液压泵电动机通电，通过液压缸使机械抱闸放松，在电动机（定子）三相绕组失电时，液压泵电动机失电，机械抱闸抱紧，从而可以避免出现重物自由下降造成的事故。

1. 桥式起重机起动过程分析

图 3-9 中，在提升机构凸轮控制器 Q_1、小车凸轮控制器 Q_2 和大车凸轮控制器 Q_3 均在原位时，在开关 QS 闭合状态下按动系统起动按钮 SB_1，接触器 KM 线圈通电自锁，电动机供电电路上电，然后可由 Q_1、Q_2、Q_3 分别控制各台电动机工作。

2. 凸轮控制器控制的提升机构电动机控制电路

1）提升机构电动机的负载为主钩负载，分为空轻载和重载两大类，当空钩（或轻载）升或降时，总的负载为恒转矩性质的反抗性负载，在提升或下放重物时，负载为恒转矩性质的位能性负载。起动与调速方法采用了绕线转子异步电动机的转子串五级不对称电阻进行调速和起动，以满足系统速度可调节和重载起动的要求。

提升机构控制采用可逆对称控制电路，由凸轮控制器 Q_1 实现提升、下降工作状态的转换和起动，以及调速电阻的切除与投入。Q_1 使用了 4 对触头对电动机 M_1 进行正、反转控制，5 对触头用于转子电阻切换控制，2 对触头和限位开关（行程开关）相配合用于提升和下降极限位置的保护，另有一对触头用于零位起动控制，详见图 3-7 和图 3-9。

2）图 3-8 为提升机构电动机带动主钩负载时的机械特性示意图。

控制器 Q_1 置于上升位置 1，电动机 M_1 定子接入上升相序的电源，转子接入全部电阻，起动转矩较小，可用来张紧钢丝绳，在轻载时也可提升负载，如图 3-8 上第一象限特性曲线上$_1$ 所示。控制器 Q_1 操作手柄置于上升位置 2，转子电阻被短接一部分，电动机工作于特性曲线上$_2$，随着操作手柄置于位置 3、4、5 时，电动机转子电阻逐渐减小至 0，运行状态随之发生变化，在提升重物时速度逐级提高，如 A_1、A_2、A_3、A_4、A_5 等工作点所示。如需以极低的速度提升重物，可采用点动断续操作，方法是将操作手柄往返扳动在提升与零位之间，使电动机工作在正向起动与机械抱闸制动交替进行的点动状态。

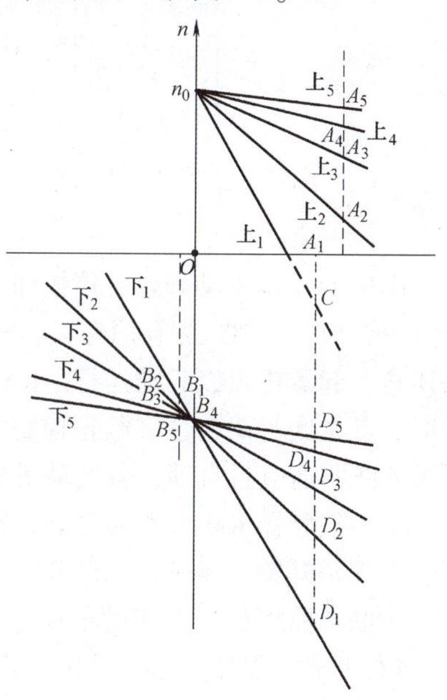

图 3-8　提升机构电动机的机械特性

吊钩及重物下降有三种方法：空钩或工件很轻时，提升机构的总负载主要是摩擦转矩（反抗性负载），可将 Q_1 放在下降位置 1 ~ 5 档中任意一档，电动机工作在第三象限反向电动状态，空钩或工件被强迫下降，如图上 B_1 ~ B_5 等工作点所示。当工件较重时，可将 Q_1 放在上升位置 1，电动机工作在第四象限的倒拉制动状态，工件以低速下降，其工作点为 C 点。还可将 Q_1 由零位迅速通过下降位置1~4档扳至第5档，此时电动机转子外接电阻全部短接，电动机工作在第四象限的回馈制动状态，其转速高于同步转速，工作点如 D_5 所示。如将手柄停留在1~4档中任一档，则转子电阻未能全部短接，相应工作点为 D_1~D_4，电动机转速很高，导致重物迅速下降，可能危及电动机和现场操作人员安全。如需低速点动下放重物，也可采用正向低速点动提升重物的操作方法。

3）小车移行机构要求以40~60m/min的速度在主梁轨道上做往返运行，转子采用串电阻起动和调速，共有5档。为实现准确停车，也采用机械抱闸制动器制动。其凸轮控制器 Q_2 的原理和接线与提升机构的控制器 Q_1 相类似。

4）大车移行机构要求以100~135m/min的速度沿车间长度方向轨道做往返运行。大车采用两台电动机及减速和制动机构进行分别驱动，凸轮控制器 Q_3 同时采用两组各5对触头分别控制电动机 M_3、M_4 转子各5级电阻的短接与投入，其他与提升机构的控制器 Q_1 相类似。

3. 控制与保护电路分析

桥式起重机控制与保护电路如图3-9所示。

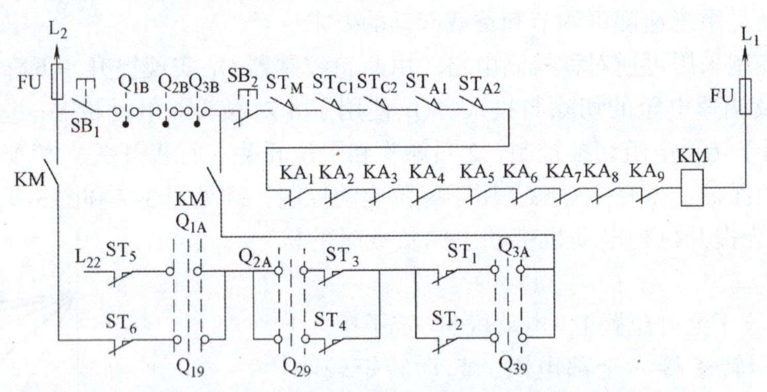

图3-9　桥式起重机控制与保护电路

图中 SB_2 是手动操作急停按钮，正常时闭合，急停时按动（分断）。ST_M 为驾驶室门安全开关，ST_{C1}、ST_{C2} 为仓门开关，ST_{A1}、ST_{A2} 为栏杆门开关，各门在关闭位置时，其常开触头闭合，起重机可以起动运行。KA_1~KA_9 为各电动机的过电流保护用继电器，无过电流现象时，其常闭触头闭合。凸轮控制器 Q_1、Q_2、Q_3 均在零位时，按起动按钮 SB_1，交流接触器KM线圈通电且自锁，各电动机主电路上电，起重机可以开始工作。

交流接触器KM线圈通电的自锁回路是由大车移行凸轮控制器的触头、大车左右移动极限位置保护开关、提升机构凸轮控制器的触头与主钩下放或上升极限位置保护开关构成的并、串联电路组成。例如大车移行凸轮控制器 Q_3 的触头 Q_{3A} 与左极限行程开关 ST_1 串联，Q_{39} 与右极限行程开关 ST_2 串联，然后两条支路并联。大车左行时，通过 Q_{3A}、ST_1 串联支路使KM线圈通电自锁，达到左极限位置时，压下 ST_1，KM线圈断电，大车停止运行。将 Q_3 转至原位，重按 SB_1，通过 Q_{39}、ST_2 支路使KM线圈通电自锁。Q_3 转到右行操作位置，Q_{39} 仍闭合，大车离开左极限位置（ST_1 复位）向右移动，Q_3 转回零位时，大车停车。同理，可以分析 ST_2 的右极限保护功能。行程开关 ST_3、ST_4 为小车运行前、后极限保护开关，ST_5、ST_6 为提升机构下放、提升极限保护开关，原理与大车极限保护相同。凸轮控制器 Q_1

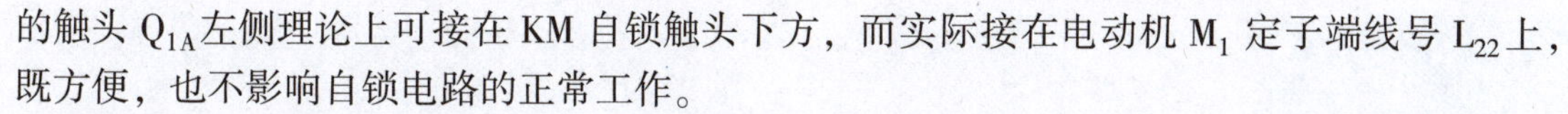

的触头 Q_{1A} 左侧理论上可接在 KM 自锁触头下方，而实际接在电动机 M_1 定子端线号 L_{22} 上，既方便，也不影响自锁电路的正常工作。

任何过电流继电器动作、各门未关好或按动急停按钮 SB_2，交流接触器 KM 线圈都会断电，将主电路的电源切断。

思考题与习题

3-1 试分析 C650 型车床在按下反向起动按钮 SB_4 后的起动工作过程。

3-2 假定 C650 型车床的主电动机正在反向运行，请分析其停车反接制动的工作过程。

3-3 X62W 型万能铣床电气控制电路具有哪些电气联锁？

3-4 简述 X62W 型万能铣床主轴制动过程。

3-5 简述 X62W 型万能铣床的工作台快速移动的控制过程。

3-6 如果 X62W 型万能铣床工作台各个方向都不能进给，试分析故障原因。

3-7 叙述一下起重机的负载性质，并由此分析提升重物时对交流拖动电动机的起动和调速方面的要求及其方法。

3-8 为避免回馈制动下放重物的速度过高，应如何操作凸轮控制器？

3-9 叙述低速提升重物的方法。

第2篇

可编程序控制器

第4章

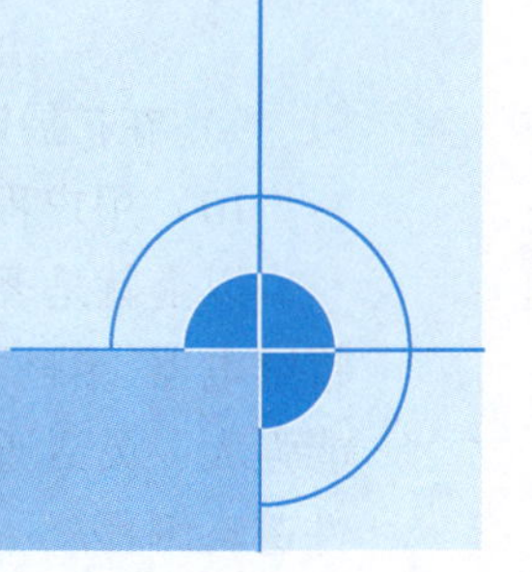

PLC的基础知识

可编程序控制器（PLC）是以微处理器为基础的通用工业控制装置，目前广泛应用于各生产领域，是现代工业自动化技术的三大支柱之一。科学技术是第一生产力，我国综合国力的提升，需要广大青年学生和工程技术人员具有强烈的社会使命感，努力掌握先进的自动化技术，缩减与国际前沿技术的距离，为推动中国科学技术创新发展而不懈奋斗。

4.1 PLC 概述

可编程序控制器（Programmable Logic Controller）简称PLC，国际电工委员会（IEC）于1985年对可编程序控制器作了如下定义：可编程序控制器是一种数字运算操作的电子系统，专为在工业环境下应用而设计。它采用可编程序的存储器，用来在其内部存储执行逻辑运算、顺序控制、定时、计数和算术运算等操作的指令，并通过数字、模拟的输入和输出，控制各种类型的机械或生产过程。可编程序控制器及其有关设备，都应按易于与工业控制系统连成一个整体、易于扩充功能的原则设计。

4.1.1 PLC 的产生与发展

20世纪是人类科学技术迅猛发展的一个世纪，随着微处理器、计算机和数字通信技术的飞速发展，电气控制技术也由继电器控制过渡到计算机控制。各种自动控制产品在向着控制可靠、操作简单、通用性强、价格低廉的方向发展，使自动控制的实现越来越容易。可编程序控制器正是顺应这一要求出现的。

20世纪60年代，汽车生产流水线的自动控制系统基本上都是由继电器控制装置构成的，而为使汽车结构及外形不断改进，品种不断增加，需要经常变更生产工艺，而每一次工艺变更都需要重新设计和安装继电器控制装置，十分费时、费工、费料，延长了工艺改造的周期。为改变这一现状，美国通用汽车（GM）公司提出了以下10项汽车装配生产线通用控制器的技术指标：

1）编程简单，可在现场方便地编辑及修改程序。

2）硬件维护方便，最好是插件式结构。

3）可靠性要明显高于继电器控制柜。

4）体积要明显小于继电器控制柜。

5）具有数据通信功能。

6）在成本上可与继电器控制柜竞争。

7）输入可以是交流115V（美国电网电压为110V）。

8）输出为交流115V、2A以上，能直接驱动电磁阀。

9）在扩展时，原系统只需很小变更。

10）用户程序存储器容量至少能扩展到4KB。

以上就是著名的GM10条。这些要求的实质内容是提出了研发一种新型控制器的设想，将继电器-接触器控制方式的简单易懂、使用方便、价格低廉的优点与计算机控制方式的功能强大、灵活通用的优点结合起来，将继电器-接触器控制的硬连线逻辑转变为计算机的软件逻辑编程。

1969年美国数字设备公司（DEC）应上述要求研制出第一台可编程序控制器，并在美国通用汽车（GM）公司的生产线上试用成功。这一时期它主要用于顺序控制。虽然也采用了计算机的设计思想，但当时只能进行逻辑运算，故称为“可编程逻辑控制器”，简称为PLC（Programmable Logic Controller）。

由于PLC具有易学易用、操作方便、可靠性高、体积小、通用灵活和使用寿命长等一系列优点，因此，很快就在工业中得到了广泛应用。同时，这一新技术也受到其他国家的重视。1971年日本引进这项技术，很快研制出日本第一台PLC；欧洲于1973年研制出第一台PLC；我国从1974年开始研制，1977年国产PLC正式投入工业应用。

进入20世纪80年代以来，随着电子技术的迅猛发展，以16位和32位微处理器构成的微机化PLC得到快速发展，使得PLC在设计、性能价格比以及应用方面有了突破，不仅控制功能增强、功耗和体积减小、成本下降、可靠性提高、编程和故障检测更为灵活方便，而且随着远程I/O和通信网络、数据处理和图像显示的发展，PLC已经普遍用于控制复杂的生产过程。PLC已经成为工厂自动化的三大支柱之一。目前PLC总的发展趋势是向高集成度、小体积、大容量、高速度、易使用、高性能、信息化、标准化、与现场总线技术紧密结合等方向发展。

4.1.2 PLC的特点与应用

1. PLC的主要特点

（1）抗干扰能力强，可靠性高　在传统的继电器控制系统中，使用了大量的中间继电器和时间继电器，由于器件的固有缺点，如器件老化、接触不良以及触头抖动等现象，大大降低了系统的可靠性。而在PLC控制系统中大量的开关动作由无触头的半导体电路完成，因此故障大大减少。

此外，PLC在硬件和软件方面采取了措施，提高了其可靠性。在硬件方面，所有的I/O接口都采用了光电隔离，使得外部电路与PLC内部电路实现了物理隔离。各模块均采用屏蔽措施，以防止辐射干扰。电路中采用了滤波技术，以防止或抑制高频干扰。在软件方面，PLC具有良好的自诊断功能，一旦系统的软硬件发生异常情况，CPU会立即采取有效措施，以防止故障扩大。通常，PLC具有看门狗功能。对于大型的PLC系统，还可以采用双CPU构成冗余系统或者三CPU构成表决系统，使系统的可靠性进一步提高。目前，各生产厂家的PLC平均无故障安全运行时间都远大于国际电工委员会（IEC）规定的10万h的标准。

（2）编程简单、使用方便　PLC的编程大多采用类似于继电器控制电路的梯形图形式，对使用者来说，不需要具备计算机的专门知识，因此很容易被一般工程技术人员所理解和掌握。

（3）功能强，性价比高　一台小型PLC就有成百上千个可供用户使用的编程元器件，可以实现非常复杂的控制功能，PLC还可以通过通信联网，实现分散控制、集中管理。与继电器系统相比，具有很高的性价比。目前新型微电子器件性能大幅度提高，价格却大幅度降低，PLC的价格也在不断下降，真正成为现代电气控制系统中不可替代的控制装置。

（4）通用性强、功能完善、适应面广　大部分情况下，一个PLC主机就能组成一个控制系统。对于需要扩展的系统，只要选好扩展模块，经过简单的连接即可。PLC型号及扩展模块品种多，可灵活组合成各种大小和不同要求的控制系统，用于各种规模的工业控制场合。PLC通信能力的增强及人机界面技术的发展，使PLC组成各种控制系统变得非常容易。

在现行的PLC国际标准IEC 61131中，对PLC的硬件设计、编程语言、通信联网等各方面都制定了详细的规范，越来越多的PLC制造商都在尽量往该标准上靠拢，这种趋势使得不同厂家PLC的兼容性和可移植性得到很大提高。

（5）体积小、重量轻、功耗低　PLC是将微电子技术应用于工业控制设备的新型产品，微电子技术的发展使得PLC结构更为紧凑，功能也在不断增加，很多小型PLC也具备模拟量处理、复杂的功能指令和网络通信等原本大、中型PLC才具备的功能。据统计，目前小型和微型PLC的市场份额一直保持在70%～80%之间，所以对PLC小型化的追求不会停止。

（6）设计、施工、调试周期短，维护方便　PLC用存储逻辑代替接线逻辑，大大减少了控制设备外部的接线，使控制系统设计及安装的工作量大为减少。PLC的故障率很低，并且有完善的诊断和显示功能，PLC或外部的输入装置和执行机构发生故障时，可以根据PLC上发光二极管或编程器上提供的信息，迅速查明原因，因此维修极为方便。

2. PLC的应用范围

目前，PLC已广泛应用于冶金、石油、化工、机械制造、电力、汽车、轻工、环保及文化娱乐等行业，随着PLC性能价格比的不断提高，其应用领域仍将不断扩大。从应用类型看，PLC的应用大致可归纳为以下几个方面。

（1）逻辑控制　逻辑控制是PLC最基本、最广泛的应用。PLC可取代传统继电器-接触器控制系统，实现单机控制、多机控制及自动生产线控制。

（2）运动控制　运动控制是通过配用PLC的单轴或多轴位置控制模块、高速计数模块等来控制步进电动机或伺服电动机，从而使运动部件能以适当的速度实现平滑的直线运动或圆弧运动，可用于精密金属切削机床、金属成形机械、装配机械、机械手、机器人、电梯等设备的控制。

（3）过程控制　过程控制是指对温度、压力、流量、速度等连续变化的模拟量的闭环控制。PLC通过配用A-D、D-A转换模块及智能PID模块实现模拟量的单回路或多回路闭环控制，使这些物理参数保持在设定值上。在各种加热炉、锅炉等的控制以及化工、轻工、机械、冶金、电力、建材等许多领域的生产过程中有着广泛的应用。

（4）数据处理　现在的PLC具有数学运算（包括函数运算、逻辑运算、矩阵运算等）、数据的传输、转换、排序、检索、移位以及数制转换、位操作编码、译码等功能，可以完成数据的采集、分析和处理任务。这些数据可以与存储在数据存储器中的参考值进行比较，也可以用通信功能传送到其他的智能装置，或者将它们打印制表。数据处理一般用于大、中型控制系统，如无人控制的柔性制造系统；也可以用于过程控制系统，如造纸、冶金、食品工业中的一些大型控制系统。

（5）多级控制　多级控制是指利用PLC的网络通信功能模块及远程I/O控制模块实现

多台 PLC 之间的连接，以达到上位计算机与 PLC 之间及 PLC 与 PLC 之间的指令下达、数据交换和数据共享，这种由 PLC 进行分散控制、计算机进行集中管理的方式，能够完成较大规模的复杂控制，甚至实现整个工厂生产的自动化。

4.1.3 PLC 的分类与主要产品

1. PLC 的分类

（1）按结构型式分类　根据结构型式的不同，PLC 可以分为整体式和模块式两种。

1）整体式。整体式结构是将 PLC 的各部分电路包括电源、I/O 接口电路、CPU、存储器等安装在一块或少数几块印制电路板上，并封装在一个机壳内，可用电缆与 I/O 扩展单元、智能单元、通信单元连接。其特点是结构紧凑、体积小、价格低，小型 PLC 多采用这种结构，如西门子 S7－200、S7－1200 系列 PLC。图 4-1 为 S7－1200 系列的 CPU1212C，为整体式结构。

2）模块式。模块式结构是将 PLC 的各基本组成部分做成独立的模块，如 CPU 模块(包括存储器)、电源模块、输入模块、输出模块等。根据具体的应用要求，选择合适的模块，然后通过插槽板以搭积木的方式将它们安装在固定的机架或导轨上，构成一个完整的 PLC 应用系统。其特点是配置灵活、装配维护方便，大、中型 PLC 多采用这种结构，如西门子 S7－300、S7－400、S7－1500 系列 PLC。图 4-2 为 S7－300 系列的 CPU314，为模块式结构。

图 4-1　S7－1200 CPU1212C 实物

图 4-2　S7－300 CPU314 实物

（2）按 I/O 点数和程序容量分类　根据 PLC 的 I/O 点数和程序容量的差别，可分为超小型机、小型机、中型机和大型机四种，见表 4-1。

表 4-1　按 I/O 点数和程序容量分类

分　类	I/O 点数	程序容量
超小型机	64 点以内	256～1000B
小型机	64～128 点	1～3.6KB
中型机	128～2048 点	3.6～13KB
大型机	2048 点以上	13KB 以上

2. PLC 的主要产品

（1）国外 PLC 品牌

1）美国是 PLC 生产大国，有 100 多家 PLC 生产厂家。其中 A－B 公司主推大中型 PLC，主要产品系列是 PLC－5。通用电气公司的大中型 PLC 产品系列有 RX3i 和 RX7i 等。德州仪器公司也生产大、中和小全系列 PLC 产品。

2）欧洲的 PLC 产品也久负盛名。德国的西门子公司、AEG 公司和法国的 TE（施耐德）公司都是欧洲著名的 PLC 制造商。其中西门子公司的 PLC 产品与美国 A－B 公司的 PLC 产品齐名。

3）日本的小型 PLC 具有一定的特色，性价比高，知名的品牌有三菱、欧姆龙、松下、富士、日立和东芝等。

（2）国产 PLC 品牌　我国自主品牌的 PLC 生产厂家有近 30 余家。在目前已经上市的众多 PLC 产品中，还没有形成规模化的生产和名牌产品。单从技术角度来看，国产小型 PLC 与国际知名品牌小型 PLC 差距正在缩小，使用越来越多。例如和利时、深圳汇川和无锡信捷等公司生产的微型 PLC 已经比较成熟，其可靠性在许多应用中得到了验证，逐渐被用户认可，但其知名度与世界先进水平还有一定的差距。

4.2　PLC 的基本结构及工作原理

PLC（可编程序控制器）是建立在计算机基础上的工业控制装置，它的构成和工作原理与计算机系统基本相同，但其接口电路和编程语言更适合工业控制的要求。

4.2.1　PLC 的基本结构

PLC 内部电路的基本结构与普通微机是类似的，特别是和单片机结构极其相似。PLC 实施控制的基本原理是按一定算法实现输入、输出变换，并加以物理实现。这种输入、输出变换就是信息处理。当今工业控制中信息处理最常用的方式是采用微处理技术，PLC 也是利用微处理技术并将其应用于工业生产现场，较普通微机而言，PLC 的特长是物理实现，既要考虑数据、信息处理能力和通信功能，又要考虑实际控制能力及其实现问题。因此，PLC 在硬件设计时更注重 I/O 接口技术和抗干扰等问题的解决。其基本结构如图 4-3 所示。

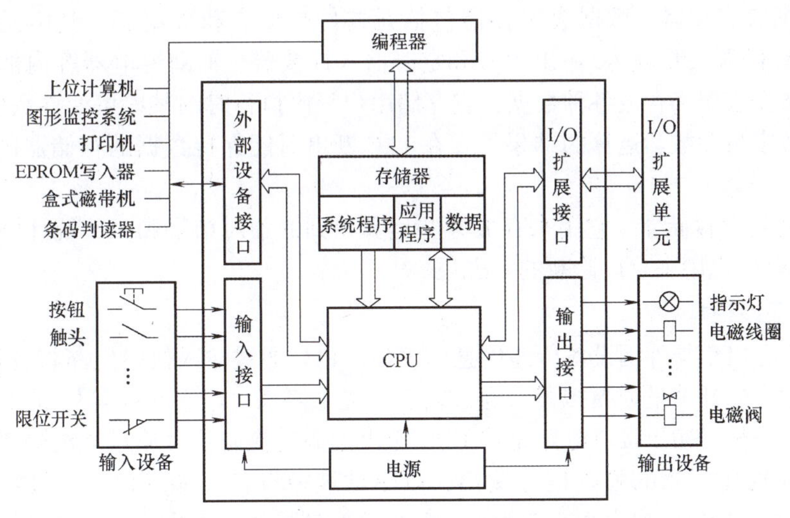

图 4-3　PLC 的基本结构

由图 4-3 可以看出，PLC 采用了典型的计算机结构，主要包括中央处理单元（CPU）、存储器（RAM 和 ROM）、输入/输出接口电路、编程器、电源、I/O 扩展接口、外部设备接口等。其内部采用总线结构进行数据和指令的传输。PLC 系统由输入变量→PLC→输出变量组成。外部的各种开关信号、模拟信号以及传感器检测的各种信号均作为 PLC 的输入变量，它们经 PLC 外部输入端子输入到内部寄存器中，经 PLC 内部逻辑运算或其他各种运算处理后送到输出端子，作为 PLC 的输出变量对外围设备进行各种控制。

下面具体介绍各部分的作用：

1. CPU

CPU 一般由控制电路、运算器和寄存器组成。它是整个 PLC 的核心部分，起着总指挥的作用，是 PLC 的运算和控制中心。它主要完成以下功能：

1）诊断电源、PLC 内部电路的故障及用户程序中的语法错误。

2）采集现场的状态或数据，并送入 PLC 的存储器中存储起来。

3）按存放的先后顺序逐条读取用户指令，进行编译解释后，按指令规定的任务完成各种运算和操作，将处理结果送至输出端。

4）响应各种外围设备（如编程器、打印机等）的工作请求。

目前 PLC 中所用的 CPU 多为单片机，其发展趋势是芯片的工作速度越来越快，位数越来越多（有 8 位、16 位、32 位甚至 48 位），RAM 的容量越来越大，集成度越来越高。为了进一步提高 PLC 的可靠性，对一些大型 PLC 还采用双 CPU 构成冗余系统，或采用三 CPU 的表决式系统。这样，即使某个 CPU 出现故障，整个系统仍能正常运行。

2. 存储器

存储器是具有记忆功能的半导体电路，用来存放系统程序、用户程序、逻辑变量和其他一些信息。根据存储器在系统中的作用，可以把它们分为以下三类：

（1）程序存储器　程序存储器由 ROM 或 EPROM 组成，它决定着 PLC 的基本功能，其程序是厂家根据选用的 CPU 的指令系统编写的，能完成设计者要求的各项任务。程序存储器是只读存储器，用户不能更改其内容。

（2）数据表寄存器　数据表寄存器包括元器件映像表和数据表。其中元器件映像表用来存储 PLC 的开关量输入/输出信号和定时器、计数器、辅助继电器等内部器件的 ON/OFF 状态。数据表用来存放各种数据，它存储用户程序执行时的某些可变参数值及经 A-D 转换得到的数字量和数学运算的结果等。在 PLC 断电时能保持数据的存储器区称为数据保持区。

（3）高速暂存存储器　它用来存放某些运算得到的临时结果和一些统计资料（如使用了多少存储器），也用来存放诊断的标志位。

3. I/O 接口模块

I/O 接口是 PLC 与外围设备传递信息的窗口。PLC 通过输入接口电路将各种主令电器、检测元器件输出的开关量或模拟量，通过滤波、光电隔离、电平转换等处理转换成 CPU 能接收和处理的信号。输出接口电路是将 CPU 送出的弱电控制信号通过光电隔离、功率放大等处理转换成现场需要的强电信号输出，以驱动被控设备（如继电器、接触器、指示灯等）。PLC 对 I/O 接口的要求主要有两点：一是要有较强的抗干扰能力，二是能够满足现场各种信号的匹配要求。

（1）输入接口电路　输入接口电路的作用是将现场输入设备的控制信号转换成 CPU 能

够处理的标准数字信号。其输入端采用光电耦合电路，可以大大减少电磁干扰，如图4-4所示。

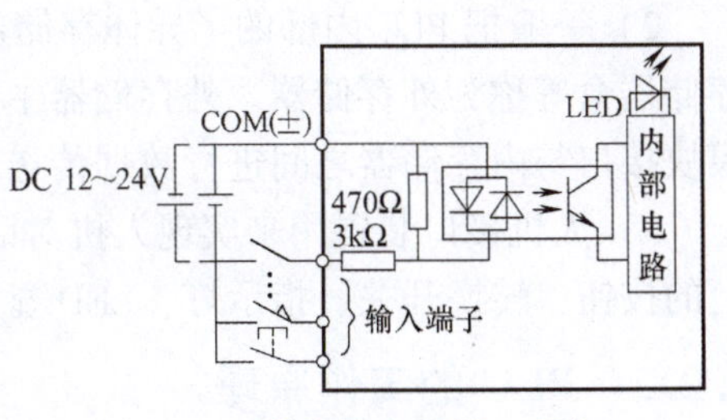

图4-4　直流输入型接口电路

(2) 输出接口电路　输出接口电路采用光电耦合电路，将CPU处理过的信号转换成现场需要的强电信号输出，以驱动接触器、电磁阀等外部设备的通断电。主要有三种类型：继电器输出型、晶体管输出型和晶闸管输出型。目前西门子S7-1200 PLC的CPU模块还没有晶闸管输出型的产品。

继电器输出型为有触点输出方式，CPU可以根据程序执行的结果，使PLC内设继电器线圈通电，带动触点闭合，通过继电器闭合的触点，由外部电源驱动交、直流负载，其内部电路如图4-5a所示。继电器输出型虽然响应速度慢，但是驱动能力强，一般为2A，用于接通或断开低速、大功率的交、直流负载。

晶体管输出型CPU通过光电耦合电路的驱动，使晶体管通断，用于接通或断开高速、小功率的直流负载，其内部电路如图4-5b所示。优点是为无触点输出方式，不存在电弧现象，而且开关速度快；缺点是半导体器件的过载能力差。晶体管输出型PLC的输出电流一般小于1A，西门子S7-1200 PLC的输出电流是0.5A，可见晶体管输出型的驱动能力较小。

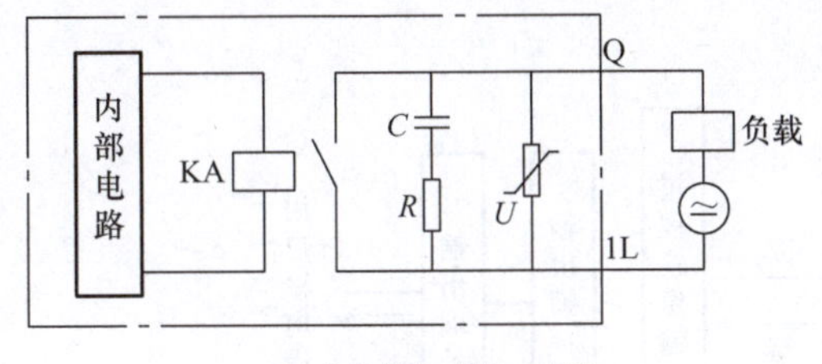

a) 继电器输出型接口电路

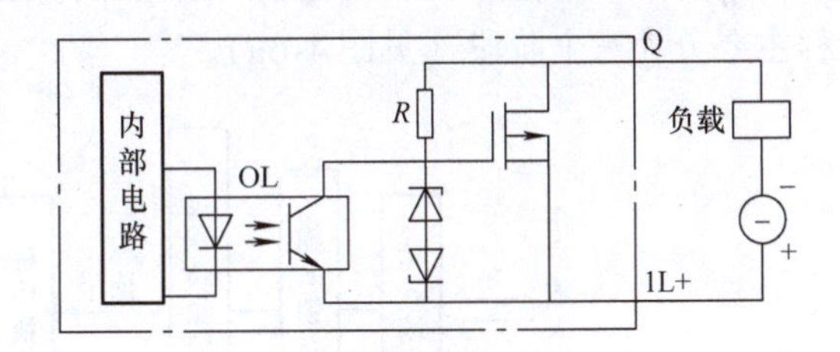

b) 晶体管输出型接口电路

图4-5　PLC输出接口电路

4. 电源与编程工具

(1) 电源　PLC电源是指将外部的交流电经过整流、滤波、稳压转换成满足PLC中CPU、存储器、输入、输出接口等内部电路工作所需要的直流电源或电源模块。许多PLC的直流电源采用直流开关稳压电源，不仅可以提供多路独立的电压供内部电路使用，而且还可为输入设备提供标准电源。为避免电源干扰，输入、输出接口电路的电源回路彼此相互独立。

(2) 编程工具　编程工具是安装了PLC专用工具软件的计算机，它实现了人与PLC的联系对话。用户利用编程工具不但可以输入、检查、修改和调试用户程序，还可以监视PLC的工作状态、修改内部系统寄存器的设置参数以及显示错误代码等。

5. 其他外部设备

除了上述部件和设备外，PLC还有许多外部设备，如EPROM写入器、外存储器、人机接口装置等。

1) EPROM写入器是用来将用户程序固化到EPROM存储器中的一种PLC外部设备。为了使调试好的程序不会丢失，可以用EPROM写入器将RAM中的程序保存到EPROM中。

2）一般把 PLC 内部的半导体存储器称为内存储器，而把磁盘和用半导体存储器做成的存储器盒等称为外存储器。外存储器主要用来存储用户程序，它一般通过编程器或其他智能模块接口与内存储器之间进行数据传送。

3）人机接口装置用来实现人机对话。最简单、最普通的人机接口装置由安装在控制台上的按钮、转换开关、指示灯、LED 显示器、声光报警器等元器件构成。

4.2.2　PLC 的工作原理

PLC 被认为是一个用于工业控制的数字运算操作装置。利用 PLC 制作控制系统时，控制任务所要求的控制逻辑是通过用户编制的控制程序来描述的，执行时 PLC 根据输入设备状态，结合控制程序描述的逻辑，运算得到向外部执行元器件发出的控制指令，以此来实现控制。

1. 循环扫描工作方式

PLC 以 CPU 为核心，故具有微机的许多特点，但它的工作方式却与微机有很大不同。微机一般采用等待命令的工作方式，而 PLC 则采用循环扫描的工作方式。

在 PLC 中用户程序按先后顺序存放，CPU 从第一条指令开始按指令步序号做周期性的循环扫描，如果无跳转指令，则从第一条指令开始逐条顺序执行用户程序，直至遇到结束符后又返回第一条指令，周而复始不断循环，因此称为循环扫描工作方式。一个完整的工作过程主要分为三个阶段（见图 4-6a）。

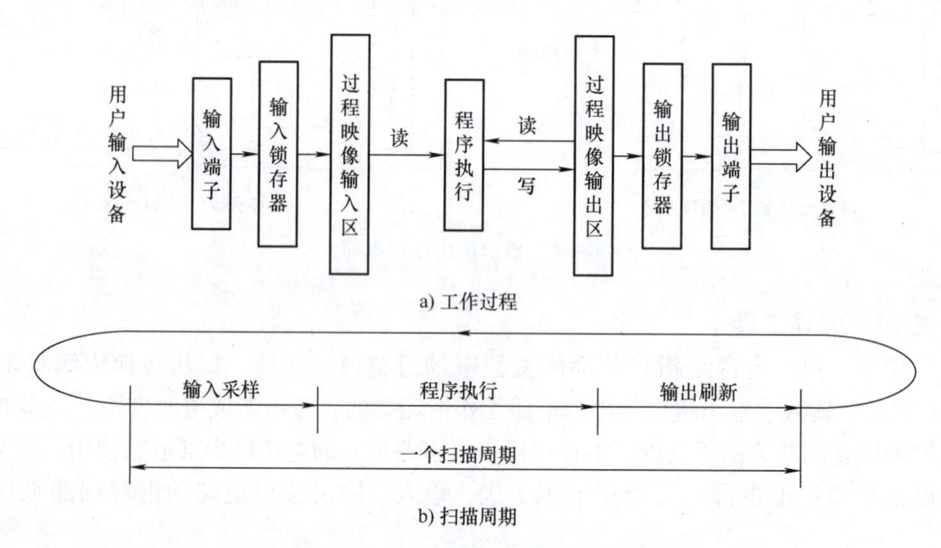

图 4-6　PLC 的循环扫描工作过程

（1）输入采样阶段　CPU 扫描所有的输入端口，读取其状态并写入过程映像输入区。完成输入端采样后，关闭输入端口，转入程序执行阶段。在程序执行期间无论输入端状态如何变化，过程映像输入区的内容不会改变，直到下一个扫描周期。

（2）程序执行阶段　在程序执行阶段，根据用户输入的程序，从第一条开始逐条执行，并将相应的逻辑运算结果存入对应的内部辅助寄存器和过程映像输出区。当最后一条控制程序执行完毕后，即转入输出刷新阶段。

（3）输出刷新阶段　在所有指令执行完毕后，将过程映像输出区中的内容依次送到输出锁存电路，通过一定方式输出，驱动外部负载，形成 PLC 的实际输出。

输入采样、程序执行和输出刷新三个阶段构成 PLC 一个循环工作周期，称为扫描周期（见图 4-6b）。

扫描周期的长短主要取决于以下几个因素：一是 CPU 执行指令的速度；二是执行每条指令占用的时间；三是程序中指令条数的多少。

2. PLC 的工作过程

图 4-7 是 PLC 的工作过程示意图，以下进行简要的说明。

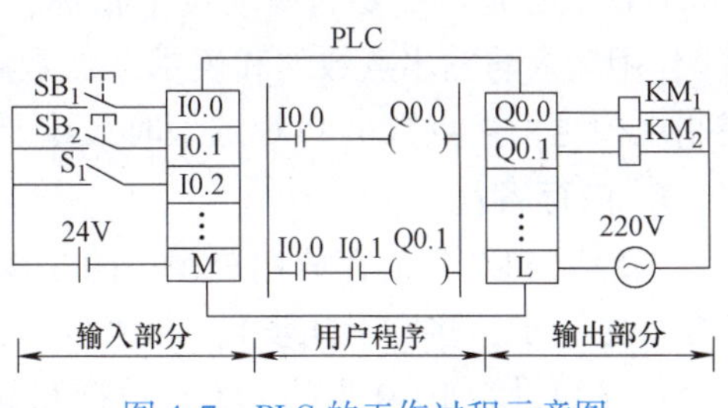

图 4-7　PLC 的工作过程示意图

分析 PLC 工作原理时，常用到继电器的概念，但在 PLC 内部没有传统的实体继电器，仅是一个逻辑概念，因此被称为“软继电器”。这些“软继电器”实质上是由程序的软件功能实现的存储器，它有“1”和“0”两种状态，对应于实体继电器线圈的“ON”（得电）和“OFF”（断电）状态。在编程时，“软继电器”可向 PLC 提供无数动合（常开）触点和动断（常闭）触点。

PLC 进入工作状态后，首先通过其输入端子，将外部输入设备的状态收集并存入对应的输入继电器，如图中的 I0.0 就是对应于按钮 SB_1 的输入继电器，当按钮被按下时，I0.0 被写入“1”，当按钮被松开时，I0.0 被写入“0”，并由此时写入的值来决定程序中 I0.0 触点的状态。

输入信号采集后，CPU 会结合输入的状态，根据语句排序逐步进行逻辑运算，产生确定的输出信息，再将其送到输出部分，从而控制执行元器件动作。

以图 4-7 中所给的程序为例，若 SB_1 按下，SB_2 未被压动，则 I0.0 被写入“1”，I0.1 被写入“0”。则程序中出现的 I0.0 的常开触点合上，而 I0.1 的常开触点仍然是断开状态。由此在进行程序运算时，输出继电器 Q0.0 运算得“1”，而 Q0.1 运算得“0”。最终，外部执行元器件中，接触器线圈 KM_1 得电，而接触器线圈 KM_2 不得电。

3. 输入/输出滞后

由于每一个扫描周期只进行一次 I/O 刷新，即每一个扫描周期 PLC 只对过程映像输入、输出区更新一次，故使系统存在输入、输出滞后现象。例如一个按钮的输入信号的输入刚好在输入扫描之后，那么这个信号只有在下一个扫描周期才能被读入。这在一定程度上降低了系统的响应速度，但对于一般的开关量控制系统来说是允许的，这不但不会造成不利影响，反而可以增强系统的抗干扰能力。因为输入采样只在输入刷新阶段进行，PLC 在一个工作周期的大部分时间是与外设隔离的。而工业现场的干扰常常是脉冲式的、短时的，由于系统响应慢，要几个扫描周期才响应一次，因瞬时干扰而引起的误动作就会减少，从而提高了它的抗干扰能力。但是对一些快速响应系统则不利，就要求精心编制程序，必要时采用一些特殊功能，以减少因扫描周期造成的响应滞后。

总之，PLC 采用的循环扫描工作方式是区别于微机和其他控制设备的最大特点，使用者对此应给予足够的重视。

4.3 PLC的技术性能和编程语言

4.3.1 PLC的技术性能

各厂家的PLC虽然各有特色，但其主要性能指标是相同的。

1. I/O点数

I/O点数是最重要的一项技术指标，是指PLC外部的输入、输出端子数，常称为“点数”，用输入与输出点数的和表示。点数越多表示PLC可接入的输入器件和输出器件越多，控制规模越大。点数是PLC选型时最重要的指标之一。

2. 内存容量

一般以PLC所能存放用户程序的多少来衡量。在PLC中程序是按“步”存放的（一条指令少则一步，多则十几步），一“步”占用一个地址单元，一个地址单元占两个字节。如一个程序容量为1000步的PLC，可推知其程序容量为2KB。

3. 扫描速度

PLC运行时是按照扫描周期进行循环扫描的，所以扫描周期的长短决定了PLC运行速度的快慢。因扫描周期的长短取决于多种因素，故一般用执行1000步指令所需的时间作为衡量PLC速度快慢的一项指标，称为扫描速度，单位为“ms/1000步”。扫描速度有时也用执行一步指令所需的时间来表示，单位为“μs/步”。

4. 指令条数

PLC指令系统拥有指令种类和数量的多少决定着其软件功能的强弱。PLC具有的指令种类越多，说明其软件功能越强。PLC指令一般分为基本指令和高级指令两部分。

5. 内部继电器和寄存器

PLC内部有许多继电器和寄存器，用以存放变量状态、中间结果、数据等，还有许多辅助继电器和寄存器给用户提供特殊功能，如定时器、计数器、系统寄存器、索引寄存器等。通过使用它们，可使整个系统的设计简化。因此内部继电器、寄存器的配置情况是衡量PLC硬件功能的一个主要指标。

6. 高级模块

PLC除了主控模块外还可以配接各种高级模块。主控模块实现基本控制功能，高级模块则可实现某种特殊功能。高级模块的配置反映了PLC功能的强弱，是衡量PLC产品档次高低的一个重要标志。目前各厂家都在大力开发高级模块，使其发展迅速，种类日益增多，功能也越来越强。主要有A-D转换、D-A转换、高速计数、高速脉冲输出、PID控制、速度控制、位置控制、温度控制、远程通信、高级语言编辑以及物理量转换等模块。这些高级模块使PLC不但能进行开关量顺序控制，而且能进行模拟量控制，以及精确的速度和定位控制。特别是网络通信模块的迅速发展，实现了PLC之间、PLC与计算机的通信，使得PLC可以充分利用计算机和互联网的资源，实现远程监控。近年来出现的网络机床、虚拟制造等就是建立在网络通信技术的基础上。

4.3.2 PLC的编程语言

PLC为用户提供了完善的编程语言来满足用户编辑程序的需求，PLC的编程语言包括梯形图

(LAD)、语句表（STL)、功能块图（FBD)、顺序功能图（SFC）及结构化文本语言（ST)。

1. 梯形图（LAD）

梯形图是PLC程序设计中最常用的编程语言，是类似于继电器-接触器控制系统的一种编程语言。由于电气设计人员对继电器-接触器控制系统较为熟悉，因此梯形图编程语言得到了广泛的应用。

梯形图是将PLC内部的编程元器件（如继电器的触点、线圈、定时器、计数器等）和各种具有特定功能的命令用专用图形符号、标号定义，并按逻辑要求及连接规律组合和排列，从而构成了表示PLC输入、输出之间控制关系的图形。由于它在继电器-接触器控制系统的基础上加进了许多功能强大、使用灵活的指令，并将微机的特点结合进去，使逻辑关系清晰直观、编程容易、可读性强，所实现的功能也大大超过传统的继电器-接触器控制电路，所以很受用户欢迎。它是目前使用最为普遍的一种PLC编程语言。传统继电器-接触器控制电路图和PLC梯形图如图4-8所示。

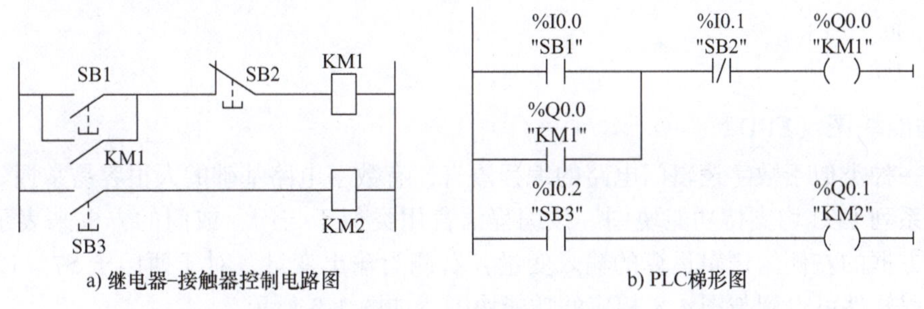

图4-8　传统继电器-接触器控制电路图和PLC梯形图

(1）梯形图的基本符号　在梯形图中，分别用符号┤├、┤/├表示PLC编程元器件（软继电器）的常开触点和常闭触点，用符号(　)表示其线圈。与传统的控制图一样，每个继电器和相应的触点都有自己的特定标号，以示区别，其中有些对应PLC外部的输入、输出，有些对应内部的继电器和寄存器。在图4-8中，I0.0、I0.1等触点代表逻辑输入条件，Q0.0、Q0.1等线圈通常代表逻辑“输出”结果。它们并非是物理实体，而是“软继电器”，每个“软继电器”仅对应PLC存储单元中的一位。该位状态为“1”时，对应的继电器线圈接通，其常开触点闭合、常闭触点断开；状态为“0”时，对应的继电器线圈不通，其常开、常闭触点保持原态。另外，有一些在PLC中进行特殊运算和数据处理的指令，也被看作是一些广义的、特殊的输出元器件，常用类似于输出线圈的方括号加上一些特定符号来表示。这些运算或处理一般是以前面的逻辑运算作为其触发条件。

(2）梯形图的书写规则

1）梯形图必须按从左到右、从上到下的顺序书写，CPU也是按此顺序执行程序。

2）梯形图两侧的垂直公共线称为公共母线。在分析梯形图的逻辑关系时，为了借用继电器电路的分析方法，可以想象左右两侧母线之间有一个左正右负的直流电源电压。当图中的触点接通时，有一个假想的“能流”从左到右流动。

3）梯形图中的线圈和其他输出指令应放在最右边。

4）由于梯形图中的线圈和触点均为“软继电器”，所以同一标号的触点可以反复使用，次数不限。

梯形图适合于熟悉继电器电路的人员使用，设计复杂的触点电路时最好使用梯形图。

2. 语句表（STL）

语句表语言类似于计算机汇编语言，它用一些简洁易记的文字符号描述 PLC 的各种指令。每个语句由地址（步序号）、操作码（指令）和操作数（数据）三部分组成。语句表可以实现某些不易用梯形图或者功能块图来实现的功能。西门子 S7－1200 PLC 不支持语句表，S7－200/300/400/1500 PLC 支持语句表。图 4-8 中的梯形图与下面的指令相对应，“//” 之后是该指令的注释。

```
Network 1
LD    I0.0    //装载指令,接在左侧“电源线”上的 I0.0 的常开触点
O     Q0.0    //“或”指令,与 I0.0 常开触点并联的 Q0.0 的常开触点
AN    I0.1    //取反后作“与”运算,与并联电路串联的 I0.1 常闭触点
=     Q0.0    //赋值指令,Q0.0 的线圈
Network 2
LD    I0.2
=     Q0.1
```

3. 功能块图（FBD）

这是一种类似于数字逻辑门电路的编程语言，有数字电路基础的人很容易掌握。西门子自动化全系列 PLC 均支持功能块图。该编程语言用类似于与门、或门的方框来表示逻辑运算关系，方框的左侧为逻辑运算的输入变量，右侧为输出变量。对于西门子 S7－1200 系列 PLC 用编程软件可得到与图 4-8 相应的功能块图，如图 4-9 所示。

4. 顺序功能图（SFC）

顺序功能图是一种位于其他编程语言之上的图形语言，用来编制顺序控制程序。SFC 提供了一种组织程序的图形方法，在 SFC 中可以用别的语言嵌套编程。

顺序功能图由步、转换和动作三要素组成，如图 4-10 所示。可以用顺序功能图来描述系统的功能，根据它容易画出梯形图程序。S7－1200 PLC 不支持顺序功能图，但 S7－300/400/1500 PLC 支持顺序功能图。

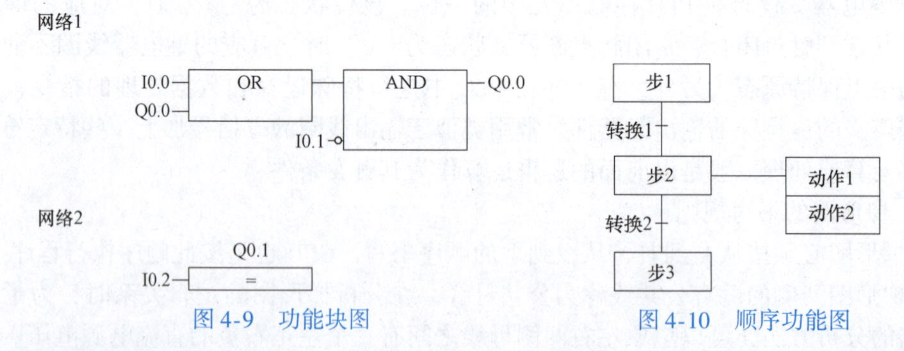

图 4-9　功能块图　　图 4-10　顺序功能图

5. 结构化文本语言（ST）

结构化文本语言是用结构化的描述文本来描述程序的一种编程语言。它是类似于高级语言的一种编程语言。在大中型的 PLC 系统中，结构化文本语言常用于描述控制系统中各个变量的关系。结构化文本语言适用于复杂的公式计算、最优化算法或管理大量的数据等。

ST 在 TIA 博途软件中称为 SCL（结构化控制语言），S7 - 300/400/1200/1500 PLC 均支持结构化控制语言。

4.4　S7 - 1200 PLC 简介

4.4.1　西门子 PLC 简介

德国西门子（SIEMENS）公司是欧洲最大的电子和电气设备制造商之一，其生产的 SIMATIC 可编程序控制器在欧洲处于领先地位。

西门子公司的第一代 PLC 是 1975 年投放市场的 SIMATIC S3 系列的控制器。之后在 1979 年，西门子公司将微处理器技术应用到 PLC 中，研制出了 SIMATIC S5 系列。20 世纪末，又在 S5 系列的基础上推出了 S7 系列产品。另外，SIMATIC 还有 M7、C7 和 WinAC 系列等。

SIMATIC S7 系列产品包括 S7 - 200、S7 - 200CN、S7 - 200 SMART、S7 - 1200、S7 - 300、S7 - 400 和 S7 - 1500 共七个产品系列。S7 - 200 PLC 是一种小型 PLC，目前已经停产。S7 - 200 SMART PLC 是 S7 - 200 PLC 的升级版本，只在中国市场销售，于 2012 年 7 月发布，其绝大多数的指令和使用方法与 S7 - 200 PLC 类似，其编程软件也和 S7 - 200 PLC 的类似。S7 - 1200 PLC 是在 2009 年推出的小型 PLC，定位于 S7 - 200 PLC 和 S7 - 300 PLC 产品之间。S7 - 1200 设计紧凑、成本低廉且功能强大，是控制小型应用的完美解决方案。S7 - 300/400 PLC 是由西门子的 S5 系列发展而来，属于中大型 PLC。2013 年西门子公司又推出了新品 S7 - 1500 PLC。西门子的 PLC 产品系列的定位如图 4-11 所示。

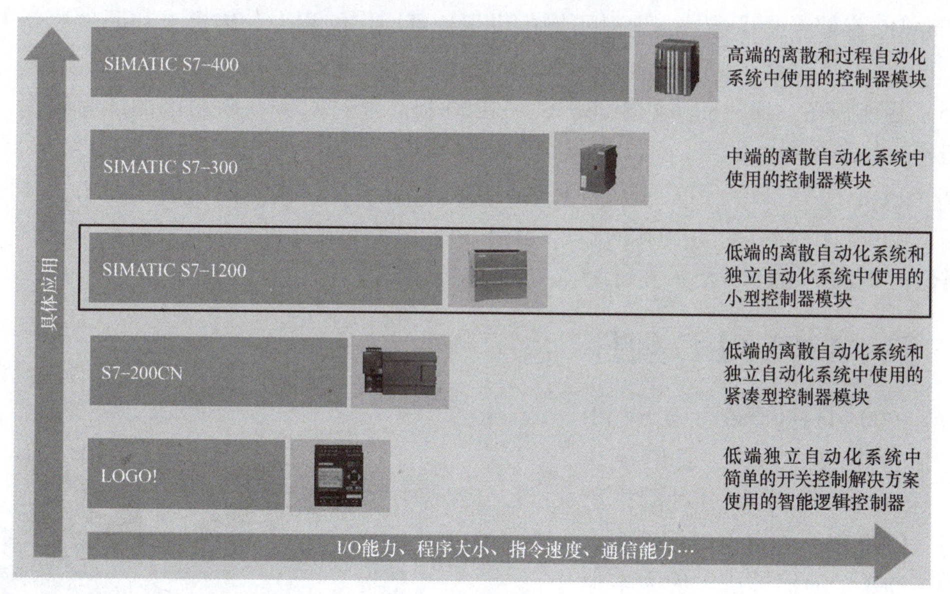

图 4-11　西门子的 PLC 产品系列的定位

4.4.2　S7 - 1200 PLC 的性能特点

S7 - 1200 PLC 具有集成 PROFINET 接口、强大的集成工艺功能和灵活的可扩展性等特点，为各种工艺任务提供了简单的通信和有效的解决方案。S7 - 1200 PLC 的性能特点具体描述如下：

（1）集成了PROFINET接口　集成的PROFINET接口用于编程、HMI通信和PLC间的通信。此外，它还通过开放的以太网协议支持与第三方设备的通信。该接口带一个具有自动交叉网线功能的RJ45连接器，提供10/100Mbit/s的数据传输速率，支持以下协议：TCP/IP、ISO－on－TCP和S7通信协议。

（2）集成了工艺功能

1）高速输入。S7－1200 PLC集成有多达6个高速计数器。其中3个输入为100kHz，3个输入为30kHz，用于计数和测量，包括增量式编码器的脉冲计数、频率计数或过程控制的高速计数等精确检测。

2）高速输出。S7－1200 PLC集成了4个100kHz的高速脉冲输出，通过PLCopen运动功能块指令，可用于步进电动机或伺服驱动器的速度和位置控制。这4个输出都可以输出脉宽调制信号来控制电动机速度、阀位置或加热元器件的占空比。

3）PID控制。S7－1200 PLC中提供了多达16个带自动调节功能的PID控制回路，用于简单的闭环过程控制。PID调试控制面板简化了控制回路的调节过程，对于单个控制回路，除了提供自动调节和手动控制方式外，还提供调节过程的图形化趋势图。

（3）信号板　S7－1200 PLC的另一个显著特点是在CPU模块上嵌入了一个信号板（SB）。信号板嵌入在CPU模块的前端，可在不增加CPU模块占用空间的前提下扩展CPU的控制能力。

（4）存储器　S7－1200 PLC为用户指令和数据提供高达150KB的共用工作内存。同时还提供了高达4MB的集成装载内存和10KB的掉电保持内存。

SIMATIC存储卡是可选件，通过不同的设置，可用作编程卡、传送卡和固件更新卡三种功能。

（5）智能设备　通过简单的组态，S7－1200 PLC通过对I/O映射区的读写操作，实现主从架构的分布式I/O应用。

（6）通信　S7－1200 PLC提供各种各样的通信选项，以满足网络通信要求，其可支持的通信协议有：I－Device、PROFINET、PROFIBUS、远距离控制通信、点对点（PtP）通信、USS通信、Modbus RTU、AS－I、I/O Link MASTER。

4.5　S7－1200 PLC硬件

S7－1200 PLC的硬件主要由CPU模块、信号模块（SM）、通信模块（CM）、信号板（SB）及各种附件组成。S7－1200 PLC最多可以扩展8个信号模块和3个通信模块，最大本地数字I/O点数为284个，最大本地模拟I/O通道为67个。S7－1200 PLC的通信模块安装在CPU模块的左侧，信号模块安装在CPU模块的右侧，S7－1200 PLC的硬件结构如图4-12所示。

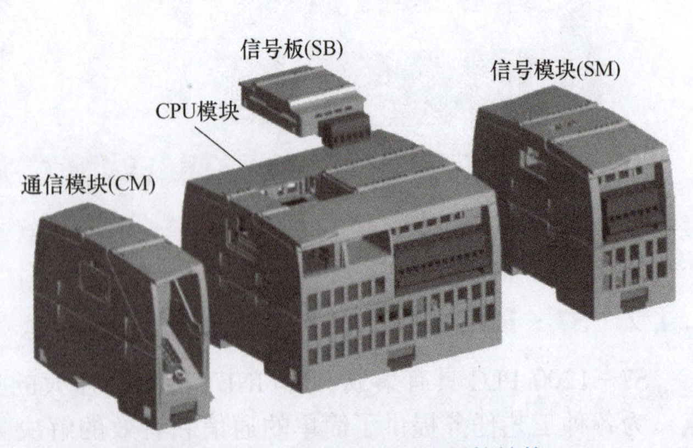

图4-12　S7－1200 PLC的硬件结构

4.5.1 S7 - 1200 CPU 模块及接线

S7 - 1200 PLC 的 CPU 模块是 S7 - 1200 PLC 系统中最核心的成员。目前，S7 - 1200 PLC 的 CPU 有五类：CPU1211C、CPU1212C、CU1214C、CPU1215C 和 CPU1217C。除了 CPU1217C 外，每种 CPU 模块又细分出三种规格：AC/DC/RLY、DC/DC/RLY 和 DC/DC/DC，印刷在 CPU 模块的外壳上，其具体含义见表 4-2。

表 4-2 CPU 模块细分规格含义

CPU 类型	电源电压/V	DI 输入电压/V	DO 输出类型	DO 输出电压/V	DO 输出电流/A
AC/DC/RLY	AC 120 ~ 240	DC 24	继电器输出	DC 5 ~ 30 AC 5 ~ 250	2
DC/DC/RLY	DC 24	DC 24	继电器输出	DC 5 ~30 AC 5 ~250	2
DC/DC/DC	DC 24	DC 24	晶体管输出	DC 24	0.5

1. CPU 模块的外部介绍

S7 - 1200 PLC 的 CPU 模块将微处理器、集成电源、数字量 I/O 点和模拟量 I/O 点集成在一个设计紧凑的外壳中，形成功能比较强大的控制器，外形如图 4-13 所示。以下按图中序号介绍各部分的功能：

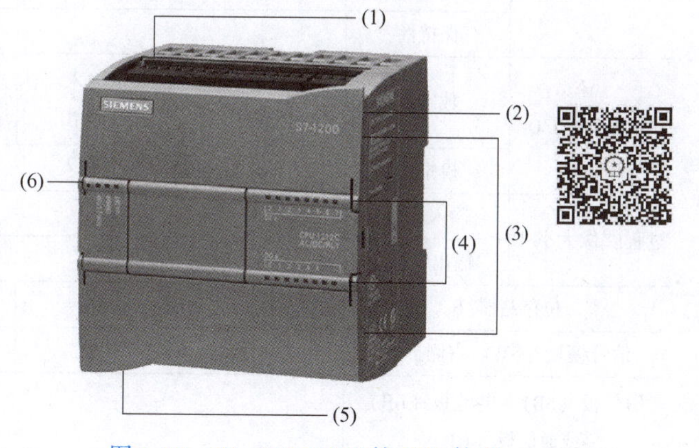

图 4-13 S7 - 1200 PLC 的 CPU 外形

（1）电源接口 PLC 供电电源，根据 CPU 型号不同，可以选择直流 24V 供电或交流 220V 供电。

（2）存储卡插槽 存储卡插槽位于上部保护盖下面，用于安装 SIMATIC 存储卡。S7 - 1200 PLC 提供了专用的 MC 卡，该卡可作为程序卡、传送卡或更新硬件及清除密码使用。

（3）接线连接器 接线连接器也称为接线端子，位于保护盖下面。接线连接器具有可拆卸的优点，便于 CPU 模块的安装和维护。

（4）板载 I/O 的状态 LED S7 - 1200 PLC 的 CPU 和各数字量信号模块（SM）为每个数字量输入和输出配备了 I/O 通道 LED 指示灯。通过板载 I/O 的状态 LED 指示灯（绿色）的点亮或熄灭，指示各输入或输出的状态。当有信号输入时，对应的输入指示灯点亮；当有信号输出时，对应的输出指示灯点亮。

（5）集成以太网口（PROFINET 连接器） 集成以太网口位于 CPU 的底部，该端口支持 PROFINET 通信和标准以太网通信，用于程序下载、设备组网。S7 - 1200 PLC 的 CPU 还配备了两个通信状态指示灯。打开底部端子块的盖子可以看到，分别是 Link 和 Rx/Tx。Link（绿色）点亮时，表示通信连接成功；Rx/Tx（黄色）高频闪烁时，表示通信传输正在进行。

（6）CPU 运行状态 LED S7 - 1200 CPU 上有 3 个状态指示灯：STOP/RUN、ERROR 和

MAINT，用于指示 CPU 的工作状态。

STOP/RUN 指示灯：纯橙色时表示 STOP 模式，纯绿色时表示 RUN 模式，绿色和橙色交替闪烁表示 CPU 正在启动。

ERROR 指示灯：红色闪烁状态时表示有错误，如 CPU 内部错误或组态错误等，纯红色时表示硬件出现故障。

MAINT 指示灯：每次插入存储卡时闪烁。

2. CPU 模块的技术规范

要掌握 S7－1200 PLC 的 CPU 具体技术性能，必须要查看其技术规范，见表 4-3。

表 4-3　S7－1200 PLC 的 CPU 技术规范

<table>
<tr><td colspan="2">CPU 类型</td><td>CPU1211C</td><td>CPU1212C</td><td>CPU1214C</td><td>CPU1215C</td><td>CPU1217C</td></tr>
<tr><td colspan="2">物理尺寸/mm</td><td colspan="2">90×100×75</td><td>110×100×75</td><td>130×100×75</td><td>150×100×75</td></tr>
<tr><td rowspan="3">用户存储器</td><td>工作</td><td>50KB</td><td>75KB</td><td>100KB</td><td>125KB</td><td>150KB</td></tr>
<tr><td>负载</td><td>1MB</td><td>2MB</td><td colspan="3">4MB</td></tr>
<tr><td>保持性</td><td colspan="5">10KB</td></tr>
<tr><td rowspan="2">本地板载 I/O</td><td>数字量</td><td>6 个输入/
4 个输出</td><td>8 个输入/
6 个输出</td><td colspan="3">14 个输入/10 个输出</td></tr>
<tr><td>模拟量</td><td colspan="3">2 个输入</td><td colspan="2">2 个输入/2 个输出</td></tr>
<tr><td rowspan="2">过程映像大小/B</td><td>输入（I）</td><td colspan="5">1024</td></tr>
<tr><td>输出（Q）</td><td colspan="5">1024</td></tr>
<tr><td colspan="2">位存储器/B</td><td colspan="2">4096</td><td colspan="3">8192</td></tr>
<tr><td colspan="2">信号模块（SM）右侧扩展</td><td>无</td><td>2 个</td><td colspan="3">8 个</td></tr>
<tr><td colspan="2">信号板（SB）、电池板（BB）
或通信板（CB）</td><td colspan="5">1 个</td></tr>
<tr><td colspan="2">通信模块（CM）左侧扩展</td><td colspan="5">3 个</td></tr>
<tr><td colspan="2">高速计数器</td><td colspan="5">最多可组态 6 个使用任意内置或 SB 输入的高速计数器</td></tr>
<tr><td colspan="2">脉冲输出</td><td colspan="5">最多可组态 4 个使用任意内置或 SB 输出的脉冲输出</td></tr>
<tr><td colspan="2">存储卡</td><td colspan="5">SIMATIC 存储卡（选件）</td></tr>
<tr><td colspan="2">实时时钟保持时间</td><td colspan="5">通常为 20 天，40℃时最少为 12 天（免维护超级电容）</td></tr>
<tr><td colspan="2">PROFINET</td><td colspan="3">1 个以太网通信端口</td><td colspan="2">2 个以太网通信端口</td></tr>
<tr><td colspan="2">实数数学运算执行速度
/(μs/指令)</td><td colspan="5">2.3</td></tr>
<tr><td colspan="2">布尔运算执行速度/(μs/指令)</td><td colspan="5">0.08</td></tr>
</table>

3. CPU 的工作模式

S7－1200 PLC 的 CPU 有三种操作模式：STOP 模式、STARTUP 模式和 RUN 模式。

1）在 STOP 模式下，CPU 不执行用户程序，但用户可下载项目程序。

2）在 STARTUP 模式下，CPU 执行一次启动组织块 OB（如果存在）。在启动模式下，CPU 不会处理中断事件。

3）在 RUN 模式下，程序循环组织块 OB 重复执行。在程序循环阶段的任何时刻都可能发生和处理中断事件。

S7-1200 CPU 没有用于更改操作模式(STOP 或 RUN）的物理开关，在设备配置中组态 CPU 时，应在 CPU 属性中组态启动模式。

4. CPU 模块的接线

在 PLC 的应用中，需要根据控制工艺的要求，选择适合的 CPU 模块以及扩展模块。之后还需要对各种输入信号（如接近开关、按钮、温度传感器、压力传感器等）进行采集，并对各种负载（如接触器线圈、电磁阀、电动阀等）进行控制，这就涉及各种接线问题。

S7-1200 PLC 的 CPU 规格虽然较多，但接线方式类似，因此本书仅以 CPU1212C 为例进行介绍，其余规格产品请读者参考相关手册。

（1）CPU1212C（AC/DC/RLY）的接线　如图 4-14 所示，CPU1212C（AC/DC/RLY）为交流供电。“L1” 和 “N” 端子为交流电源接入端子，输入电压范围为 AC 120～240V，为 PLC 提供电源。接入电源后，CPU 上的 DC 24V 直流输出端子可向外输出一个 24V 直流电源，“L+” 和 “M” 端子为 DC 24V 输出端子，可以向 I/O 点或外围传感器供电。但因为其电源容量较小，在实际应用中多采用外接的 DC 24V 电源为 I/O 点或外围传感器提供电源。

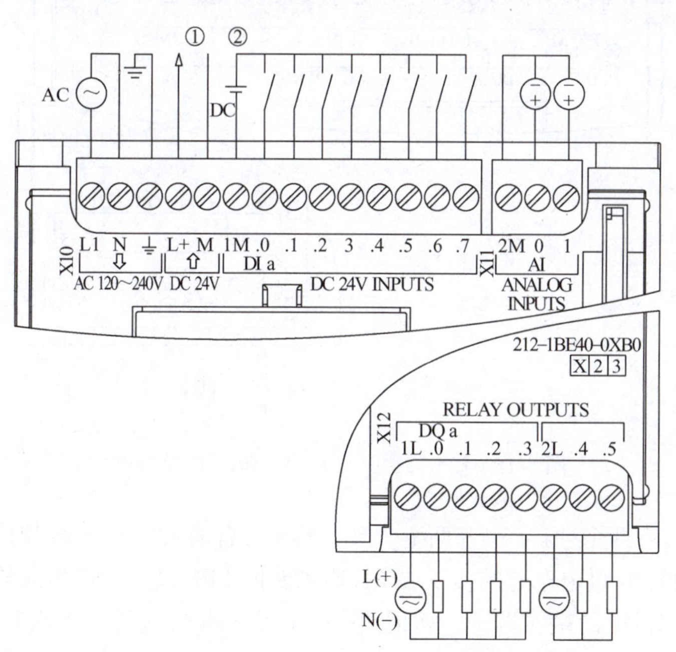

图 4-14　CPU1212C（AC/DC/RLY）的接线图

注释：①DC 24V 为传感器电源输出。②对于漏型输入，将 “-” 连接到 “M”；对于源型输入，将 “+” 连接到 “M”。

在 PLC 的数字量输入接线中，除了按钮、行程开关等无源信号，还可以接接近开关、光电开关以及磁感应开关等传感器的有源信号。在实际应用中，传感器可选择 NPN 型和 PNP 型两种类型。“1M” 是输入端的公共端子，与 DC 24V 电源相连。当公共端 1M 与 24V 电源的 “-” 极相连时，为漏型接法，也称为 PNP 型接法；反之，当公共端 1M 与 24V 电源的“+”极连接时，为源型接法，也称为NPN型接法。对于PNP型传感器，必须采用PNP型接法，即漏型接法；对于NPN型传感器，必须采用NPN型接法，即源型接法。不论S7-1200 PLC连接的传感器为哪种类型，接线时只需要注意数字量输入的公共端“1M”是接DC 24V电源的24V端还是0V端。

输出是分组安排的。对于继电器输出型PLC，输出端Q和输出公共端1L相当于开关的两端，所以接入电路时，既可接交流负载也可接直流负载，但需要注意同一公共端下的输出端子只能接同一电源的负载。使用直流负载时，公共端1L既可接电源的正极也可接电源的负极。

（2）CPU1212C（DC/DC/DC）的接线　如图4-15所示，CPU1212C（DC/DC/DC）的供电电源为DC 24V。CPU在进行供电接线时，一定要注意分清是哪一种供电方式，如果把AC 220V接到DC 24V供电的CPU上，或者不小心接到DC 24V传感器的输出电源上，都会造成CPU的损坏。

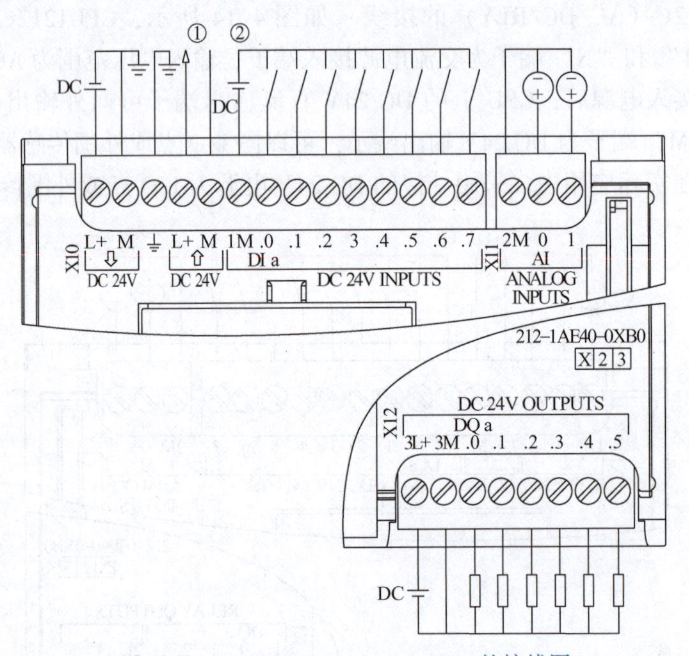

图4-15　CPU1212C（DC/DC/DC）的接线图

在图4-15中，有两个“L+”和两个“M”端子，有箭头向CPU模块内部指向的“L+”和“M”端子是向CPU供电电源的接线端子，有箭头向CPU模块外部指向的“L+”和“M”端子是CPU向外部供电的接线端子，切记两个“L+”不要短接，否则容易烧毁CPU模块内部的电源。

目前24V直流输出只有一种形式，即PNP型输出，也就是常说的高电平输出，理解这一点十分重要，特别是利用PLC进行运动控制（如控制步进电动机）时，必须考虑这一点。

4.5.2　S7-1200 CPU的扩展模块

一个简单的PLC控制系统由一个CPU就可完成控制，而一个复杂的控制系统，单单一个CPU无法完成控制，需要增加各种各样的扩展模块。S7-1200 CPU的扩展模块分为信号模块、通信模块和信号板，扩展时信号模块扩展在CPU的右侧，通信模块扩展在CPU的左侧，信号板扩展在CPU的前端。

1. 信号模块

输入、输出扩展模块统称为信号模块。信号模块作为CPU的集成I/O口的补充，除了CPU1211C，其余的CPU都可支持与信号模块的连接。S7-1200 PLC可根据具体需要选用带有8个、16个和32个I/O通道的信号模块。信号模块安装在DIN标准导轨上，通过总线连接器与相邻的CPU或其他模块连接，使用时连接到CPU的右侧。信号模块主要分为数字量模块和模拟量模块。

（1）数字量信号模块　S7-1200 PLC的数字量扩展模块比较丰富，包括数字量输入模块（SM1221）、数字量输出模块（SM1222）和数字量输入/输出模块（SM1223），其技术规范见表4-4。

其中，数字量输入模块SM1221（见图4-16），可支持源型或漏型接法；数字量输出模块SM1222（见图4-17），从输出点数来分，支持8点扩展和16点扩展，根据输出信号类型分为晶体管型和继电器（RLY）型两种类型；数字量输入/输出模块SM1223支持8输入和8输出、16输入和16输出扩展，根据输出类型分为晶体管型和继电器型。

表4-4　数字量信号模块的技术规范

数字量信号模块	接口类型	技术规范
数字量输入模块SM1221	DI 8×24V（DC）	SM总线电流消耗为105mA
	DI 16×24V（DC）	SM总线电流消耗为130mA
数字量输出模块SM1222	DQ 8×RLY、DQ 16×RLY	继电器输出，最大电流为2A，SM总线电流消耗分别为120mA和135mA
	DQ 8×24V（DC）、DQ 16×24V（DC）	晶体管输出，额定电压为DC 24V，最大电流为0.5A，SM总线电流消耗分别为120mA和140mA
数字量输入/输出模块SM1223	DI 8×24V（DC）、DQ 8×RLY	继电器输出，SM总线电流消耗为145mA
	DI 16×24V（DC）、DQ 16×RLY	继电器输出，SM总线电流消耗为180mA
	DI 8×24V（DC）、DQ 8×24V（DC）	晶体管输出，SM总线电流消耗为145mA
	DI 16×24V（DC）、DQ 16×24V（DC）	晶体管输出，SM总线电流消耗为185mA

图4-16　数字量输入模块SM1221实物图

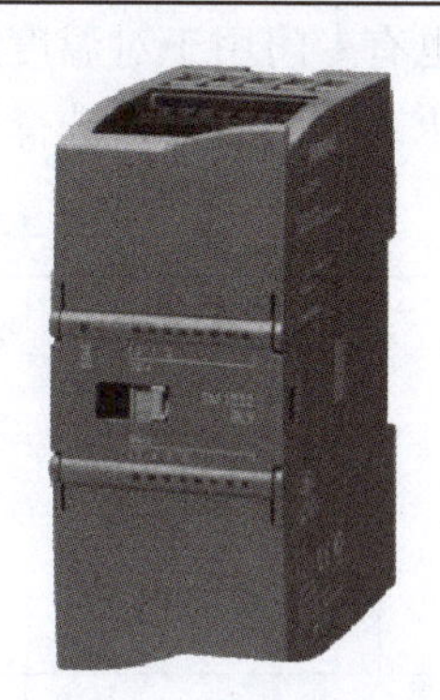

图4-17　数字量输出模块SM1222实物图

数字量输入信号模块 SM1221 DI 8×24V(DC) 的接线与 CPU 本体的接线类似，也支持源型和漏型两种信号类型，接线图如图 4-18 所示。对于漏型输入，将电源负端连接到“1M”端；对于源型输入，将电源正端连接到“1M”端。

数字量输出信号模块 SM1222 DQ 8×RLY 的接线与 CPU 本体输出接线方式相同，如图 4-19 所示。

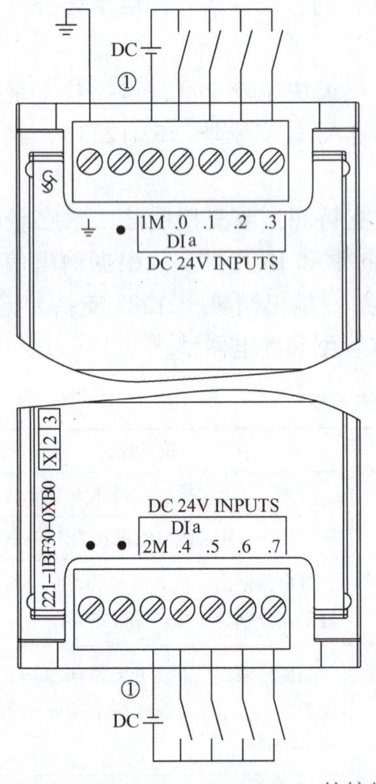

图 4-18　SM1221 DI 8×24V(DC) 的接线图

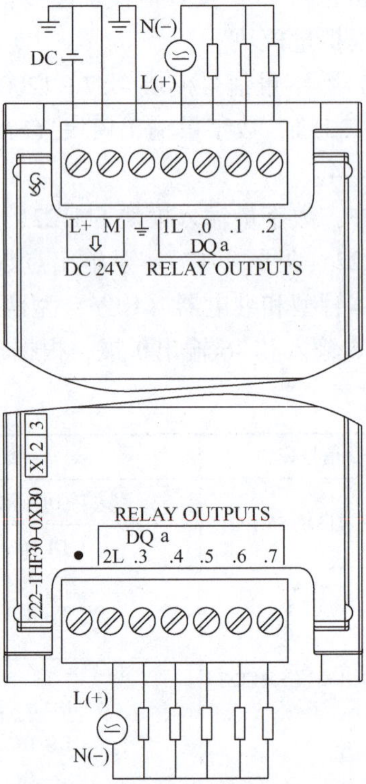

图 4-19　SM1222 DQ 8×RLY 的接线图

(2) 模拟量信号模块　S7-1200 PLC 的模拟量信号模块包括模拟量输入模块(SM1231，见图 4-20)、模拟量输出模块（SM1232，见图 4-21）和模拟量输入/输出模块(SM1234)，其技术规范见表 4-5。其中，模拟量输入模块中有用于接收标准电压信号和电流信号的模块，也有专门用于对温度进行采集的热电偶和热电阻输入模块；模拟量输出模块用于输出标准电压或电流信号，选择时可选择 4 通道输出和 2 通道输出。

表 4-5　模拟量信号模块的技术规范

模拟量信号模块	接口类型	技术规范
模拟量输入模块 SM1231	AI 4×13 位	可选输入类型有：±10V、±5V、±2.5V、0~20mA 或 4~20mA，转换精度为 13 位
	AI 8×13 位	
	AI 4×16 位	可选输入类型有：±10V、±5V、±2.5V、±1.25V、0~20mA 或 4~20mA，转换精度为 16 位
模拟量输出模块 SM1232	AQ 2×14 位	可选输出类型有：±10V（转换精度为 14 位）、0~20mA 或 4~20mA（转换精度为 13 位）
	AQ 4×14 位	

（续）

模拟量信号模块	接口类型	技术规范
模拟量输入/输出模块 SM1234	AI 4×13 位	可选输入类型有：±10V、±5V、±2.5V、0~20mA 或 4~20mA，转换精度为 13 位；
	AQ 2×14 位	可选输出类型有：±10V（转换精度为 14 位）、0~20mA 或 4~20mA（转换精度为 13 位）

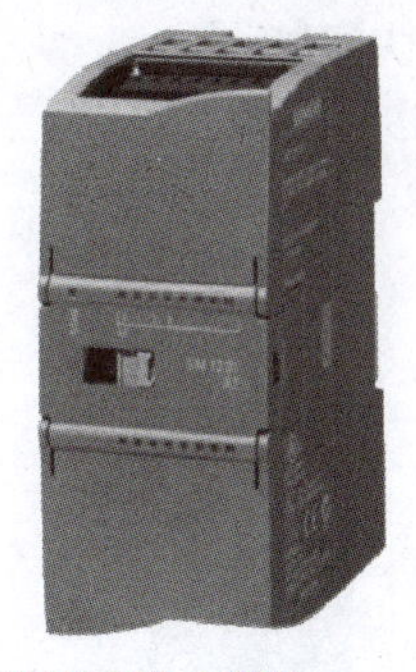

图 4-20　模拟量输入模块 SM1231 实物图

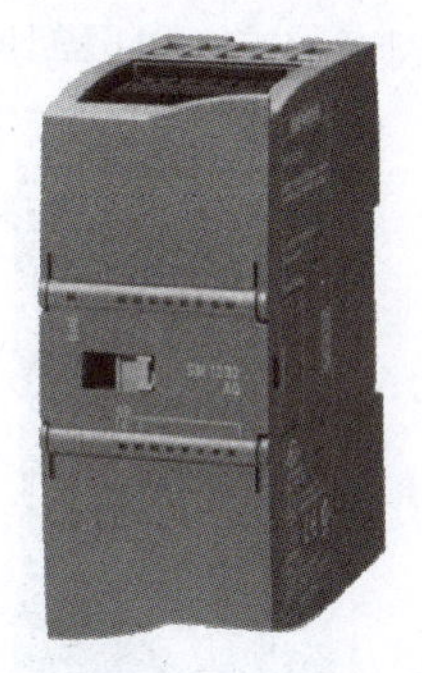

图 4-21　模拟量输出模块 SM1232 实物图

模拟量输入模块可以采用标准电流和电压信号，每个模拟量输入通道都有两个接线端，如图 4-22 所示为 4AI 模拟量输入模块接线图。

S7－1200 CPU 提供了 2AQ 和 4AQ 两种模拟量输出模块，可输出±10V 的电压信号、0~20mA 或 4~20mA 的电流信号，2AQ 模拟量输出模块接线图如图 4-23 所示。

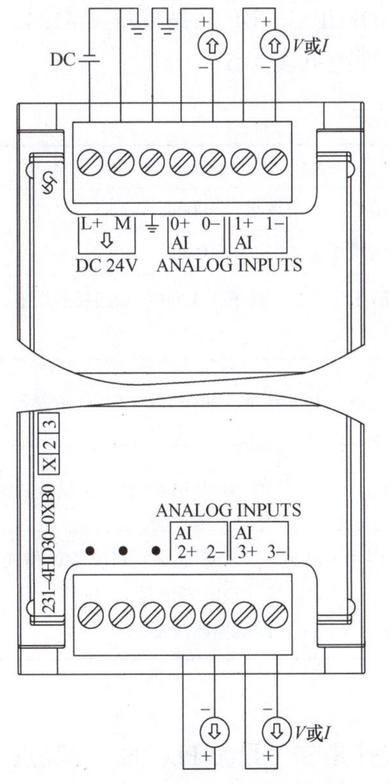

图 4-22　SM1231 AI 4×13 位的接线图

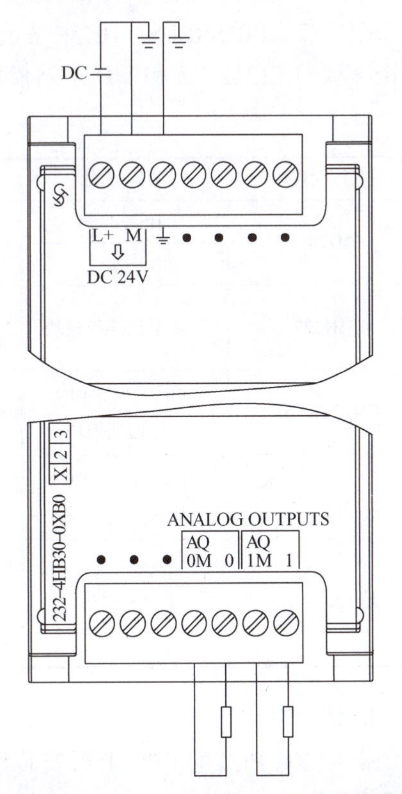

图 4-23　SM1232 AQ 2×14 位的接线图

2. 通信模块

S7－1200 系列 CPU 本身只集成有 PROFINET 接口，通信模块将扩展 CPU 的通信接口。S7－1200 PLC 的 CPU 最多可以添加三个通信模块，其中 CM 通信模块可使 CPU 支持 RS－232/RS－485、PtP 通信、Modbus 通信、USS 通信以及 AS－I 通信，而通信处理器 CP 模块可提供其他类型的通信功能，如 GPRS 通信。对通信模块的组态和编程采用了扩展指令或库功能、USS 驱动协议、Modbus RTU 主站和从站协议，它们都包含在 TIA Portal 工程组态软件中。通信模块安装在 CPU 模块的左侧。图 4-24 所示为通信模块实物图。

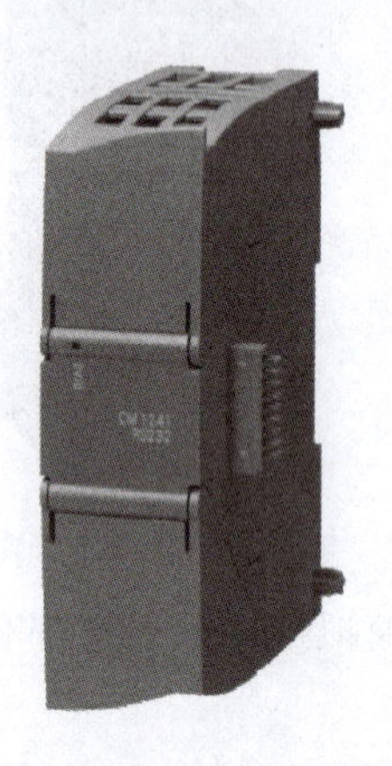
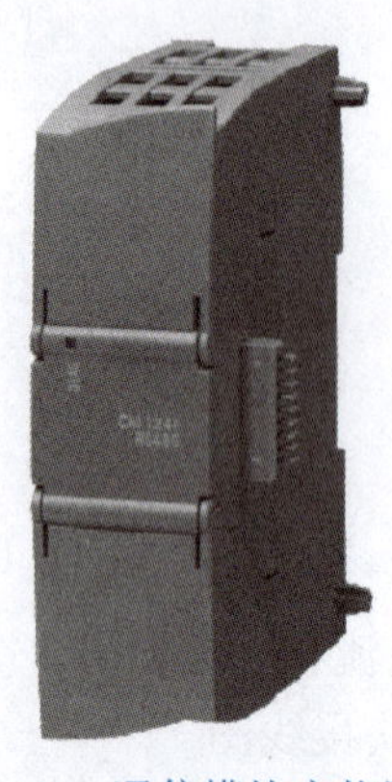
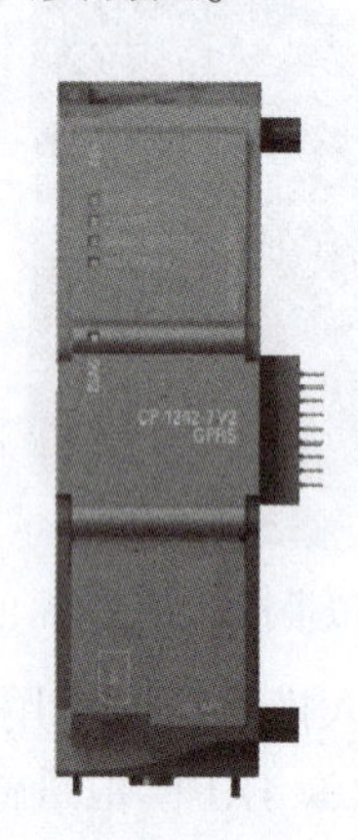

图 4-24　通信模块实物图

S7－1200 PLC 通信模块规格较为齐全，主要有串行通信模块 CM1241、紧凑型交换机模块 CSM1277、PROFIBUS－DP 主站模块 CM1243－5、PROFIBUS－DP 从站模块 CM1242－5、GPRS 模块 CP1242－7 和 I/O 主站模块 CM1278。其技术规范见表 4-6。

表 4-6　通信模块的技术规范

通信模块	通信方式	技术规范
CM1241	RS－485	用于 RS－485 点对点通信模块，电缆最长 1000m
	RS－232	用于 RS－232 点对点通信模块，电缆最长 10m
CSM1277	紧凑型交换机模块	用于总线型、树形或星形拓扑结构，将 S7－1200 PLC 连接到工业以太网
CM1243－5	PROFIBUS DP 主站通信模块	可以和其他 CPU、编程设备、人机界面、PROFIBUS DP 从站设备通信
CM1242－5	PROFIBUS DP 从站通信模块	可以作为一个智能 DP 从站设备与任何 PROFIBUS DP 主站设备通信
CP1242－7	GPRS 模块	通过使用 GPRS 通信处理器 CP1242－7，可以与下列设备远程通信：中央控制站、其他的远程站、移动设备（SMS 短消息）、编程设备（远程服务）、使用开放用户通信（UDP）的其他通信设备

3. 信号板

S7－1200 PLC 的 CPU 上可安装信号板。信号板的设计是 S7－1200 PLC 的一个亮点，信号板使用嵌入式的安装方式，安装后并不会占用安装空间。在需要增加少量 I/O 点的情况下，可选择扩展信号板从而提高控制系统的性价比。图4-25所示为信号板实物图。

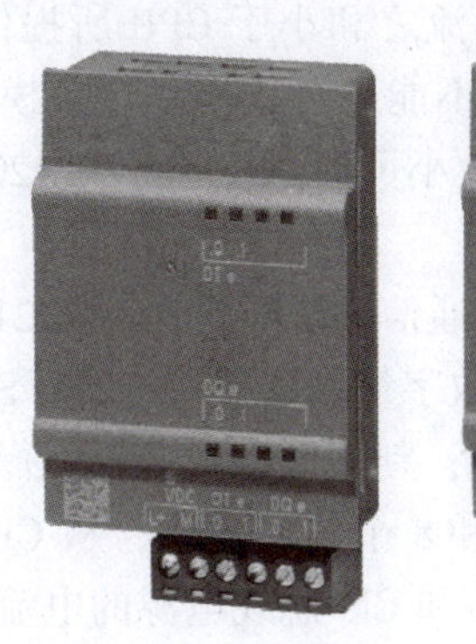

图4-25　信号板实物图

信号板有模拟量输入板、模拟量输出板、数字量输入板、数字量输出板、数字量输入/输出板和通信板。S7-1200 CPU提供的信号板种类及其技术规范见表4-7。

表4-7　信号板的技术规范

信号板	技术规范	
数字量输入板　SB1221	4DI、DC 5V 4DI、DC 24V	HSC时钟输入频率单相最大200kHz，正交相位最大160kHz
数字量输出板　SB1222	4DQ、DC 5V 4DQ、DC 24V	电流最大0.1A，脉冲串输出频率最大200kHz
数字量输入/输出板　SB1223	2DI、DC 5V，2DQ、DC 5V 2DI、DC 24V，2DQ、DC 24V	HSC时钟输入频率单相最大200kHz，正交相位最大160kHz；脉冲串输出频率最大200kHz，电流最大0.1A
模拟量输入板　SB1231AI	1AI	±10V、±5V、±2.5V或0~20mA，分辨率为11位+符号位
模拟量输出板　SB1232AQ	1AQ	±10V或0~20mA，分辨率电压为12位，电流为11位
热电阻输入板　SB1231	1AI RTD、Pt100和Pt1000	
热电偶输入板　SB1231	1AI，热电偶类型为J或K	
电池板　BB1297	用于系统时钟长期保持（不带CR1025电池）	

4. CPU的扩展能力计算

CPU在使用的过程中，有时根据项目的复杂程度，需要扩展相应的模块，而CPU在扩展的过程中并不是无限制地扩展，所以选型时需要考虑扩展能力。扩展能力由CPU的本身扩展能力和CPU所提供的SM或CM的总线电源电流的能力决定。

S7-1200 PLC的每一款CPU都支持在左侧最多扩展3个CM/CP通信模块，在CPU的前端扩展1块SB通信信号板，但对于SM信号模块的扩展，不同信号的CPU扩展功能不一样。CPU1211C不支持扩展，CPU1212C支持最多2个信号模块扩展，CPU1214C、1215C以及1217C可支持最多8个信号模块的扩展。

当扩展的模块是在CPU所允许的扩展范围内时，还需要对每个模块消耗的SM和CM总线电源的电流大小进行计算。不同型号的CPU所提供的SM和CM总线电源的电流大小不同，需要保证所有扩展模块消耗的SM和CM总线电源的电流之和小于CPU所提供的电流，否则，即使扩展模块数量并未达到CPU所规定的上限值也不能进行扩展。每个模块消耗的SM总线电源提供的电流大小及CPU所能提供的电压电流大小可通过查询S7-1200 PLC的样本手册获取。

例：型号为CPU1214C的CPU，扩展了3个CM1241的通信模块、3个SM1221 DI 16的数字量输入模块、2个SM1222 DQ 16（晶体管型输出）的数字量输出模块、2个SM1231 AI 8的模拟量输入模块和1个SM1232 AQ 4的模拟量输出模块，判断该配置是否可行？

S7-1200 CPU1214C的CPU本身可扩展3个通信模块和8个信号模块，从CPU本身的扩展性能来看没有问题，接下来还需要计算CPU提供的SM和CM总线电源的电流大小以及各模块的消耗大小，见表4-8。

表4-8 CPU的扩展能力计算

名　称	订货号	提供或消耗SM和CM的总线电流/mA
CPU1214C	6ES7214-1AG40-XB	1600
3×CM1241	6ES7241-1CH32-0XB	3×240
3×SM1221 DI 16	6ES7221-1BH32-0XB	3×130
2×SM1222 DQ 16	6ES7222-1BH32-0XB	2×140
2×SM1231 AI 8	6ES7231-4HF32-0XB	2×90
SM1232 AQ 4	6ES7232-4HD32-0XB	80
结果	1600-3×240-3×130-2×140-2×90-80<0	

通过计算，CPU1214C所能提供的SM和CM总线电源的电流小于所有扩展模块消耗的电流之和，因此CPU1214C不能扩展这些模块。

4.6 S7-1200 PLC数据类型及存储区

4.6.1 位、字节、字、双字

PLC存储器中的每个存储单元都有一个唯一的地址，用户程序利用这些地址访问存储单元中的信息。在访问时主要寻址格式有：按位寻址、按字节寻址、按字寻址、按双字寻址。

1. 按位寻址

二进制数的1位（bit）只能取1和0两个值，用来表示开关量的两种状态，例如触点的接通和断开、线圈的通电和断电、灯的亮和灭等。按位寻址格式由存储器标识符、字节地址、分隔符和位地址组成。如图4-26所示，假设访问的存储区为过程映像输入区（I），则表达的地址为I3.2。

2. 按字节/字/双字寻址

按字节/字/双字的寻址格式为同一格式，由存储器标识符、字节（B）/字（W）/双字（D）的标识符和起始地址三部分组成。如图4-27所示，假设存储器为过程映像输出区（Q），则表达的地址为QB1。

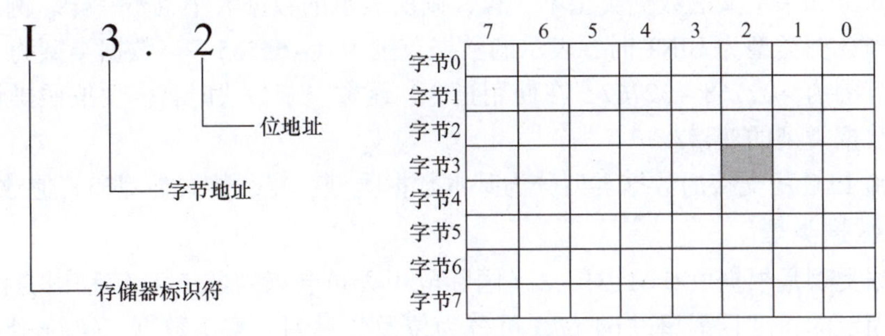

图 4-26　按位寻址格式

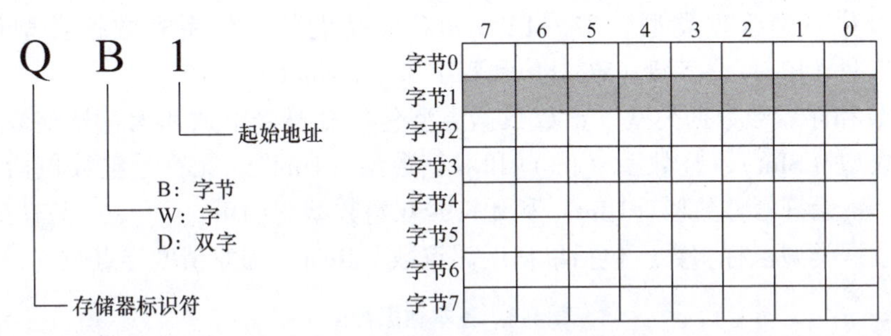

图 4-27　按字节/字/双字寻址格式

3. 位/字节/字/双字之间的关系

CPU 中的最小访问地址为位，8 个位可以组成一个字节，2 个字节可以组成一个字，2 个字可以组成一个双字。如图 4-28 所示，表示的是位/字节/字/双字寻址格式之间的关系。

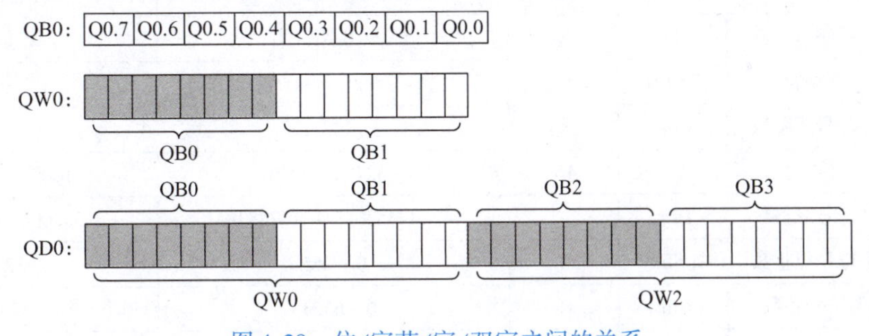

图 4-28　位/字节/字/双字之间的关系

从图 4-28 中可知，QB0 由 Q0.0 ~ Q0.7 共八个位组成，其中 Q0.7 为高位，Q0.0 为低位。QW0 由 QB0 和 QB1 两个字节组成，其中 QB0 为高位字节，QB1 为低位字节。QD0 由 QW0 和 QW2 两个字组成，其中 QW0 为高位字，QW2 为低位字。

例：如果 MD0 = 16#1F，那么 MB0、MB1、MB2、MB3、M0.0 和 M3.0 的数是多少？

解：在 MD0 中，由 MB0、MB1、MB2 和 MB3 四个字节组成，MB0 是高字节，而 MB3 是低字节，则 MB0 = 0、MB1 = 0、MB2 = 0、MB3 = 16#1F、M0.0 = 0、M3.0 = 1。

4.6.2　S7 - 1200 PLC 的数据类型

数据类型用来描述数据的长度和属性，即指定数据元素的大小及如何解释数据。同样大小的存储空间，如果定义的数据类型不一样，则所表示的数据大小也不一样。例如一个字的存储空间，当数据类型为 UINT 时，表示的数据范围为 0 ~ 65535；当数据类型为 INT 时，则表示的数据范围为 -32768 ~ 32767。在使用指令、函数、函数块时，需要按照操作数的要求选用指定的数据类型的变量。

S7-1200 PLC 所支持的数据类型分为基本数据类型、复杂数据类型和其他数据类型。

1. 基本数据类型

基本数据类型是根据 IEC 61131-3（国际电工委员会指定的 PLC 编程语言标准）来定义的，具有固定的长度且不超过 64 位，可分为位及位系列、整型数据、字符型、浮点数及日期和时间。基本数据类型见表 4-9。

（1）位及位系列数据类型　S7-1200 PLC 支持的位及位系列数据类型包括布尔型（Bool）、字节型（Byte）、字型（Word）和双字型（DWord）。

（2）整数和浮点数数据类型　整数数据类型包括有符号整数和无符号整数。有符号整数包括短整数型（SInt）、整数型（Int）和双整数型（DInt）。无符号整数包括无符号短整数型（USInt）、无符号整数型（UInt）和无符号双整数型（UDInt）。

浮点数数据类型也称实数，包括单精度浮点数（Real）和双精度浮点数（LReal）。

表 4-9　基本数据类型

名称	数据类型		位数	取值范围	举　例
位及位系列	位	Bool	1	1、0	TRUE、FALSE 或 1、0
	字节	Byte	8	16#00 ~ 16#FF	16#12、16#AB
	字	Word	16	16#0000 ~ 16#FFFF	16#1234、16#ABCD
	双字	DWord	32	16#00000000 ~ 16#FFFFFFFF	16#1234ABCD
字符	字符	Char	8	ASCII 字符集	‘A’、‘f’
	宽字符	WChar	16	$0000 ~ $D7FF	‘中’
整型数据	有符号短整数	SInt	8	-128 ~ 127	100、-100
	有符号整数	Int	16	-32768 ~ 32767	1000、-1000
	有符号双整数	DInt	32	-2147483648 ~ 2147483647	100000、-100000
	无符号短整数	USInt	8	0 ~ 255	123
	无符号整数	UInt	16	0 ~ 65535	1234
	无符号双整数	UDInt	32	0 ~ 4294967295	123456
浮点数（实数）	浮点数	Real	32	$\pm 1.175495 \times 10^{-38}$ ~ $\pm 3.402 \times 10^{38}$	123.456
	双精度浮点数	LReal	64	$\pm 2.2250738585072020 \times 10^{-308}$ ~ $\pm 1.7976931348623157 \times 10^{308}$	12345.123456789
时间和日期	时间	Time	32	T#-24d_20h_31m_23s_648ms ~ T#24d_20h_31m_23s_647ms	T#50m_30s、T#1h
	日期	Date	16	D#1990-01-01 ~ D#2168-12-31	D#2020-01-28
	日时间	Time_Of_Day	32	TOD#0:0:0.0 ~ TOD#23:59:59.999	TOD#10:20:30.400

（3）字符数据类型　字符数据类型有 Char 和 WChar，Char 的操作数长度为 8 个位，在存储器中占用 1B。Char 数据类型以 ASCII 格式存储单个字符。WChar（宽字符）的操作数长度为 16 位，在存储器中占用 2B。

（4）时间和日期数据类型　时间和日期数据类型包括时间、日期（Date）和日时间（TOD）。其中，时间数据类型 Time 用于定时器的设定值，也称为定时器数据类型，表示方式为“T#xx + 时间单位”，如 T#10s、T#1h 等。Time 为有符号双整数，用于数据长度为 32 位的 IEC 定时器。表示信息包括天（d）、小时（h）、分钟（min）、秒（s）和毫秒（ms）。存储时以毫秒为单位，所以当输入 T#1s 时，实际存储的数据为 1000ms。

2. 复杂数据类型

复杂数据类型是由基本数据类型组成，主要是以字节为单位进行存储，每一个复杂的数据类型都是由多个字节构成。S7 - 1200 CPU 支持的复杂数据类型包括字符串、长格式日期和时间、结构体、数组及 PLC 数据类型。表 4-10 为日期和时间与字符串的数据类型。

表 4-10　日期和时间与字符串的数据类型

数据类型		大　小	范　围	示　例
长格式日期和时间	DTL	12 字节	DTL#1970 - 01 - 01 - 00:00:00.0 ~ DTL#2262 - 04 - 11 - 23:47:16.854	DTL#2020 - 01 - 29 - 16:30:00.400
字符串	String	n + 2 字节	n = 0 ~ 254 字符	“ABCD”
宽字符串	WString	n + 2 字	n = 0 ~ 16382 宽字符	“abc123@.com”

（1）DTL（长格式日期和时间）　DTL 数据类型使用 12 个字节的结构来保存日期和时间信息，12 个字节中包括年、月、日、星期、小时、分、秒和纳秒。DTL 的每一部分均包含不同的数据类型和取值范围，指定值的数据类型必须与相应部分的数据类型一致，DTL 数据类型的存储格式见表 4-11。

表 4-11　DTL 数据类型的存储格式

字节（Byte）	组　件	数据类型	取值范围
0 ~ 1	年	UInt	1970 ~ 2554
2	月	USInt	1 ~ 12
3	日	USInt	1 ~ 31
4	星期	USInt	1 ~ 7
5	小时	USInt	0 ~ 23
6	分钟	USInt	0 ~ 59
7	秒	USInt	0 ~ 59
8 ~ 11	纳秒	UDInt	0 ~ 999999999

（2）字符串　S7 - 1200 PLC 的字符串包含字符串 String 和宽字符串 Wstring 两种格式。String 字符串长度多达 256 个字节，Wstring 字符串长度可多达 16384 字。字符串的存储格式由字符串最大长度、字符串的实际长度和字符串中的字符组成。在存储时，第一个地址存储的是字符串的最大字符个数，第二个地址存储的是字符串的实际的字符个数，第三个地址存

储的是字符串中的第一个字符，第四个地址存储的是字符串中的第二个字符，依次下去。

系统默认为每个字符串保留256个字节的存储空间。使用时，可以通过预先定义字符串中的字符数目，来减少字符串所需要的存储空间。例如：String［10］占用10个字符空间。

（3）数组（Array）与结构体（Struct）　数组是由相同数据类型的多个元素组成。例如：数组Array［1..20］of Real表示含有20个元素的一维数组，元素数据类型为Real；数组Array［1..2，3..4］of Char表示含有4个元素的二维数组，元素数据类型为Char。

结构体Struct是由不同数据类型组成的复合型数据，通常用来定义一组相关数据。

（4）PLC数据类型（UDT）　PLC数据类型，又称为UDT数据类型，是一种由多个不同数据类型元素组成的数据结构，元素可以是基本数据类型，也可以是Struct、数组等复杂数据类型以及其他PLC数据类型。UDT数据类型可以在程序中统一更改和重复使用，一旦某个UDT类型发生修改，然后执行软件的全部重建功能，则可自动更新所有使用该数据类型的变量。定义UDT数据类型的变量在程序中应用时，可作为一个变量整体使用，也可单独使用组成该变量的元素，此外，还可以在新建DB块时，直接创建UDT类型的DB，该DB只包含一个UDT类型的变量。

3. 其他数据类型

对于S7－1200 PLC，除了基本数据类型和复杂数据类型外，还包括指针、参数类型、系统数据类型和硬件数据类型等。

4.6.3　S7－1200 PLC的常用存储区

存储区用于存储用户程序的操作数据。S7－1200 PLC的存储区分为不同的地址区，包括过程映像输入区（I）、过程映像输出区（Q）、位存储器（M）、临时存储器（L）以及数据块（DB）。用户程序可对这些存储区中所存储的数据进行读写访问。

（1）过程映像输入区（I）　过程映像输入区I是CPU用于接收外部输入信号的区域。在每个扫描周期的开始，CPU对输入模块进行采样，并将采样值写入过程映像输入区中。程序执行时从该过程映像输入区中读取对应的状态进行运算。

过程映像输入区可以按位、字节、字和双字来访问，例如I0.0、IB0。

（2）过程映像输出区（Q）　过程映像输出区的标识符为Q。程序执行的运算结果并不会直接写入到物理输出端子上，而是存入过程映像输出区。在每一个扫描周期结束时，CPU才将过程映像输出区的内容复制到物理输出端，从而驱动外部负载动作。

过程映像输出区可以按位、字节、字和双字来访问，例如Q0.0、QB0。

（3）位存储器（M）　位存储器M常用来存储运算时的中间操作状态或其他控制信息，相当于传统继电器控制电路中的中间继电器。位存储器不能直接驱动负载。CPU1212C的位存储器为4096B，它可以按位、字节、字或双字来存取，例如M2.7、MB10、MW10和MD10。

（4）临时存储器（L）　临时存储器用于存储在处理代码块时使用的临时数据。CPU按照“按需访问”的策略分配临时存储器。代码块启动时，CPU将临时存储器区分配给代码块；代码块执行结束后，CPU将重新分配临时存储器，用于执行其他代码块。临时存储器是局部的，只能在生成它的代码块内使用，不能与其他代码块共享。

（5）数据块（DB）　数据块（Data Block）简称DB，用于存储各代码块使用的各种类型的数据，包括中间操作状态、函数块 FB 的其他控制信息参数，以及某些指令（如定时器、计数器）需要的数据结构。

S7-1200 CPU 中新建的 DB 块默认采用优化块的访问方式，因此在程序编写时通常使用符号的方式来访问 DB 块中的数据。若使用绝对地址访问时，需要去掉优化访问块的选项。数据块可以按位、字节、字、双字的方式进行访问，在访问数据块中的数据时，应指明数据块的名称。例如访问 DB1 中的第 0 个字节的第 0 个位，则地址表示为 DB1. DBX0. 0；若需要访问 DB1 中的第 0 个字节，则表示为 DB1. DBB0。

思考题与习题

4-1 PLC 有什么特点?

4-2 PLC 与继电器-接触器控制系统相比有哪些异同?

4-3 PLC 有哪些性能指标?

4-4 CPU1214C 最多可以扩展多少个信号模块、多少个通信模块? 信号模块、通信模块都安装在 CPU 的哪侧?

4-5 S7-1200 PLC 的硬件主要由哪些部件组成?

4-6 信号模块是哪些模块的总称?

4-7 S7-1200 PLC 有哪些数据类型?

4-8 S7-1200 PLC 可以使用哪些编程语言?

第5章

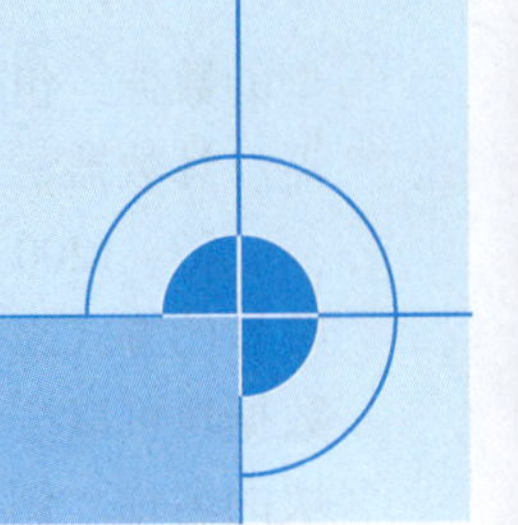

TIA博途软件及使用

目前，世界正面临百年不遇的经济转型，第四次工业革命热度空前，智能制造成为制造业发展趋势，我国也提出《中国制造 2025》规划，把智能制造作为两化深度融合的主攻方向。青年学生要紧跟时代潮流，积极主动学习新技术，学到真本领，走好技能成才、技能报国之路。

5.1 TIA 博途软件概述

5.1.1 TIA 博途软件简介

目前，工业 4.0 正在引领第四次工业革命，工业 4.0 强调“智能工厂”和“智能生产”，即智能制造业。随着智能制造业的不断发展，市场竞争也在变得愈发激烈。客户需要新的、高质量的产品，并且要求以更快的速度交付定制的产品。因此，企业必须不断提高生产力水平，只有那些能以更少的能源和资源完成产品生产的企业，才能够应对不断增长的成本压力。

西门子公司全新推出的 TIA 博途（Totally Integrated Automation Portal）软件，是业内首个采用统一工程组态和软件项目环境的自动化软件。它将所有的自动化软件工具都统一到同一开发环境中，如图 5-1 所示，可组态几乎所有的西门子可编程序控制器、人机界面和驱动装置，并在三者之间建立通信时的共享任务，可大大降低连接和组态成本。全集成自动化的 TIA 博途工程平台，有助于企业缩短产品上市时间，提高生产力水平，为用户带来一系列全新的数字化企业功能，可充分满足工业 4.0 的要求。

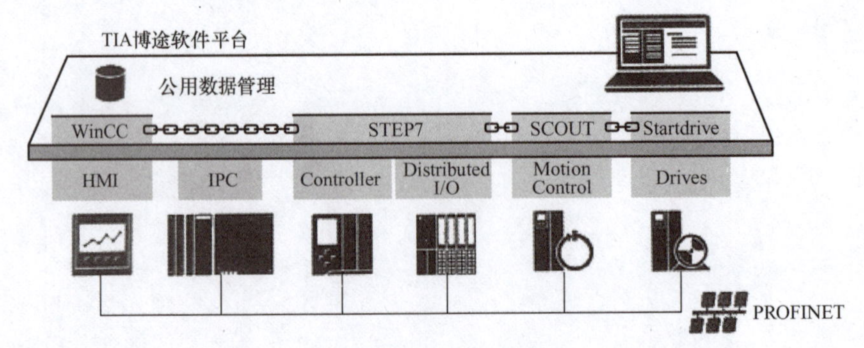

图 5-1 TIA 博途软件平台

5.1.2 TIA 博途软件的构成

TIA 博途软件包含 TIA 博途 STEP7、TIA 博途 WinCC、TIA 博途 Startdrive 和 TIA 博途

SCOUT 等。用户可以根据实际应用情况，购买以上任意一种软件产品或者多种产品的组合。TIA 博途软件各种产品所具有的功能和覆盖的产品范围如图 5-2 所示。对 TIA 博途 STEP7 和 TIA 博途 WinCC 详细介绍如下。

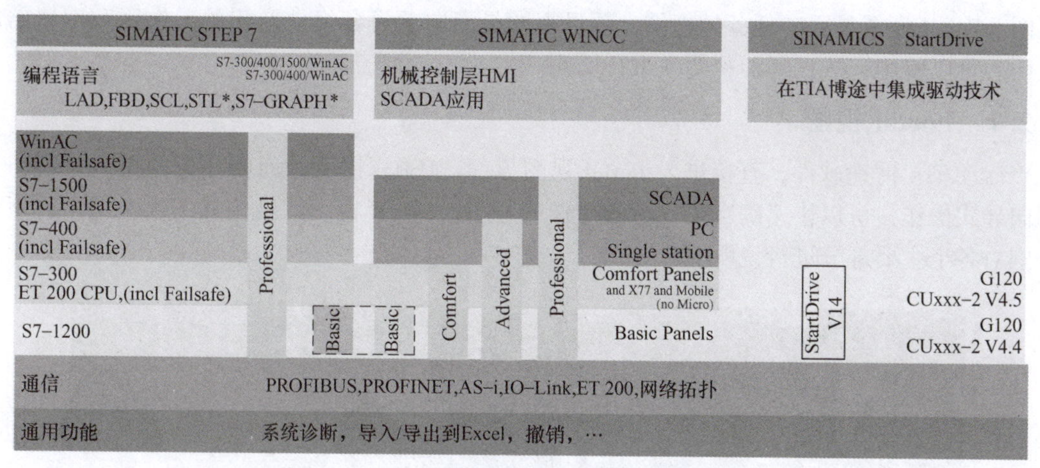

图 5-2　TIA 博途软件的产品版本概览

1. TIA 博途 STEP7

TIA 博途 STEP7 是用于组态 SIMATIC S7－1200 PLC、S7－1500 PLC、S7－300/400 PLC 和 WinAC 控制器系列的工程组态软件。

TIA 博途 STEP7 有两种版本，具体使用取决于可组态的控制器系列。

1）TIA 博途 STEP7 基本版（STEP7 Basic），用于组态 S7－1200 PLC。

2）TIA 博途 STEP7 专业版（STEP7 Professional），用于组态 S7－1200 PLC、S7－1500 PLC、S7－300/400 PLC 和软件控制器（WinAC）。

2. TIA 博途 WinCC

基于 TIA 博途平台的全新 SIMATIC WinCC，适用于大多数的 HMI 应用，包括 SIMATIC 触摸型和多功能型面板、新型 SIMATIC 人机界面精简及精智系列面板，也支持基于 PC 多用户系统上的 SCADA 应用。

TIA 博途 WinCC 有四种版本，具体使用取决于可组态的操作员控制系统。

1）TIA 博途 WinCC 基本版（WinCC Basic），用于组态精简系列面板，TIA 博途 WinCC 基本版包含在 TIA 博途 STEP7 产品中。

2）TIA 博途 WinCC 精智版（WinCC Comfort），用于组态当前几乎所有的面板（包括精简面板、精智面板和移动面板）。

3）TIA 博途 WinCC 高级版（WinCC Advanced），除了组态面板外，还可以组态基于单站 PC 的项目，运行版为 WinCC Runtime Advanced。

4）TIA 博途 WinCC 专业版（WinCC Professional），除了具备 TIA 博途 WinCC 高级版功能，还可以组态 SCADA 系统，运行版为 WinCC Runtime Professional。

另外，TIA 博途 Startdrive 用于驱动设备的组态与配置；TIA 博途 SCOUT 用于运动控制的配置、编程与调试。

5.2 TIA 博途软件的界面

TIA 博途软件在自动化项目中可以使用两种不同的视图：Portal 视图和项目视图。Portal 视图是面向任务的视图，项目视图是面向项目各组件及相关工作区和编辑器的视图。可以使用链接在两种视图间进行切换。

5.2.1 Portal 视图

启动 TIA 博途软件，直接进入 Portal 视图界面。Portal 视图是面向任务的工具视图，采用向导式操作，可以快速确定要执行的操作或任务。Portal 视图的结构如图 5-3 所示，下面分别对各个主要部分进行说明。

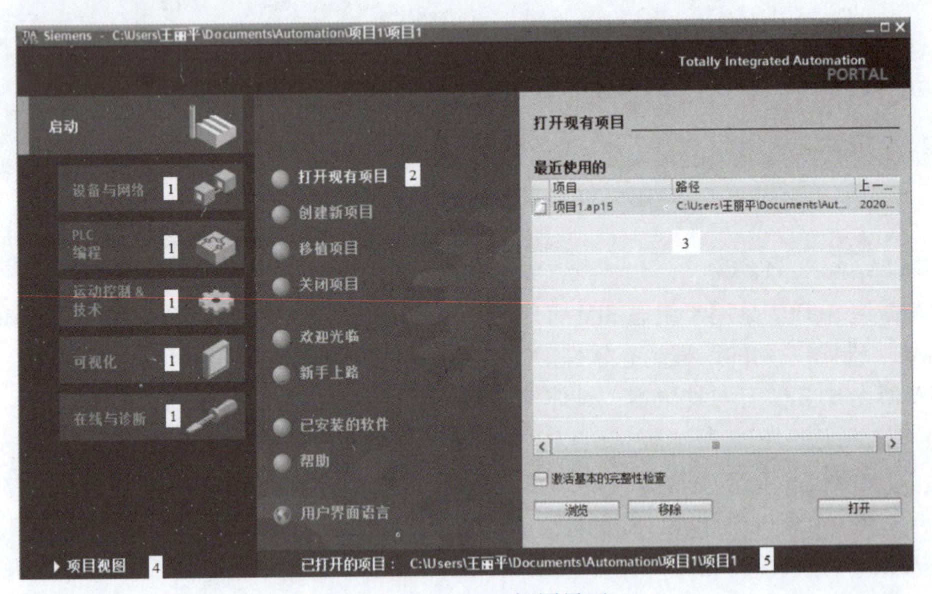

图 5-3 TIA Portal 视图界面

1）任务选项：为各个任务区提供了基本功能。在 Portal 视图中提供的任务选项取决于所安装的产品。

2）所选任务选项对应的操作：提供了在所选任务选项中可使用的操作。操作的内容会根据所选的任务选项动态变化。可在每个任务选项中查看相关任务的帮助文件。

3）操作选择面板：所有任务选项中都提供了选择面板。该面板的内容取决于操作者的当前选择。

4）切换到项目视图：可以使用“项目视图”链接切换到项目视图。

5）当前打开的项目的显示区域：可了解当前打开的是哪个项目。

5.2.2 项目视图

项目视图是项目所有组件的结构化视图，可以访问项目各组件以及相关工作区和编辑器。

单击 Portal 视图界面左下角的“项目视图”按钮，即可切换到项目视图界面，如图 5-4 所示，界面中包含如下区域。

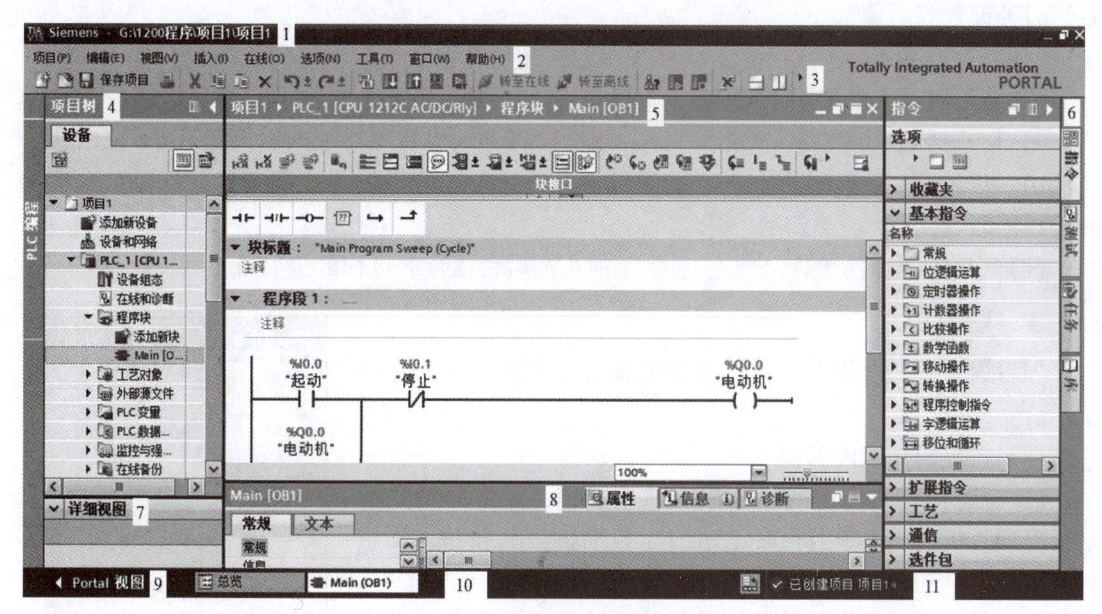

图 5-4　TIA 项目视图界面

1）标题栏：显示项目名称。

2）菜单栏：包含工作所需的全部命令。

3）工具栏：提供了常用命令的快捷按钮。可以快捷地访问“保存”“启用/禁止监视”“上传”和“下载”等命令。

4）项目树：使用项目树功能，可以访问所有设备和项目数据，添加新的设备，编辑已有的设备，打开处理项目数据的编辑器。项目树中的各组成部分以树形结构显示，用文件夹以结构化的方式保存。项目树在后面会详细介绍。

5）工作区：在工作区内可以进行设备组态及参数设置、输入和调试程序、建立变量表等。工作区可操作的内容根据打开的对象动态变化。在工作区中可以同时打开多个编辑器窗口，但通常只能看到其中一个打开的编辑器，编辑器栏会高亮显示已经打开的编辑器。单击编辑器栏的选项卡，可以切换到不同的编辑器。如果在执行某些任务时要同时查看两个对象，则可以水平或垂直方式平铺工作区，或浮动停靠工作区的对象。

6）任务卡：任务卡的内容与编辑器有关，可以通过任务卡进行进一步或附加的操作。任务卡最右边的标签，可以切换任务卡显示的信息。

7）详细视图：详细视图中显示总览窗口或项目树中所选对象的特定内容。如选择项目树中的 PLC 变量表中的默认变量表后，在详细视图中将出现默认变量表中的所有变量，编写程序时，可以直接从详细视图中选择需要的变量。

8）巡视窗口：用于显示所选对象或所执行操作的附加信息。CPU 和各种扩展模块的参数设置都是在巡视窗口中设置完成，应重点掌握。设置有“属性”“信息”和“诊断”三个选项卡。

“属性”选项卡：显示和修改所选对象的属性。属性栏中包含了一些参数设置，如选择 CPU 属性，则在属性栏里面有常规项、I/O 变量等参数设置。常规项中有跟 CPU 参数有关的所有的参数设置，如 IP 地址的设置、I/O 地址的修改及参数设置、CPU 的启动项设置、系统时钟设置等。

“信息”选项卡：显示所选对象和操作的详细信息、已经编译的报警信息。

“诊断”选项卡：显示系统诊断时间和组态的报警事件。

9）切换到 Portal 视图：单击“Portal 视图”按钮，可从项目视图切换到 Portal 视图。

10）编辑器栏：显示所有打开的编辑器。要在打开的编辑器之间切换，只需单击不同的编辑器即可。

11）带有进度显示的状态栏：显示当前正在后台运行的过程的进度条。

5.2.3 项目树

项目树有项目、设备、文件夹和对象 4 个层次，如图 5-5 所示。

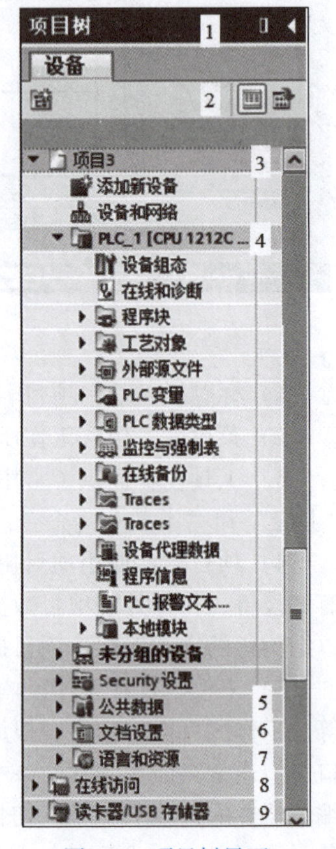

图 5-5 项目树界面

项目树界面功能说明如下：

1）标题栏：项目树的标题栏有两个按钮，用来自动和手动折叠项目树。单击项目树右上角的“自动折叠”按钮，项目树将被折叠，同时在最左边垂直条的上端出现“展开”按钮，可用于重新打开项目树。可以用类似的办法折叠和展开任务卡和巡视窗口。

2）工具栏：可以在项目树的工具栏中执行以下任务。

用“创建新组”按钮，创建新的用户文件夹，例如，为了组合“程序块”文件夹中的块，用“最大/最小概览视图”按钮，在工作区中显示所选对象的总览。

3）项目：在“项目”文件夹中，可以找到与项目相关的所有对象和操作。

4）设备：项目中的每个设备都有一个单独的文件夹，属于该设备的对象和操作都排列在此文件夹中。

5）公共数据：此文件夹包含可跨多个设备使用的数据，例如公用消息类、日志、脚本和文本列表。

6）文档设置：在文件夹中，可以指定要在以后打印的项目文档的布局。

7）语言和资源：可在文件夹中确定项目语言和文本。

8）在线访问：文件夹包含了 PG/PC 的所有接口，可以通过“在线访问”查找可访问的设备。

9）读卡器/USB 存储器：文件夹用于管理连接到 PG/PC 的所有读卡器和其他 USB 存储介质。

5.3 简单项目的建立与运行

本节以电动机的起保停控制为例，为大家介绍关于 TIA 博途软件的基本使用，如硬件组态、程序块的建立、变量表的建立、程序的下载与监控等。电动机起保停控制电气接线图如图 5-6 所示。

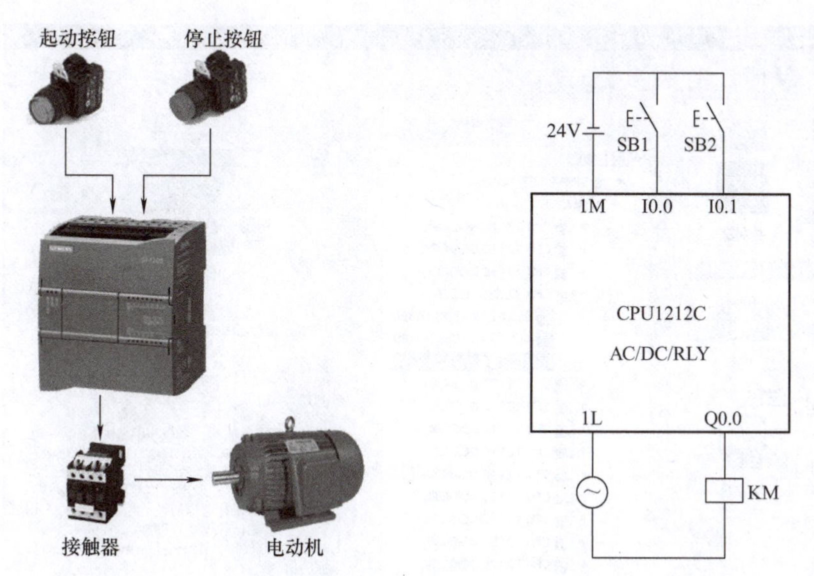

图 5-6　电动机起保停控制电气接线图

注：实际应用中，多采用中继器进行强弱电隔离。

5.3.1　新建项目

在桌面上双击“TIA Portal V15”图标，启动软件，软件界面包括 Portal 视图和项目视图，在两个界面中都可以新建项目。

在 Portal 视图中，如图 5-3 所示，选中“启动”→“创建新项目”选项，在“项目名称”框中输入新建的项目名称，并设置项目保存的路径，单击“创建”按钮，完成新建项目。

在项目视图中，选中菜单栏中“项目”选项，单击“新建”命令。或者直接单击工具栏中“新建”按钮，弹出“创建新项目”对话框，输入项目名称，单击“创建”按钮，完成新建项目。

5.3.2　硬件组态

1. 添加新设备

硬件组态就是在设备与网络编辑器中，生成一个与实际硬件系统对应的虚拟系统。虚拟系统中 PLC 各模块的型号、订货号和版本，以及模块的安装位置、设备之间的通信连接都应与实际硬件系统完全相同，否则 TIA 博途软件可能会报错。

项目视图是 TIA 博途软件的硬件组态和编程的主窗口，下面将介绍在项目视图中如何进行项目硬件组态。进入项目视图后，在左侧的项目树中，单击“添加新设备”，弹出“添加新设备”对话框，如图 5-7 所示。

添加新设备的步骤如下：

1）选择“控制器”，本例中为“SIMATIC S7 - 1200”。

2）选择 S7 - 1200 CPU 的型号，本例中为“CPU 1212C AC/DC/Rly”。

3）选择 CPU 的订货号和版本。

4）设置设备名称。可以修改设备名称，也可以保持系统默认名称。

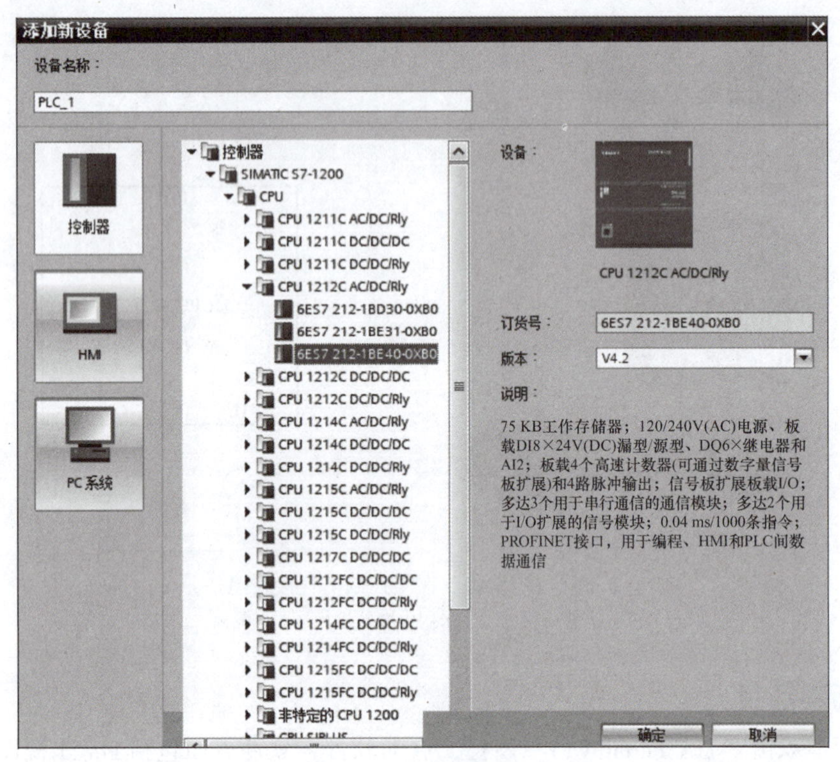

图 5-7　添加新设备

5）单击“确定”按钮，完成新设备添加。

这时软件会自动进入项目视图中的设备视图界面，如图 5-8 所示，与该新设备匹配的机架随之生成，CPU 被安装在 1 号插槽。如果用到了扩展模块，则还需要对扩展模块进行配

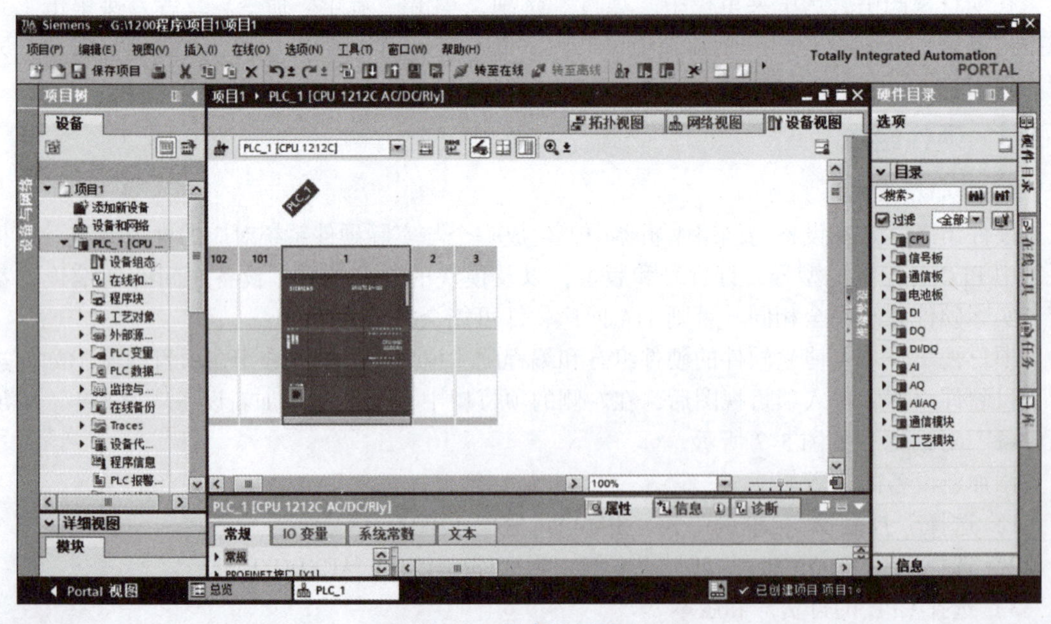

图 5-8　设备视图界面

置，其中所有扩展的通信模块都要配置在 S7－1200 CPU 左侧，而所有扩展的信号模块都要配置在 CPU 的右侧，在 CPU 本体上可以配置一块信号板。在硬件目录下选择模块后，则机架中允许配置该模块的槽位边框变为蓝色，不允许配置该模块的槽位边框无变化。可以用拖拽或双击的方法将模块放置到工作区机架相应的插槽内。本例中没有用到扩展模块。如果需要更换已经组态的模块，可以直接选中该模块，单击鼠标右键，在弹出的菜单中选择“更改设备”命令，然后在弹出的菜单中选择新的模块。

2. CPU 模块的参数设置

双击项目树中“PLC_1”文件夹中的“设备组态”选项，打开 PLC_1 的设备视图。选中设备视图中的 CPU 模块，然后单击巡视窗口中“属性”选项卡下的“常规”选项卡，可对 CPU 的各种参数进行设置，如 I/O 参数设置、以太网 IP 地址的设置、启动设置以及保护设置、系统时钟存储器的设置等。

（1）I/O 参数设置　CPU1212C 集成了 8 个数字量输入点和 6 个数字量输出点。S7－1200 CPU 本体上集成的 I/O 地址并不是固定的，使用时可自行对 I/O 地址进行调整。如图 5-9 所示，单击“DI 8/DQ 6”选项卡，进入 I/O 参数设置界面，调整时修改 I/O 起始地址即可。默认的 I/O 地址从字节 0 开始分配，本例中对该选项中所有参数选择默认参数。

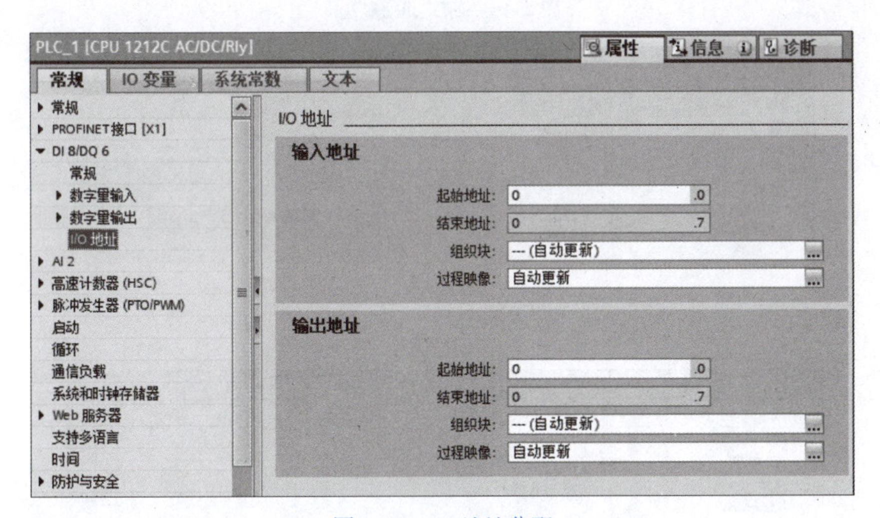

图 5-9　I/O 地址分配

另外，可根据应用的需要，对单一的数字量输入/输出通道进行参数设置。单击“数字量输入”选项，每个输入点对应的通道都有输入滤波器、启用上升沿检测、启用下降沿检测和启用脉冲捕捉四个选项，如图 5-10 所示，这些选项在高速输入时使用。

单击“数字量输出”选项，可以选择在 CPU 进入“STOP”模式时，数字量输出是保持最后的值还是使用替换值。当使用替换值时，可以设置各输出点的替换值，以保证系统进入安全的状态。勾选“从 RUN 模式切换到 STOP 模式时，替代值 1”复选框，表示替换值为 1，反之为 0（默认的替换值），如图 5-11 所示。

（2）CPU 的以太网地址设置　单击“PROFINET 接口”选项组中的“以太网地址”选项，设置 IP 地址和子网掩码，如图 5-12 所示，默认 IP 地址为“192.168.0.1”，默认子网掩码为“255.255.255.0”。如果该设备需要和非同一网段的设备通信，那么还需要激活

"使用路由器"选项，并输入路由器的 IP 地址。

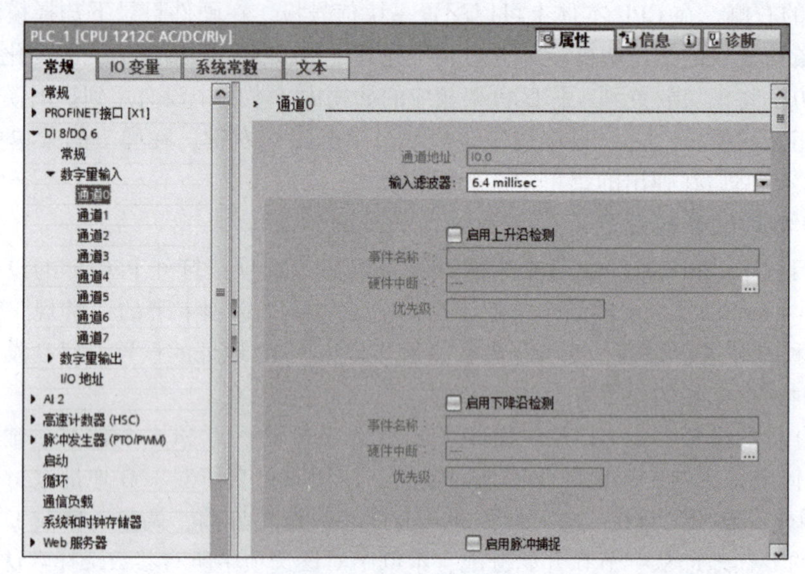

图 5-10　输入通道设置

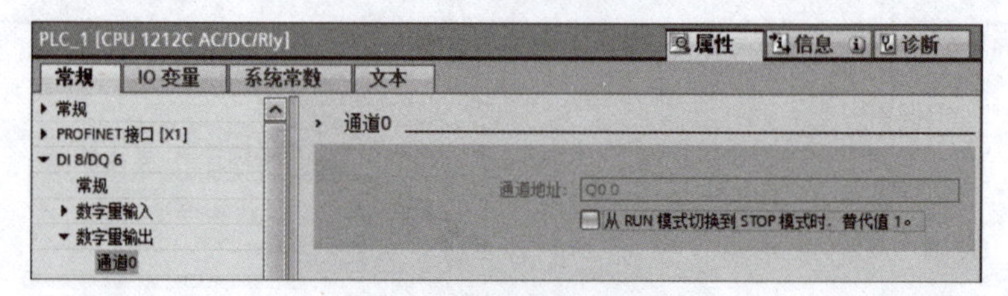

图 5-11　输出通道设置

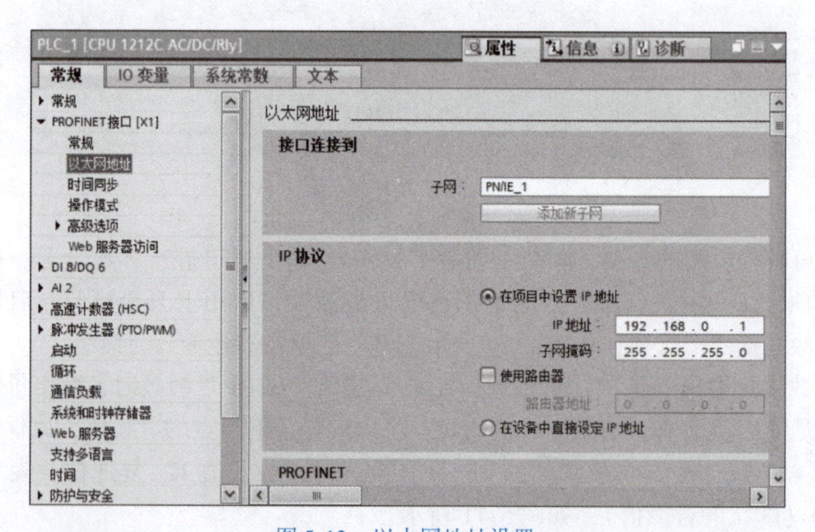

图 5-12　以太网地址设置

（3）CPU 的系统和时钟存储器字节设置　设置 M 存储器的字节给系统和时钟存储器，这样在以后的程序设计中，可把它们中的各个位用于逻辑编程。单击"系统和时钟存储器"

选项，弹出图5-13所示的界面。

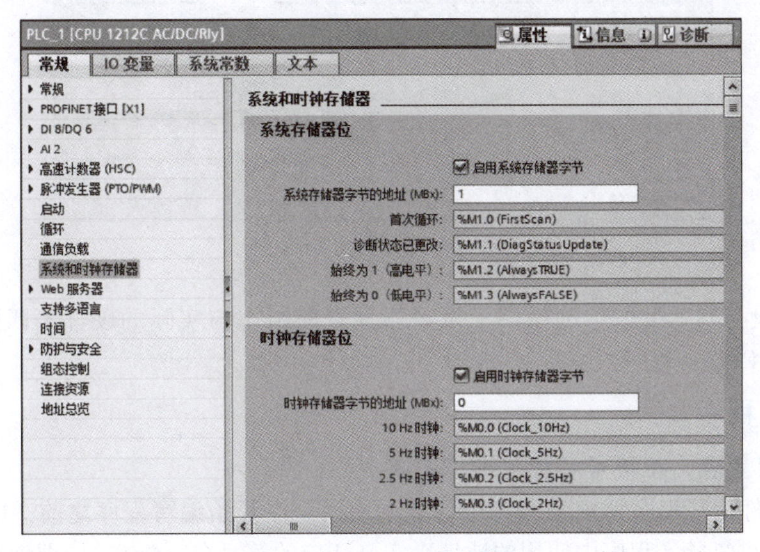

图5-13　系统和时钟存储器

1）系统存储器字节设置：勾选“启用系统存储器字节”复选框，默认MB1为系统存储器字节，用户也可以指定其他字节。目前只用到了该字节的前4位，以MB1为例，该字节的M1.0～M1.3的含义如下：

M1.0（首次循环）：仅在进入“RUN”模式的首次扫描时为1状态，之后为0状态。

M1.1（诊断图形已更改）：诊断状态发生变化。

M1.2（始终为1）：总是为1状态，其动合（常开）触点总是闭合的。

M1.3（始终为0）：总是为0状态，其动断（常闭）触点总是闭合的。

2）时钟存储器字节设置：勾选“启用时钟存储器字节”复选框，默认MB0作为时钟存储器字节，用户也可以指定其他字节。时钟脉冲是占空比为0.5的方波信号，时钟存储器字节每一位对应的时钟脉冲的周期和频率见表5-1。

表5-1　时钟存储器字节每一位对应的时钟脉冲的周期和频率

时钟存储器位	7	6	5	4	3	2	1	0
周期/s	2	1.6	1	0.8	0.5	0.4	0.2	0.1
频率/Hz	0.5	0.625	1	1.25	2	2.5	5	10

系统存储器和时钟存储器的字节被指定并激活后，这两个字节不能再用作其他用途。

（4）PLC上电后的启动方式设置　单击“启动”选项，如图5-14所示，可组态CPU中“上电后启动”选项。CPU上电后的启动模式有三种：

1）不重新启动（保持为STOP模式）：CPU上电后，直接进入STOP模式。

2）暖启动- RUN模式：CPU上电后，直接进入RUN模式。

3）暖启动-断电前的操作模式：CPU上电后，按照断电前该CPU的操作模式启动。

暖启动是指将非断电保持存储器复位为默认初始值，而断电保持存储器中的值不变。用户可根据实际的情况进行选择，默认选项为“暖启动-断电前的操作模式”。

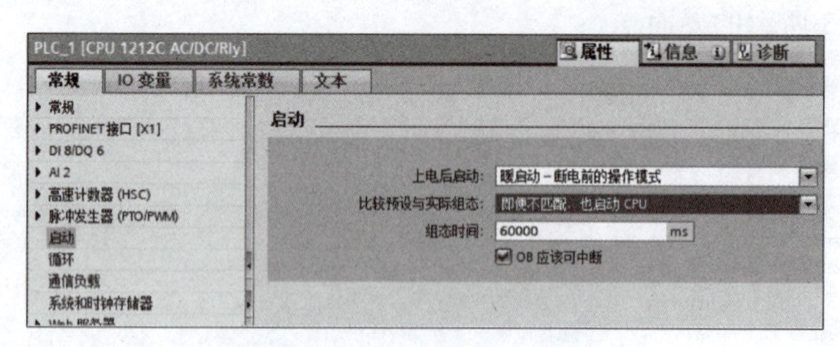

图 5-14　CPU 启动选项设置

“比较预设与实际组态”选项用于设置当预设的组态与实际的硬件不匹配（不兼容）时，是否启动 CPU。

5.3.3　编制程序

1. 建立变量表，将符号名称与地址关联

用博途软件编写程序特别强调符号寻址的使用，在开始编写程序之前，用户应当为输入、输出及中间变量（程序中使用的地址）定义相应的符号名（标签），即创建变量表。

可以在编程前建立变量表，也可以一边编程一边建立变量表。如果不建立变量表，系统将默认 Tag 来给变量命名。下面介绍在编程前建立变量表的步骤。

在项目视图中，选定项目树中的“PLC 变量”，双击“默认变量表”选项，出现变量表。根据 I/O 分配编辑变量表，如图 5-15 所示。

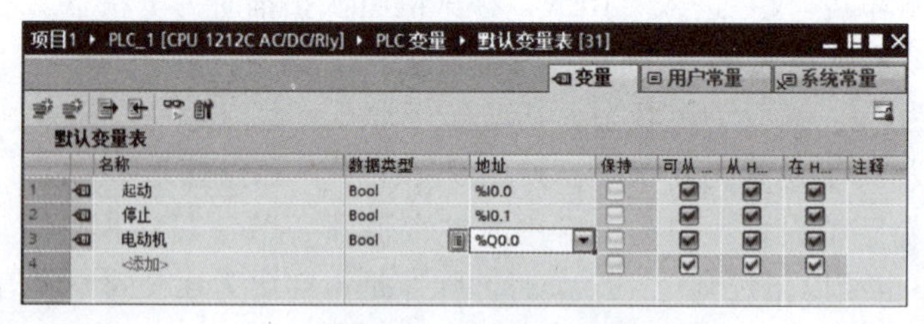

图 5-15　变量表的创建

2. 输入程序

选定项目树中的“程序块”，双击“Main [OB1]”，进入程序页面。将收藏夹中的常开触点、常闭触点或输出线圈等指令采用拖拽或双击的方式放到指定位置，也可以在页面右侧的基本指令或扩展指令里选择具体的指令来编制程序。电动机起保停控制的程序如图 5-16 所示。

3. 保存项目

在项目视图中，单击工具栏中“保存项目”按钮保存整个项目。

5.3.4　下载项目

计算机通过以太网接口连接 S7 - 1200 PLC，要下载用户程序，首先必须设置好计算机、PLC 的以太网通信属性。

1. 修改计算机 IP 地址

一般新购买的 S7 - 1200 PLC 的 IP 地址默认为“192.168.0.1”，这个 IP 可以不修改，

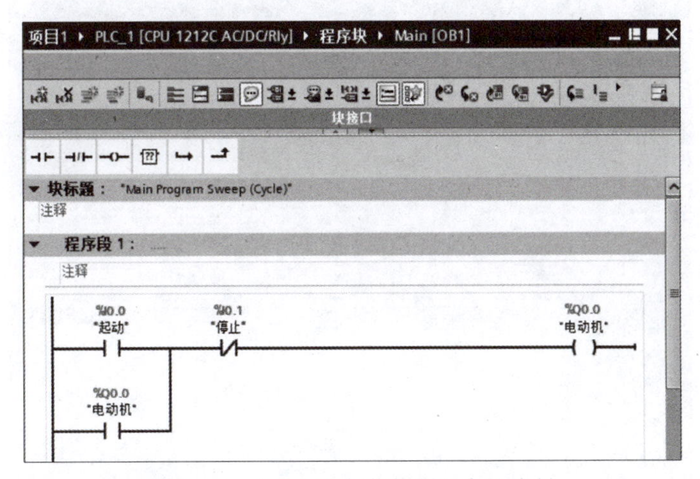

图 5-16 电动机起保停控制程序的编制

但必须保证计算机 IP 地址与 S7－1200 PLC 的 IP 地址在同一网段。

打开计算机的“控制面板”→“网络和 Internet”→“网络连接”，选中“本地连接”，单击鼠标右键，再单击弹出的快捷菜单中的“属性”命令，选中“Internet 协议版本 4（TCP/IP v4）”选项，单击“属性”按钮，弹出如图 5-17 所示的界面，把 IP 地址设为“192.168.0.2”，子网掩码设置为“255.255.255.0”。

注意：本例中，以上 IP 末尾的“2”可以用 2～255 中的任意一个整数替换。

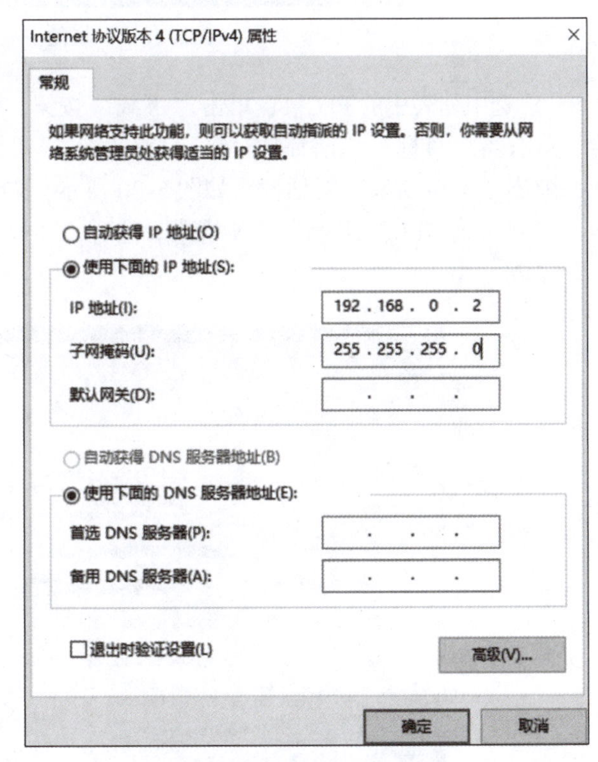

图 5-17 计算机 IP 地址设置

2. 下载

下载之前，要确保 S7－1200 PLC 与计算机已经用网线连接在一起，而且 S7－1200 PLC 已经通电。

1）单击工具栏的“下载”按钮，打开“扩展的下载到设备”对话框，如图 5-18 所示，选择“PG/PC 接口的类型”为“PN/IE”。

2）单击“PG/PC 接口”下拉列表，选择实际使用的网卡。不同的计算机可能不同，此外，初学者容易选择成无线网卡，也容易造成通信失败。

3）单击“开始搜索”按钮，TIA 博途软件开始搜索可以连接的设备，在兼容设备列表中，出现网络上的 S7－1200 CPU，“扩展的下载到设备”对话框中计算机与设备的连线由断开转为接通，CPU 所在的方框背景色变为橙色，表示 CPU 进入在线状态。

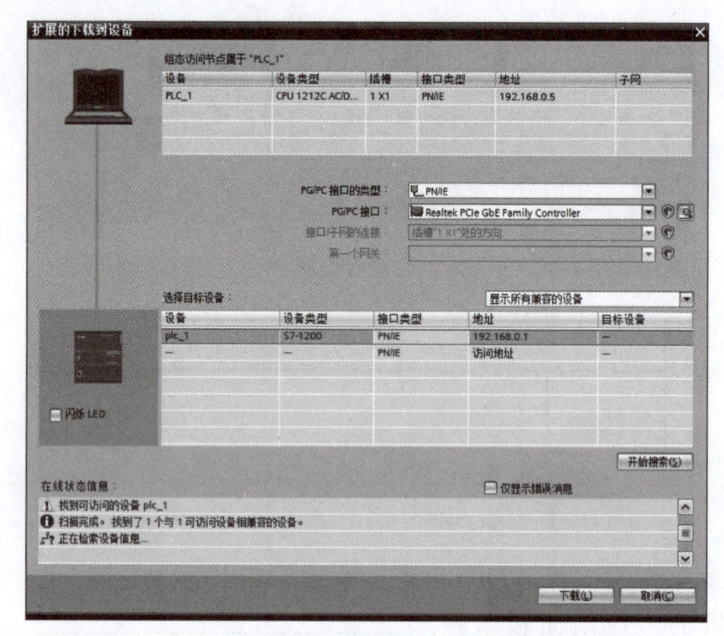

图 5-18　扩展的下载到设备

4）选中列表中的 PLC_1，单击“下载”按钮，弹出“下载预览”对话框，如图 5-19 所示，只有当“目标”栏前都是对钩，“装载”按钮为黑色时才可以下载。单击“装载”按钮，弹出“下载结果”对话框，如图 5-20 所示，勾选“启动模块”选项，单击“完成”按钮，装载完成，PLC 切换到 RUN 模式。这时，在巡视窗口“信息”选项卡下可以看到下载已经完成。

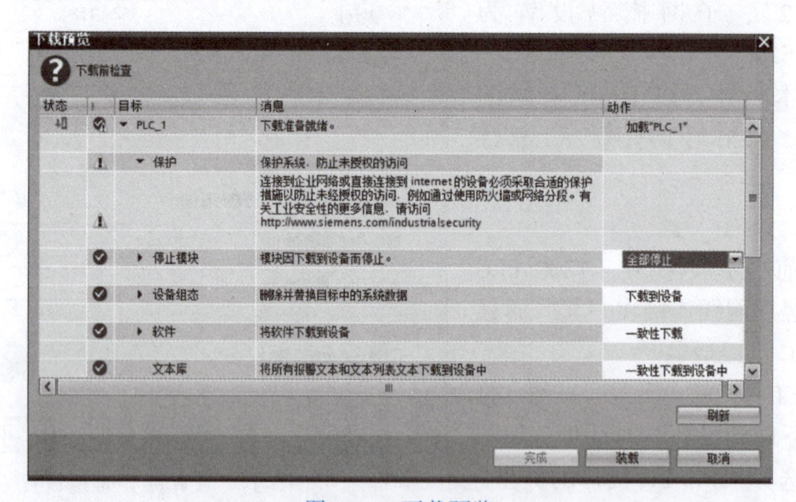

图 5-19　下载预览

5.3.5　程序监控

单击工具栏中的“启用/禁用监视”按钮，可以选择是否启动在线监控功能。

监控功能启用后，如图 5-21 所示，梯形图中绿色实线表示“状态满足”，即有能流流过；蓝色虚线表示“状态不满足”，没有能流流过；呈灰色实线时，表示“状态未知”或

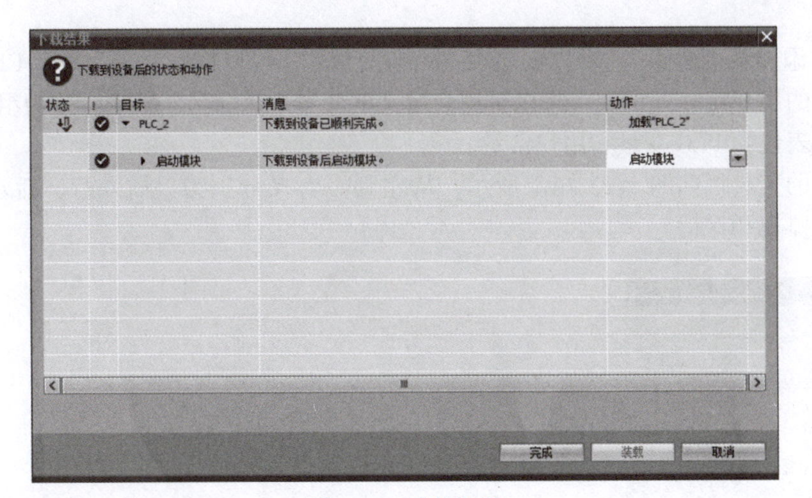

图 5-20　下载结果

“程序没有执行”。梯形图为黑色则表示没有被在线监控。

当按下起动按钮 SB1 时，在程序监控页面可以看到 Q0.0 得电；按下停止按钮 SB2 时，可以看到 Q0.0 失电。

%I0.0
“起动”
%I0.1
“停止”
%Q0.0
“电动机”
%Q0.0
“电动机”

图 5-21　程序在线监控

5.4　变量表、监控表和强制表

5.4.1　变量表

1. 变量表简介

TIA 博途软件中可定义两类符号：全局符号和局部符号。全局符号利用变量表来定义，可以在用户项目的所有程序块中使用。局部符号是在程序块的变量声明表中定义的，只能在该程序块中使用。PLC 的变量表包含整个 CPU 范围有效的变量和符号常量的定义。系统会为项目中使用的每个 CPU 创建一个变量表，用户也可以创建其他的变量表用于常量和变量进行归类与分组。

在 TIA 博途软件中添加了 CPU 设备后，会在项目树中 CPU 设备下产生一个“PLC 变量”文件夹，如图 5-22 所示，在此文件夹中有三个选项：显示所有变量、添加新变量表和默认变量表。

“显示所有变量”包含全部的 PLC 变量、用户常量和 CPU 系统常量三个选项。该表不能删除或移动。

“默认变量表”是系统创建，项目的每个 CPU 均有一个默认变量表。该表不能删除、重命名或移动。可以在默认变量表中声明所有的 PLC 变量，或根据需要创建其他的用户定义变量表。

双击“添加新变量表”，可以创建用户定义变量表，可以根据要求为每个 CPU 创建多个针对组变量的用户定义变量表。可以对用户定义的变量表重命名、整理合并为组或删除。用户定义变量表包含 PLC 变量和用户常量。

变量表的工具栏如图 5-23 左上所示，从左到右含义分别为：插入行、新建行、导出、导入、全部监视和保持。

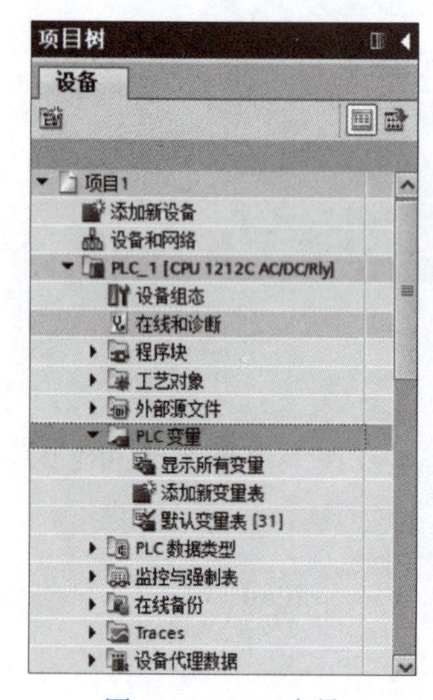

图 5-22　PLC 变量

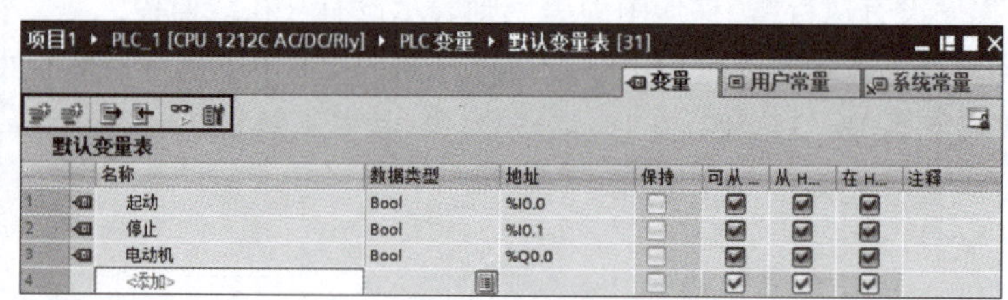

图 5-23　在变量表中定义全局符号

2. 定义变量

在 TIA 博途软件项目视图的项目树中，双击“默认变量表”，在变量表的“名称”栏中，分别输入三个变量“起动”“停止”和“电动机”。在“地址”栏中输入三个地址“I0.0”“I0.1”和“Q0.0”，三个变量的数据类型均选为“Bool”，如图 5-23 所示。因为这些符号关联的变量是全局变量，所以这些符号在所有的程序中均可使用。

也可以双击“添加新变量表”，通过在新变量表中添加变量的方式来定义全局符号。变量表建立完成后，打开梯形图程序，可以看到符号和地址已经关联在一起。

3. 修改变量

除了在创建变量表时对变量进行命名外，也可在编写程序的过程中直接对变量进行重命名或修改变量地址。

(1) 修改变量名称　编写程序的过程中，当输入一个变量地址后，系统会自动给该变量地址命名，如命名为“tag_1”。这时若需要对该变量名进行修改，则可右键单击该变量，然后选择“重命名变量”，在弹出的对话框中的“名称栏”中输入需要命名的名称即可，如图 5-24 所示。

(2) 修改变量地址　在编写程序的过程中，可以在指令的操作数上直接输入自己想定义的符号名称，如将一常开触点定义为停止信号，然后右键单击，选择定义变量，在弹出的对话框中，可对该名称的变量分配对应的地址。如图 5-25 所示，该功能也可以用于对在变量表中创建了的变量重新进行地址的修改。

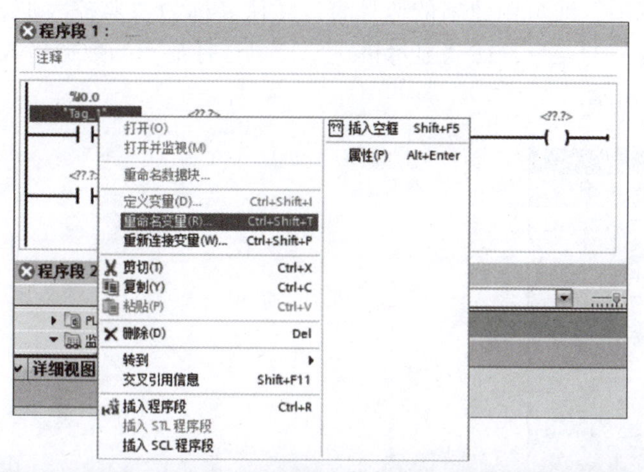

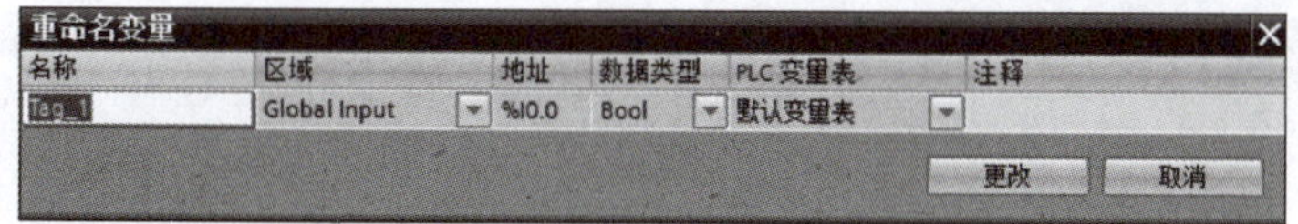

图 5-24　修改变量名称

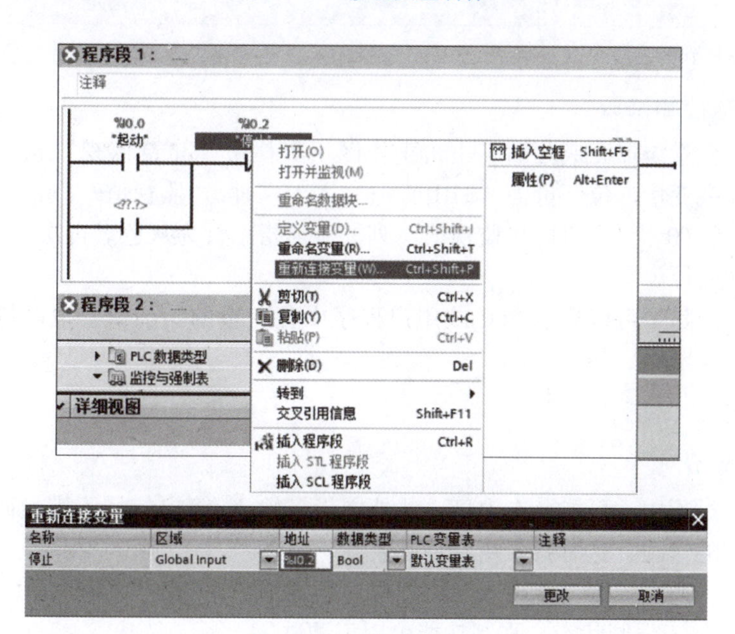

图 5-25　修改变量地址

5.4.2　监控表

1. 监控表简介

监控表也称监视表，可以显示用户程序的所有变量的当前值，也可以给变量赋值。

2. 创建监控表

当 TIA 博途软件的项目中添加了 PLC 设备后，系统会自动为该 PLC 的 CPU 生成一个“监控和强制表”文件夹。如图 5-26 所示，在项目视图的项目树中，打开此文件夹，双击

“添加新监控表”选项，即可创建新的监控表，默认名称为“监控表1”，在“名称栏”或“地址栏”输入要监控的变量，在“显示格式”栏可选择显示的数据格式，如布尔型、十六进制等，如图5-27所示。

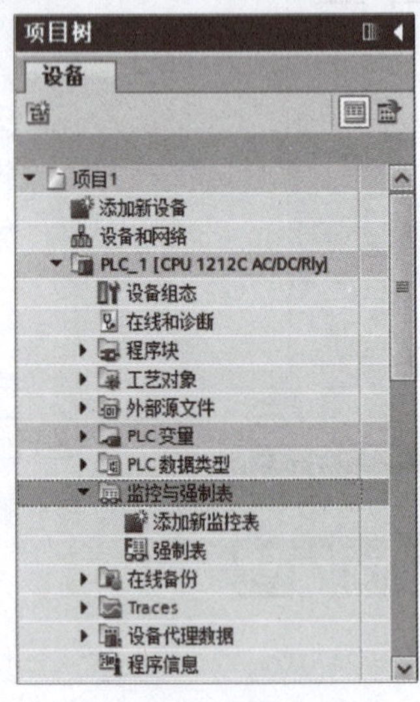

图5-26　监控和强制表

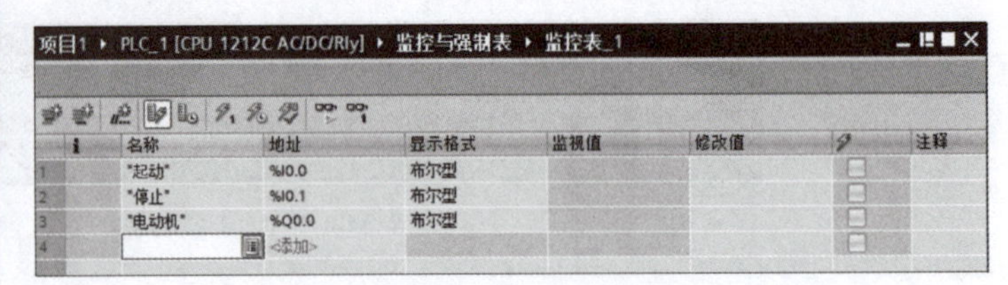

图5-27　在监控表中定义要监控的变量

3. 变量的监控和修改

需要监控的变量添加完成之后，单击工作区工具栏中“全部监视”按钮，启动软件的在线监控，并监视变量。位变量为“TRUE”（1状态）时，“监视值”列的方形指示灯为绿色；为“FALSE”（0状态）时，“监视值”列的方形指示灯为灰色。再次单击“全部监视”按钮，停止在线监控。

在监控表中，除了可以显示PLC或用户程序中各变量的当前值，也可将特定值分配给这些变量。

5.4.3　强制表

1. 强制表简介

在程序调试过程中，可能存在由于一些外围设备输入/输出信号不满足而不能对某个控制过程进行调试的情况，这时就要用到强制表。

在强制表中，通过强制功能可以为用户程序的各个I/O变量分配固定值。正常运行状态时，不应使PLC处于强制状态，强制功能仅用于调试。

2. 打开强制表

在项目视图的项目树中，打开“监控和强制表”文件夹，双击“强制表”选项即可打开，不需要创建，输入要强制的变量即可。

如图5-28所示，选中“强制值”列中的“TRUE”，单击鼠标右键，弹出快捷菜单，选中“强制”→“强制为1”命令，在第一列会出现F标识，而且模块的Q0.0指示灯点亮，且CPU模块的“MAINT”指示灯变为黄色。

单击工具栏中的“停止强制”按钮，停止所有的强制输出，“MAINT”指示灯变为绿色。

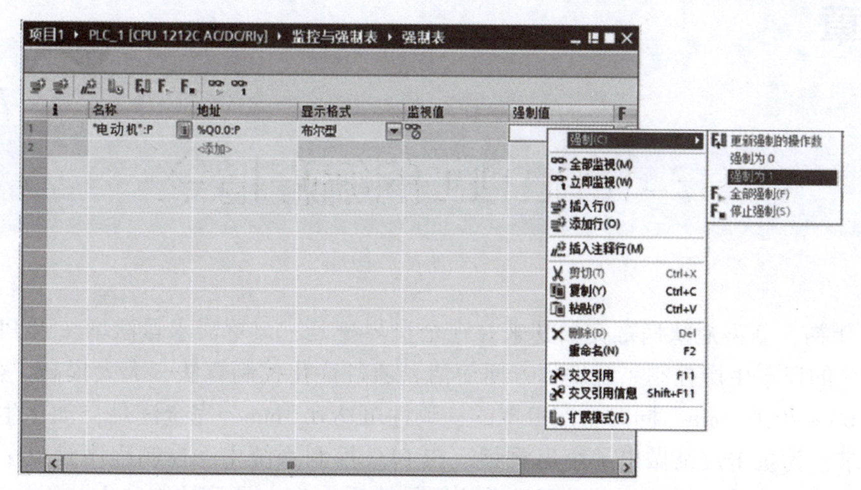

图 5-28　强制表的强制操作

思考题与习题

5-1　创建一个新项目需要哪些步骤？

5-2　如何建立变量表？

5-3　简述监控表和强制表的作用。

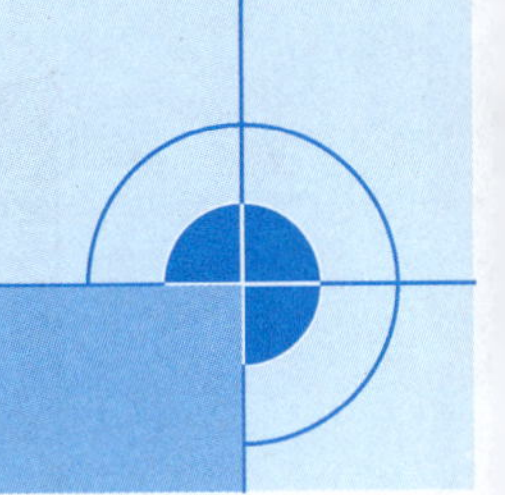

第6章

S7-1200 PLC的编程指令

2020年初，新型冠状病毒突如其来并在全世界蔓延，口罩需求量激增。以PLC作为基本控制单元的口罩生产控制系统编程方便简洁，通过优化控制算法，大大提高了生产速度，最高可达60~70片/min，同时生产口罩的一致性可达0.5mm，完全满足自动化生产的精度和速度要求，为抗击疫情做出了突出贡献。在PLC控制系统中，控制程序是整个控制系统功能能否实现的关键，任何一个微不足道的符号错误，都会导致控制和生产无法达成同步，甚至造成巨大的经济损失。因此，工程技术人员必须具备精益求精的工匠精神，努力追求更高品质。

S7-1200 PLC常用的编程语言有LAD（梯形图）、FBD（功能块图）、SCL（结构化控制语言），任何一种语言都有相应的指令集，指令集包含最基本的编程元素，用户可以通过使用指令集中对应的基本指令、扩展指令和通信指令等，进行程序的编写。考虑三种编程语言的通用性和普遍性，本章主要介绍LAD（梯形图）语言指令集。

6.1 位逻辑指令

S7-1200 PLC中位逻辑指令梯形图符号及功能描述如图6-1所示。

<table>
<tr><td>-| |-</td><td>常开触点 [Shift+F2]</td></tr>
<tr><td>-|/|-</td><td>常闭触点 [Shift+F3]</td></tr>
<tr><td>-|NOT|-</td><td>取反 RLO</td></tr>
<tr><td>-( )-</td><td>赋值 [Shift+F7]</td></tr>
<tr><td>-(/)-</td><td>赋值取反</td></tr>
<tr><td>-(R)</td><td>复位输出</td></tr>
<tr><td>-(S)</td><td>置位输出</td></tr>
<tr><td>SET_BF</td><td>置位位域</td></tr>
<tr><td>RESET_BF</td><td>复位位域</td></tr>
<tr><td>SR</td><td>置位/复位触发器</td></tr>
<tr><td>RS</td><td>复位/置位触发器</td></tr>
<tr><td>-|P|-</td><td>扫描操作数的信号上升沿</td></tr>
<tr><td>-|N|-</td><td>扫描操作数的信号下降沿</td></tr>
<tr><td>-(P)-</td><td>在信号上升沿置位操作数</td></tr>
<tr><td>-(N)-</td><td>在信号下降沿置位操作数</td></tr>
<tr><td>P_TRIG</td><td>扫描 RLO 的信号上升沿</td></tr>
<tr><td>N_TRIG</td><td>扫描 RLO 的信号下降沿</td></tr>
<tr><td>R_TRIG</td><td>检测信号上升沿</td></tr>
<tr><td>F_TRIG</td><td>检测信号下降沿</td></tr>
</table>

图6-1 位逻辑指令

6.1.1 触点和线圈等基本指令

位逻辑指令处理的对象为二进制信号。对于触点和线圈而言，“0”表示未激活或未励磁，“1”表示已激活或已励磁。

1. 触点

LAD触点有常开和常闭两种，如图6-2所示。触点符号代表输入条件如外部开关、按钮及内部条件等。触点操作数对应PLC内部的各个编程元器件的二进制位，触点的通断状态取决于相关操作数的信号状态，当操作数的信号状态为“1”时，常开触点将闭合（ON），常闭触点断开（OFF）；当操作数的信号状态为“0”时，常开触点将断开（OFF），常闭触点闭合（ON）。由于计算机读操作的次数不受限制，用户程序中，常开触点、常闭触点可以使用无数次。

编制程序时，用户可将触点相互连接并创建各种组合逻辑。两个或多个触点串联时，将逐位进行“与”运算，为AND逻辑。串联时，所有触点都闭合后才产生信号流。两个或多个触点并联时，将进行“或”运算，为 OR 逻辑。并联时，有一个触点闭合就会产生信号流。

2. 线圈

线圈指令用来向指定位写入逻辑运算结果，如图 6-3a 所示。如果线圈左侧接点组成的逻辑运算结果为 1，则将指定操作数的状态写入“1”；如果逻辑运算结果为 0，则将指定操作数的状态写入“0”。图 6-3b 为反向输出线圈，是将结果取反后输出。

该指令可以用于向输出位 Q 写入值，表示输出结果，通过输出接口电路来控制外部的指示灯、接触器等输出设备。

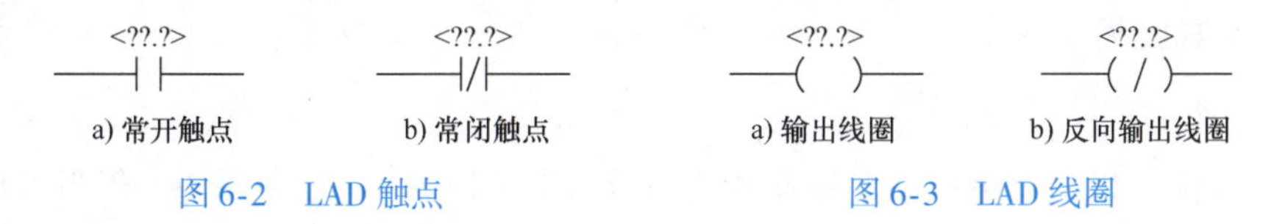

图 6-2　LAD 触点　　图 6-3　LAD 线圈

3. 取反（NOT）指令

取反（NOT）指令的功能是将其左侧的逻辑运算结果取反，指令本身没有操作数。NOT 指令应用示例如图 6-4 所示。

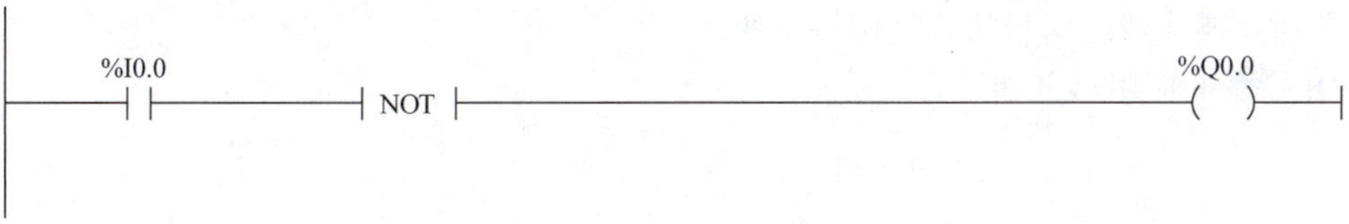

%I0.0　NOT　%Q0.0

图 6-4　NOT 指令应用示例

当 I0. 0 为 OFF 状态，输出线圈 Q0. 0 为 ON；反之，当 I0. 0 为 ON 状态，输出线圈 Q0. 0 为 OFF。

4. 触点/线圈指令的应用

图 6-5a 为由触点/线圈指令编写的起保停控制梯形图程序。起动信号 I0. 0 和停止信号 I0. 1 分别与外部起动按钮和停止按钮的常开触点相连。通常按钮按压操作的时间较短，这种信号称为短信号，那么如何使线圈 Q0. 0 保持持续接通状态呢？利用 Q0. 0 自身的常开触点维持线圈持续通电即“ON”状态的功能称为自锁或自保持功能。

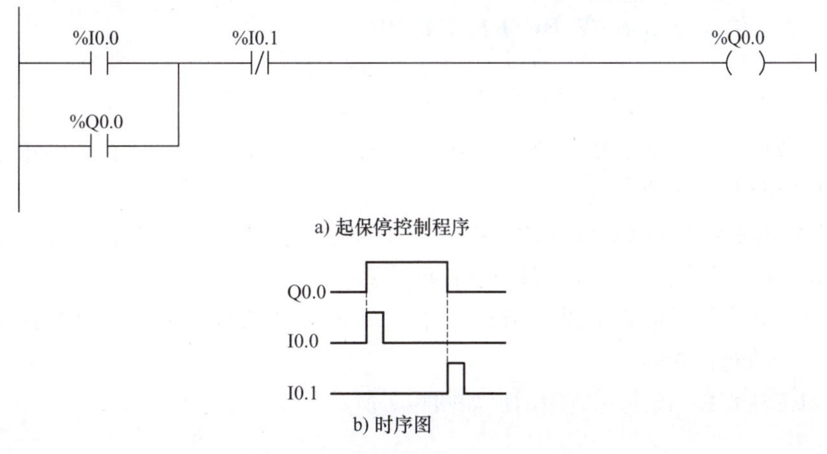

图 6-5　起保停控制程序及时序图

当起动信号 I0.0 变为 ON 时，I0.0 的常开触点接通，如果这时 I0.1 为 OFF 状态，I0.1 的常闭触点接通，故 Q0.0 的线圈通电，其常开触点接通；松开起动按钮，I0.0 变为 OFF，其常开触点断开，“能流”从左母线经 Q0.0 的常开触点、I0.1 的常闭触点流过 Q0.0 的线圈，Q0.0 维持为 ON。当 Q0.0 为 ON 时，按下停止按钮，I0.1 变为 ON，其常闭触点断开，停止条件满足，Q0.0 变为 OFF，其常开触点断开；松开停止按钮，I0.1 的常闭触点恢复接通状态，Q0.0 的线圈仍为 OFF。时序图如图 6-5b 所示。

6.1.2 置位和复位指令

1. 置位/复位指令 S/R

<??.?> —(S)— <??.?> —(R)—

使用“置位”指令，可将指定操作数的信号状态置位为“1”并保持。仅当置位指令左侧的逻辑运算结果（RLO）为“1”时，将指定的操作数置位为“1”。如果置位条件的 RLO 为“0”，则指定操作数的信号状态将保持不变。

使用“复位”指令，可将指定操作数的信号状态复位为“0”。仅当复位指令左侧的逻辑运算结果（RLO）为“1”时，将指定的操作数复位为“0”。如果复位条件的 RLO 为“0”，则指定操作数的信号状态将保持不变。

S/R 指令的应用示例如图 6-6 所示。

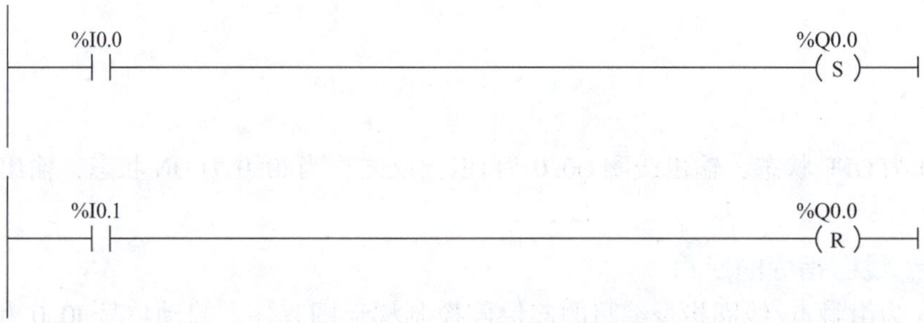

%I0.0 —| |— %Q0.0 —(S)—

%I0.1 —| |— %Q0.0 —(R)—

图 6-6 S/R 指令应用示例

图 6-6 的示例程序中，当 I0.0 为 ON 时，Q0.0 被置“1”并保持；当 I0.1 为 ON 时，Q0.0 被复位为“0”。

2. 置位/复位位域指令 SET_BF/RESET_BF

<??.?> —(SET_BF)— <???>　　<??.?> —(RESET_BF)— <???>

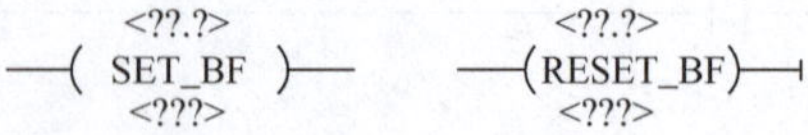

置位位域指令用于对某个特定地址开始的多个连续位进行置位；复位位域指令用于对某个特定地址开始的多个连续位进行复位。

置位/复位位域指令有两个操作数，指令上方的操作数用于指定待置位/复位位域的首地址，指令下方的操作数用于指定待置位/复位的位数。

仅当指令左侧的逻辑运算结果（RLO）为“1”时，才执行该指令。如果运算结果 RLO 为“0”，则不会执行该指令。

SET_BF/RESET_BF 指令的应用示例如图 6-7 所示。

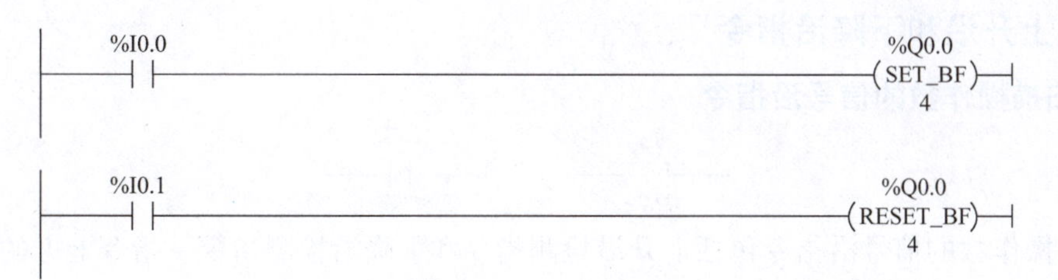

图 6-7　SET_BF/RESET_BF 指令应用示例

在图 6-7 的示例程序中，当 I0.0 为 ON 时，置位位域指令将指定的 4 个输出线圈 Q0.0 ~ Q0.3 置“1”，即使 I0.0 变为 OFF，Q0.0 ~ Q0.3 仍保持为“1”状态；当 I0.1 为 ON 时，复位位域指令将指定的 4 个输出线圈 Q0.0 ~ Q0.3 复位为“0”，即使 I0.1 变为 OFF，Q0.0 ~ Q0.3 仍保持为“0”状态。

3. RS/SR 触发器

SR 为复位优先触发器指令，根据输入 S 和 R1 的信号状态，置位或复位指定操作数，SR 触发器指令如图 6-8a 所示。如果输入 S 的信号状态为“1”且输入 R1 的信号状态为“0”，则将指令上方指定的操作数置位为“1”，并被传送到输出端 Q；如果输入 S 的信号状态为“0”，且输入 R1 的信号状态为“1”，则指定的操作数将复位为“0”，并被传送到输出端 Q；如果输入 S 和 R1 的信号状态都为“1”，则指定的操作数将复位为“0”，即输入 R1 的优先级高于输入 S。如果两个输入 S 和 R1 的信号状态都为“0”，则不会执行该指令，操作数的信号状态保持不变。

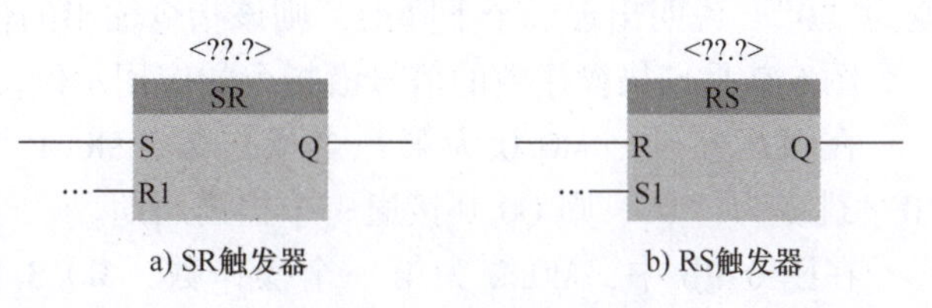

图 6-8　RS/SR 触发器

RS 为置位优先触发器指令，根据输入 R 和 S1 的信号状态，复位或置位指定操作数，RS 触发器指令如图 6-8b 所示。如果输入 R 的信号状态为“1”且输入 S1 的信号状态为“0”，则将指令上方指定的操作数复位为“0”，并被传送到输出端 Q；如果输入 R 的信号状态为“0”，且输入 S1 的信号状态为“1”，则将指定的操作数置位为 1，并被传送到输出端 Q；如果输入 R 和 S1 的信号状态都为“1”，指定操作数的信号状态将置位为“1”，并被传送到输出端 Q，即输入 S1 的优先级高于输入 R。如果两个输入 R 和 S1 的信号状态都为“0”，则不会执行该指令，因此操作数的信号状态保持不变。

RS/SR 触发器指令执行逻辑状态见表 6-1。

表 6-1　RS/SR 触发器指令逻辑状态表

SR 指令			RS 指令		
S	R1	Q	S1	R	Q
0	0	保持前一状态	0	0	保持前一状态
0	1	0	0	1	0
1	0	1	1	0	1
1	1	0	1	1	1

6.1.3 上升沿和下降沿指令

1. 扫描操作数的信号沿指令

<??.?> <??.?>
—|P|— —|N|—
<??.?> <??.?>

扫描操作数的信号沿指令包括上升沿检测指令和下降沿检测指令。指令上方的操作数为操作数1，指令下方的操作数为操作数2。

上升沿检测指令用于检测所指定操作数1的信号状态是否从“0”跳变为“1”，操作数1的上一次扫描的信号状态保存在操作数2中。每次执行指令时，将操作数1的当前信号状态与上一次扫描的信号状态操作数2比较，如果该指令检测到操作数1的状态从“0”变为“1”，说明出现一个上升沿，则该指令输出的信号状态为“1”，保持一个扫描周期。

下降沿检测指令用于检测所指定操作数1的信号状态是否从“1”跳变为“0”，操作数1的上一次扫描的信号状态保存在操作数2中。如果该指令检测到操作数1的状态从“1”变为“0”，说明出现一个下降沿，则该指令输出的信号状态为“1”，保持一个扫描周期。

图6-9是扫描操作数的信号沿指令的应用示例。

在图6-9a中，M0.0为第一个操作数，M0.1为第二个操作数。如果M0.0的状态由“0”跳变为“1”，则Q0.0接通一个扫描周期。

在图6-9b中，M0.2为第一个操作数，M0.3为第二个操作数。如果M0.2的状态由“1”跳变为“0”，则Q0.1接通一个扫描周期。

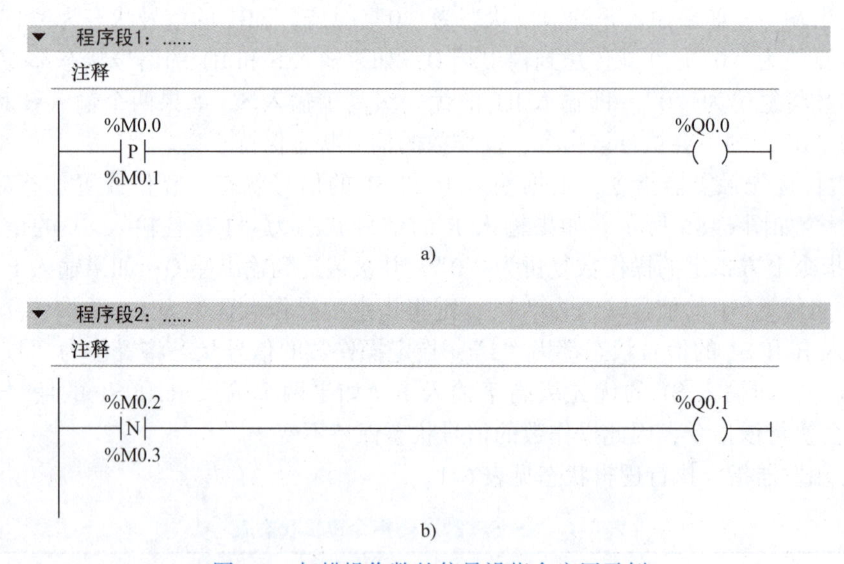

图6-9 扫描操作数的信号沿指令应用示例

2. 信号沿置位操作数指令

<??.?> <??.?>
—(P)— —(N)—
<??.?> <??.?>

信号沿置位操作数指令包括信号上升沿置位操作数指令和信号下降沿置位操作数指令。指令上方的操作数为操作数1，指令下方的操作数为操作数2。

信号上升沿置位操作数指令，是在指令左侧逻辑运算结果（RLO）从“0”变为“1”时，将指定操作数（操作数1）接通一个扫描周期；信号下降沿置位操作数指令，是在指令左侧逻辑运算结果（RLO）从“1”变为“0”时，将指定操作数（操作数1）接通一个扫描周期。操作数2中保存上次查询的RLO结果。

信号沿置位操作数指令示例程序如图6-10所示。

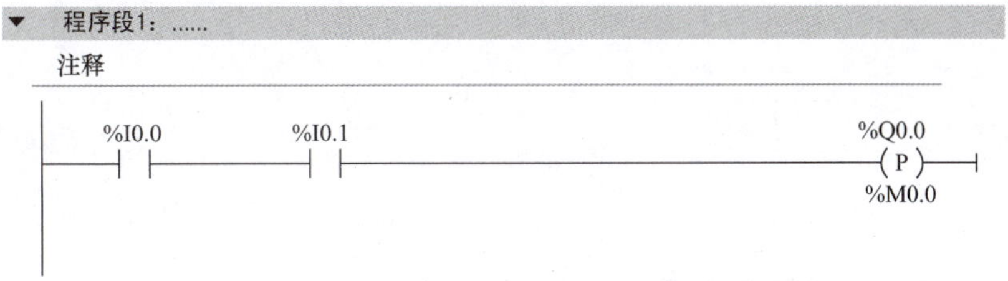

程序段1：......
注释
%I0.0 %I0.1 %Q0.0 (P) %M0.0

a) 信号上升沿置位操作数指令

程序段2：......
注释
%I0.2 %I0.3 %Q0.1 (N) %M0.1

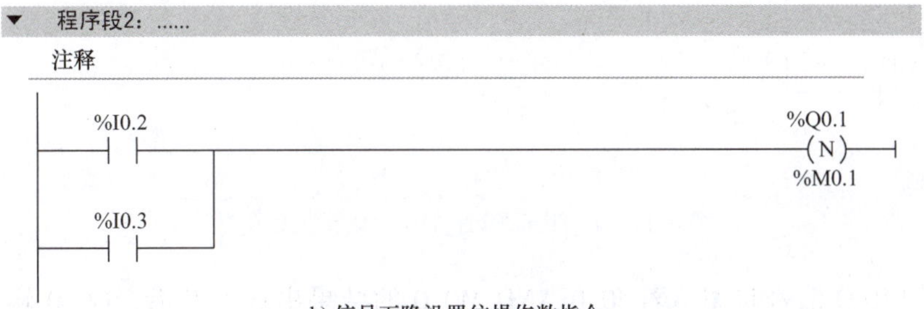

b) 信号下降沿置位操作数指令

图6-10 信号沿置位操作数指令示例程序

如图6-10a所示，在I0.0、I0.1“与”运算的结果出现上升沿时，Q0.0接通一个扫描周期。如图6-10b所示，在I0.2、I0.3“或”运算的结果出现下降沿时，Q0.1接通一个扫描周期。

3. 扫描RLO的信号沿指令

使用扫描RLO的信号上升沿指令（P_TRIG）可查询CLK端逻辑运算结果（RLO）的信号状态有无从“0”到“1”的更改。指令下方操作数中存储着上一次查询的RLO信号状态。该指令将比较RLO的当前信号状态与上一次查询的信号状态，如果检测到RLO从“0”变为“1”，则说明出现信号上升沿，则该指令输出端Q的信号状态为“1”且保持一个扫描周期。在其他任何情况下，该指令输出的信号状态Q均为“0”。

使用扫描RLO的信号下降沿指令（N_TRIG）可查询CLK端逻辑运算结果（RLO）的信号状态从“1”到“0”的更改。指令下方操作数中存储着上一次查询的RLO信号状态。该指令将比较RLO的当前信号状态与上一次查询的信号状态，如果检测到RLO从“1”变为“0”，则说明出现一个信号下降沿，该指令输出端Q的信号状态为“1”，且仅保持一个扫描周期。在其他任何情况下，该指令输出的信号状态均为“0”。

P_TRIG和N_TRIG指令应用示例如图6-11所示。

在程序段1中，RLO的当前信号状态为I0.0 AND M0.0，在边沿存储位M2.0中保存着

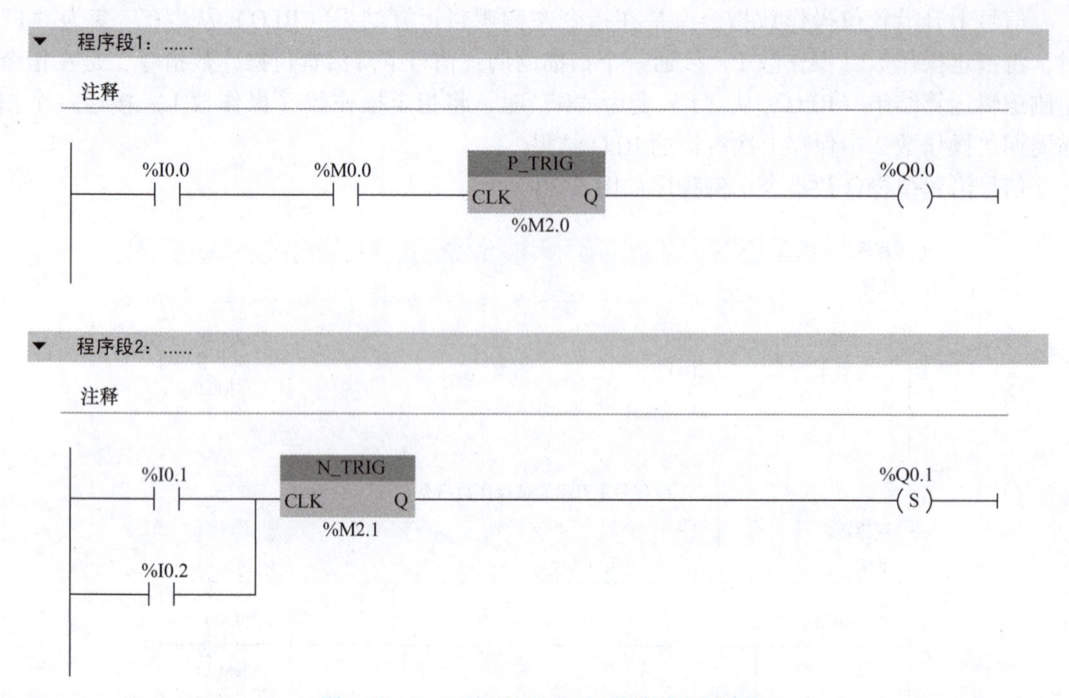

图6-11　P_TRIG 和 N_TRIG 指令应用示例

上一次查询的 RLO 信号状态，若 I0.0 AND M0.0 的结果出现上升沿，Q0.0 输出端信号为“1”并保持一个扫描周期。其他任何情况，Q0.0 为“0”。

在程序段 2 中，当 RLO（I0.1 OR I0.2）的结果出现下降沿时，指令 Q 输出端信号为“1”一个扫描周期，使 Q0.1 置“1”并保持。

4. 信号沿指令使用的注意事项

1）沿信号在程序编制中比较常见，如设备的起动、停止、故障信号的捕捉大都是通过沿信号实现的。上升沿检测指令检测信号每次从“0”到“1”的正跳变，能流接通一个扫描周期；下降沿检测指令检测信号每次从“1”到“0”的负跳变，能流接通一个扫描周期。

2）所有沿指令均使用边沿存储器位来存储要监视的输入信号的前一个状态，通过将输入的状态与存储器位的状态进行比较来检测沿。

由于边沿存储器位必须从一次执行保留到下一次执行，故应对每个沿指令都使用唯一的存储器位，并且不应在程序中的任何其他位置使用该位。此外，还应避免使用临时存储器和可受其他系统功能（例如 I/O 更新）影响的存储器。

6.2　定时器与计数器指令

6.2.1　定时器指令

定时器指令主要用于实现延时功能，西门子 S7－1200 CPU 提供了四种类型的定时器，分别为脉冲定时器（TP）、接通延时定时器（TON）、关断延时定时器（TOF）、保持型接通延时定时器（TONR）。S7－1200 CPU 的定时器多少并不是通过编号来进行划分规定的，用户程序中可以使用的定时器数仅受 CPU 存储器容量限制。每个定时器均使用

16B（字节）的IEC_Timer数据类型的DB结构来存储定时器数据。S7－1200定时器符号、名称及功能见表6-2。

表6-2　S7－1200定时器符号、名称及功能

定时器符号	定时器名称	定时器功能
TP	脉冲定时器	生成具有预定宽度时间的脉冲
TON	接通延时定时器	使输出Q在预设的延时过后设置为ON
TOF	关断延时定时器	使输出Q在预设的延时过后设置为OFF
TONR	保持型接通延时定时器	使输出Q在累计时间达到预设的时间后设置为ON，使用R复位

定时器指令中的输入和输出参数说明见表6-3。

表6-3　S7－1200定时器指令参数说明

参　数	数据类型	说　明
IN	Bool	启用定时器输入
R	Bool	将TONR复位
Q	Bool	定时器输出
PT	Time	定时器预设时间
ET	Time	已计时的时间（当前值）
定时器数据块	DB	指定要使用的定时器

在表6-3中，PT和ET的值以表示毫秒时间的有符号双精度整数形式存储在存储器中。Time数据使用T#标志符，数据长度为32位，可以采用简单时间单元（如T#10s）或复合时间单元（如T#2h_2s_50m）的形式输入。

1. 脉冲定时器（TP）

TP指令可用于生成具有预定宽度时间的脉冲。

当输入IN端出现一个脉冲信号时，启动TP定时器指令，定时器输出端Q输出为1，同时TP定时器开始计时。PT端设定的时间为预设定时时间，定时器的当前值存储于定时器的ET端，当ET＝PT时，定时器输出端Q输出为0。在TP定时器已启动，ET未达到PT时，无论输入端IN如何变化，定时器的当前值变化不受影响。TP定时器指令应用示例及时序图如图6-12所示。

图6-12中，当输入I0.0接通时，启动TP定时器指令，Q0.0输出一个宽度为5s的脉冲信号。

2. 接通延时定时器（TON）

接通延时定时器的功能是使输出Q在预设的延时过后设置为ON。

当输入IN端为1时，启动TON定时器指令开始计时。PT端设定的时间为预设定时时间，定时器的当前值存储于定时器的ET端，当ET＝PT时，定时器输出端Q输出为1。当输入IN端变为0时，TON定时器的当前值ET变为0，输出端Q输出为0，TON定时器指令应用示例及时序图如图6-13所示。

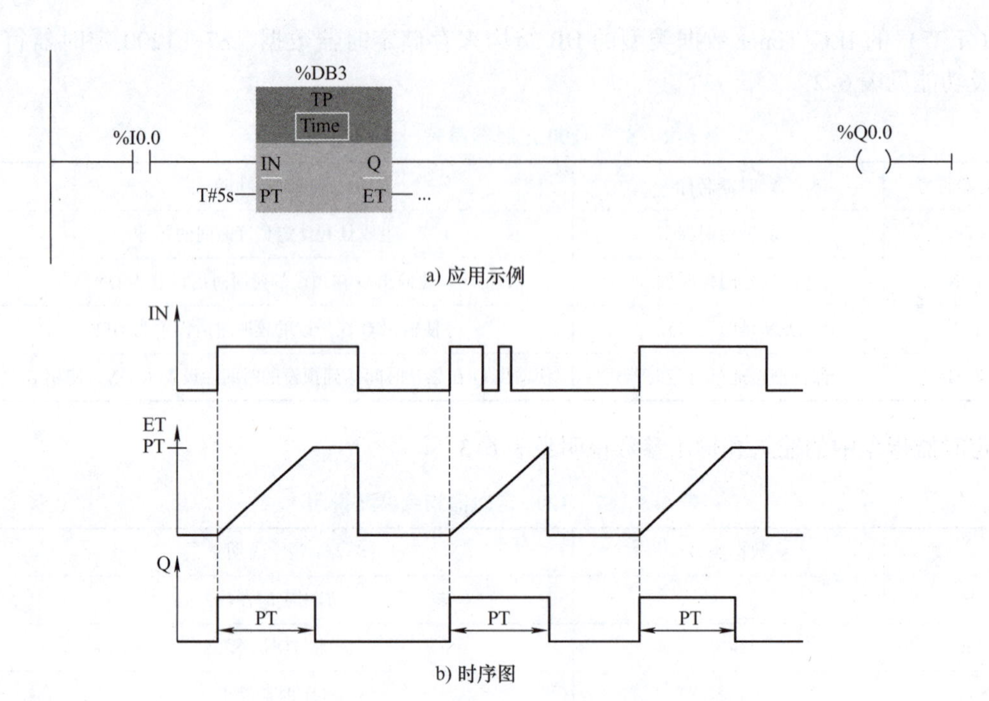

图 6-12　TP 定时器指令应用示例及时序图

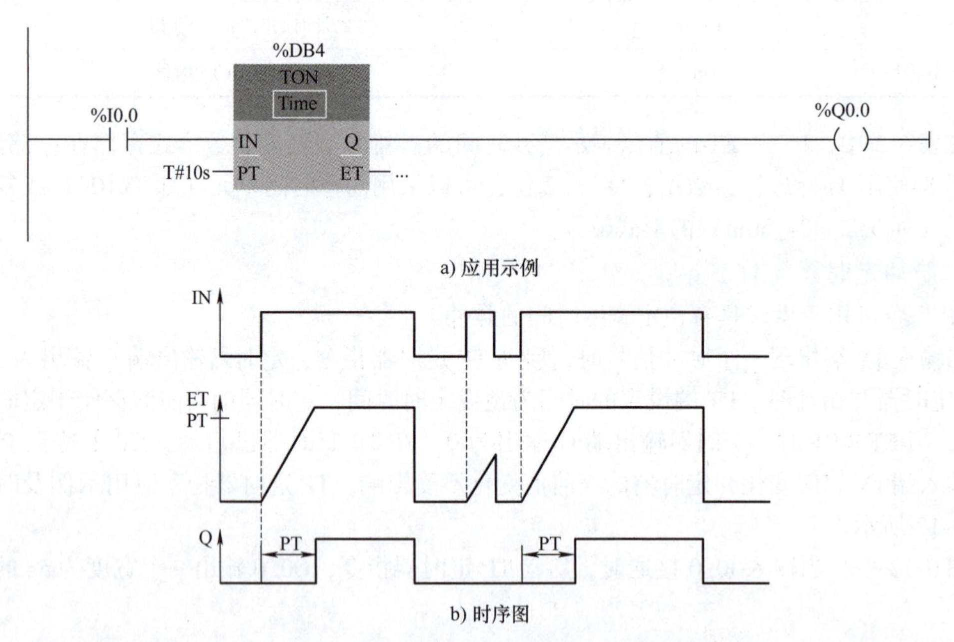

图 6-13　TON 定时器指令应用示例及时序图

图 6-13 中，当输入 I0.0 接通时，启动 TON 定时器指令，10s 后 Q0.0 接通；I0.0 断开时，Q0.0 立即断开。若 I0.0 接通时间不足 10s，Q0.0 无输出变化。

3. 关断延时定时器（TOF）

关断延时定时器指令的功能是使输出 Q 在预设的延时过后置为 OFF。

当输入 IN 端为 1 时，启动 TOF 定时器指令，定时器输出端 Q 输出为 1；当输入 IN 端断开时，TOF 定时器开始计时，PT 端设定的时间为预设定时时间，定时器的当前值存储于定时器的 ET 端，当 ET = PT 时，定时器输出端 Q 输出为 0。若定时器在计时过程中输入 IN 端重新变为 1，则定时的当前值 ET 清 0。TOF 定时器指令及时序图如图 6-14 所示。

4. 保持型接通延时定时器（TONR）

保持型接通延时定时器的功能是使输出 Q 在累计时间达到预设的时间后设置为 ON，该类型定时器使用 R 复位。

TONR 和 TON 功能相似，区别在于，TONR 指令当定时器输入 IN 端为 1 时，启动定时器指令开始计时；当输入 IN 端变为 0 时，定时器的当前值 ET 保持不变，不清零；当输入 IN 再次接通时，定时器在原当前值的基础上继续开始计时。PT 端设定的时间为预设定时间，当 ET = PT 时，定时器输出端 Q 输出为 1。若需要对定时器复位，则可通过 TONR 指令的复位（R）端进行复位。当 R 端为 1 时，定时器的当前值 ET 清零，输出端 Q 输出为 0。TONR 定时器指令及时序图如图 6-15 所示。

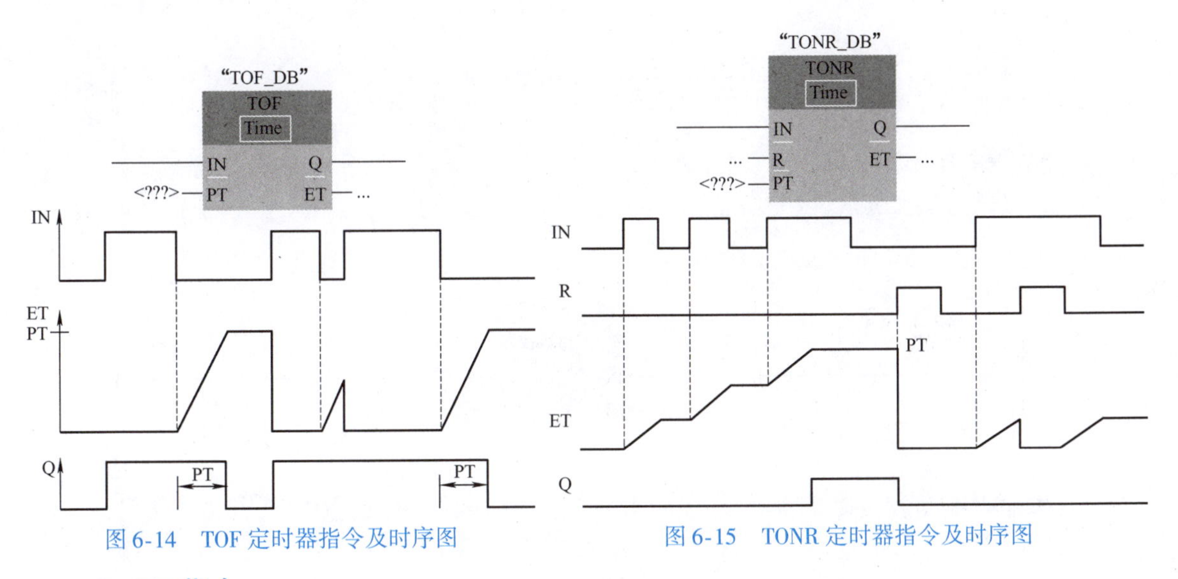

图 6-14　TOF 定时器指令及时序图

图 6-15　TONR 定时器指令及时序图

5. RT 指令

<???>
—[RT]—

用于复位指定定时器，指令上方操作数用于指定定时器。

6. 定时器指令应用

示例 1：设计一电动机自动停机控制程序。

按下起动按钮 SB1（I0.0），电动机 M（Q0.0）立即起动并连续运转，经过 10min 后电动机自动停止；运行过程中，任意时刻按下停止按钮 SB2（I0.1），电动机 M 立即停止。

使用脉冲定时器 TP 指令编制的控制程序示例如图 6-16 所示。

示例 2：设计一个周期为 3s、脉冲宽度为 2s 的方波发生器。

使用接通延时定时器 TON 指令编写的方波发生器示例程序如图 6-17 所示。

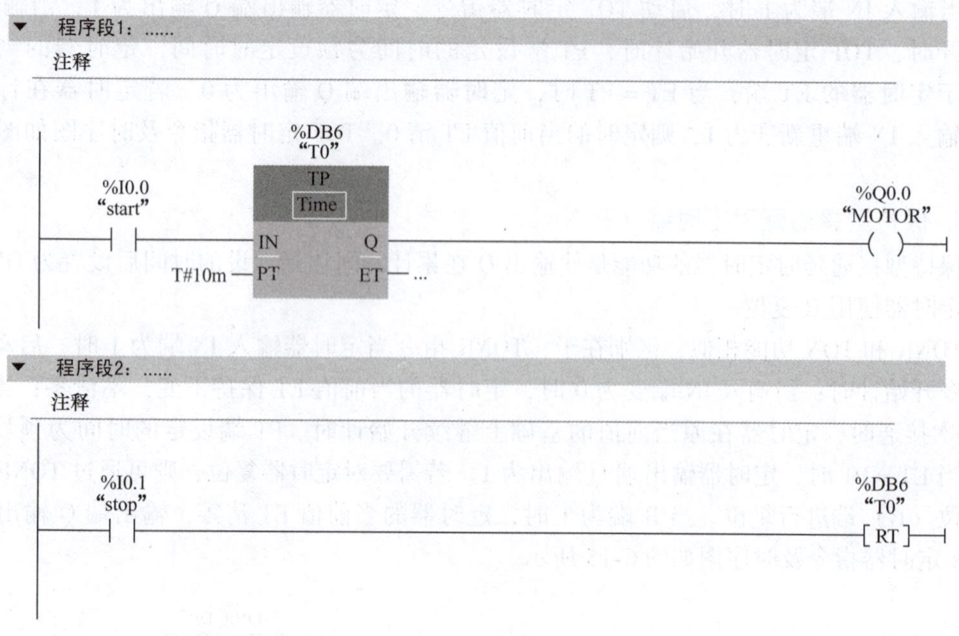

图 6-16　电动机自动停机示例程序

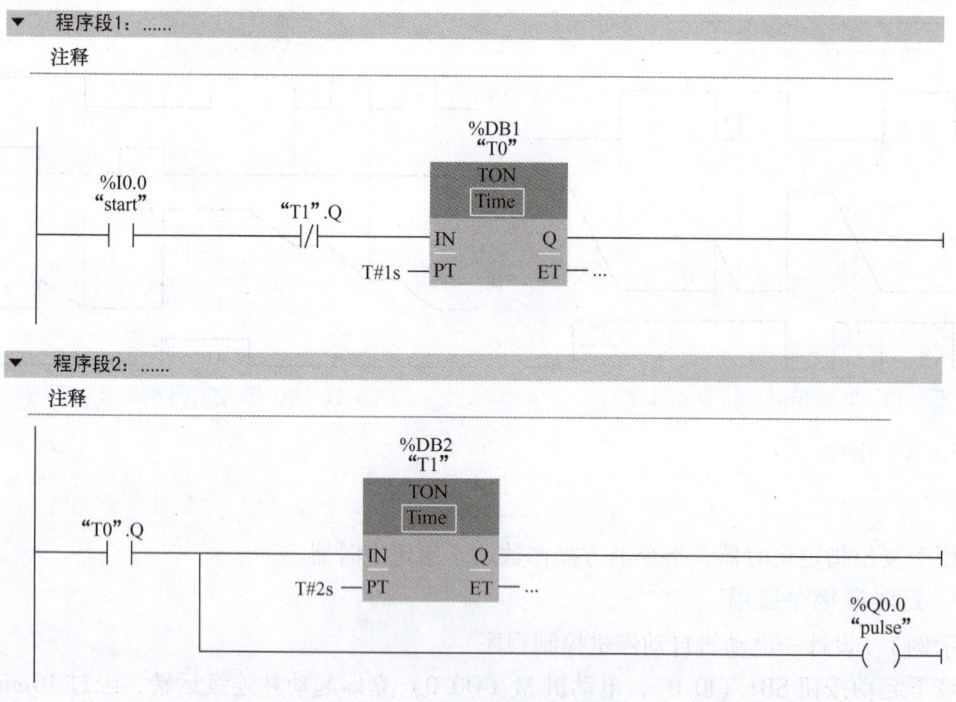

图 6-17　方波发生器示例程序

当启动信号 I0.0 为 ON 时，定时器“T0”开始定时，1s 后“T0”定时器动作，其常开触点 T0 闭合，Q0.0 变为 ON，同时定时器“T1”开始定时；2s 后“T1”定时器动作，常闭触点 T1 断开，“T0”定时器复位，“T1”定时器也被复位，Q0.0 变为 OFF，同时“T1”

的常闭触点又闭合，“T0”又开始定时，如此重复，Q0.0输出为一个周期为3s、脉冲宽度为2s的方波信号。通过调整“T0”和“T1”定时时间的设定值PT，可以改变Q0.0输出OFF和ON的时间，以此调整脉冲输出的宽度和周期。

6.2.2 计数器指令

1. 计数器指令类型

计数器指令主要用于对内部程序事件和外部过程事件进行计数。S7-1200 PLC计数器指令有三种类型，分别是加计数器（CTU）、减计数器（CTD）、加/减计数器（CTUD）。

同定时器一样，调用计数器指令时，会自动生成保存计数器数据的背景数据块，可修改生成的背景数据块的名称，也可以采用默认的名称。S7-1200 CPU的计数器为IEC计数器，数量取决于CPU存储器的大小。每个计数器背景DB结构的大小取决于计数类型，根据所选择的计数器指令的数据类型不同，计数器指令分别占用3个字节（SInt、USInt）、6个字节（Int、UInt）或12个字节（DInt、UDInt）的存储器空间。

计数值的计数范围取决于所选的数据类型，如果计数值是无符号整数，则可以减计数到零或加计数到范围限值。如果计数值是有符号整数，则可以减计数到负整数限值或加计数到正整数限值。

计数器指令中的输入和输出参数说明见表6-4。

表6-4 计数器指令参数说明

参　数	数据类型	说　明
CU、CD	Bool	加、减计数输入端
R（CTU、CTUD）	Bool	计数器复位输入端
LOAD（CTD、CTUD）	Bool	预置值装载输入端
Q、QU	Bool	CV≥PV时为ON
QD	Bool	CV≤0时为ON
PV	SInt、USInt、Int、UInt、DInt、UDInt	预设计数值
CV	SInt、USInt、Int、UInt、DInt、UDInt	当前计数值

2. 加计数器（CTU）

每当输入CU的信号状态从“0”变为“1”，计数器的当前值CV加1。当计数器当前值CV小于预设值PV时，计数器输出端Q状态为“0”；当CV=PV时，计数器输出端Q状态为“1”；此后每当CU的信号状态从“0”变为“1”，当前值CV继续加1，计数器输出端Q状态仍保持为“1”，直到达到计数器指定的数据类型的最大值。在任意时刻，无论当前值为何值，只要复位端R信号为“1”，计数器被清0，输出CV的值被复位为“0”，Q端输出为“0”。图6-18为计数值是无符号整数的CTU动作时序图（其中PV=3）。

3. 减计数器（CTD）

每当输入CD的信号状态从“0”变为“1”，计数器的当前值CV减1。当计数器当前值CV大于0时，计数器输出端Q状态为“0”；当CV=0时，计数器输出端Q状态为“1”；此后计数器输入端CD每检测到一个信号上升沿，当前值CV继续减1，输出端Q状态保持输出“1”，直到达到参数CV指定数据类型的下限为止。任意时刻，只要LD的值为“1”，

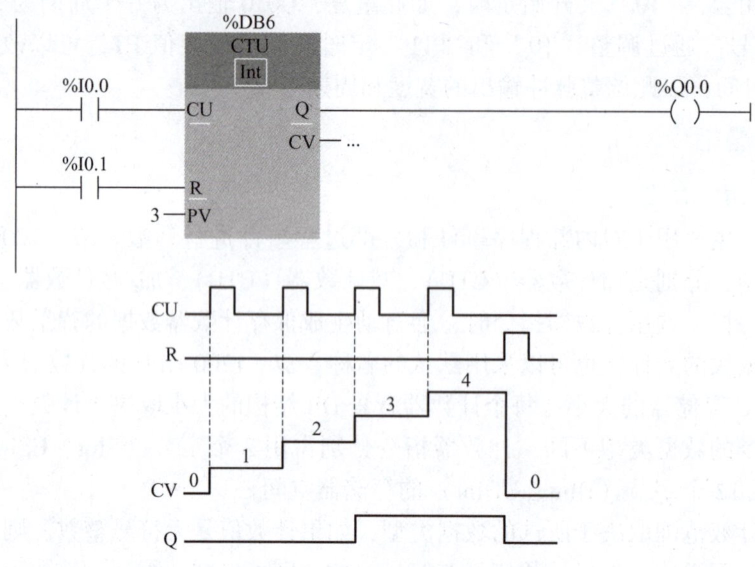

图 6-18 计数值是无符号整数的 CTU 动作时序图

Q 输出“0”，当前值 CV 等于预设值 PV，只要 LD 的信号状态仍为“1”，CD 的信号状态就不会影响指令输出。图 6-19 为计数值是无符号整数的 CTD 动作时序图（其中 PV =3）。

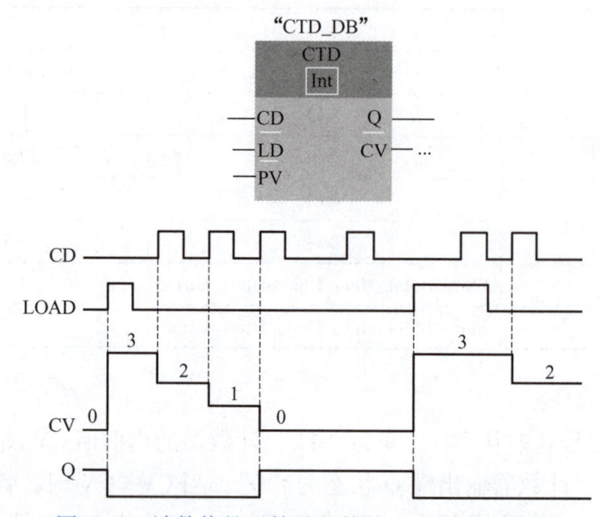

图 6-19 计数值是无符号整数的 CTD 动作时序图

4. 加减计数器（CTUD）

加减计数器指令集成了加计数器指令和减计数器指令的功能。每当 CU 端信号从“0”变为“1”，则计数器的当前值 CV 加 1；每当 CD 端信号从“0”变为“1”，则计数器的当前值 CV 减 1。当 CV≥PV 时，计数器输出端 QU 状态为“1”；当 CV < PV 时，计数器输出端 QU 状态为“0”；当 CV≤0 时，计数器输出端 QD 状态为“1”；当 CV >0 时，计数器输出端 QD 状态为“0”。当前值 CV 的上下限取决于计数器指定的整数类型的最大值和最小值。在任意时刻，只要装载 LD 端信号从“0”变为“1”，CV = PV；只要复位 R 端信号从“0”变为“1”，

CV =0。图 6-20 为计数值是无符号整数的 CTUD 动作时序图（其中 PV =4）。

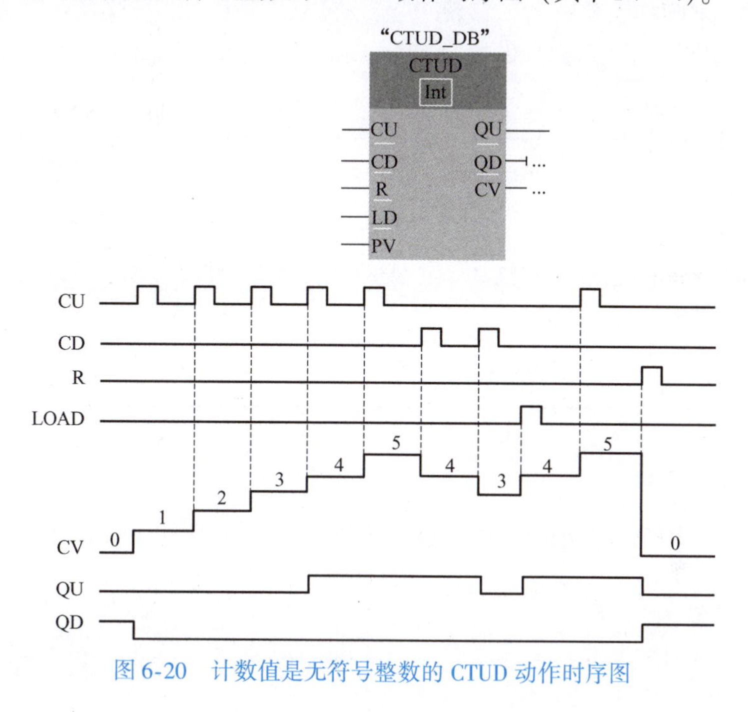

图 6-20 计数值是无符号整数的 CTUD 动作时序图

6.3 比较指令

6.3.1 比较运算指令

比较运算指令 CMP 用于比较两个相同的数据类型的数据大小。如果比较结果为“真”，则指令的 RLO 为“1”，否则为“0”。比较运算指令 CMP 格式如图 6-21 所示。

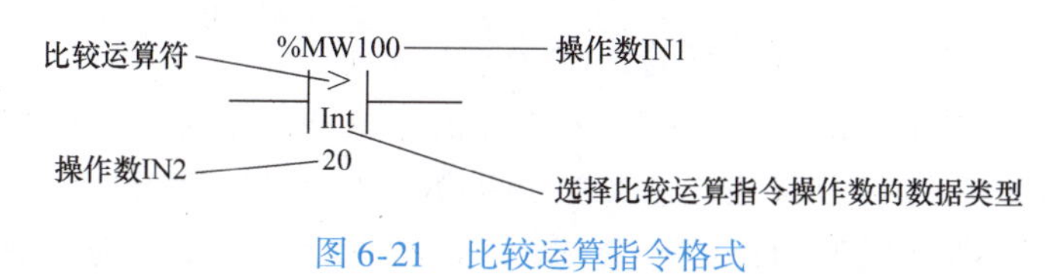

图 6-21 比较运算指令格式

1. 比较运算符

对于数值比较，运算符包括等于（= =）、大于（>）、小于（<）、不等于（<>）、大于或等于（>=）、小于或等于（<=）共六种；而字符串的比较指令只有等于（= =）和不等于（<>）两种。

2. 比较数据类型

可参与比较的数据有 12 种类型：Int、DInt、Real、USInt、UInt、UDInt、SInt、String、Char、Time、DTL、LReal。

3. 比较运算指令应用

比较运算指令以触点形式出现，可位于任何放置标准触点的位置。其应用示例如图 6-22 所示。

程序段 1：字节比较取指令，IN1 为 MB0 中的数据，IN2 为常数 10。当 MB0 的值大于等

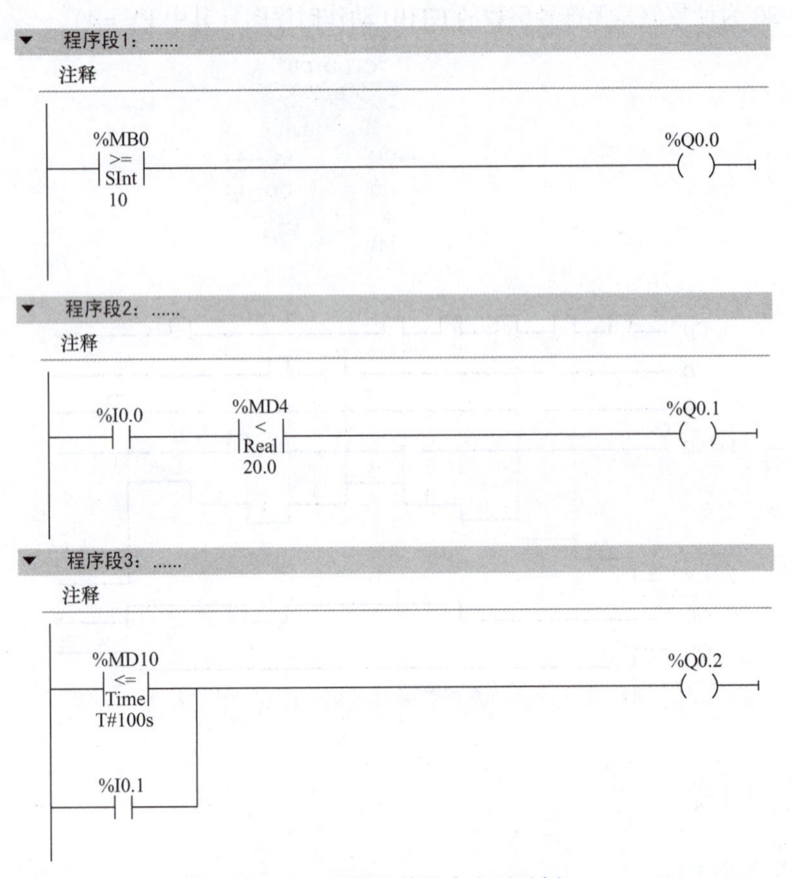

图 6-22　比较运算指令应用示例

于 10 时，比较触点闭合，Q0.0 输出有效。

程序段 2：实数比较逻辑与指令，IN1 为双字存储单元 MD4 中的数据，IN2 为常数 20.0。当 I0.0 接通，且 MD4 里的数据小于 20.0 时，Q0.1 输出有效。

程序段 3：Time 类型数据比较逻辑或指令，IN1 为双字存储单元 MD10 中的 Time 类型数据，IN2 为 Time 类型数据 100s。当 MD10 中的数据小于等于 100s，或者触点 I0.1 接通时，Q0.2 输出有效。

6.3.2　范围比较指令

范围比较指令 IN_RANGE、OUT_RANGE 是用于判断操作数 VAL 在特定的取值范围内或外的指令。如果比较结果是 TRUE，则功能框输出为 TRUE。

范围比较指令格式如图 6-23 所示。

IN_RANGE 指令中，使用输入 MIN 和 MAX 指定取值范围的限值，如果 VAL 的值落在［MIN，MAX］范围内，则功能框输出信号为“1”，否则为“0”。

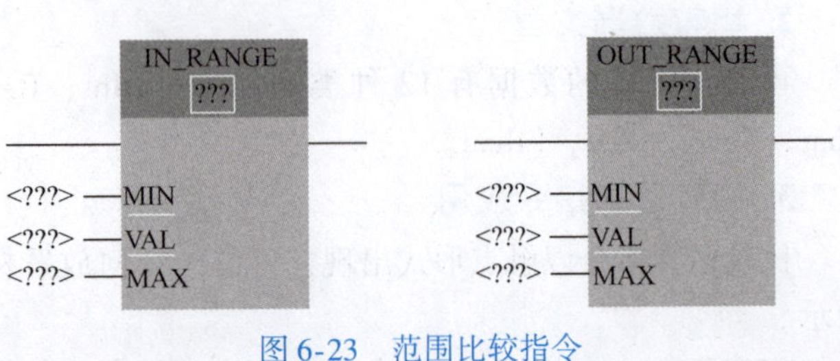

图 6-23　范围比较指令

OUT_RANGE 指令中，如果 VAL < MIN 或 VAL > MAX，则功能框输出的信号状态为“1”，否则为“0”。

输入参数 MIN、VAL 和 MAX 的数据类型（SInt、Int、DInt、USInt、UInt、UDInt、Real 之一）必须相同。在程序编辑器中单击该指令黑色“???”处，可以从下拉菜单中选择与输入参数一致的数据类型。

6.3.3　检查有效/无效性指令

检查有效性指令 OK 用于检查操作数的值是否为有效的浮点数，如果操作数的值是有效浮点数，则该指令的输出信号状态为“1”，否则为“0”。检查无效性指令 NOT_OK 用于检查操作数的值是否为无效的浮点数，如果操作数值是无效浮点数，则该指令的输出信号状态为“1”，否则为“0”，其格式、用法如图 6-24 所示。

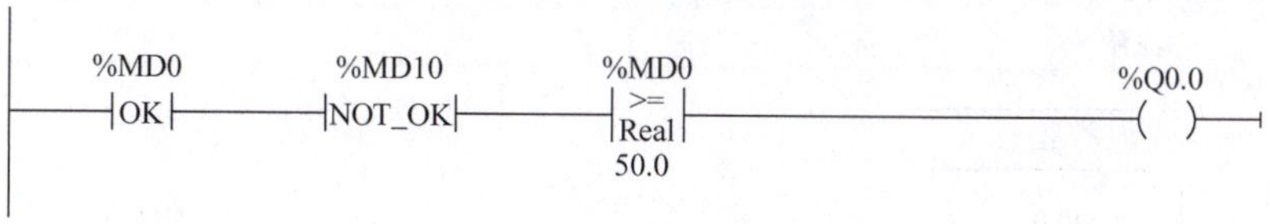

%MD0 OK　%MD10 NOT_OK　%MD0 >= Real 50.0　%Q0.0 ( )

图 6-24　检查有效/无效性指令应用示例

该程序中，若 MD0 中是有效实数且大于等于 50.0，并且 MD10 中是无效的实数，则输出 Q0.0 为“1”。

6.4　程序控制指令

程序控制指令用于编写结构化程序、优化控制程序结构，以便减少程序执行时间，主要包含用于改变程序执行顺序的跳转指令和在程序运行过程中用于控制的指令，见表 6-5。

表 6-5　程序控制指令

指令名称	功　能
JMP	若 RLO = 1 则跳转
JMPN	若 RLO = 0 则跳转
LABEL	跳转标签
JMP_LIST	定义跳转列表
SWITCH	跳转分配器
RET	返回

6.4.1　跳转与标签指令

使用跳转指令可以改变程序的执行顺序。当未执行跳转指令时，各个程序段按从上往下的顺序先后执行；当跳转条件满足时，执行跳转指令，中止程序的顺序执行，跳转到标签指令处程序开始执行，跳转时跳转指令与标签指令之间的程序，CPU 不再扫描执行。跳转标签 LABEL 用于标志某一个目标程序段。注意：跳转标签与指定跳转标签的指令必须位于同一数据块中；跳转标签的名称在块中只能分配一次；一个程序段中也只能设置一个跳转标签。JMP 指令应用示例如图 6-25 所示。

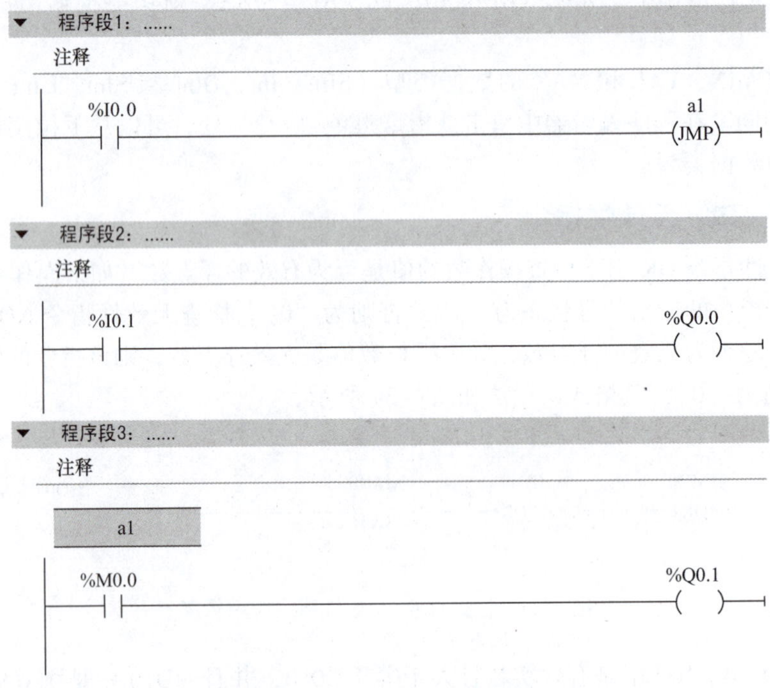

图 6-25　JMP 指令应用示例

程序中，若 I0.0 = 0，JMP 指令导通条件不满足，则程序不跳转，顺序执行程序段 2、程序段 3 的逻辑指令；若 I0.0 = 1，JMP 指令导通条件满足，程序立即跳转到标号为 a1 的程序段 3，执行程序段 3 的逻辑指令，即循环周期不再扫描程序段 2，输出 Q0.0 仍然保持跳转前的状态，不受 I0.1 的状态影响。

跳转指令 JMPN 是当该指令输入的逻辑运算结果为 0，即 RLO = 0 时，立即中断程序的顺序执行，跳转到指定标签后的第一条指令继续执行。和 JMP 指令一样，目标程序段必须由跳转标签（LABEL）进行标志，在指令上方的占位符指定该跳转标签的名称。

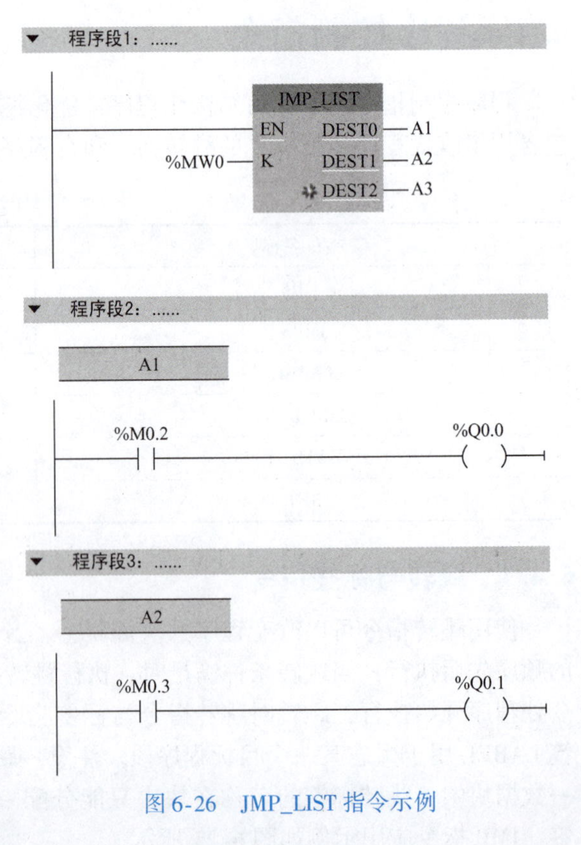

图 6-26　JMP_LIST 指令示例

6.4.2　定义跳转列表指令

JMP_LIST 为定义跳转列表指令，指令格式如图 6-26 所示。该指令可指定多个条件跳转，满足后执行由 K 参数的值指定的程序段标签（LABEL）中的程序。可在指

令框中增加输出的数量，S7－1200 PLC 中最多可以声明 32 个输出。

在 JMP_LIST 指令中，K 为指定输出的编号及要执行的跳转，输出编号从 0 开始，增加的新输出都会按升序连续递增。当 EN 端信号为 1 时，执行跳转指令，根据 K 值决定跳转到相应的标签位置继续执行程序。示例程序中，若 K＝（MW0）＝0，则程序跳转到由 DEST0 指定的跳转标签 A1 处向下执行；若 K＝（MW0）＝1 时，则程序跳转到由 DEST1 指定的跳转标签 A2 处向下执行，依次类推。若 K 值不是任何 DEST 管脚的编号时，则不执行任何跳转。

6.4.3　跳转分支指令

跳转分支指令 SWITCH 根据一个或多个比较指令的结果，定义要执行的多个程序跳转。SWITCH 指令格式如图 6-27 所示。当 EN 端信号为 1 时，将 K 输入的值与各指定输入的值进行对应比较，然后跳转到与第一个比较结果为“真”的输入端相对应的程序标签。如果比较结果都不为 TRUE，则跳转到分配给 ELSE 的标签。

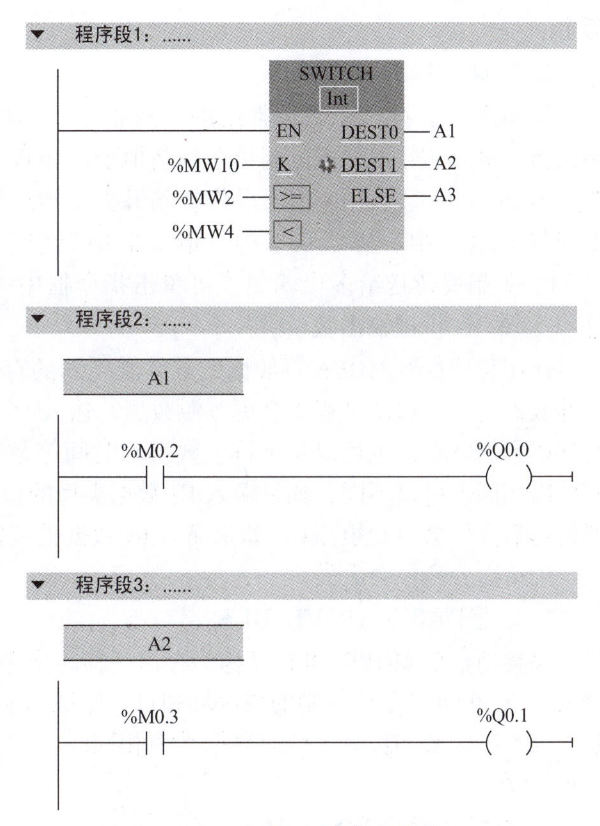

图 6-27　SWITCH 指令格式

SWITCH 指令中，参数 K 指定要比较的值，将该值与各个输入提供的值进行比较。可以为每个输入选择比较方法，如图 6-27 中的“>＝”“<”等比较，各比较指令的可用性取决于指令的数据类型。可在指令框中增加输入和比较的数量，最多可选跳转标签 99 个。如果输入端有 n 个比较，则有 n＋1 个输出，即有 n＋1 个跳转分支，n 为可选跳转标签，另外一个分支为 ELSE 的输出，即不满足任何比较条件时执行程序跳转。

示例程序中，如果 K＝(MW10)≥(MW2)，则程序跳转到第一条输出分支 A1；如果 K＝(MW10)＜(MW4)，则程序跳转到第二条输出分支 A2；如果 K＝(MW10) 不满足上述两个判断条件，则程序跳转到第三条输出分支 A3。

6.4.4　返回指令

<??.?>
—(RET)—

返回指令 RET 用于终止当前块的执行。当 CPU 在执行块时，若 RET 指令的执行条件满足，则 CPU 退出当前块的程序执行，此时 RET 指令以后的程序段不再执行，返回调用它的“块”后，执行调用指令之后的指令。如果 RET 指令的条件不满足，则继续执行它下面的指令。一般地，“块”结束时可以不用RET指令，RET指令用来有条件地结束“块”，一个“块”可以多次使用RET指令。

另外，RET线圈上面的参数是“块”的返回值，数据类型为Bool，程序块退出时，返回值（操作数）的信号状态与调用程序块的使能输出ENO相对应。

6.5 数据处理指令

6.5.1 移动指令

S7－1200 PLC所支持的移动操作指令有多种，在这一节主要介绍几种常用的移动操作指令。

1. 移动值指令MOVE

移动值指令MOVE是最常用的传送指令，其功能是将存储在指定地址的数据元素复制传送到新地址。MOVE指令格式如图6-28所示。它将IN输入操作数的源数据传送给OUT1输出的目的地址中。初始状态中，指令框中只包含一个输出OUT1，如果要传送给多个输出，可单击指令框中的插入输出符号“ ”，扩展输出数量。

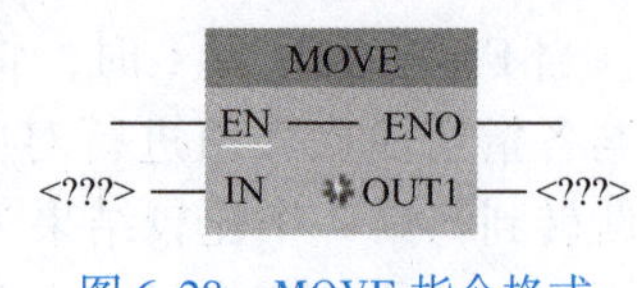

图6-28 MOVE指令格式

使用移动指令MOVE将数据元素复制到新的存储器地址，并从一种数据类型转换为另一种数据类型，移动过程不会更改源数据。输入IN和输出OUT1可以是8位、16位或32位的基本数据类型，也可以是字符、数组和时间等数据类型。输入IN和输出OUT1的数据类型可以相同也可以不同，如果输入IN数据类型的位长度低于输出OUT1数据类型的位长度，则传送后高位会自动填充0；如果输入IN数据类型的位长度超出输出OUT1数据类型的位长度，则传送后高位会丢失。

2. 块移动指令MOVE_BLK

块移动指令MOVE_BLK又称为存储区移动指令，用于将源存储区的数据移动到目标存储区，IN和OUT是待复制的源区域和目标区域的起始地址，COUNT指定需要复制的元素个数，仅当源区域和目标区域的数据类型相同时，才能执行该指令。MOVE_BLK指令格式如图6-29所示。

3. 块填充指令FILL_BLK

使用块填充指令FILL_BLK可以使用指定数据元素的副本填充数组中连续的元素。指令操作数IN表示需要填入的数据，可以为常数；COUNT表示需要填入的数组元素的个数；OUT指定需要填入的第一个元素地址。FILL_BLK指令格式如图6-30所示。

图6-29 MOVE_BLK指令格式　　图6-30 FILL_BLK指令格式

4. 交换指令SWAP

SWAP指令更改输入IN中字节的顺序，并在OUT输出结果。SWAP指令会调换二字节和四字节数据元素的字节顺序，但不改变每个字节中各个位的顺序关系。

交换指令的应用示例如图6-31所示。DWord型数据"16#AB12_CD34"经交换指令执行处理后，高低字节交换，输出为"16#34CD_12AB"；Word型数据"16#1234"经交换指令执行处理后，高低字节交换，输出为16#3412。

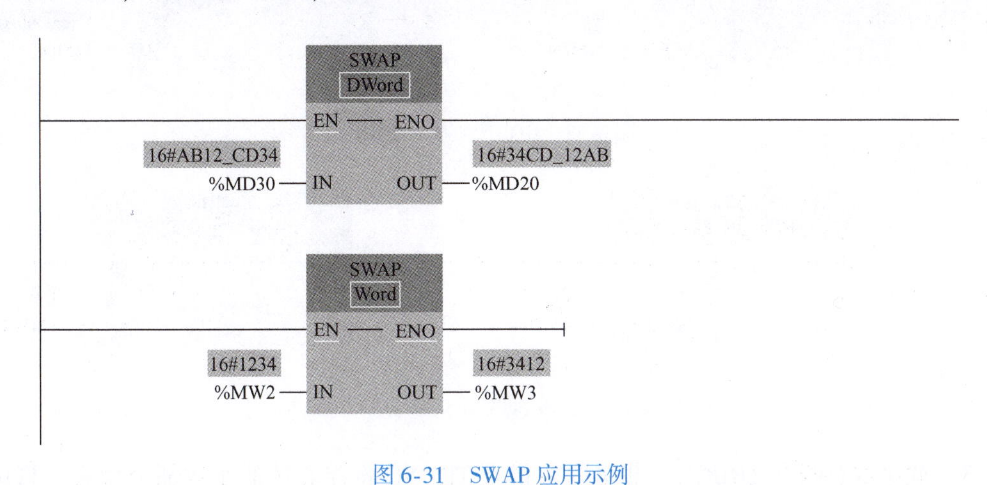

图6-31 SWAP应用示例

6.5.2 转换指令

1. 转换指令CONVERT

转换指令CONVERT用于将数据元素从一种数据类型转换为另一种数据类型。

转换指令支持的数据类型包括SInt、Int、DInt、USInt、UInt、UDInt、Byte、Word、DWord、Real、LReal、BCD16、BCD32。CONVERT指令功能框格式如图6-32所示，指令中IN端为要转换的数据，OUT端表示转换后的数据。数据类型需要与指令上所选择的数据类型一致。可通过单击功能框上的"???"从下拉菜单中选择IN数据类型和OUT数据类型。如INT to DINT，表示把整数转换为双整数。

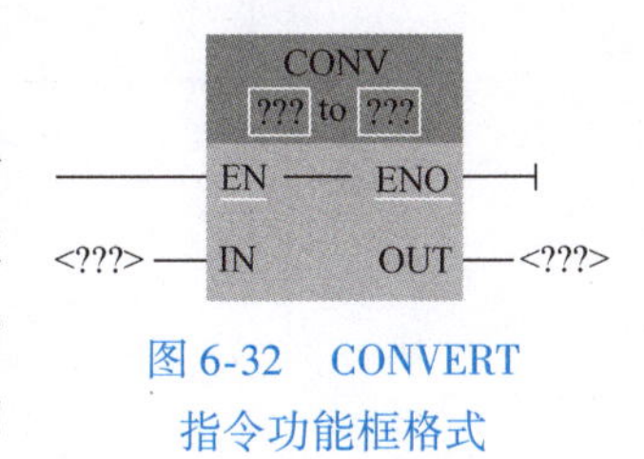

图6-32 CONVERT指令功能框格式

2. 取整指令

S7-1200 PLC中除了使用转换指令CONV可实现浮点数转整数外，还可以使用提供的浮点数转整数指令进行转换。浮点数转整数指令有四舍五入取整ROUND指令、向上取整CEIL指令、向下取整FLOOR指令和截取尾数部分取整（又叫截尾取整）TRUNC四种指令。

（1）取整指令ROUND　ROUND指令将输入IN的值四舍五入取整为最接近的整数。

ROUND指令示例如图6-33所示。指令中IN数据类型是浮点数，OUT数据类型可以是整数、浮点数。如果待取整的实数（Real或LReal）恰好是两个连续整数的一半（如2.5、3.5），则将其取整为偶数，即ROUND（2.5）=2或ROUND（3.5）=4。

（2）浮点数向上/向下取整指令　浮点数向上取整指令CEIL用于将输入IN的值向上取整为相邻整数，即为大于或等于所选实数的最小整数。浮点数向下取整指令FLOOR用于将输入IN的值向下取整为相邻整数，即取整为小于或等于所选实数的最大整数。CEIL和

FLOOR 指令功能框格式如图 6-34 所示。

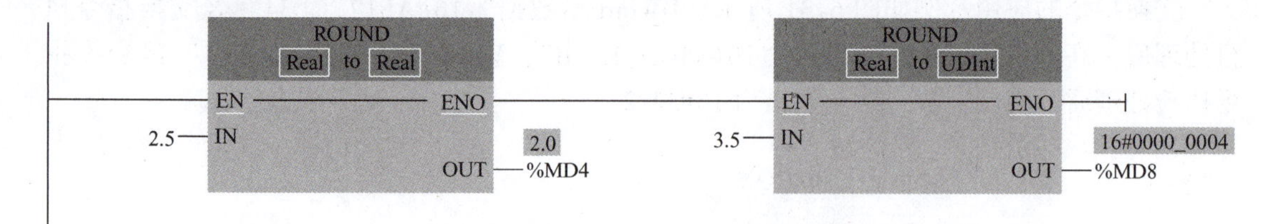

图 6-33　ROUND 指令示例

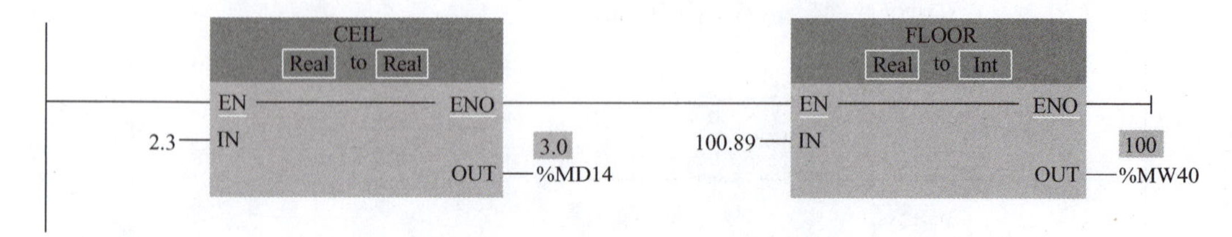

图 6-34　CEIL 和 FLOOR 指令功能框格式

（3）截尾取整指令 TRUNC　截尾取整指令 TRUNC 将浮点数的小数部分舍去，只保留整数部分以实现取整。TRUNC 指令功能框格式如图 6-35 所示，TRUNC 指令认为输入 IN 的值都是浮点数，且只保留浮点数的整数部分，并将其发送到输出 OUT 中，即输出 OUT 的值不带小数位；OUT 数据类型可以是整数、浮点数。

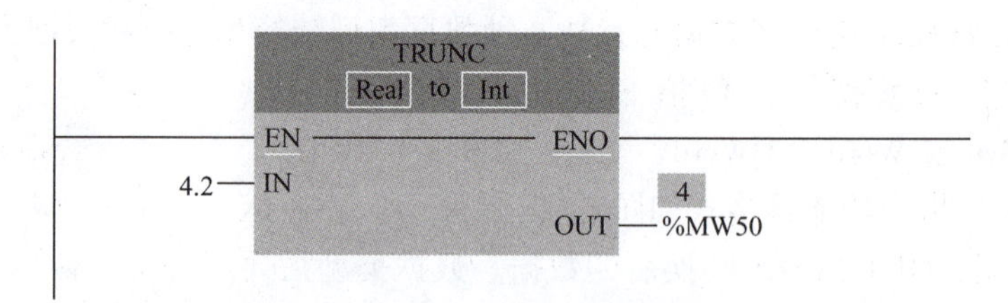

图 6-35　TRUNC 指令功能框格式

3. 缩放（SCALE_X）与标准化（NORM_X）指令

（1）缩放指令 SCALE_X　缩放指令 SCALE_X 也称为标定指令，通过将输入 VALUE 的值映射到指定的取值范围对其进行缩放。SCALE_X 指令运算过程及功能框格式如图 6-36 所示，VALUE 数据类型是浮点数，OUT 数据类型可以是整数、浮点数。当执行 SCALE_X 时，输入值 VAL 的浮点值会缩放到由参数 MIN 和 MAX 定义的取值范围，缩放结果由 OUT 输出，缩放指令计算公式是 OUT = [VALUE × (MAX − MIN)] + MIN，其中，0.0≤VALUE≤1.0。

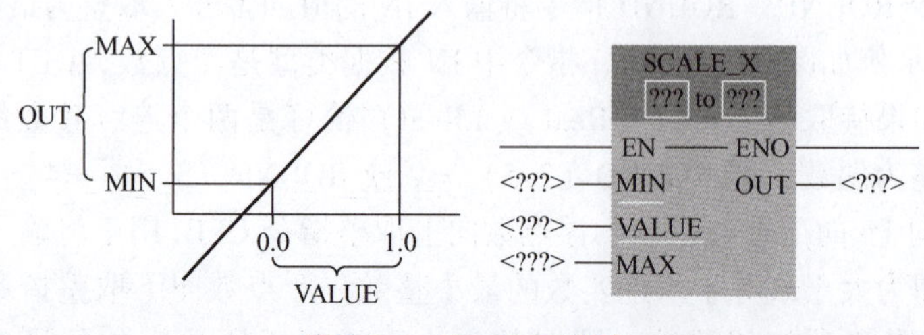

图 6-36　SCALE_X 指令

(2) 标准化指令 NORM_X　标准化指令 NORM_X 是通过参数 MIN 和 MAX，将输入 VALUE 中变量的值映射到线性标尺对其进行标准化。NORM_X 指令运算过程及功能框格式如图 6-37 所示。VALUE 是要标准化的值，其数据类型可以是整数，也可以是浮点数；OUT 是 VALUE 被标准化的结果，其数据类型只能是浮点数；标准化指令计算公式是 OUT = (VALUE − MIN)/(MAX − MIN)，其中 0.0≤OUT≤1.0。

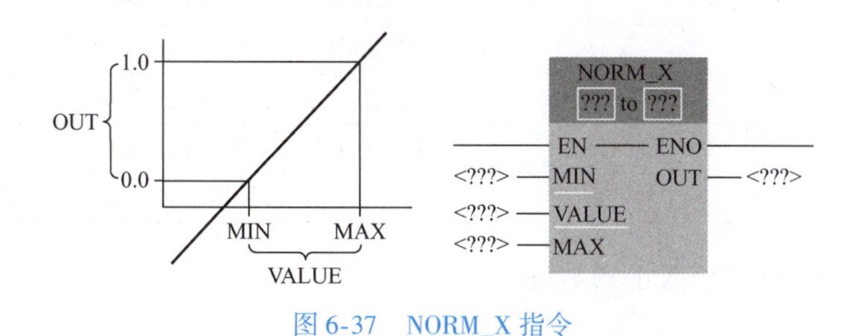

图 6-37　NORM_X 指令

缩放与标准化指令通常配合用来实现模拟量输入和输出的转换处理。

6.6　数学运算指令与逻辑运算指令

6.6.1　数学运算指令

数学运算指令主要用于实现数据的运算功能，可完成整数、长整数及实数的加、减、乘、除、求余、求绝对值等基本运算，以及浮点数的二次方、二次方根、自然对数、基于 e 的指数运算及三角函数等扩展运算。数学运算指令及功能如图 6-38 所示。

指令	功能
CALCULATE	计算
ADD	加
SUB	减
MUL	乘
DIV	除
MOD	返回除法的余数
NEG	求二进制补码
INC	递增
DEC	递减
ABS	计算绝对值
MIN	获取最小值
MAX	获取最大值
LIMIT	设置限值
SQR	计算二次方
SQRT	计算二次方根
LN	计算自然对数
EXP	计算指数值
SIN	计算正弦值
COS	计算余弦值
TAN	计算正切值
ASIN	计算反正弦值
ACOS	计算反余弦值
ATAN	计算反正切值
FRAC	返回小数
EXPT	取幂

图 6-38　数学运算指令及功能

1. 四则运算指令

S7－1200 PLC 中常用四则运算指令见表 6-6。

表 6-6　S7－1200 PLC 中常用四则运算指令

指　令	功　能
ADD	加法运算指令：IN1 + IN2 = OUT
SUB	减法运算指令：IN1 – IN2 = OUT
MUL	乘法运算指令：IN1 × IN2 = OUT
DIV	除法运算指令：IN1 ÷ IN2 = OUT
MOD	取余数指令（返回除法的余数）

四则运算的指令格式如图 6-39 所示。

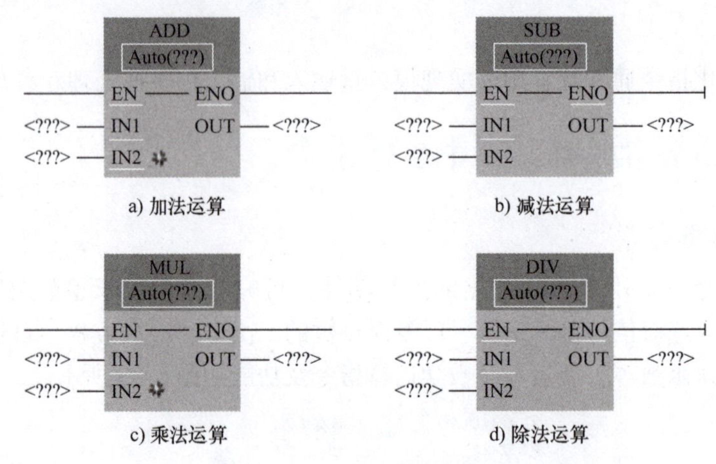

a) 加法运算　b) 减法运算

c) 乘法运算　d) 除法运算

图 6-39　四则运算指令格式

说明：

当 EN = 1 时，指令会对输入值（IN1 和 IN2）执行指定的运算并将结果存储在输出 OUT 指定的存储器地址中。运算成功完成后，指令会设置 ENO = 1。

加法和乘法指令一样，可以增加输入管脚，实现多个数的运算。

2. 其他整数运算指令

（1）MOD 指令　除法指令 DIV 只能得到商，若需要取余数，可用取余指令 MOD。MOD 指令用于 IN1 以 IN2 为模的数学运算，即 OUT = IN1 MOD IN2 = IN1 –（IN1/IN2），输出在 OUT 中的运算结果为 IN1/IN2 的余数。

MOD 指令所能支持的数据类型为整数数据，其指令格式如图 6-40 所示。

（2）NEG 指令　取反 NEG 指令可将输入 IN 中值的算术符号取反，并将结果存储在输出 OUT 中，指令格式如图 6-41 所示。注意 IN 与 OUT 的数据类型保持一致，此外输入 IN 还可以是常数。

（3）递增 INC 和递减 DEC 指令　递增与递减指令又称为自加 1 与自减 1 指令，每执行一次该指令，结果在原来的基础上加 1 或是减 1。基于该功能，递增和递减指令通常可配合脉冲指令等实现计数功能。

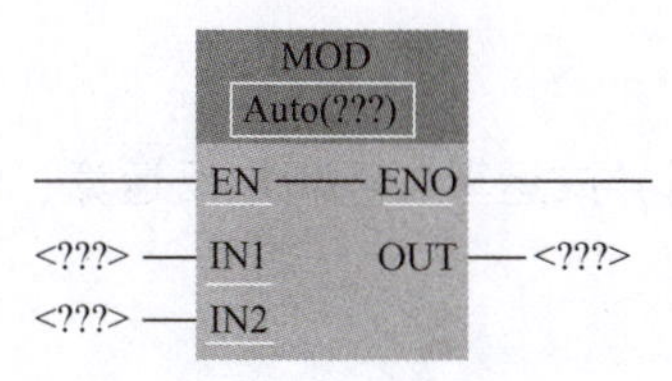

图 6-40　MOD 指令格式

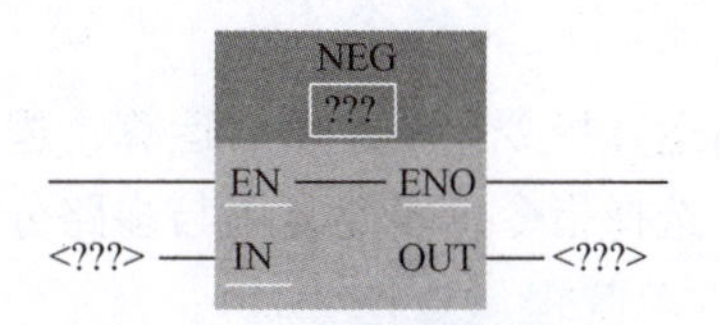

图 6-41　NEG 指令格式

递增与递减指令所支持的数据类型为有符号的整数或无符号的整数，指令格式如图 6-42 所示。

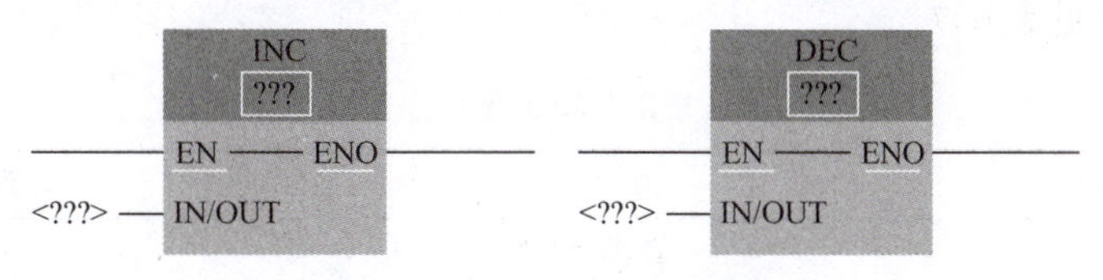

图 6-42　INC/DEC 指令格式

（4）最大值 MAX 和最小值 MIN 指令　最大值 MAX 和最小值 MIN 指令可从输入的操作数中找到最大值或最小值，然后由输出端 OUT 输出。MAX 和 MIN 指令可支持整数和 DTL 数据类型，若需要从多个数中找出最大值或最小值，则可通过指令下方的新增按钮增加输入操作数，指令格式如图 6-43 所示。

（5）设置限制值指令 LIMIT　设置限制值指令 LIMIT 用于将输入 IN 的值限制在输入 MN 与 MX 的值范围之间。如果 IN 输入的值满足 MN≤IN≤MX，则将其复制到 OUT 输出。如果不满足该条件且输入值 IN 低于下限 MN，则将输出 OUT 设置为输入 MN 的值。如果超出上限 MX，则将输出 OUT 设置为输入 MX 的值。该指令支持整数和 DTL 数据类型，其中 MN、IN 和 MX 可以为常数。指令格式如图 6-44 所示。

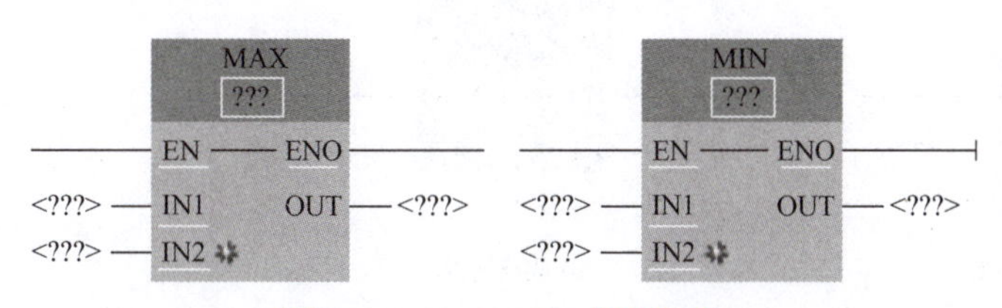

图 6-43　MAX/MIN 指令格式

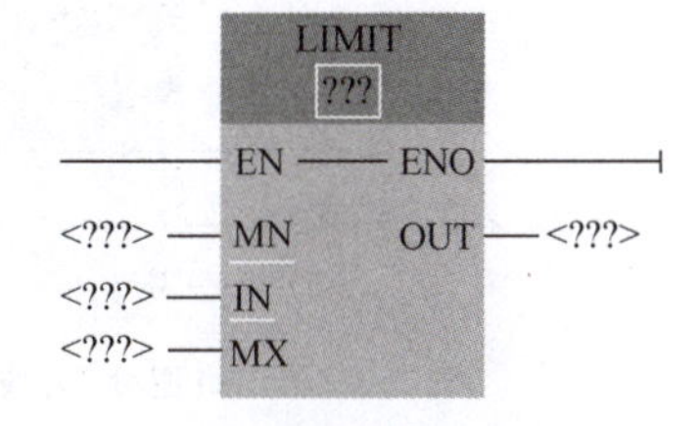

图 6-44　LIMIT 指令格式

LIMIT 指令常在模拟量数据采集中使用，用于限制采集的值处于输入信号转换后的数字量范围内。

3. 浮点型函数运算指令

S7－1200 PLC 指令库中提供了丰富的浮点型函数运算指令，使用浮点型函数运算指令可编写操作数 IN 和 OUT 数据类型为 Real 或 LReal 的多种数学函数运算程序。浮点型函数运算指令如图 6-45 所示。

指令	说明
SQR	计算二次方
SQRT	计算二次方根
LN	计算自然对数
EXP	计算指数值
SIN	计算正弦值
COS	计算余弦值
TAN	计算正切值
ASIN	计算反正弦值
ACOS	计算反余弦值
ATAN	计算反正切值
FRAC	返回小数
EXPT	取幂

图 6-45　浮点型函数运算指令

6.6.2 逻辑运算指令

逻辑运算指令包括逻辑与运算、逻辑或运算、逻辑异或运算、逻辑取反运算、解码与译码指令、选择指令、多路复用与多路分用指令。

1. 常用逻辑运算指令

逻辑与 AND、逻辑或 OR、逻辑异或 XOR 以及逻辑取反 INV 指令是常用的逻辑运算指令。指令所支持的数据类型为 Byte、Word 和 DWord 三种。运算时，将两个输入 IN1 及 IN2 按照二进制位展开，然后逐位进行逻辑运算，结果存放在输出 OUT 指定的地址中。常用逻辑运算指令及功能见表 6-7。

表 6-7 常用逻辑运算指令及功能

指　　令	功　　能	运算结果
AND	逻辑“与”	全 1 为 1
OR	逻辑“或”	有 1 为 1
XOR	逻辑“异或”	相同为 0，相异为 1
INV	取反	取反

常用逻辑运算指令格式如图 6-46 所示。

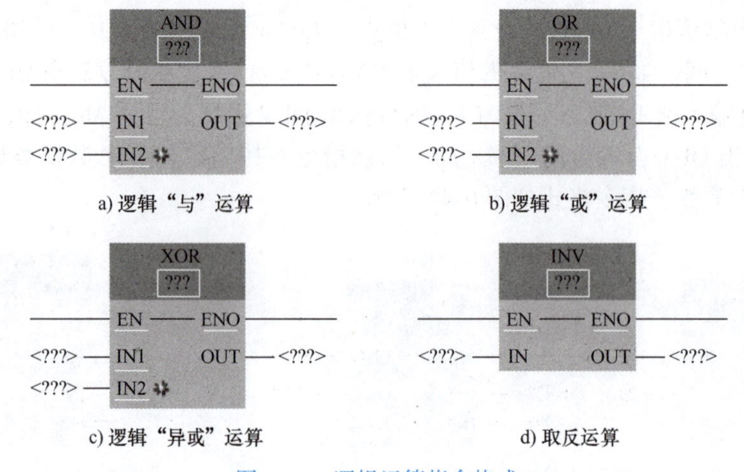

图 6-46 逻辑运算指令格式

2. 编码 ENCO 与解码 DECO 指令

“编码” ENCO 指令读取输入值中最低有效位的位号并将其发送到输出 OUT。

“解码” DECO 指令读取输入 IN 的值，并将输出值中位号与读取值对应的那个位置位，其他位以 0 填充。当输入 IN 的值大于 31 时，则将执行以 32 为模的指令。

编码指令应用示例如图 6-47 所示。

解码指令应用示例如图 6-48 所示。

3. 选择 SEL、多路复用 MUX、多路分用 DEMUX 指令

选择指令 SEL 可替代某些场合的传送指令使用，选择指令 SEL 根据输入 G 的情况选择输入 IN0 或 IN1 中的一个，并将其内容复制到输出 OUT 中，如果输入 G 的信号状态为“0”，

则将输入 IN0 中的值移动到 OUT 中；如果输入 G 的信号状态为“1”，则将输入 IN1 的值移动到输出 OUT 中。SEL 指令始终在两个 IN 值之间进行选择，执行 SEL 指令之后 ENO 始终为 TRUE。SEL 指令格式如图 6-49 所示。

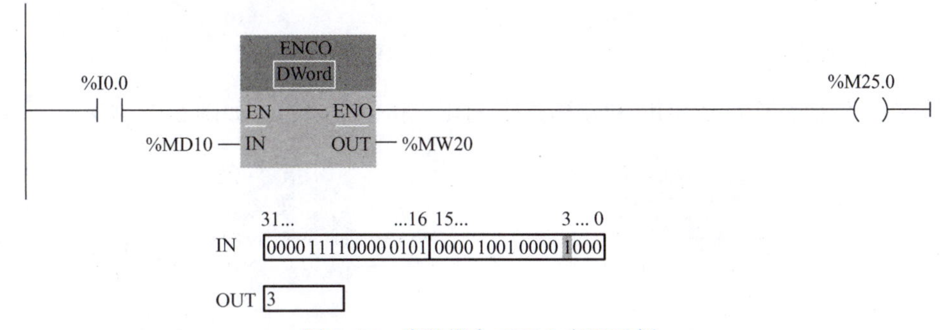

图 6-47　编码指令 ENCO 应用示例

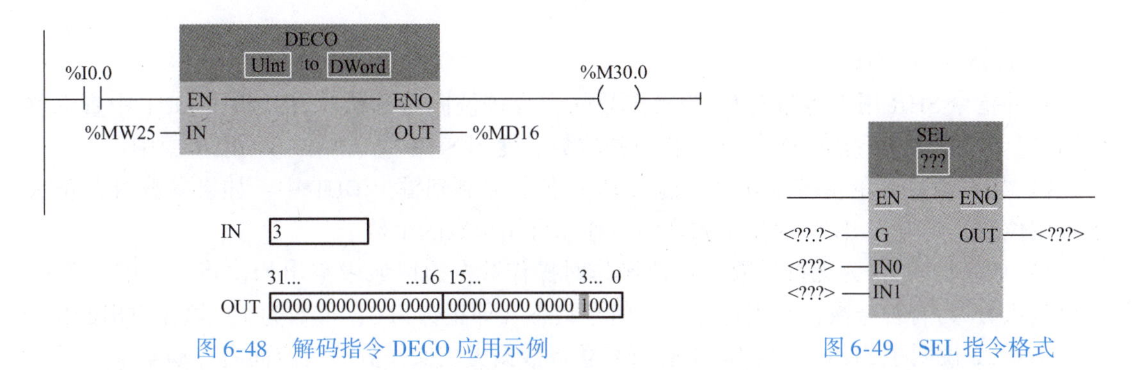

图 6-48　解码指令 DECO 应用示例　　　　图 6-49　SEL 指令格式

多路复用指令 MUX 根据输入 K（整数类型）中的值，选中对应编号的输入值 IN，并将它传送到 OUT 指定的地址。如当 K 值等于 2 时，则表示把 IN2 的值复制到输出端 OUT 中。可通过单击指令上的增加符号增加输入管脚，最多可增加到 32 个管脚。如果 K 中的值并不能表示输入管脚的编号时，则把 ELSE 的值由 OUT 端输出。

多路分用指令 DEMUX 含义与多路复用指令 MUX 具有相似之处，以输入 K 的值为输出 OUT 端的编号，将输入 IN 的内容复制到对应编号的 OUT 输出。如当 K 值等于 2 时，则把输入 IN 的值复制到 OUT2 中。指令中有个符号可以单击用来添加新的输出端，而不影响原输出。如果参数 K 的值大于可用的输出数目，则将输入 IN 的内容复制到参数 ELSE 中，并将使能输出 ENO 的信号状态指定为“0”。

多路复用和多路分用指令格式如图 6-50 所示。

SEL、MUX 和 DEMUX 指令输入变量和输出变量都必须为相同的数据类型，参数 K 的数据类型为整数，而 IN、ELSE 和 OUT 可以取二进制数、

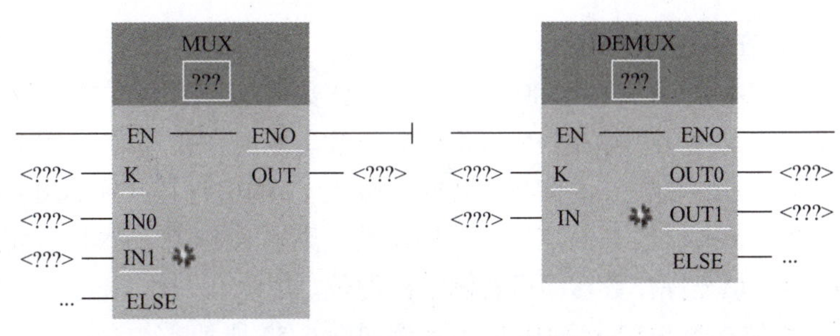

图 6-50　MUX、DEMUX 指令格式

整数、浮点数、定时器、Char、WChar、TOD、Date 等数据类型。在功能框名称下方单击黑色“???”，可从下拉菜单中选择与输入/输出变量相一致的数据类型。

6.7 移位和循环移位指令

6.7.1 移位指令

移位指令包括右移指令 SHR 和左移指令 SHL。移位指令格式如图 6-51 所示。

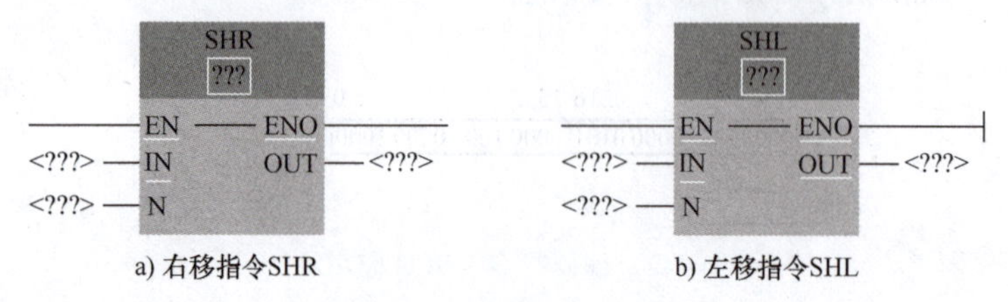

图 6-51 移位指令格式

1. 右移指令 SHR

右移指令 SHR 用于将输入 IN 中操作数的内容按位向右移位，并在输出 OUT 中查询移位结果。参数 N 用于指定 IN 值向右移位的位数。使用 SHR 指令需要遵循以下原则：

1）如果参数 N 的值等于 0 时，输入 IN 的值将复制到输出 OUT 中；如果参数 N 的值大于可用位数，则输入 IN 中的操作数将向右移动可用位数的个数。

2）如果输入 IN 为无符号数，移位操作时操作数左边区域中空出的位将用“0”填充；如果输入 IN 为有符号数，则用符号位的信号状态（即正数为 0，负数为 1）填充空出的位。

图 6-52 说明了 SHR 指令如何将有符号整数数据类型操作数的内容向右移动 4 位。

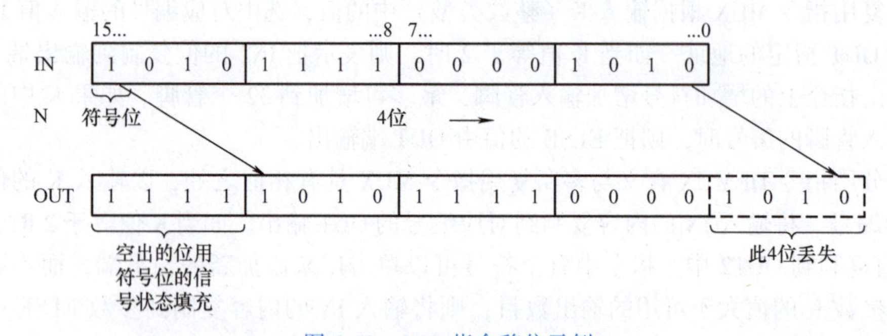

图 6-52 SHR 指令移位示例

2. 左移指令 SHL

左移指令 SHL 用于将输入 IN 中操作数的内容按位向左移位，并在输出 OUT 中查询移位结果。参数 N 用于指定 IN 值移位的位数。使用 SHL 指令需要遵循以下原则：

1）如果参数 N 的值等于 0 时，输入 IN 的值将复制到输出 OUT 中。

2）如果参数 N 的值大于可用位数，则输入 IN 中的操作数将向左移动可用位数的个数。用“0”填充操作数移动后右侧空出的位。

移位指令 SHR 和 SHL 应用示例如图 6-53 所示。

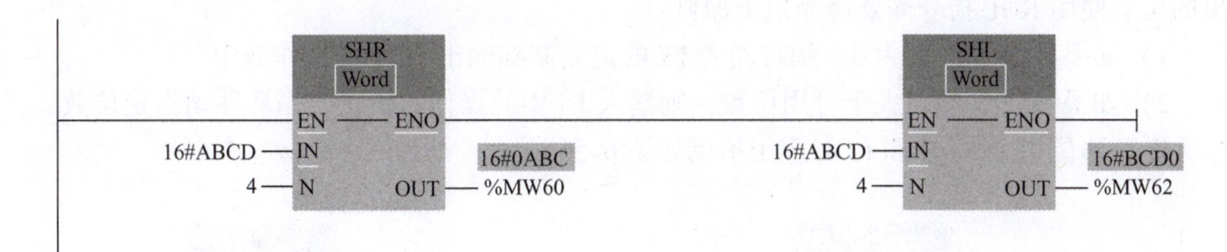

图 6-53　移位指令应用示例

6.7.2　循环移位指令

循环移位指令包括循环右移指令 ROR 和循环左移指令 ROL。循环移位指令的特点在于，从目标值一侧循环移出的位数据将循环移位到目标值的另一侧，因此原始位的值不会丢失。循环移位指令格式如图 6-54 所示。

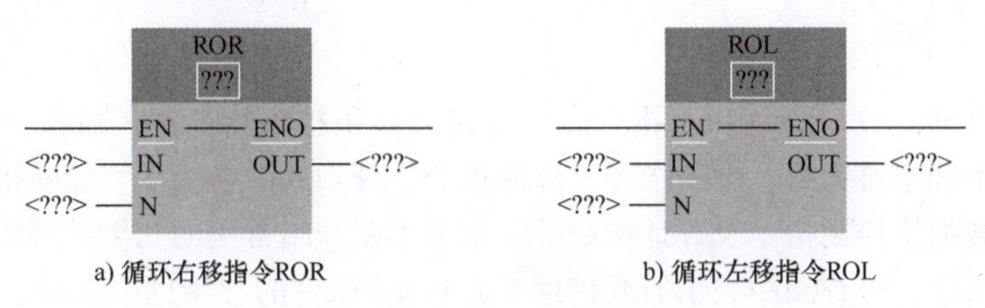

a) 循环右移指令ROR　　b) 循环左移指令ROL

图 6-54　循环移位指令

1. 循环右移指令 ROR

循环右移指令 ROR 将输入 IN 中操作数的内容按位向右循环移位，并在输出 OUT 中查询结果。参数 N 用于指定循环移位中待移动的位数。用移出的位填充因循环移位而空出的位。使用 ROR 指令需要遵循以下原则：

1）如果参数 N 的值为 0，则将输入 IN 的值复制到输出 OUT 的操作数中。

2）如果参数 N 的值大于可用位数，则输入 IN 中的操作数值仍会循环移动指定位数。

图 6-55 说明了如何将 DWord 数据类型操作数的内容向右循环移动 3 位。

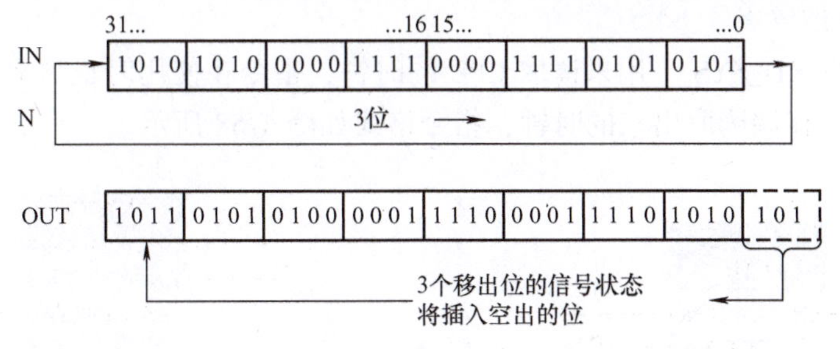

图 6-55　ROR 指令移位示例

2. 循环左移指令 ROL

使用循环左移指令 ROL 将输入 IN 中操作数的内容按位向左循环移位，并在输出 OUT 中查询结果。参数 N 用于指定循环移位中待移动的位数。用移出的位填充因循环移位而空出的位。使用 ROL 指令需要遵循以下原则：

1）如果参数 N 的值为 0，则将输入 IN 的值复制到输出 OUT 的操作数中。

2）如果参数 N 的值大于可用位数，则输入 IN 中的操作数值仍会循环移动指定位数。

循环移位指令 ROR 和 ROL 应用示例如图 6-56 所示。

图 6-56 循环移位指令应用示例

6.8 常用扩展指令

除基本指令外，S7－1200 PLC 指令库中还包含多条扩展指令，扩展指令包括日期和时间指令、字符串和字符指令、中断指令、脉冲指令、分布式 I/O 指令、诊断指令、配方和数据记录指令、数据块控制指令及寻址指令等。本节主要介绍常用的几类扩展指令，如果需要使用其他扩展指令，可查阅相关手册或借助 TIA Portal 软件的“帮助”工具。

6.8.1 日期和时间指令

CPU 具有日期时钟功能，在 CPU 断电时，可通过 CPU 的超级电容对时钟进行断电保持，保持时间通常为 20 天。系统时钟可以通过在线诊断视图进行设置或通过时钟读写指令中的写时钟指令进行设置。

1. 设置时钟指令 WR_SYS_T

通过设置时钟指令 WR_SYS_T 可实现对 CPU 系统时钟的设置，使用该指令在 IN 中输入日期和时间。使用时先在 DB 块中建立一个 DTL 数据类型的变量，DTL 数据类型的格式请参考 4.6.2 节中的介绍。指令格式如图 6-57 所示。

2. 读取时钟指令 RD_SYS_T

读取时钟指令 RD_SYS_T 用来读取 CPU 的时钟，指令在使用时也需要建立一个 DTL 数据类型的变量用于存储读取出来的时钟，指令格式如图 6-58 所示。

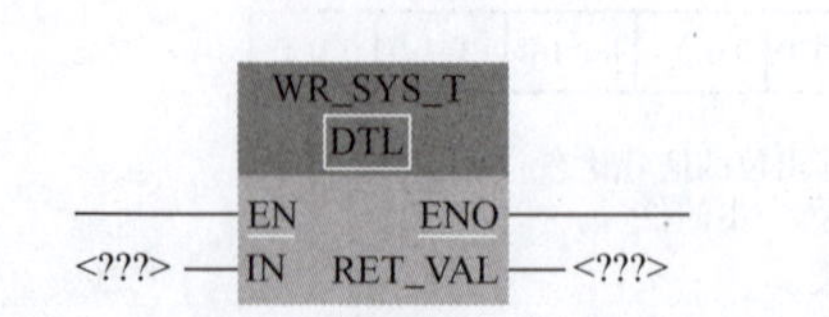

图 6-57 设置时钟指令 WR_SYS_T 格式

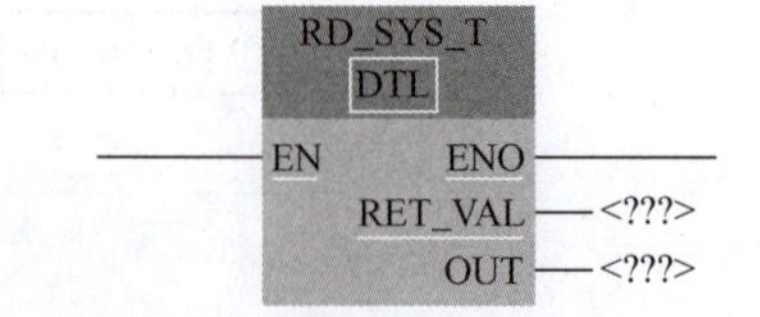

图 6-58 读取时钟指令 RD_SYS_T 格式

3. 时差指令 T_DIFF

使用时差指令，可计算两个输入日期时间的差值（即 IN1－IN2），指令中输出结果的数据类型为 TIME 的数据类型。使用时，若输入 IN2 的值大于 IN1 的值，则输出的结果为负数，指令格式如图 6-59 所示。

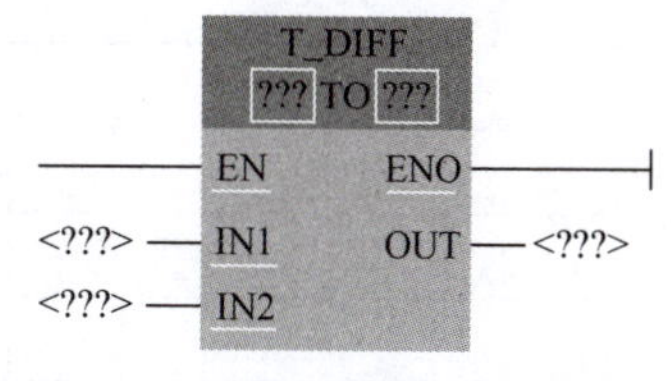

图 6-59　时差指令 T_DIFF 格式

6.8.2　字符串转换和字符串操作指令

1. 基本概念

字符串（String）是由最多 254 个字符（Char）组成的一维数组，最大长度为 256 个字节。前 2 个字节是标头，第一个标头字节是初始化字符串时方括号中给出的最大长度，默认值为 254；第二个标头字节是当前长度或字符串中的有效字符数。

有效字符串的最大长度必须大于 0 且小于 255，当前长度必须小于或等于最大长度，字符串无法分配给 I 或 Q 存储区。

字符串与字符指令选项卡中提供了极为丰富的字符串与字符指令，字符串与字符指令属于扩展指令，本节主要介绍常用的字符串移动指令及 ASCII 码与十六进制相互转换指令。

2. 移动字符串指令 S_MOVE

使用移动字符串指令 S_MOVE 可把一个字符串复制到另一个字符串的存储器中，使用时先建立对应的字符串数据类型的变量。若指令中 IN 端输入的字符串的长度超出了 OUT 端定义的字符串长度，则超出部分将不移动过去，同时指令 ENO 输出为 0。注意，若输入 IN 端输入的字符串不是变量地址而是常量字符串时，字符串需要使用英文输入法的单引号进行标注。S_MOVE 指令格式如图 6-60 所示。

3. ASCII 码与十六进制相互转换指令

ASCII 码转十六进制指令 ATH 和十六进制转 ASCII 码指令 HTA 一般用于串口通信中。在串口通信中，有些通信协议规定发送和接收的数据为 ASCII 字符，所以对于要发送的数据或接收回来的数据需要使用 ASCII 码与十六进制之间的转换指令进行转换。ASCII 码与十六进制相互转换指令格式如图 6-61 所示。

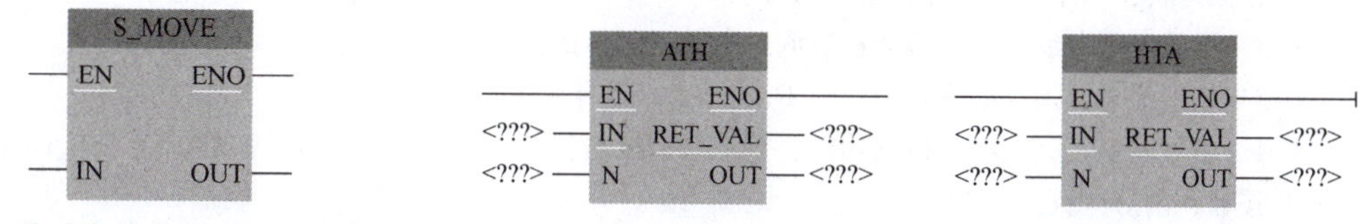

图 6-60　移动字符串 S_MOVE 指令格式

图 6-61　ATH 和 HTA 指令格式

表 6-8 显示了 ASCII 字符及其相对应的十六进制值。

表 6-8　ASCII 字符及十六进制值对应表

ASCII 字符	ASCII 编码的十六进制值	十六进制数
″0″	30	0
″1″	31	1
″2″	32	2
″3″	33	3
″4″	34	4
″5″	35	5
″6″	36	6

（续）

ASCII 字符	ASCII 编码的十六进制值	十六进制数
"7"	37	7
"8"	38	8
"9"	39	9
"A"	41	A
"B"	42	B
"C"	43	C
"D"	44	D
"E"	45	E
"F"	46	F

（1）ATH 指令　ASCII 码转十六进制指令 ATH 将 IN 输入端中指定的 ASCII 字符串转换为十六进制数，转换结果输出到 OUT 中。

指令转换时，需要注意输入参数的 ASCII 码必须是有效的 ASCII 码，否则转换无效，指令 ENO 不输出，转换时 2 个 ASCII 码转换后放到一个字节中，最多可实现 32767 个 ASCII 码的转换。

（2）HTA 指令　十六进制转 ASCII 码指令 HTA 将 IN 输入端中指定的十六进制转换为 ASCII 字符串，转换结果存储在 OUT 中。由于 ASCII 字符为 8 位，而十六进制数只有 4 位，所以输出值长度为输入值长度的两倍。

思考题与习题

6-1　编写程序，完成以下控制功能：按下点动起动按钮，电动机点动运转；按下长动运行按钮，电动机单向连续运转；按下停止按钮，电动机停转。

6-2　用基本指令编写一个两地控制同一电动机起停的控制程序。

6-3　试用定时器指令编写一个延时 1h 30min 的延时程序。

6-4　编写程序，完成以下控制功能：按下起动按钮，灯 1 闪烁；灯 1 闪 3 次后，灯 2 同步闪，直至按下停止按钮，两灯熄灭。

6-5　用比较指令编写梯形图程序，完成以下功能：I0.0 为脉冲输入，当脉冲数大于 10 时，Q0.1 为 ON，反之 Q0.2 为 ON。

6-6　编写程序，实现两台电动机的顺序起停控制：要求 M1 先起动，经过 3s 后 M2 起动；M2 停止 5s 后 M1 自动停止。

6-7　编写一段程序，完成以下计算：(120 + 240) × 2 ÷ 9。

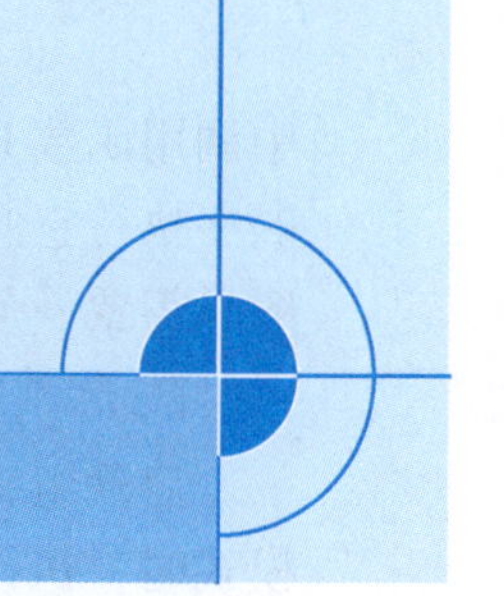

第7章

S7-1200 PLC的编程及应用

7.1 S7-1200 PLC的程序结构

7.1.1 块的概念

目前的工业自动化项目中，控制任务比较复杂，控制设备多样，所以 S7-1200 PLC 通常采用模块化编程。模块化编程能够将复杂的控制任务划分为对应不同控制功能与技术要求的子任务，实现每个子任务的程序称为“块”。如图 7-1 所示，S7-1200 PLC 的用户程序包含不同的程序块，各程序块实现的功能不同。程序块的类型及功能描述见表 7-1。

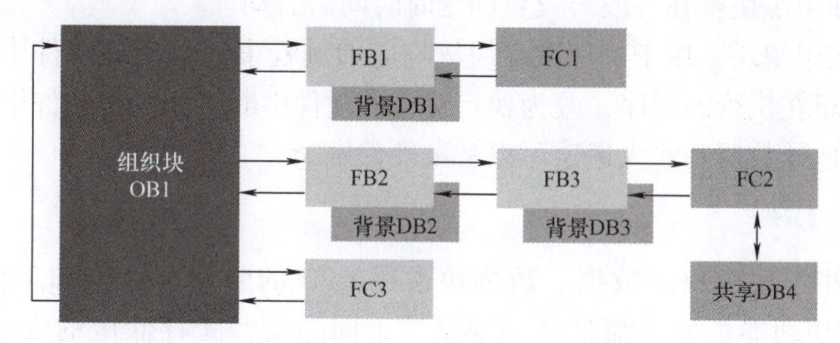

图 7-1　S7-1200 PLC 的程序结构

表 7-1　程序块的类型及功能描述

程序块	功能描述
组织块（OB）	由操作系统调用，决定用户程序的结构
函数（FC）	用户编写的子程序，不带背景数据块
函数块（FB）	用户编写的子程序，带有专用的背景数据块
数据块（DB）	背景 DB：用于保存相关 FB 的输入、输出、输入/输出和静态变量，其数据在编译时自动生成 全局 DB：用于存储程序数据，其数据格式由用户自行定义

7.1.2 组织块 OB

组织块（OB）是由操作系统直接调用的程序块，是 CPU 的操作系统与用户程序之间的接口。组织块可分为循环执行组织块、启动组织块及用于中断驱动程序的组织块。组织块由变量声明表和用户程序组成。每个组织块均有优先级，通常情况下，组织编号越大，优先级越高。组织块不能互相调用，其基本功能是调用用户程序。

1. 循环执行组织块

主程序 OB1 属于循环执行组织块，CPU 在“RUN”模式时循环执行 OB1，可以在 OB1

中调用函数 FC 和函数块 FB。如果用户程序生成了其他程序循环组织块，CPU 按 OB 编号的顺序执行它们，首先执行主程序 OB1，然后执行编号大于或等于 123 的程序循环组织块。一般只需要一个程序循环组织块。程序循环组织块的优先级最低，其他事件都可以中断它。

2. 启动组织块

启动组织块一般用于初始化程序，如赋初值。在 CPU 从 “STOP” 模式切换到 “RUN” 模式时，执行一次启动组织块，执行完后读取过程映像输入区，开始执行 OB1。启动组织块默认是 OB100，允许生成多个启动组织块，其他启动组织块的编号应大于或等于 123。一般的程序只需要一个启动组织块。

3. 中断组织块

中断组织块包括循环中断、时间中断、延时中断及硬件中断组织块等。

1）循环中断组织块：按照设定的时间间隔循环执行。例如，如果时间间隔为 100ms，则在程序执行期间会每隔 100ms 调用该 OB 一次。

2）时间中断组织块：用于在时间可控的应用中定期运行一部分用户程序，可实现在某个预设时间到达时只运行一次；或者在设定的触发日期到达后，按每分/小时/天/周/月等周期运行。

3）延时中断组织块：在一段可设置的延时时间后启动。

4）硬件中断组织块：用于处理需要快速响应的过程事件。出现硬件中断事件时，CPU 会立即终止当前正在执行的程序，改为执行对应的硬件中断组织块。硬件中断组织块由外部设备产生，如高速计数器和输入通道可以触发硬件中断。

7.1.3 数据块 DB

数据块 DB 用于存储程序数据。数据块占用 CPU 的装载存储器和工作存储器。与 M 存储区相比，使用功能类似，都是全局变量。不同的是，M 存储区的大小在 CPU 技术规范中已经定义且不可扩展，而 DB 是由用户定义的，最大不能超过工作存储区和装载存储区。按照功能分，数据块 DB 可以分为：全局数据块、背景数据块和基于数据类型的数据块。

1. 全局数据块

全局数据块必须在创建后才能在程序中使用。在 TIA 博途的项目树中，单击已添加的设备 “PLC_1” → “程序块” → “添加新块”，选择 “数据块” 创建全局数据块，DB 块编号范围为 1 ~ 59999。在数据块的 “常规” → “属性” 里设置 DB 块的访问方式，如图 7-2 所示。

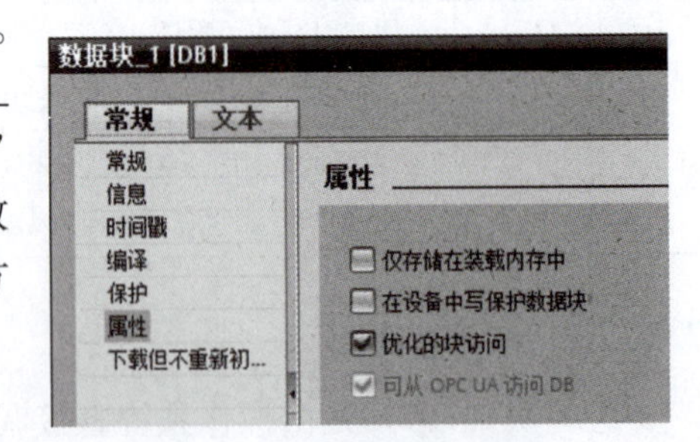

图 7-2 数据块的访问设置

数据块的访问设置步骤如下：

1）“仅存储在装载内存中”：选中该项时，DB 块下载后只存储于装载存储器。

2）“在设备中写保护数据块”：选中该项时，则此 DB 块只可读访问。

3）“优化的块访问”：新建数据块时，默认为 “优化的块访问”，这时只能采用符号寻址方式访问该数据块。若取消优化，则可以使用绝对方式访问该数据块（如

DB1. DBX0. 0)。

打开数据块后，可以定义变量及其数据类型、启动值及保持等属性。

2. 背景数据块

背景数据块与函数块相关联，存储 FB 的输入、输出、输入/输出参数及静态变量，其变量只能在 FB 中定义，不能在背景数据块中直接创建。程序中调用 FB 时，可以为其分配一个背景 DB，也可以直接定义一个新的 DB 块，该 DB 块将自动生成并作为这个 FB 的背景数据块。

7.1.4 函数 FC

1. 函数 FC 简介

函数 FC 是不带存储器的代码块。其临时变量存储在局部数据堆栈中，FC 执行结束后，这些数据就丢失。可以使用共享数据区来存储那些在 FC 执行结束后需要保存的数据，不能为 FC 的局部数据分配初始值。

函数 FC 相当于子程序，当程序员希望重复执行某项功能时，可将其写成 FC，在 OB1 或其他 FC/FB 中调用。这样不仅可以简化代码，缩短扫描周期，而且有利于程序调试，增强程序的可读性和移植性。

2. 函数 FC 的应用

FC 在使用时可选择不带参数的 FC 和带参数的 FC。若需要使用带参数的 FC，则在 FC 打开后需要在 FC 的接口区定义接口参数，调用时需要给 FC 的所有形参分配实参。

下面用两个例题讲解函数 FC 的应用。

【例 7-1】 用不带参数的函数 FC 实现电动机的起保停控制。

解： ①新建一个项目，本例为“项目1”。在 TIA 博途软件的项目树中，单击已添加的设备“PLC_1”→“程序块”→“添加新块”，弹出添加新块对话框，如图 7-3 所示。

图 7-3 添加新块

② 如图 7-3 所示，在“添加新块”对话框中选择“函数”，输入函数的名称“起保停控制”，选择编程语言为 LAD，单击“确定”按钮，弹出 FC1 的程序编辑器界面。

③ 在 FC1 的“程序编辑器”中，输入如图 7-4 所示的程序。

④ 打开主程序块 Main [OB1]，将函数“起保停控制 [FC1]”拖拽到程序编辑器中，如图 7-5 所示。至此，项目创建完成。

在例 7-1 中，只能用 10. 0 实现起动，用 10. 1 实现停止，这种不带参数的函数调用方式是绝对调用，显然灵活性不够，例 7-2 将用参数调用。

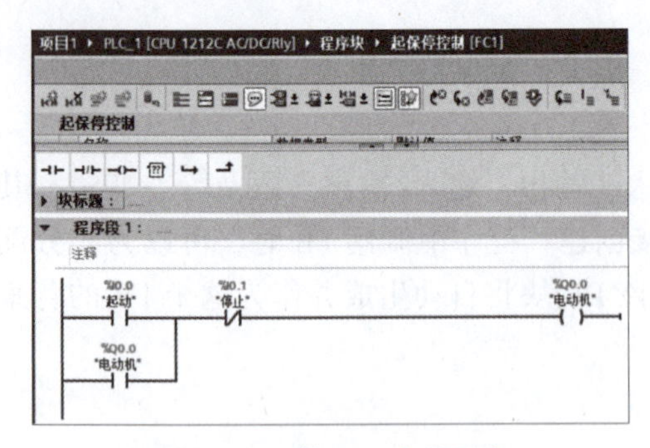

图 7-4　函数 FC1 中的程序

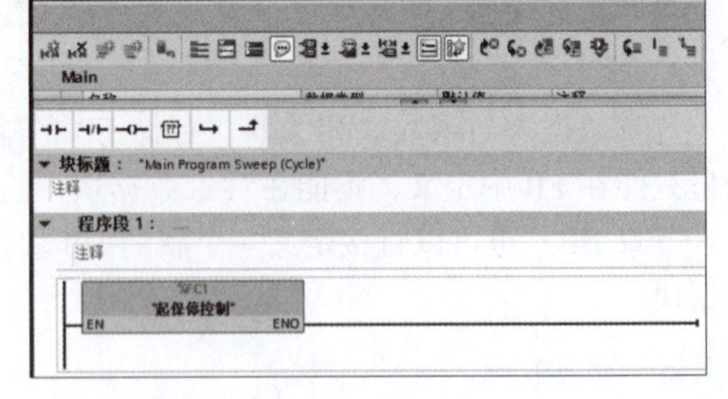

图 7-5　在 OB1 中调用函数 FC1

【**例 7-2**】用带参数的函数 FC 实现电动机的起保停控制。

解：本例的①、②步与例 7-1 相同，在此不再重复讲解。

③ 如图 7-6 所示，在 FC1 的块接口区中，在 Input（输入参数）中新建参数“起动”和“停止”，在 InOut（输入/输出参数）中新建参数“电动机”。然后在程序段 1 中输入程序，如图 7-7 所示，注意参数前都要加“#”。

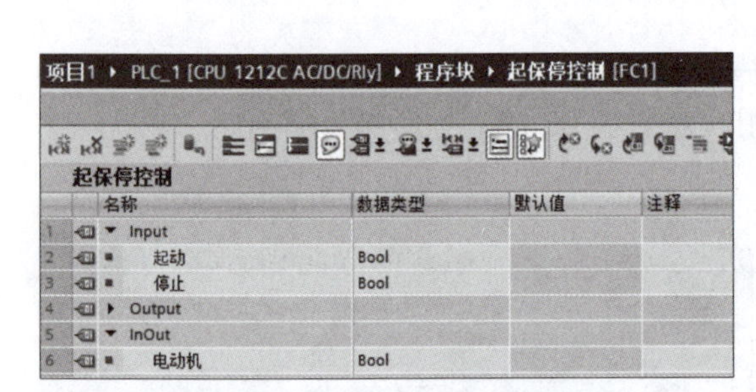

图 7-6　在 FC1 的接口区新建参数

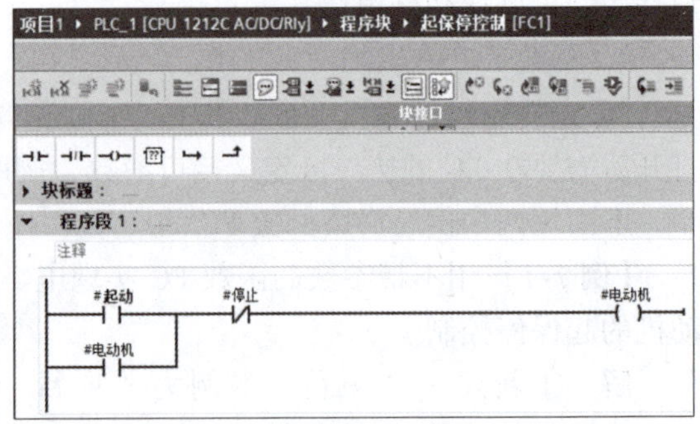

图 7-7　函数 FC1 中的程序

④ 打开主程序块 Main［OB1］，将函数“起保停控制［FC1］”拖拽到程序编辑器中，如图 7-8 所示。这种带参数的函数 FC 的调用比较灵活，起动不只限于 10.0，停止不只限于 10.1，在编写程序时，可以灵活分配应用。

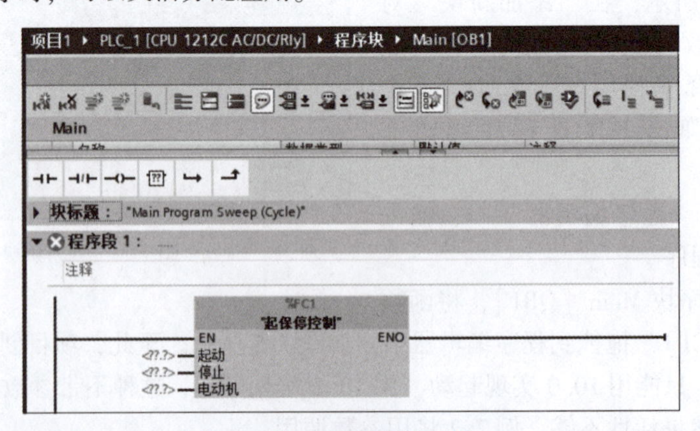

图 7-8　在 OB1 中调用函数 FC1

7.1.5 函数块 FB

函数块 FB 是用户编写的代码块，拥有自己的存储区，即背景数据块。

与函数 FC 相比，函数块 FB 的输入参数、输出参数、输入/输出参数和静态变量都存储在指定的背景数据块中。函数块 FB 执行完后，背景数据块中的数据不会丢失。函数块 FB 在使用时可以使用带参数的 FB 和不带参数的 FB，带参数的 FB 与带参数的 FC 的区别在于带参数的 FC 调用后需要赋予实参后才可运行，而带参数的 FB 可以不用赋予实参也可运行。

函数块 FB 在调用时会提示生成相应的背景数据块，其结构与对应的 FB 的接口区相同，选择背景数据块时有三种选择，分别为单一的背景数据块、多重背景数据块和参数实例。

单一背景数据块：在任意块中调用时都可选择，主要为被调用的 FB 分配一个背景 DB，FB 将数据存储在自己的背景 DB 中。

多重背景数据块：在 FB 中调用 FB 时可选择，无须为调用的 FB 创建单独的背景 DB，被调用的 FB 将数据保存在调用的 FB 的背景数据块中的静态变量中。

参数实例：在 FC/FB 中调用 FB 时可选择将背景 DB 作为参数传送，被调用的 FB 将数据保存在调用块的参数实例中，通过调用块的 InOut 参数将数据传送至待调用的 FB 中。

7.2 梯形图的编程规则

PLC 编程应该遵循以下基本规则：

1）每一逻辑行总是起于左母线，最后终止于线圈或右母线（右母线可以不画出），如图 7-9 所示。

%I0.0 %I0.1 %Q0.0 %I0.2

a) 错误

%I0.0 %I0.1 %I0.2 %Q0.0

b) 正确

图 7-9 规则 1）说明

2）无论选用哪种机型的 PLC，所用元器件的编号必须在该机型的有效范围内，例如 CPU1212C 最大 I/O 范围是 2KB。

3）触点的使用次数不受限制。例如，辅助继电器 M0.0 的触点可以在梯形图中出现无限制的次数，而实物继电器的触点一般少于 8 对，只能用有限次。

4）在梯形图中同一线圈只能出现一次。如果在程序中，同一线圈使用了两次或多次，称为“双线圈输出”。对于“双线圈输出”，有些 PLC 将其视为语法错误，绝对不允许；有些 PLC 则将前面的输出视为无效，只有最后一次输出有效（如西门子 PLC）；而有些 PLC 在含有跳转指令或步进指令的梯形图中允许双线圈输出。

5）对于不可编程的梯形图必须经过等效变换，变成可编程梯形图，如图 7-10 所示。

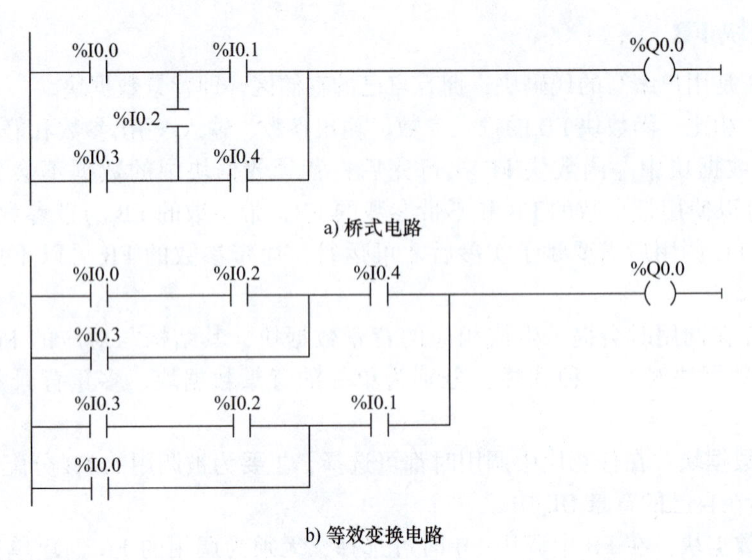

a) 桥式电路

b) 等效变换电路

图 7-10　规则 5）说明

6）多上串左。有串联线路相并联时，应把串联触点较多的电路放在梯形图上方，如图 7-11a、b 所示；有并联电路相串联时，应把并联触点较多的电路尽量靠近左母线，如图 7-11c、d 所示。

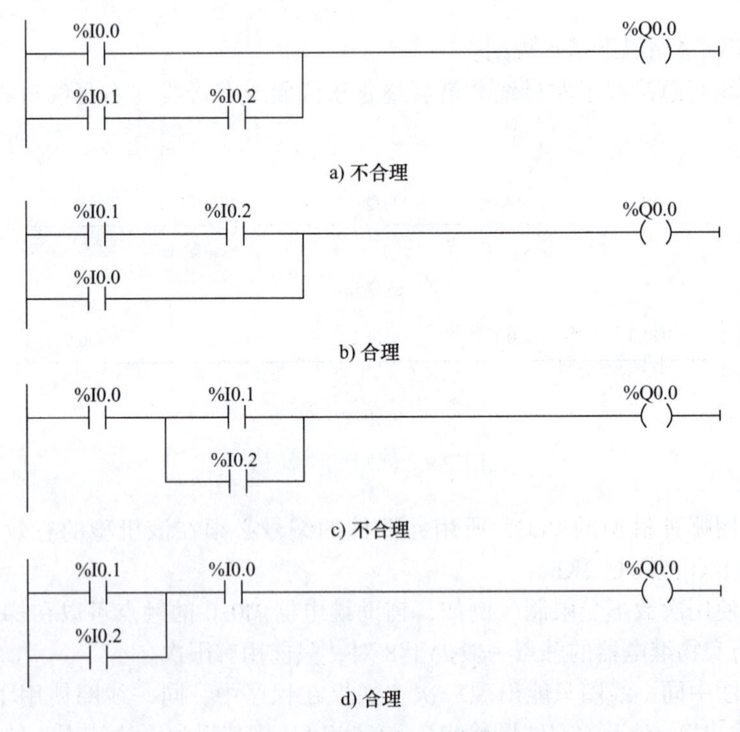

a) 不合理

b) 合理

c) 不合理

d) 合理

图 7-11　规则 6）说明

7）为了安全考虑，PLC 输入端子接入的停止按钮和急停按钮应使用常闭触点，而不应使用常开触点。

7.3 S7－1200 PLC 典型控制程序

7.3.1 自锁/互锁控制

1. 自锁控制

自锁控制是控制电路中最基本的环节，常用于对输入开关和输出继电器的控制电路。在图 7-12 所示的程序中，I0.0 闭合使线圈通电，随之 Q0.0 触点闭合，此后即使 I0.0 触点断开，Q0.0 线圈仍然保持通电；只有当常闭触点 I0.1 断开时，Q0.0 才断电，Q0.0 触点断开。若想再起动继电器 Q0.0，只有重新闭合 I0.0。这种自锁控制常用于以无锁定开关作起动开关，或用于只接通一个扫描周期的触点去起动一个持续动作的控制电路。

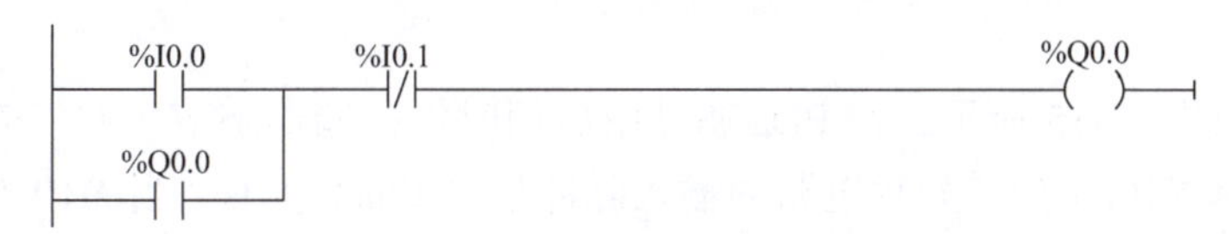

图 7-12　自锁控制程序

2. 互锁控制（联锁控制）

在图 7-13 所示的互锁程序段中，Q0.0 和 Q0.1 只要有一个继电器线圈先接通，另一个继电器就不能再接通，而保证任何时候两者都不能同时起动。这种互锁控制常用于被控的是一组不允许同时动作的对象，如电动机正反转控制等。

图 7-14 是另一种互锁控制程序段例子。它实现的功能是只有当 Q0.0 接通时，Q0.1 才有可能接通，只要 Q0.0 断开，Q0.1 就不可能接通。也就是说一方的动作是以另一方的动作为前提的。

程序段1：......
%I0.0　%I0.1　%Q0.1　%Q0.0
%Q0.0

程序段2：......
%I0.2　%I0.1　%Q0.0　%Q0.1
%Q0.1

图 7-13　互锁控制程序之一

7.3.2 时间控制

1. 分频电路

在许多控制场合，需要对控制信号进行分频。以二分频为例，输出脉冲是输入信号脉冲的二分频。

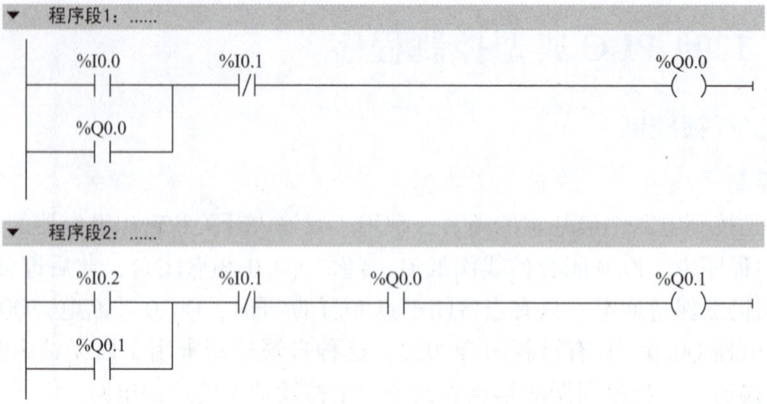

▼ 程序段1：……

%I0.0 %I0.1 %Q0.0

%Q0.0

▼ 程序段2：……

%I0.2 %I0.1 %Q0.0 %Q0.1

%Q0.1

图 7-14 互锁控制程序之二

二分频电路如图 7-15 所示，在 PLC 属性中启用时钟存储器字节，并将时钟存储器字节设为 MB10，选择 M10.5 为二分频电路的输入脉冲信号 Clock_1Hz。当 M10.5 由断开变为接通时，M0.0 产生一个脉冲，在扫描程序至第三行时，由于 Q2.0 为断开状态，因此 M0.2 不会得电，扫描程序至第四行时，Q2.0 接通并自锁。此后的多个扫描周期中，由于 M0.0 只导通一个扫描周期，因此，M0.2 不会接通，Q2.0 状态为“1”；当 M10.5 再次由断开变成接通时，M0.0 再次产生一个脉冲，此时，因为之前 Q2.0 为接通状态，所以 M0.2 也接通，Q2.0 被解锁状态变为断开；此后的多个扫描周期中，由于 M0.0 只导通一个扫描周期，Q2.0 一直为断开状态；到下一次 M10.5 由断开变成接通时，Q2.0 为接通，如此循环，得到的输出 Q2.0 刚好是输入信号 M10.5 的二分频。

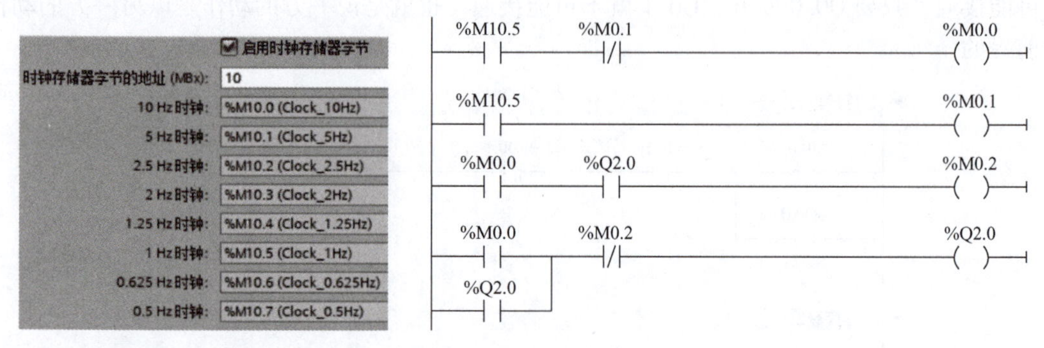

图 7-15 二分频电路

2. 闪烁电路

(1) 使用时钟存储器字节 S7－1200 PLC 可通过启用硬件属性中的“启用时钟存储器字节”，设置 8 个位的不同频率的时钟脉冲，利用不同频率的位触点可以实现闪烁电路。使用时钟存储器字节实现闪烁电路如图 7-16 所示，当“START”接通时，“LED1”输出周期为 1s 的脉冲，“LED2”输出周期为 2s 的脉冲。

(2) 使用定时器 使用时钟存储器实现闪烁电路很方便，但其缺点是无法输出可调整的脉冲周期和脉冲宽度，利用定时器编程可以克服这一缺点。使用定时器实现的闪烁电路如图 7-17 所示，当“START”接通时，定时器“T1”开始定时，2s 后“LED”接通，同时定

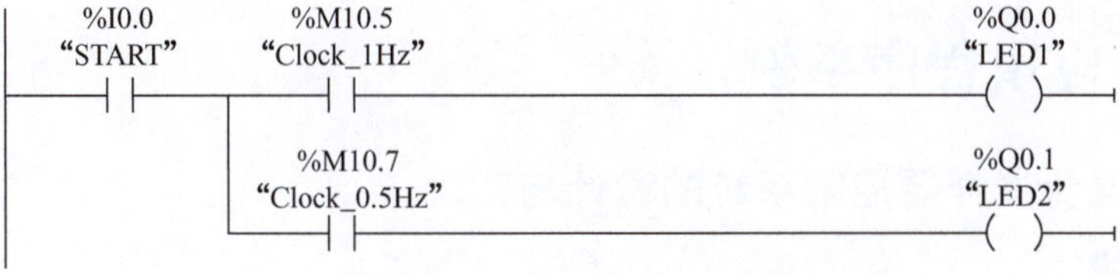

图 7-16　使用时钟存储器字节实现闪烁电路

时器“T2”开始定时，3s后“T2”的常闭触点断开，“T1”被复位，“T2”也被复位，“LED”断开，同时“T2”的常闭触点又闭合，“T1”又开始定时，如此重复。通过调整“T1”和“T2”定时的时间，可以改变“LED”输出接通和断开的时间，以此调整脉冲输出的宽度和周期。

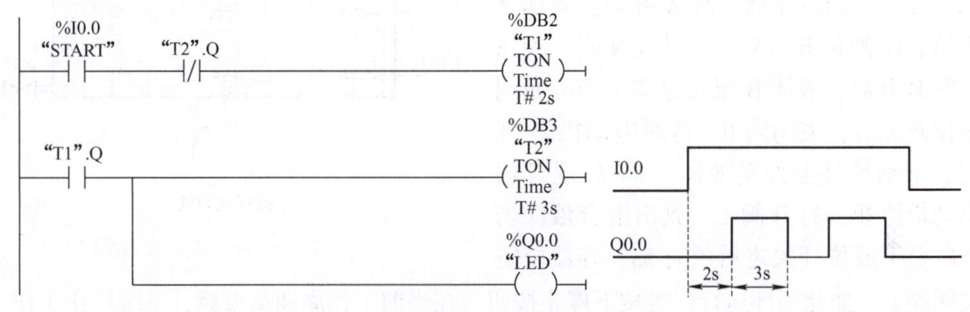

图 7-17　使用定时器实现闪烁电路

7.3.3　顺序控制

顺序控制在继电器-接触器控制系统中应用十分广泛，但只能进行一些简单控制，且整个系统十分笨重，接线复杂，故障率高，有些更复杂的控制可能根本实现不了。而用PLC进行顺序控制则变得轻松，图7-18即是用定时器实现顺序控制的例子。

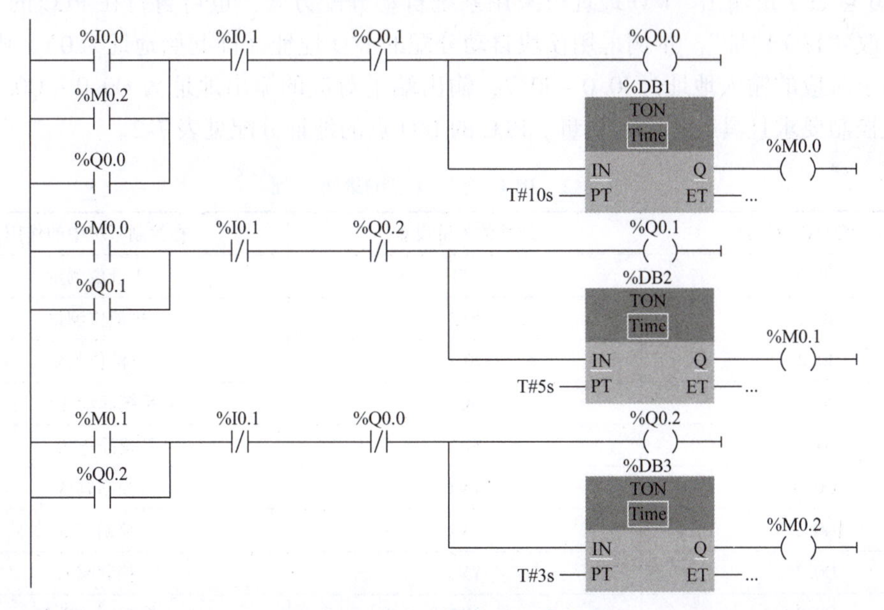

图 7-18　用定时器实现顺序控制

7.4　PLC 应用程序举例

7.4.1　液体混合搅拌器控制系统的设计与实现

1. 控制要求

液体混合搅拌器如图 7-19 所示。上液位、下液位和中液位开关被液体淹没时状态为 ON，阀 A、阀 B 和阀 C 为电磁阀，线圈通电时阀门打开，线圈断电时阀门关闭。开始时容器是空的，各阀门均关闭，各限位开关状态均为 OFF。按下起动按钮后，阀 A 开启，液体 A 流入容器，中液位开关状态变为 ON 时，阀 A 关闭；阀 B 开启，液体 B 流入容器，当液面到达上液位开关时，关闭阀 B；这时电动机 M 开始运行，带动搅拌器搅动液体，60s 后混合均匀，电动机停止；打开阀 C，放出混合液，当液面下降至下液位开关之后延时 5s，容器放空后，关闭阀 C，如此循环运行。当按下停止按钮，在当前工作周期结束后，系统停止工作。

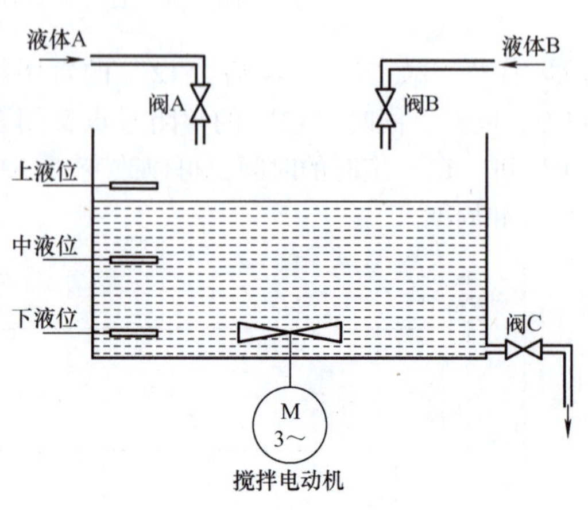

图 7-19　液体混合搅拌器

2. PLC 选型及接线

（1）分配 I/O 地址　根据控制要求，控制系统的输入有上、中、下液位传感器 3 个输入点，再加上搅拌器起动按钮及搅拌器停止按钮共 5 个输入点，输出有阀 A、阀 B 和阀 C 共 3 个电磁阀线圈及驱动电动机搅拌的交流接触器线圈共 4 个负载。本例采用西门子公司的 S7－1200 系列 CPU1212C AC/DC/RLY 型号。该模块输入电源为交流 85～264V，提供 8 点数字量输入，6 点数字量输出。I/O 地址可采用系统自动分配方式，也可自行在 PLC 的“常规”属性中修改“I/O 地址”。本例采用模块自动分配的 I/O 地址（即起始地址为 0），则模块上的输入端子对应的输入地址为 I0.0～I0.7，输出端子对应的输出地址为 Q0.0～Q0.5，可以满足系统控制要求且具有一定的裕量。PLC 的 I/O 点的地址分配见表 7-2。

表 7-2　PLC 的 I/O 点的地址分配

PLC 的 I/O 点地址	连接的外部设备	在控制系统中的作用
I0.0	ST1	上液位测量
I0.1	ST2	中液位测量
I0.2	ST3	下液位测量
I0.3	SB1	系统起动命令
I0.4	SB2	系统停止命令
Q0.0	YV1	控制阀 A
Q0.1	YV2	控制阀 B
Q0.2	YV3	控制阀 C
Q0.3	KM	控制电动机 M

（2）PLC 外部接线　液体混合搅拌器的 PLC I/O 外部接线图如图 7-20 所示。

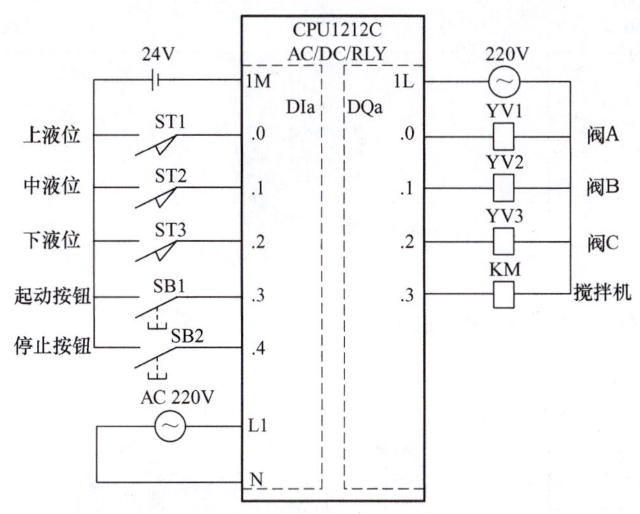

图 7-20　液体混合搅拌器的 PLC I/O 外部接线图

3. PLC 控制程序设计

在设计程序时需要注意的是，当按下停止按钮 SB2 时，系统要把一个周期的动作完成后停止在初始状态，如何让系统记住曾经按下停止按钮这个信号？我们采用的方法是增加一个中间继电接触器 M10.0（系统运行状态），由它记忆停止按钮按下和停止按钮没有按下这两种状态。液体混合搅拌系统梯形图如图 7-21 所示，其中“T0”定时器背景数据块为 DB1，“T1”定时器背景数据块为 DB2。

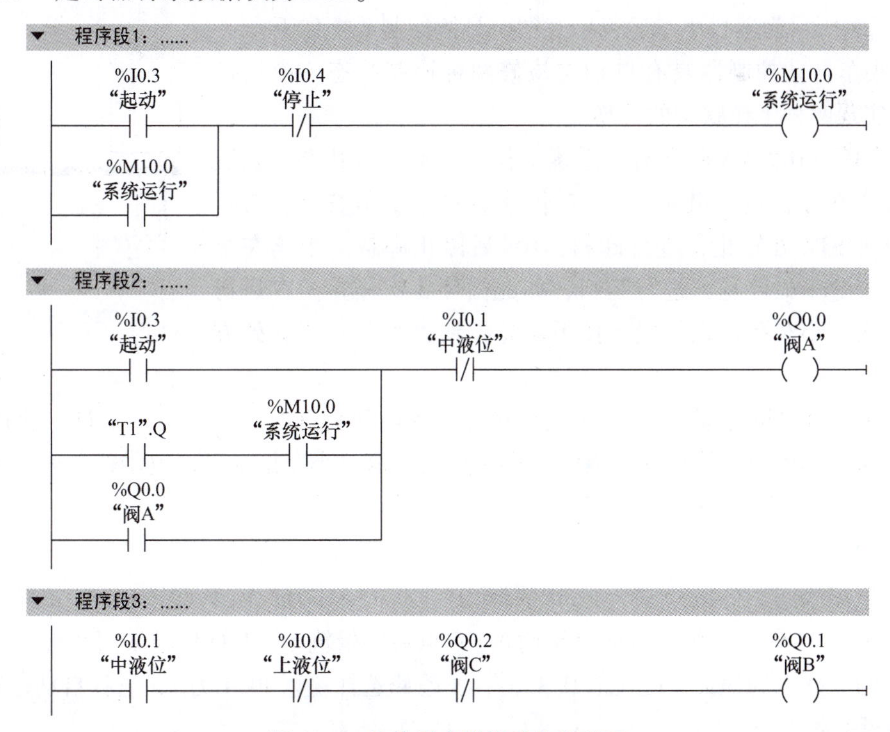

图 7-21　液体混合搅拌系统梯形图

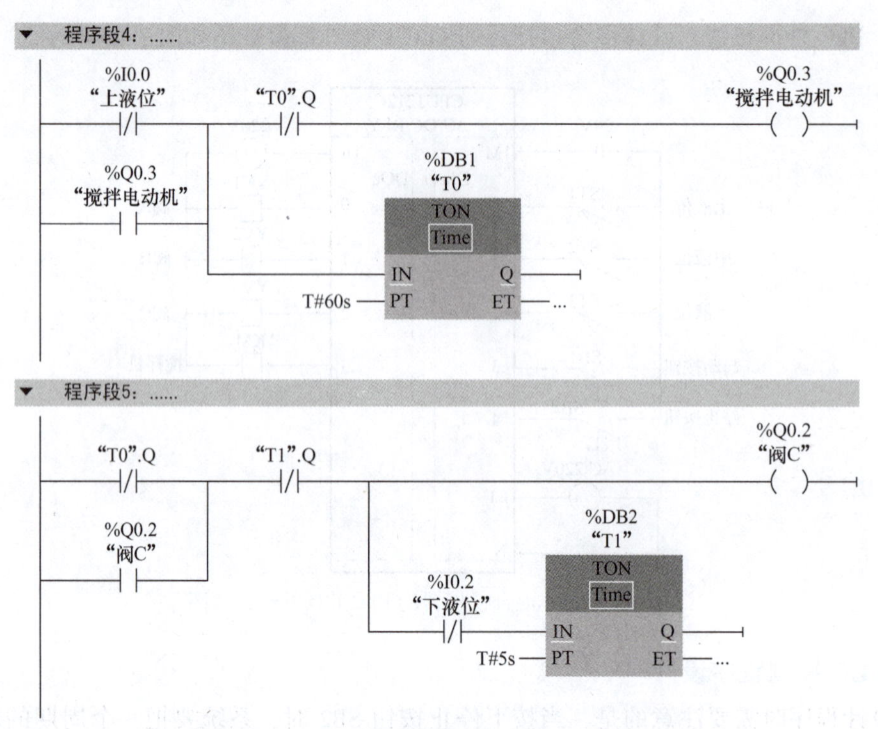

图 7-21　液体混合搅拌系统梯形图（续）

7.4.2　运料小车控制系统的设计与实现

1. 设计要求

图 7-22 所示为运料小车运行示意图，具体控制要求如下：

1）小车自动控制器具有自动与检修两种控制状态，由切换开关 SA 实现两种工作状态的转换。

2）当切换开关 SA 闭合时，系统工作在自动运行状态。系统启动后首先在原位进行装料，15s 后停止装料，小车右行；右行至行程开关 ST2 处停止，进行卸料，10s 后停止卸料，小车左行至行程开关 ST1 处停止，进行装料，如此循环 3 次停止。在运行过程中，无论小车在什么位置，按下停止按钮，小车到装料处方可停止。

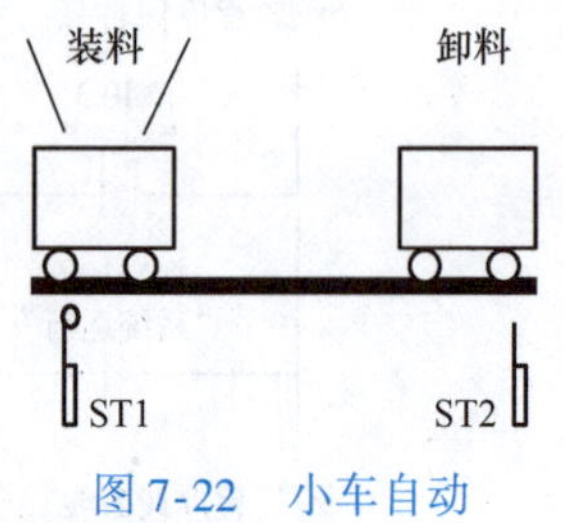

图 7-22　小车自动运料示意图

3）当 SA 断开时，系统工作在检修状态。按点动前进时，小车点动前进，前进至行程开关 ST2 时小车停止；按点动后退时，小车点动后退，小车接通后退电动机，退至 ST1 时小车停止。

2. PLC 选型及接线

本例采用西门子公司的 S7－1200 系列 CPU1212C AC/DC/RLY 型号 PLC。该模块输入电源为交流 85～264V，提供 8 点数字量输入，6 点数字量输出。I/O 地址采用系统自动分配方式。PLC 的 I/O 点的地址分配见表 7-3。自动/检修选择输入 I0.4 为 1，选择自动运行；I0.4 为 0，选择手动检修运行。

表 7-3　I/O 对应表

符号名称	地　址	符号名称	地　址
起动按钮 SB1	I0.0	装料电磁阀 YV1	Q0.0
停止按钮 SB2	I0.1	右行线圈 KM2	Q0.1
左侧行程开关 ST1	I0.2	卸料电磁阀 YV2	Q0.2
右侧行程开关 ST2	I0.3	左行线圈 KM1	Q0.3
手动/检修选择开关 SA	I0.4		
手动前进	I0.5		
手动后退	I0.6		

小车的往返运动，实际就是正反转控制，控制电路的接线图如图 7-23 所示。

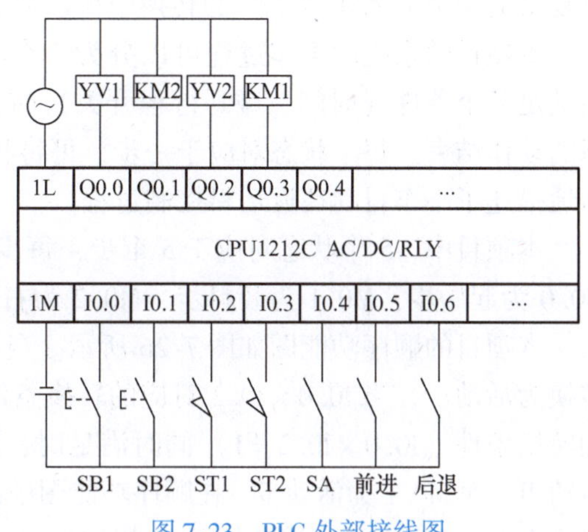

图 7-23　PLC 外部接线图

3. PLC 控制程序设计

这是一个典型的顺序控制设计，控制过程包括装料、小车右行、卸料、小车左行 4 个状态，每个状态之间按照一定的规律循环转换。因此，本项目宜采用顺序控制设计的方法。

小车装料和卸料的状态受时间控制，设计中还要用到定时器指令，右行、左行状态的结束由行程开关的位置决定。本项目中需要统计循环次数，因此需要用到计数器指令。

创建新项目“小车控制”，选择 CPU 型号为 CPU1212C AC/DC/RLY。

打开 PLC 的设备视图，在巡视窗口中切换至“属性”选项卡，在列表中选择“系统和时钟存储器”选项，再勾选“允许使用系统存储器字节”复选框，选择 MB10 作为系统存储器，其中的 M10.0 首次循环为 1，通常作为程序中初始化位使用，如图 7-24 所示。

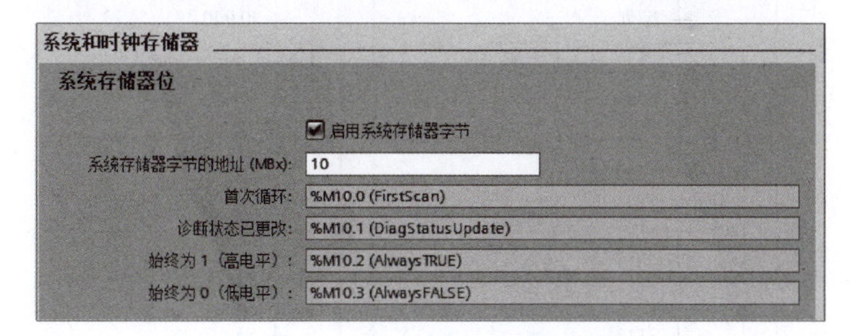

图 7-24　PLC 的系统存储器的设置

根据设计要求和 PLC 的地址分配，为了增加程序的可读性，定义 PLC 的变量如图 7-25 所示。

采用顺序控制的程序设计方法时，首先要画出顺序功能图，顺序功能图中的各“步”

PLC 变量									
	名称	变量表	数据类型	地址	保持	可从...	从 H...	在 H...	注
1	起动	默认变量表	Bool	%I0.0	☐	☑	☑	☑	
2	停止	默认变量表	Bool	%I0.1	☐	☑	☑	☑	
3	ST1	默认变量表	Bool	%I0.2	☐	☑	☑	☑	
4	ST2	默认变量表	Bool	%I0.3	☐	☑	☑	☑	
5	装料	默认变量表	Bool	%Q0.0	☐	☑	☑	☑	
6	自动/检修选择开关	默认变量表	Bool	%I0.4	☐	☑	☑	☑	
7	手动前进	默认变量表	Bool	%I0.5	☐	☑	☑	☑	
8	手动后退	默认变量表	Bool	%I0.6	☐	☑	☑	☑	
9	右行	默认变量表	Bool	%Q0.1	☐	☑	☑	☑	
10	卸料	默认变量表	Bool	%Q0.2	☐	☑	☑	☑	
11	左行	默认变量表	Bool	%Q0.3	☐	☑	☑	☑	

图 7-25　PLC 变量的定义

实现转换时，使前级步的活动结束而使后续步的活动开始，步之间没有重叠，这使系统中大量复杂的联锁关系在“步”的转换中得以解决。

本项目的系统的工作过程可以分为 5 个状态（起始状态、装料、右行、卸料、左行），当满足某个条件（时间、碰到行程开关）时，系统从当前状态转入下一状态，同时上一状态的动作结束。每个状态对应于一步，可将状态图转换为功能图。该顺序功能图非常直观清晰地描述了小车自动往返运料控制过程。

本项目中，5 个状态对应于 5 个步，每步用一个位存储器来表示，分别为 M0.0 ~ M0.4。M0.0 为起始步，M0.1 为装料步，M0.2 为右行步，M0.3 为卸料步，M0.4 为左行步。

本项目的顺序功能图如图 7-26 所示。当 CPU 首次循环，M10.0 为 1 状态，将起始状态转换为活动步，当 I0.0 × I0.2 对应的转换条件同时满足，即起始状态为活动步（M0.0 = 1）和转换条件（I0.0 × I0.2 = 1）同时满足时，就从当前步 M0.0 转换为 M0.1 步，M0.0 为不活动步，而 M0.1 为活动步。在顺序功能图中，可以用 M0.0、I0.0 和 I0.2 的常开触点组成的串联来表示上述条件。当条件同时满足时，此时应将该转换的后续步变成活动步和将该转换的前级步变成不活动步。这种编程方法与转换实现的基本规则之间存有严密的对应关系，用它编制复杂的顺序功能图的梯形图，更能显示出它的优越性。图中给出了每个状态的输出信号，以及每个状态转换的条件，给编程提供了极大的方便。其他各步的转换相同，不再赘述。

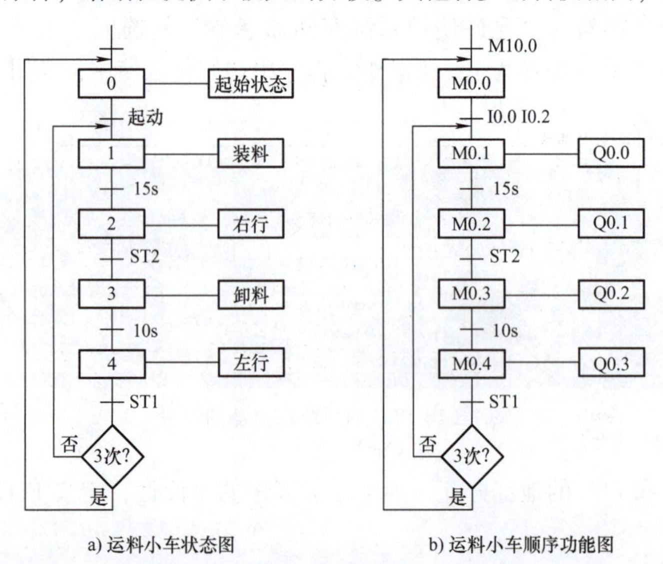

a) 运料小车状态图　　b) 运料小车顺序功能图

图 7-26　运料小车状态图和顺序功能图

从功能图可以看出，这是典型的单序列顺序功能图。对于单序列顺序功能图，任何时刻只有一个步为活动步，也就是说 M0.0 ~ M0.4 在任何时刻，只有一位为 1，其他都为 0。每一步对应的输出也必须在功能图中表示出来。

小车往返控制的梯形图由 13 个程序段组成。程序段 1 如图 7-27 所示，在硬件组态时，已设置系统存储器 MB10，因此 M10.0 首次扫描时该位为 1，初始化起始步，并对其他步的标志位和内部标志位清 0。当自动/检修切换开关选择检修，即 I0.4 =0 时，也初始化起始步。在自动状态下已经完成 3 次循环时，也会初始化起始步。

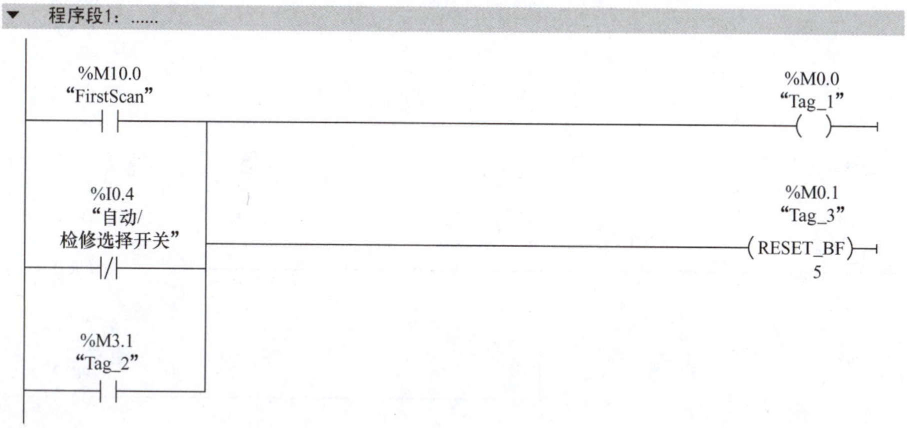

图 7-27　小车控制程序段 1

程序段 2 如图 7-28 所示，在自动状态下（I0.4 =1），当前活动步为 M0.0。如果满足小车在起始位置（I0.2 = 1），并按下起动按钮（I0.0 =1），置位 M0.1，复位 M0.0，此时 M0.0 为不活动步，M0.1 为活动步。这样就由初始步 M0.0 转换为 M0.1 步，进入装料步。

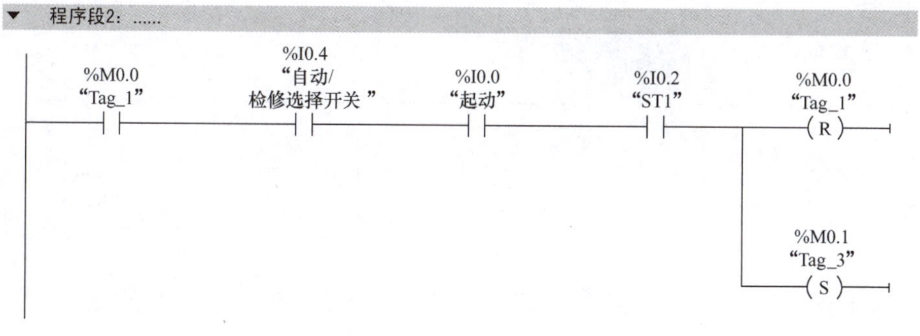

图 7-28　小车控制程序段 2

程序段 3 如图 7-29 所示，当前活动步为 M0.1，开始计时，装料时间到，置位 M0.2，复位 M0.1，实现由 M0.1 步转换为 M0.2 步，进入右行状态。

程序段 4 如图 7-30 所示，当前活动步为 M0.2，小车右行到右边的行程开关处，I0.3 为 1，置位 M0.3，复位 M0.2，状态由 M0.2 转换为 M0.3 步，M0.3 为活动步，进入卸料状态。

程序段 5、6 如图 7-31 所示，卸料 10s，状态由 M0.3 转换为 M0.4 步，进入左行状态，车左行到左边行程开关处，I0.2 为 1，状态回到 M0.1 步，完成一次循环。

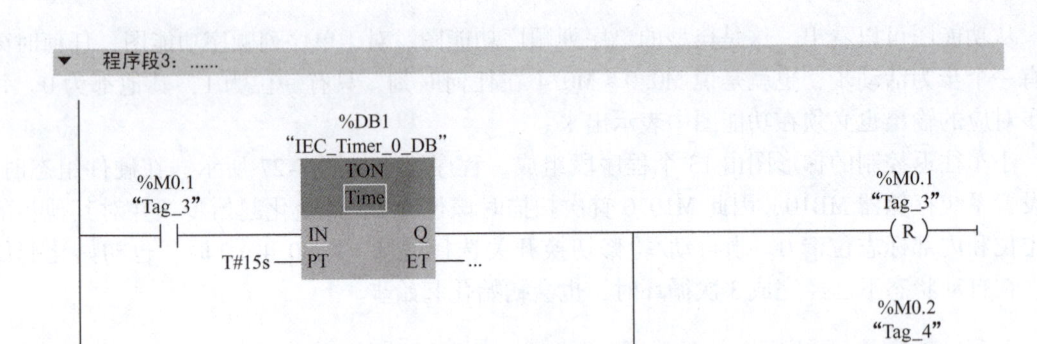

图 7-29　小车控制程序段 3

程序段4: ......

%M0.2 "Tag_4"　%I0.3 "ST2"　%M0.2 "Tag_4" (R)

%M0.3 "Tag_5" (S)

图 7-30　小车控制程序段 4

程序段5: ......

%DB2 "IEC_Timer_0_DB_1"

TON Time

%M0.3 "Tag_5"　IN　Q　%M0.3 "Tag_5" (R)

T#10s　PT　ET ...

%M0.4 "Tag_6" (S)

程序段6: ......

%M0.4 "Tag_6"　%I0.2 "ST1"　%M0.4 "Tag_6" (R)

%M0.1 "Tag_3" (S)

图 7-31　小车控制程序段 5、6

程序段7如图7-32所示，用计数器指令累计循环次数，设计要求循环3次时，回到初始步。所以当循环次数达到3次时，线圈M3.1通电，置位M0.0，复位其他步，同时对计数器复位。当选择检修或按下停止按钮时，也需要对计数器进行复位。

程序段7：......
%DB3
"IEC_Counter_0_DB"
CTU
Int
%M0.1
"Tag_3"
P
CU
Q
CV
...
%M3.1
"Tag_2"
%M3.0
"Tag_8"
%M3.1
"Tag_2"
R
3
PV
%I0.1
"停止"
%I0.4
"自动/
检修选择开关"

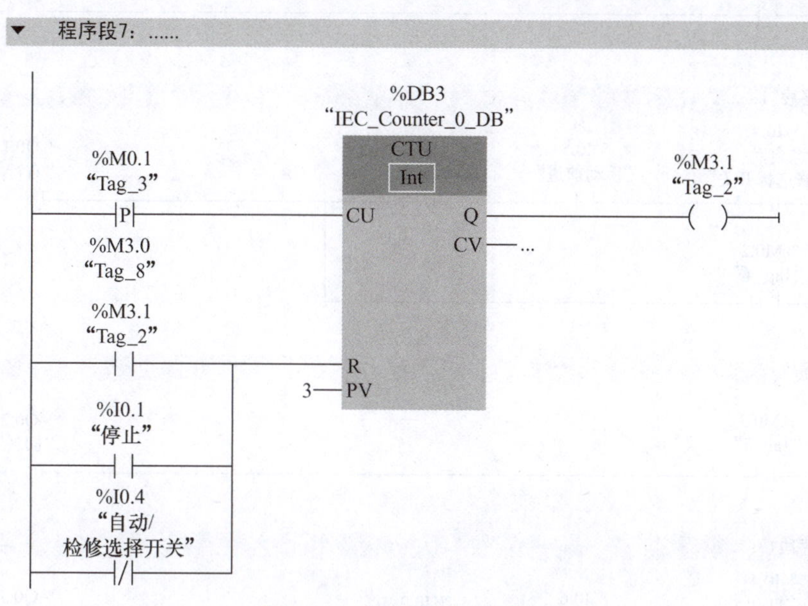

图7-32　小车控制程序段7

程序段8、9如图7-33所示，按下停止按钮，建立停止运行标志位M0.5，并回到起始步。

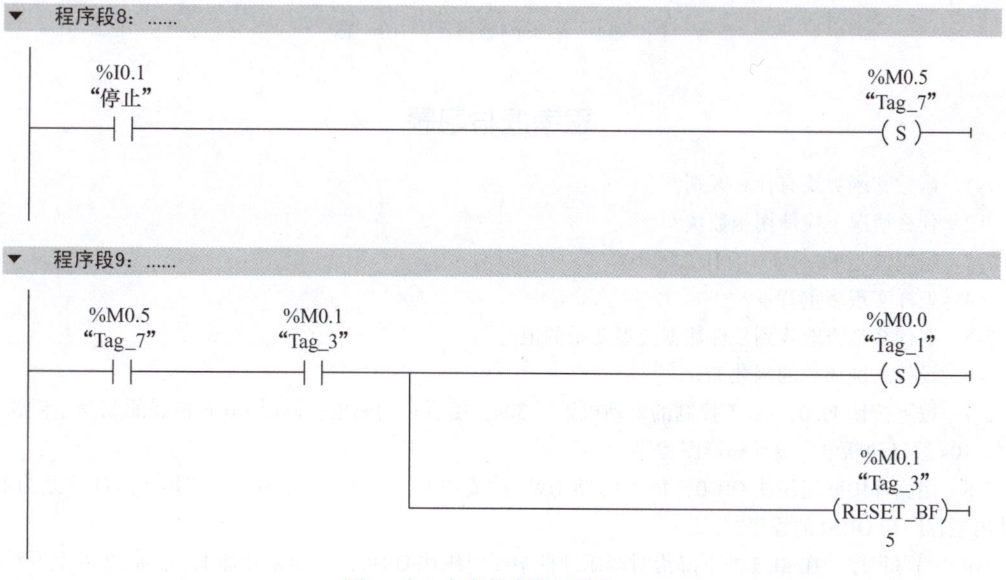

程序段8：......
%I0.1
"停止"
%M0.5
"Tag_7"
S
程序段9：......
%M0.5
"Tag_7"
%M0.1
"Tag_3"
%M0.0
"Tag_1"
S
%M0.1
"Tag_3"
RESET_BF
5

图7-33　小车控制程序段8、9

程序段10～13如图7-34所示，这几段程序进行输出处理。

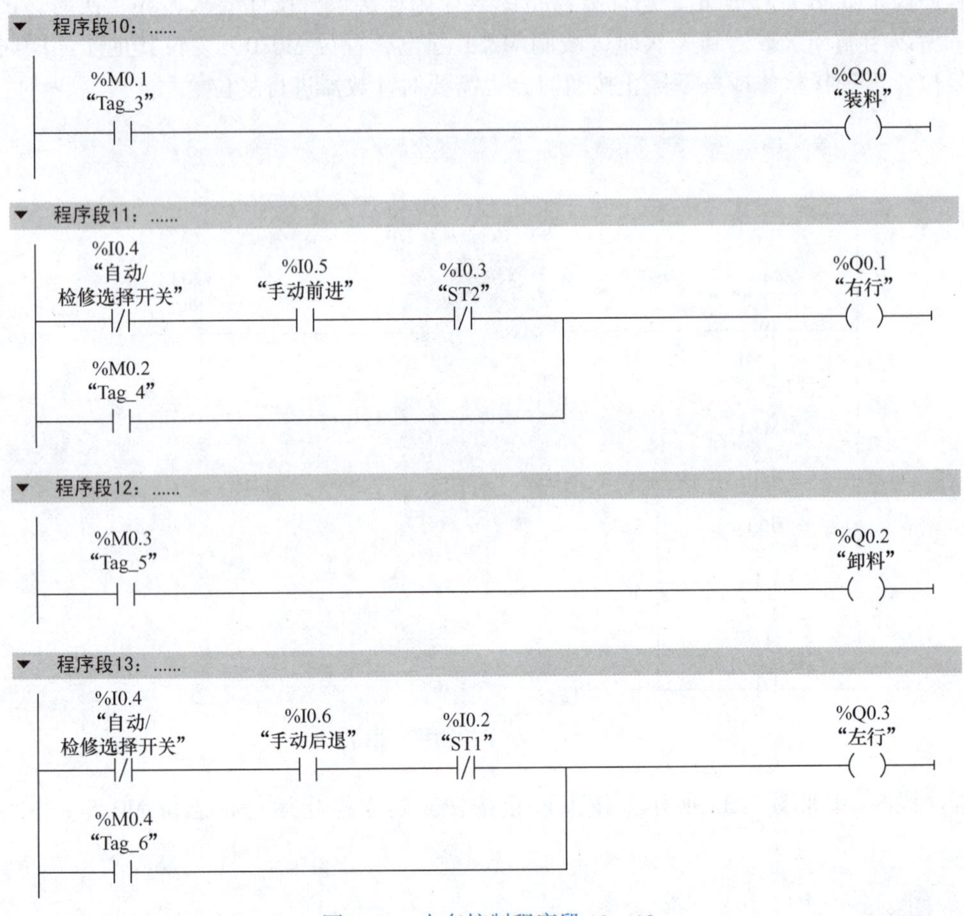

图 7-34　小车控制程序段 10～13

思考题与习题

7-1　函数和函数块有什么区别?

7-2　什么情况下应使用函数块?

7-3　组织块与 FB 和 FC 有什么区别?

7-4　怎样实现多重背景?

7-5　在什么地方能找到硬件数据类型变量的值?

7-6　设计求圆周长的函数 FC1。

7-7　按下按钮 I0.0，Q0.5 控制的电动机运行 30s，然后自动断电，同时 Q0.6 控制的制动电磁铁开始通电，10s 后自动断电，设计梯形图程序。

7-8　用循环中断组织块 OB30，每 2.8s 将 QW1 的值加 1。在 I0.2 的上升沿，将循环时间修改为 1.5s。设计出主程序和 OB30 的程序。

7-9　编写程序，在 I0.3 的下降沿时调用硬件中断组织块 OB40，将 MW10 加 1。在 I0.2 的上升沿时调用硬件中断组织块 OB41，将 MW10 减 1。

第8章

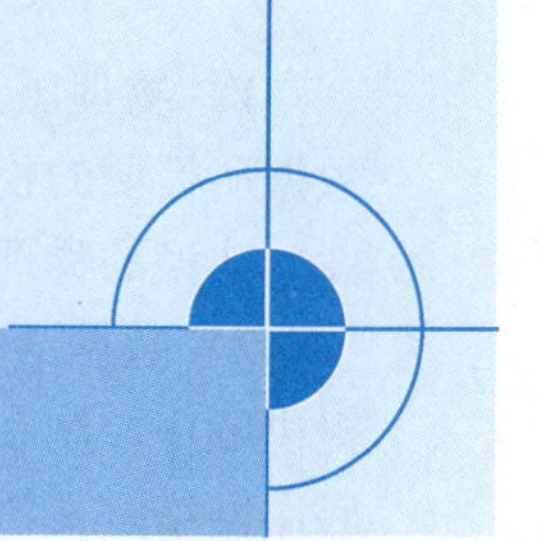

S7-1200 PLC的通信

PLC 的通信包括 PLC 与 PLC 之间的通信、PLC 与上位计算机之间的通信以及和其他智能设备之间的通信。PLC 与 PLC 之间通信的实质就是计算机的通信，使得众多独立的控制任务构成一个控制工程整体，形成模块控制体系。PLC 与计算机连接组成网络，将 PLC 用于控制工业现场，计算机用于编程、显示和管理等任务，构成“集中管理、分散控制”的分布式控制系统（DCS）。本章内容主要介绍 S7－1200 PLC 的通信基础知识，并通过实例介绍 S7－1200 PLC 的以太网通信、S7 通信、S7－1200 PLC 与编程设备和人机界面（HMI）的通信。

8.1　西门子通信网络基础知识

8.1.1　OSI 参考模型

通信网络的核心是 OSI（Open System Interconnection，开放式系统互联）参考模型。1984 年，国际标准化组织（ISO）提出了开放式系统互联的 7 层模型，即 OSI 的模型。该模型自下而上分为：物理层、数据链路层、网络层、传输层、会话层、表示层和应用层。

OSI 的上 3 层通常称为应用层，用来处理用户接口、数据格式和应用程序的访问。下 4 层负责定义数据的物理传输介质和网络设备。OSI 参考模型定义了大多数协议栈共有的基本框架，如图 8-1 所示。

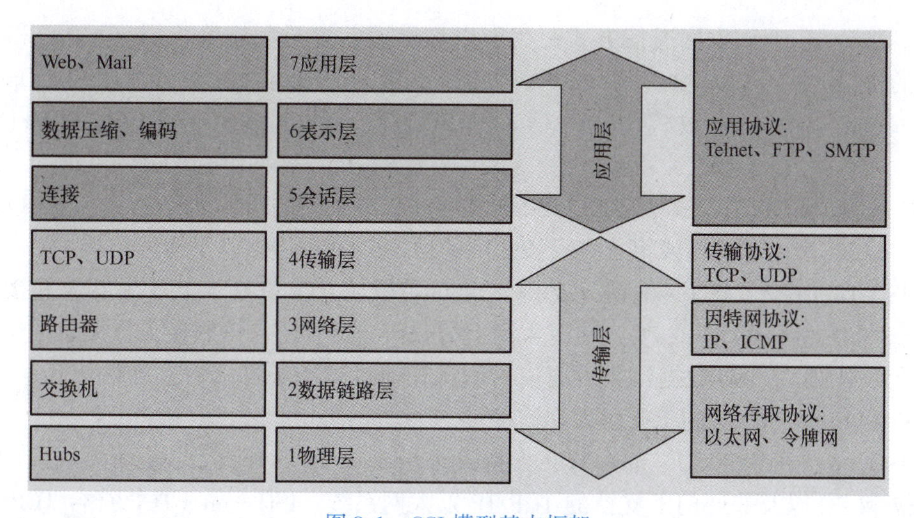

图 8-1　OSI 模型基本框架

1）物理层（Physical Layer）：定义了传输介质、连接器和信号发生器的类型，为传输数据所需要的物理链路创建、维持、拆除而提供具有机械的、电子的、功能的和规范的特性。典型的物理层设备有集线器（HUB）和中继器等。

2）数据链路层（Data Link Layer）：确定传输站点物理地址以及将消息传送到协议栈，提供顺序控制和数据流向控制。建立逻辑连接、进行硬件地址寻址和差错校验等功能（由底层网络定义协议）。典型的数据链路层的设备有交换机和网桥等。

3）网络层（Network Layer）：进行逻辑地址寻址，实现不同网络之间的路径选择。协议有：ICMP、IGMP、IP（IPv4、IPv6）、ARP 和 RARP。典型的网络层设备是路由器。

4）传输层（Transport Layer）：定义传输数据的协议端口号，以及流控和差错校验。协议有：TCP、UDP。网关是互联网设备中最复杂的，它是传输层及以上层的设备。

5）会话层（Session Layer）：建立、管理和终止会话。

6）表示层（Presentation Layer）：数据的表示、安全和压缩。

7）应用层（Application）：网络服务与最终用户的一个接口。协议有：HTTP、FTP、TFTP、SMTP、SNMP 和 DNS 等。

数据经过封装后通过物理介质传输到网络上，接收设备除去附加信息后，将数据上传到上层堆栈层。

8.1.2 S7－1200 PLC 的以太网通信

（1）S7－1200 PLC 系统以太网接口　S7－1200 PLC 的 CPU 仅集成一个 X1 接口，S7－1200 PLC 以太网接口支持的通信方式按照实时性和非实时性进行划分，X1 接口支持的通信服务见表 8-1。

表 8-1　S7－1200 PLC 以太网接口支持的通信服务

接口类型	实时通信		非实时通信		
	PROFINET IO	I－Device	OUC 通信	S7 通信	Web 服务器
CPU 集成接口 X1	有	有	有	有	有

（2）西门子工业以太网通信方式　工业以太网通信主要利用第 2 层（ISO）和第 4 层（TCP）的协议。S7－1200 PLC 系统以太网接口支持的非实时性通信分为两种：Open User Communication（OUC，开放式用户通信）和 S7 通信，而实时性通信只有 PROFINET IO 通信。

OUC 适用于 SIMATIC S7－1200/1500/300/400 PLC 之间的通信、S7 PLC 与 S5 PLC 之间的通信、PLC 与个人计算机或第三方设备之间的通信，OUC 包含以下通信连接：

1）ISO Transport（ISO 传输协议支持）。ISO 传输协议支持基于 ISO 的发送和接收，使得设备（例如 SIMATIC S5 或 PC）在以太网上的通信非常容易，该服务支持大数据量的数据传输（最大 64KB）。ISO 数据接收由通信方确认，通过功能块可以看到确认信息，用于 SIMATIC S5 和 SIMATIC S7 的工业以太网连接。

2）ISO－on－TCP。ISO－on－TCP 支持第 4 层 TCP/IP 的开放数据通信，用于支持 SIMATIC S7 和 PC 以及非西门子支持的 TCP/IP 以太网系统。ISO－on－TCP 符合 TCP/IP，但相对于标准的 TCP/IP，还附加了 RFC 1006 协议，RFC 1006 是一个标准协议，该协议描述

了如何将 ISO 映射到 TCP 上去。

3）UDP。UDP（User Datagram Protocol，用户数据报协议），属于第 4 层协议，提供了 S5 兼容通信协议，适用于简单的交叉网络数据传输，没有数据确认报文，不检测数据传输的正确性。UDP 支持基于 UDP 的发送和接收，使得设备（例如 PC 或非西门子公司设备）在工业以太网上的通信非常容易。该协议支持较大数据量的数据传输（最大 1472B），数据可以通过工业以太网或 TCP/IP 网络（拨号网络或因特网）传输。SIMATIC S7 通过建立 UDP 连接，提供了发送/接收通信功能，与 TCP 不同，UDP 实际上并没有在通信双方建立一个固定的连接。

4）TCP/IP。TCP/IP 中的传输控制协议，支持 OSI 模型第 4 层的开放数据通信，提供了数据流通信，但并不将数据封装成消息块，因而用户并不接收到每一个任务的确认信号，TCP 支持面向 TCP/IP 的 Socket。

TCP 支持给予 TCP/IP 的发送和接收，使得设备（例如 PC 或非西门子设备）在工业以太网中的通信非常容易。该协议支持大数据量的数据传输（最大 64KB），数据可以通过工业以太网或 TCP/IP 网络（拨号网络或因特网）传输。SIMATIC S7 可以通过建立 TCP 连接来发送/接收数据。

S7 - 1200 PLC 系统以太网接口支持的通信连接类型见表 8-2。

表 8-2　S7 - 1200 PLC 系统以太网接口支持的通信连接类型

接口类型	连接类型			
	ISO	ISO - on - TCP	TCP/IP	UDP
CPU 集成接口 X1	无	有	有	有

8.1.3　S7 - 1200 PLC 的 S7 通信

S7 通信（S7 Communication）集成在每一个 SIMATIC S7/M7 和 C7 的系统中，属于 OSI 参考模型第 7 层应用层的协议，它独立于各个网络，可以应用于多种网络（MPI、PROFIBUS、工业以太网）。S7 通信通过不断地重复接收数据来保证网络报文的正确。在 SIMATIC S7 中，通过组态建立 S7 连接来实现 S7 通信。在 PC 上 S7 通信需要通过 SAPI - S7 接口函数或 OPC（过程控制用对象链接与嵌入）来实现。

8.2　S7 - 1200 PLC 的以太网通信与 S7 通信应用

8.2.1　S7 - 1200 PLC 的以太网通信应用

实例 1：利用以太网通信，实现两台 S7 - 1200 PLC 的数据传输。实现过程如下：

S7 - 1200 PLC 与 S7 - 1200 PLC 之间的以太网通信可以通过 TCP 或 ISO - on - TCP 来实现，使用双方 CPU 中通用的 T - block（TSEND_C、TRCV_C、TCON、TDISCON、TSEN、TRCV）指令，来实现数据的传输，通信方式为双边通信，因此通信指令必须成对出现。本案例采用 TCP 的 TSEND_C 和 TRCV_C 指令来实现通信功能。

（1）指令介绍

1）TSEND_C 指令。TCP 和 ISO - on - TCP 通信均可调用此指令，TSEND_C 指令可与伙伴站建立 TCP 和 ISO - on - TCP 通信连接、发送数据，并且可以终止该连接。设置并建立连接后，CPU 会自动保持和监视该连接。TSEND_C 指令输入/输出参数见表 8-3。

表 8-3　TSEND_C 指令输入/输出参数

LAD	输入/输出	说　明
TSEND_C EN　ENO REQ　DONE CONT　BUSY LEN　ERROR CONNECT　STATUS DATA ADDR COM_RST	EN	使能
	REQ	在上升沿时，启动相应作业以建立 ID 所指定的连接
	CONT	控制通信连接： 0：数据发送完成后断开通信连接 1：建立并保持通信连接
	LEN	通过作业发送的最大字节数
	CONNECT	指向连接描述的指针
	DATA	指向发送区的指针
	BUSY	状态参数，可具有以下值： 0：发送作业尚未开始或已完成 1：发送作业尚未完成，无法启动新的发送作业
	DONE	上一请求已完成且没有出错后，DONE 位将保持为 TRUE 一个扫描时间
	STATUS	故障代码
	ERROR	是否出错： 0：无错误；1：有错误

2）TRCV_C 指令。TCP 和 ISO - on - TCP 通信均可调用此指令，TRCV_C 指令可与伙伴站建立 TCP 和 ISO - on - TCP 通信连接，可接收数据，并且可以终止该连接。设置并建立连接后，CPU 会自动保持和监视该连接。TRCV_C 指令输入/输出参数见表 8-4。

表 8-4　TRCV_C 指令输入/输出参数

LAD	输入/输出	说　明
TRCV_C EN　ENO EN_R　DONE CONT　BUSY LEN　ERROR ADHOC　STATUS CONNECT　RCVD_LEN DATA ADDR COM_RST	EN	使能
	EN_R	启用接收
	CONT	控制通信连接： 0：数据接收完成后断开通信连接 1：建立并保持通信连接
	LEN	通过作业接收的最大字节数
	CONNECT	指向连接描述的指针
	DATA	指向接收区的指针
	BUSY	状态参数，可具有以下值： 0：接收作业尚未开始或已完成 1：接收作业尚未完成，无法启动新的接收作业
	DONE	上一请求已完成且没有出错后，DONE 位将保持为 TRUE 一个扫描时间
	STATUS	故障代码
	RCVD_LEN	实际接收到的数据量（字节）
	ERROR	是否出错： 0：无错误；1：有错误

（2）新建项目　打开博途软件，创建新项目，命名为“2个S7－1200之间通信”，如图8-2所示。

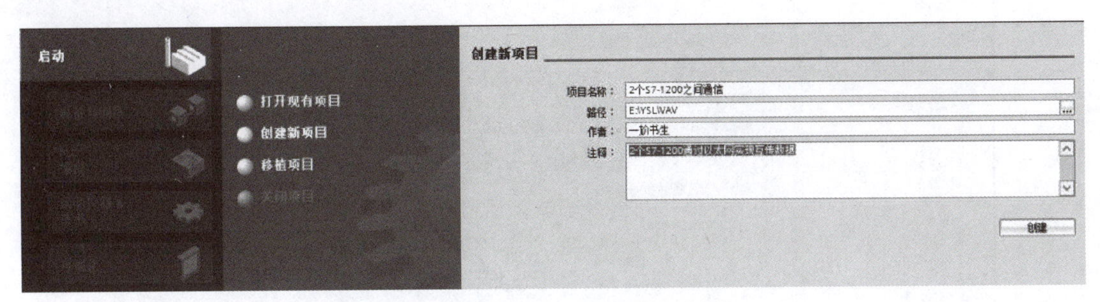

图8-2　新建项目

（3）硬件配置　在TIA博途软件项目视图的项目树中，双击“添加新设备”按钮，添加新设备，命名为“PLC1”，这里选择的是CPU1214C，版本V4.1，如图8-3所示。

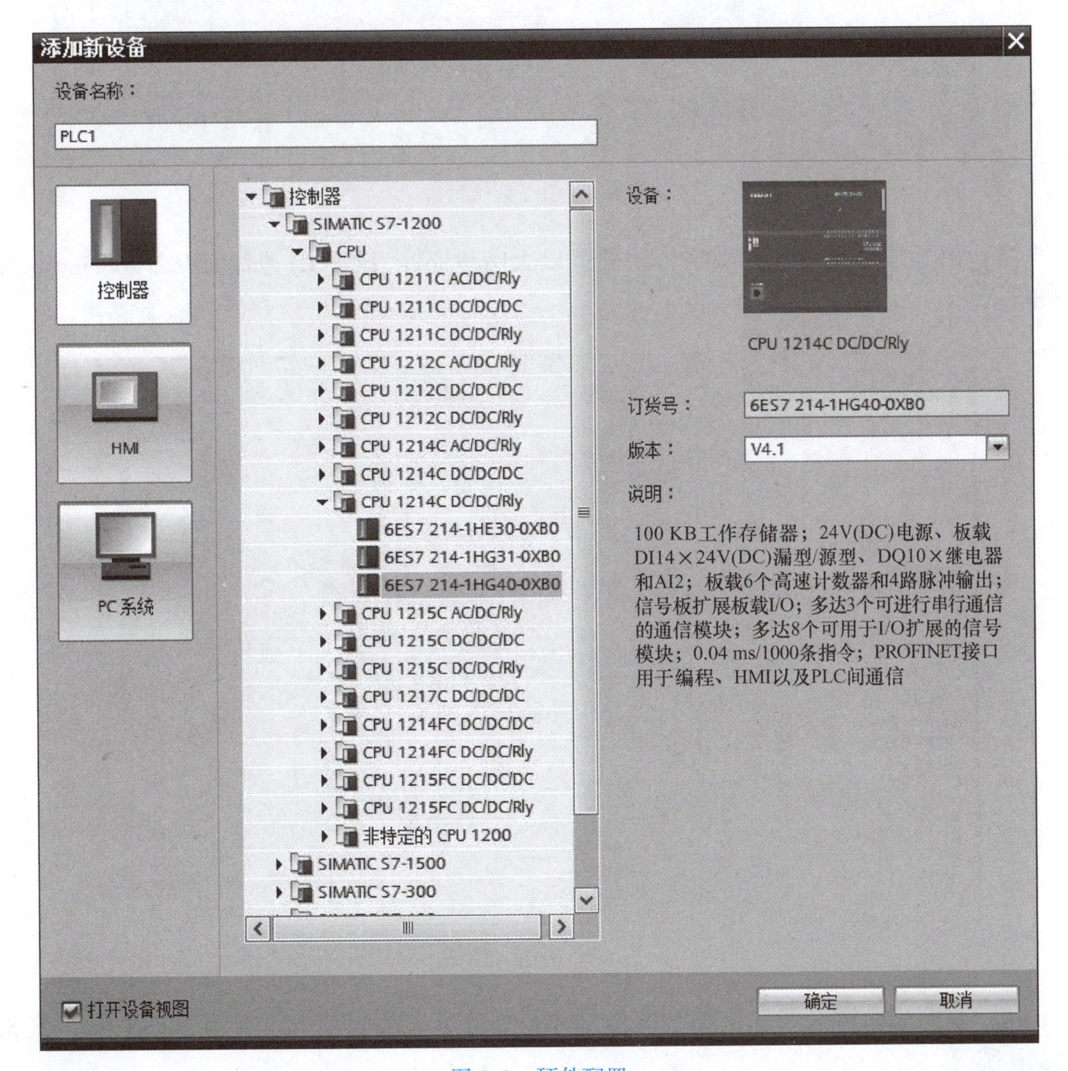

图8-3　硬件配置

（4）CPU 属性设置　选中 CPU 模块的“系统和时钟存储器”，启用系统存储器字节和时钟存储器字节，如图 8-4 所示。

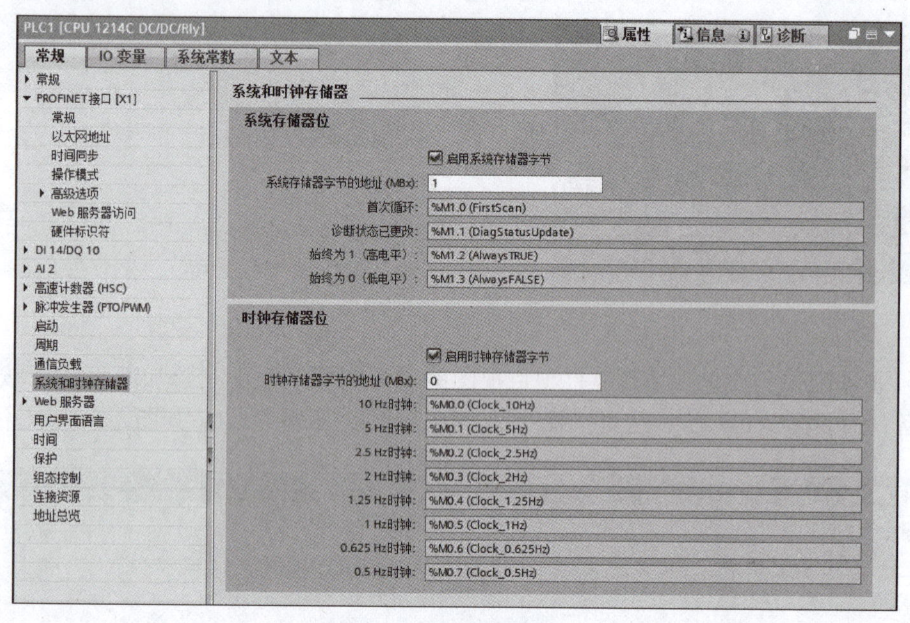

图 8-4　CPU 属性设置

（5）IP 地址设置　选中 CPU 模块的“以太网地址”，设置 IP 地址为 192.168.0.1，如图 8-5 所示。

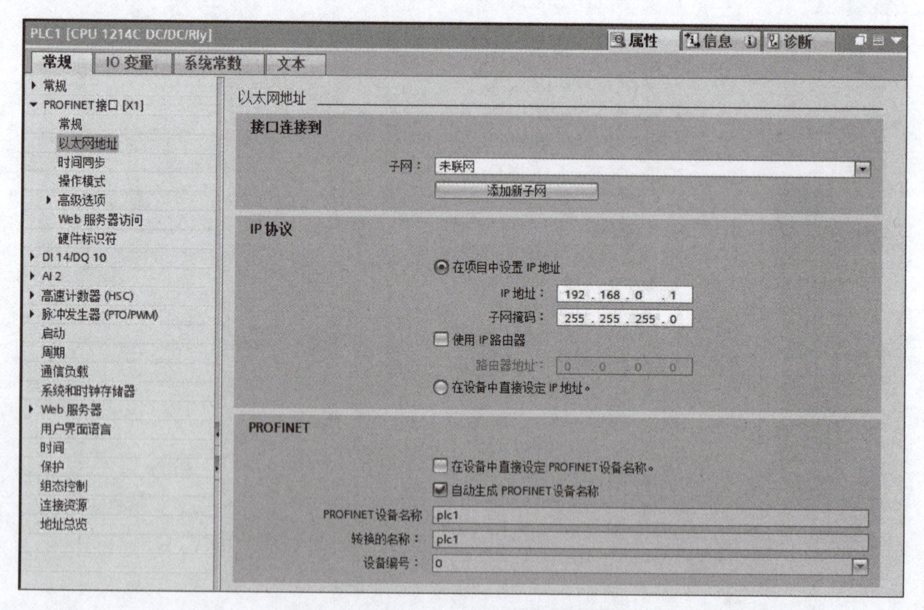

图 8-5　IP 地址设置

（6）新建数据块　新建全局数据块 DB1，命名为“Data”，用来发送和接收数据，如图 8-6 所示。

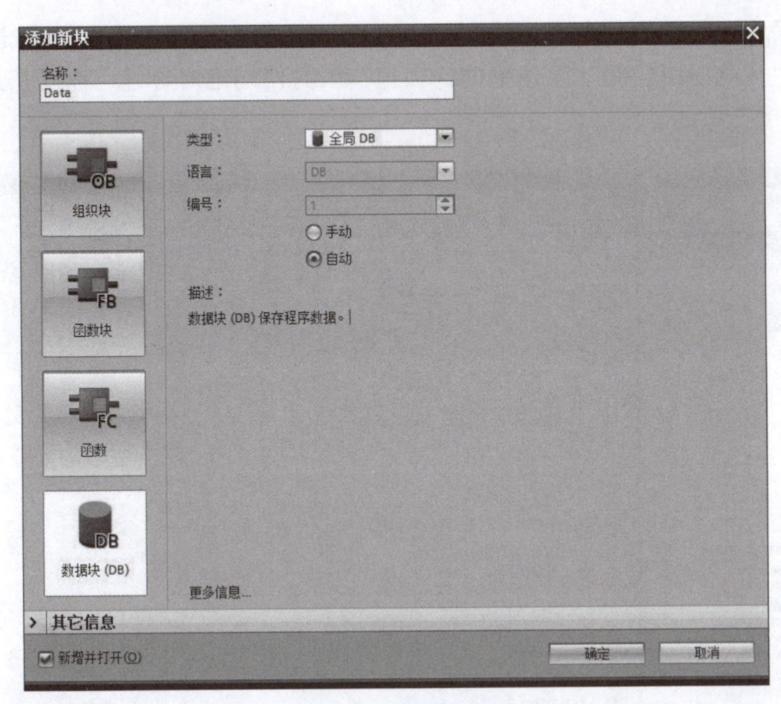

图 8-6　新建数据块

（7）新建数组　在数据块 DB1 中，新建数组 send，用来发送数据到对方通信 PLC，数据类型为 Array［0..9］of Byte，共计 10 个字节；新建数组 receive，用来接收对方通信 PLC 发送过来的数据，数据类型为 Array［0..9］of Byte，共计 10 个字节，如图 8-7 所示。

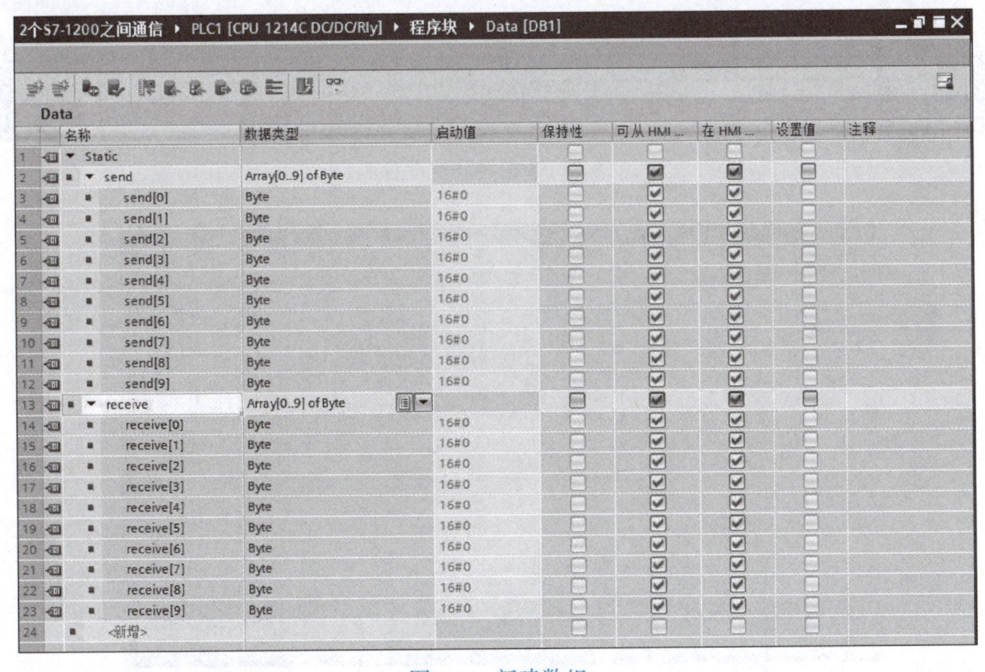

图 8-7　新建数组

（8）数据块属性设置　在全局数据块 DB1 单击鼠标右键，在弹出的快捷菜单中选择“属性”，将“优化的块访问”复选框的钩去掉，因为使用绝对寻址，需要禁用这个选项，如图 8-8 和图 8-9 所示。

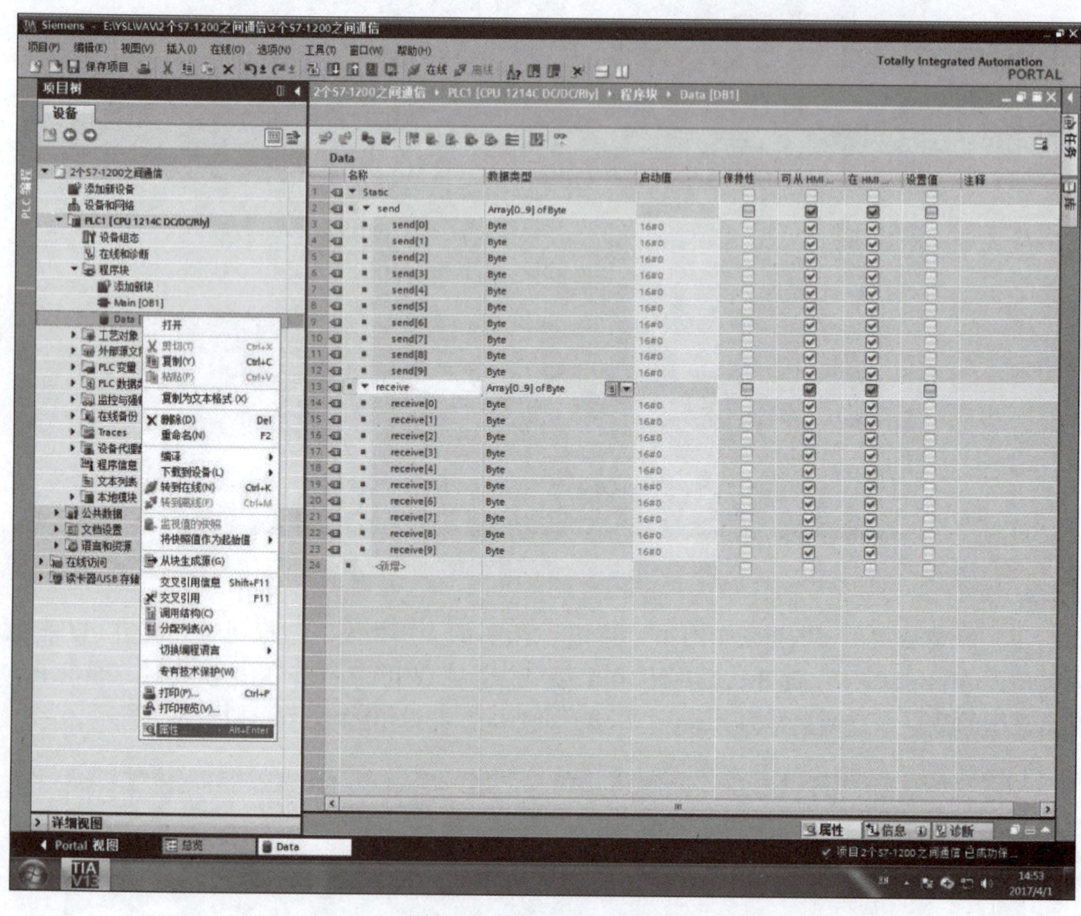

图 8-8　数据块属性设置 1

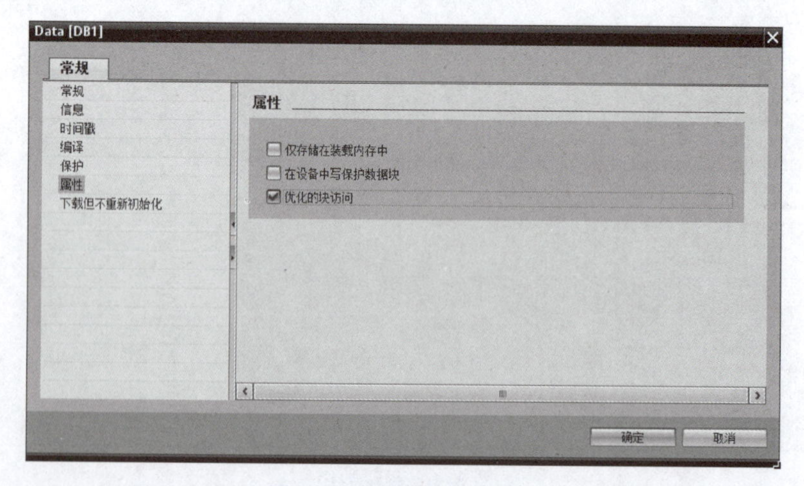

图 8-9　数据块属性设置 2

（9）PLC2 硬件配置　在 PLC1 上单击鼠标右键，复制并粘贴，将新设备命名为“PLC2”，修改 IP 地址为 192.168.0.2，如图 8-10 所示。

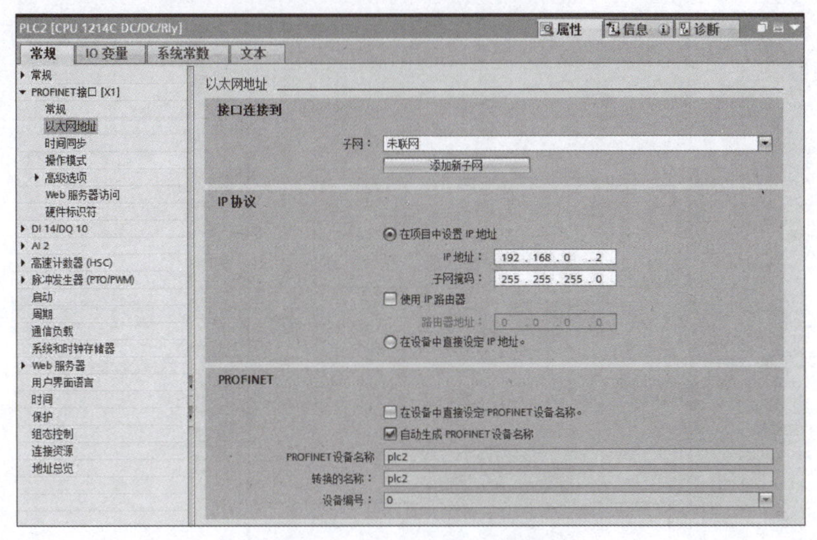

图 8-10　PLC2 硬件配置

（10）连接 PLC1 和 PLC2　单击项目根目录下的“设备和网络”，并用鼠标连线 PLC1 与 PLC2 的通信网口，如图 8-11 所示。连线成功后，如图 8-12 所示，两个 PLC 之间的通信组态完成。

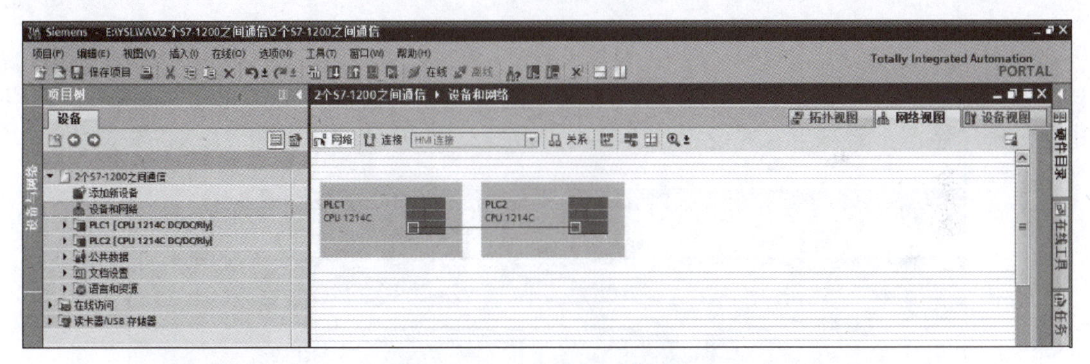

图 8-11　PLC1 和 PLC2 的连接 1

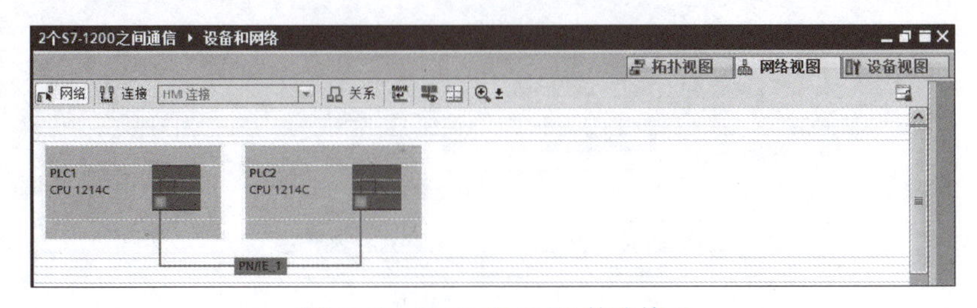

图 8-12　PLC1 和 PLC2 的连接 2

（11）调用 TSEND_C 和 TRCV_C 指令　在 PLC1 的 Main（OB1）中编程，选择通信指令中的开放式用户通信指令：TSEND_C、TRCV_C，如图 8-13 所示。

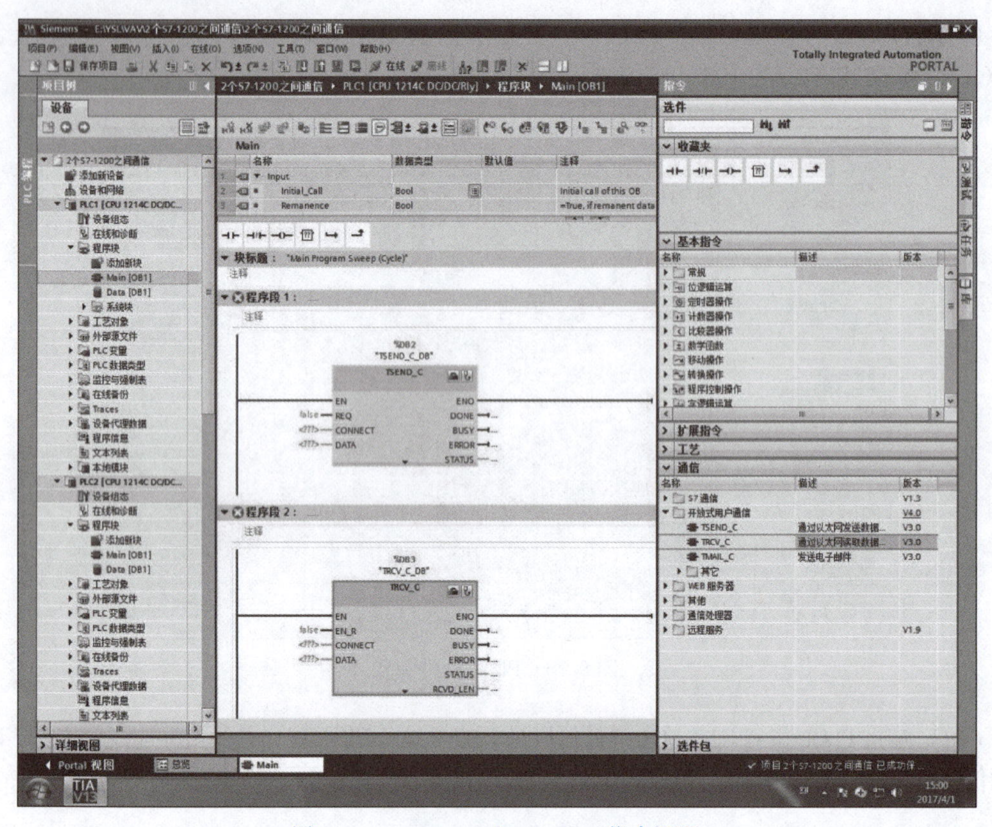

图 8-13　TSEND_C 和 TRCV_C 指令调用

（12）TSEND_C 指令参数设置　选中 TSEND_C 指令，右键单击“属性”，在巡视窗口中，选择“组态”选项卡，并设置各项参数，如图 8-14 所示。

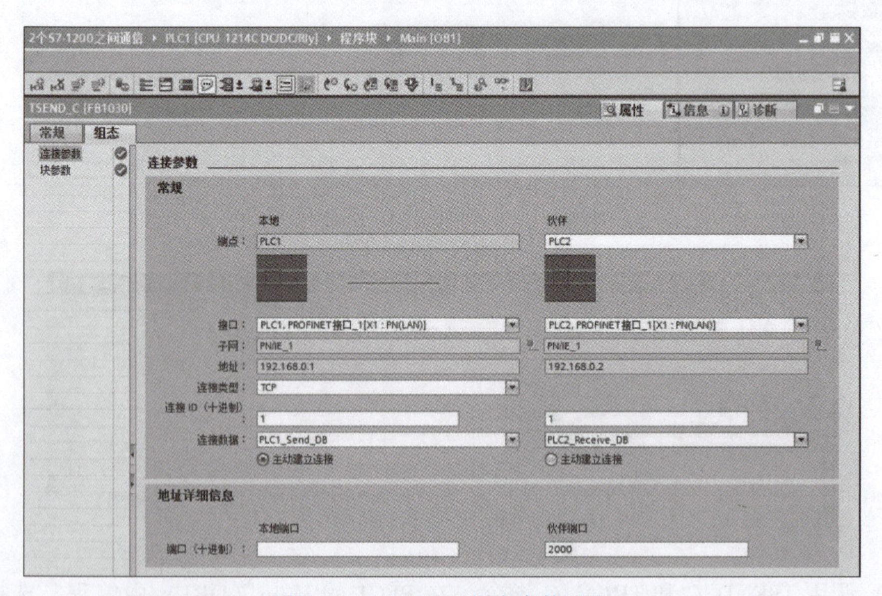

图 8-14　TSEND_C 指令参数设置

(13) TRCV_C 指令参数设置　选中 TRCV_C 指令，右键单击“属性”，在巡视窗口中，选择“组态”选项卡，并设置各项参数，如图 8-15 所示。

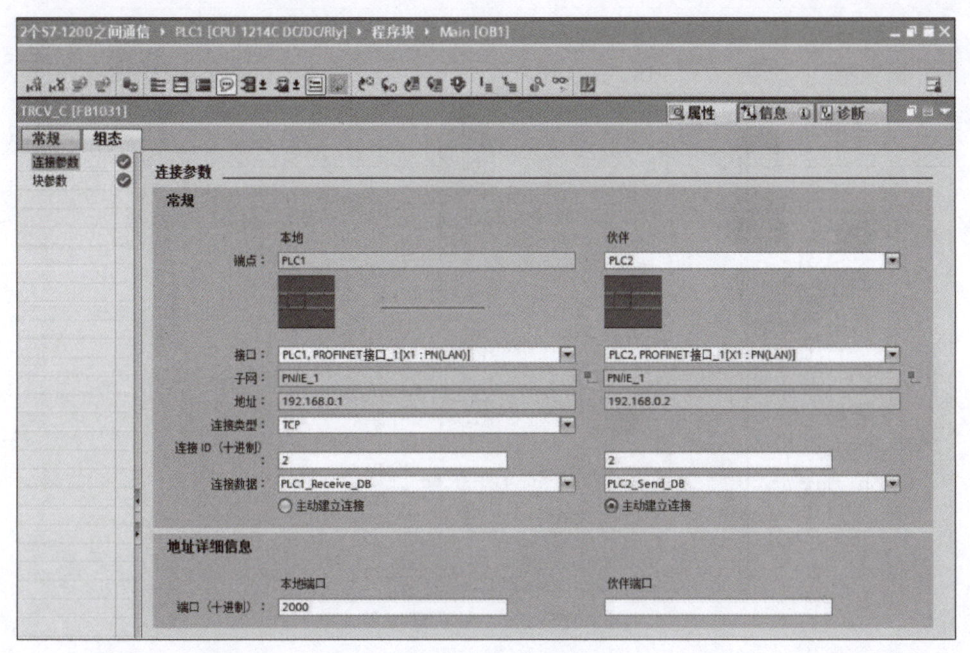

图 8-15　TRCV_C 指令参数设置

(14) 编写程序　在 PLC1 Main（OB1）中编写的程序如图 8-16 所示。在 PLC2 Main（OB1）中的编程和 PLC1 类同。

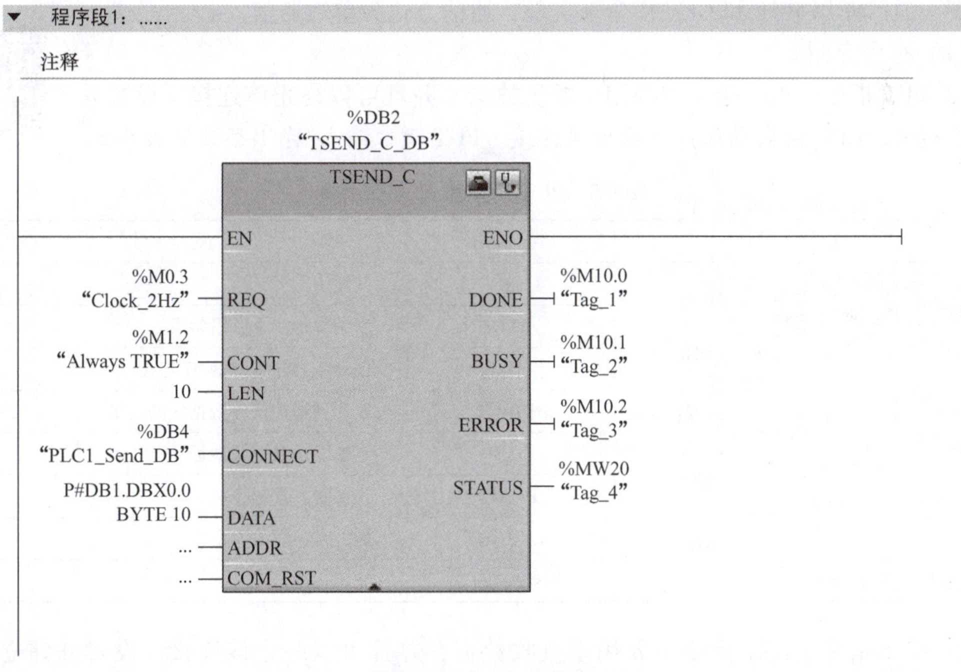

图 8-16　PLC1 的程序

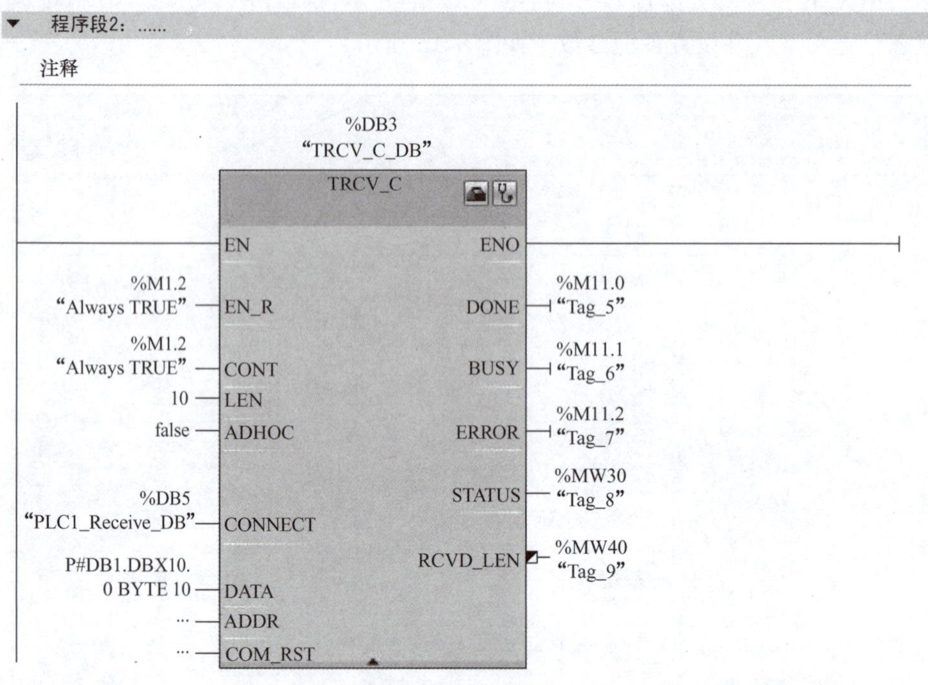

图 8-16　PLC1 的程序（续）

8.2.2　S7－1200 PLC 的 S7 通信应用

实例 2：利用 S7 通信，实现两台 S7－1200 PLC 的数据传输。实现过程如下：

S7－1200 PLC 与 S7－1200 PLC 之间可以通过 PROFINET 通信口作为 S7 通信的服务器和客户端，通信使用 PUT 和 GET 指令来实现，通信方式为单边通信。

（1）指令介绍

1）PUT 指令。PUT 指令主要用于发送数据，并且可以终止该连接。设置并建立连接后，CPU 会自动保持和监视该连接。PUT 指令输入/输出参数见表 8-5。

表 8-5　PUT 指令输入/输出参数

LAD	输入/输出	说　明
PUT Remote - Variant EN　ENO REQ　DONE ID ERROR ADDR_1 STATUS SD_1	EN	使能
	REQ	启用发送，上升沿触发
	ID	创建本地连接时的 S7 连接号
	ADDR_1	发送到通信伙伴数据区的地址
	SD_1	本地发送数据区地址
	DONE	为 1 时，发送完成
	ERROR	为 1 时，有故障发生
	STATUS	故障代码

2）GET 指令。GET 指令主要用于接收数据，并且可以终止该连接。设置并建立连接后，CPU 会自动保持和监视该连接。GET 指令输入/输出参数见表 8-6。

表 8-6　GET 指令输入/输出参数

LAD	输入/输出	说　明
GET Remote - Variant EN　ENO REQ　NDR ID ERROR ADDR_1 STATUS RD_1	EN	使能
	REQ	启动接收，上升沿触发
	ID	创建本地连接时的 S7 连接号
	ADDR_1	待读取通信伙伴数据区的地址
	RD_1	本地存储数据区地址
	NDR	新数据就绪。0：请求尚未启动或仍在运行；1：已经成功完成任务
	ERROR	为 1 时，有故障发生
	STATUS	故障代码

（2）新建项目　打开博途软件，创建新项目，命名为“S7－1200 的 S7 通信”，并在“项目树”里双击“添加新设备”，添加两台 PLC，这里以 CPU1214C DC/DC/DC（6ES7 214－1AG40－0XB0）为例。其中，PLC_1 为客户端（主站），PLC_2 为服务器（从站），如图 8-17 所示。

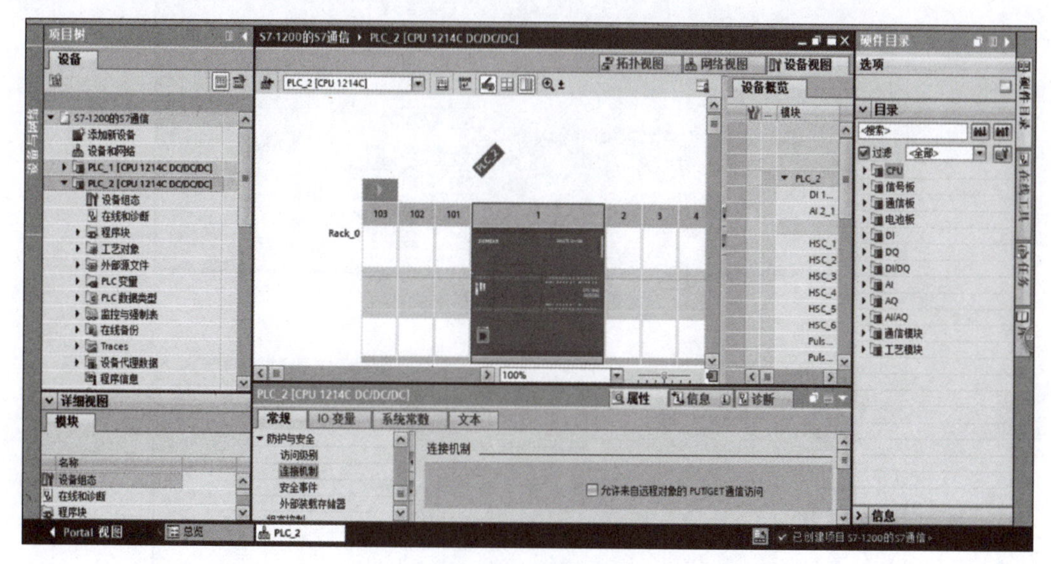

图 8-17　硬件配置

（3）设置 IP 地址　选中 PLC_1 主站 CPU 模块的“以太网地址”，设置 IP 地址为 192.168.0.1，如图 8-18 所示。同理，将 PLC_2 服务器（从站）的 IP 地址设为 192.168.0.2。

（4）CPU 属性设置　选中 PLC_1 主站 CPU 模块的“系统和时钟存储器”，启用系统存储器字节和时钟存储器字节，如图 8-19 所示。同理，对 PLC_2 服务器进行相同设置。

（5）CPU 通信设置　回到项目树，双击 PLC_2 中的“设备组态”，右击 PLC，在弹出的快捷菜单中选择“属性”，在“常规”→“防护与安全”→“连接机制”中勾选“允许来自远程对象的 PUT/GET 通信访问”，如图 8-20 所示。

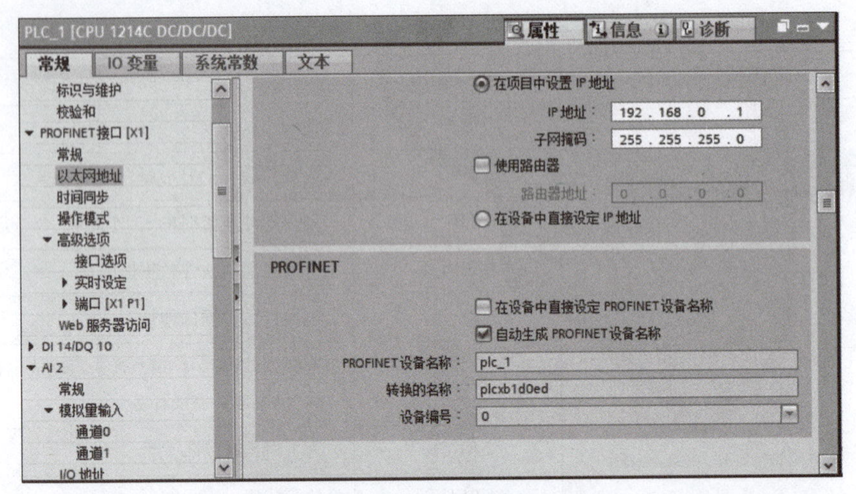

图 8-18 IP 地址设置

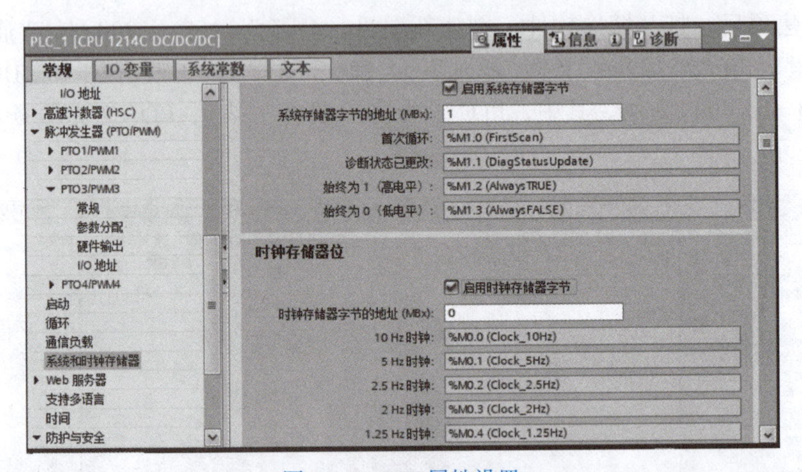

图 8-19 CPU 属性设置

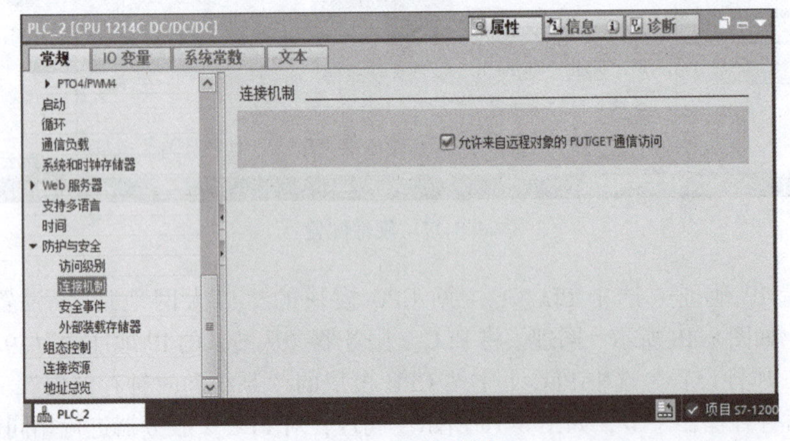

图 8-20 CPU 通信设置

（6）建立 S7 连接 在“设备组态”中，选择“网络视图”栏进行配置网络，单击左上角的“连接”图标，在连接框中选择“S7 连接”，并用鼠标连线 PLC_1 与 PLC_2 的通信网口。连线成功后，如图 8-21 所示，两个 PLC 之间的 S7 通信连接完成。

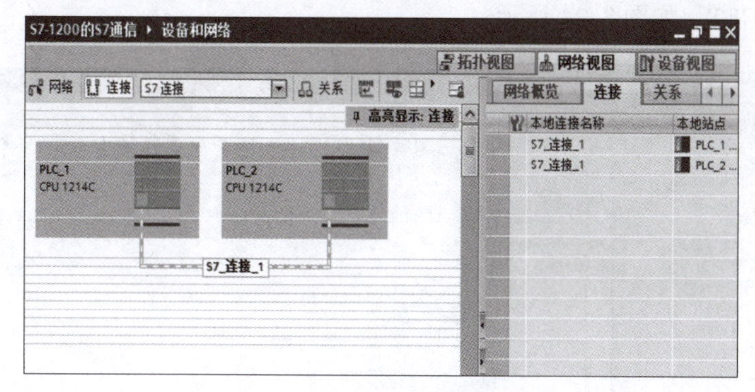

图 8-21　建立 PLC 之间的 S7 连接

（7）新建数据块　在 PLC_1 中，分别创建发送和接收数据块 DB1 和 DB2，定义成 10 个字节的数组，如图 8-22 所示。同理，在 PLC_2 中，也分别创建发送和接收数据块 DB3 和 DB2，定义成 10 个字节的数组。

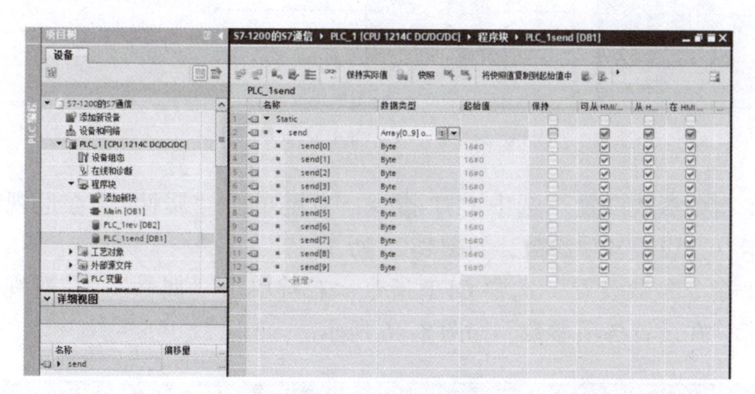

图 8-22　新建数据块

（8）数据块属性设置　在全局数据块中，鼠标单击右键，在弹出的快捷菜单中选择“属性”，将“优化的块访问”复选框的钩去掉，因为使用绝对寻址，需要禁用这个选项，如图 8-23 所示。

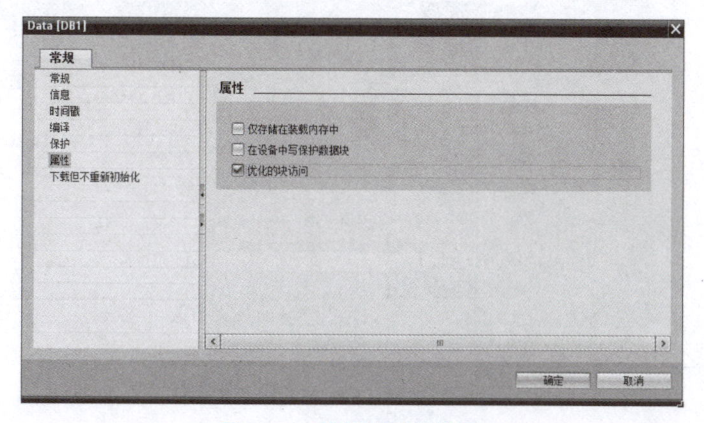

图 8-23　数据块属性设置

(9) 调用PUT和GET指令　在PLC_1的Main(OB1)中编程，选择通信指令中的S7通信指令：PUT、GET，如图8-24所示。

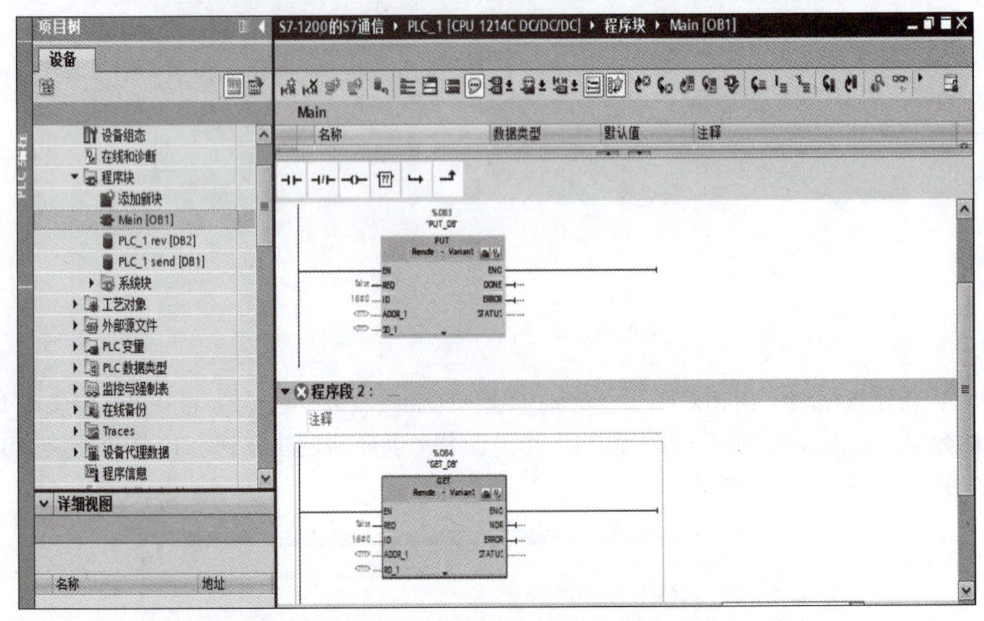

图8-24　PUT和GET指令的调用

(10) PUT指令参数设置　选中PUT指令，右键单击“属性”，在巡视窗口中，选择“组态”选项卡，并设置各项参数，如图8-25所示。

(11) GET指令参数设置　选中GET指令，右键单击“属性”，在巡视窗口中，选择“组态”选项卡，并设置各项参数，如图8-26所示。

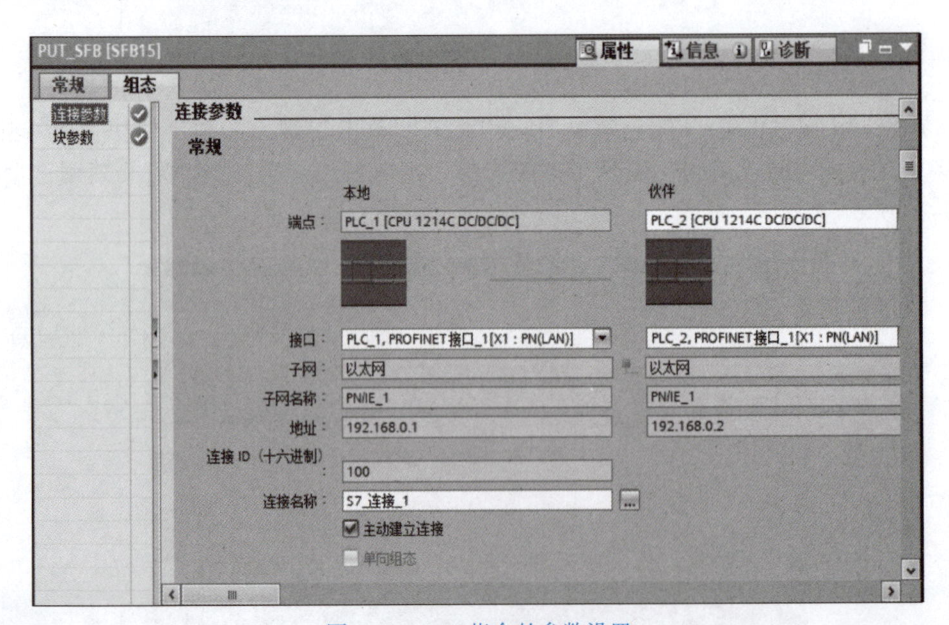

图8-25　PUT指令的参数设置

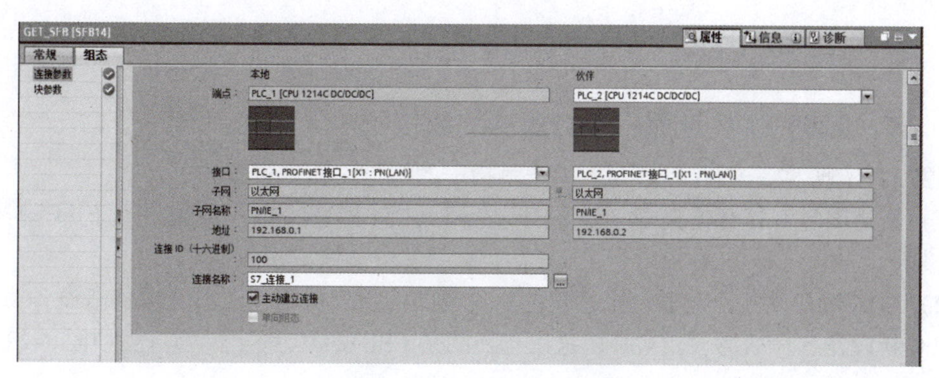

图 8-26　GET 指令的参数设置

（12）编写程序　在 PLC_1 Main（OB1）中编写的程序如图 8-27 所示。在 PLC_2 Main（OB1）中的编程和 PLC_1 类同。

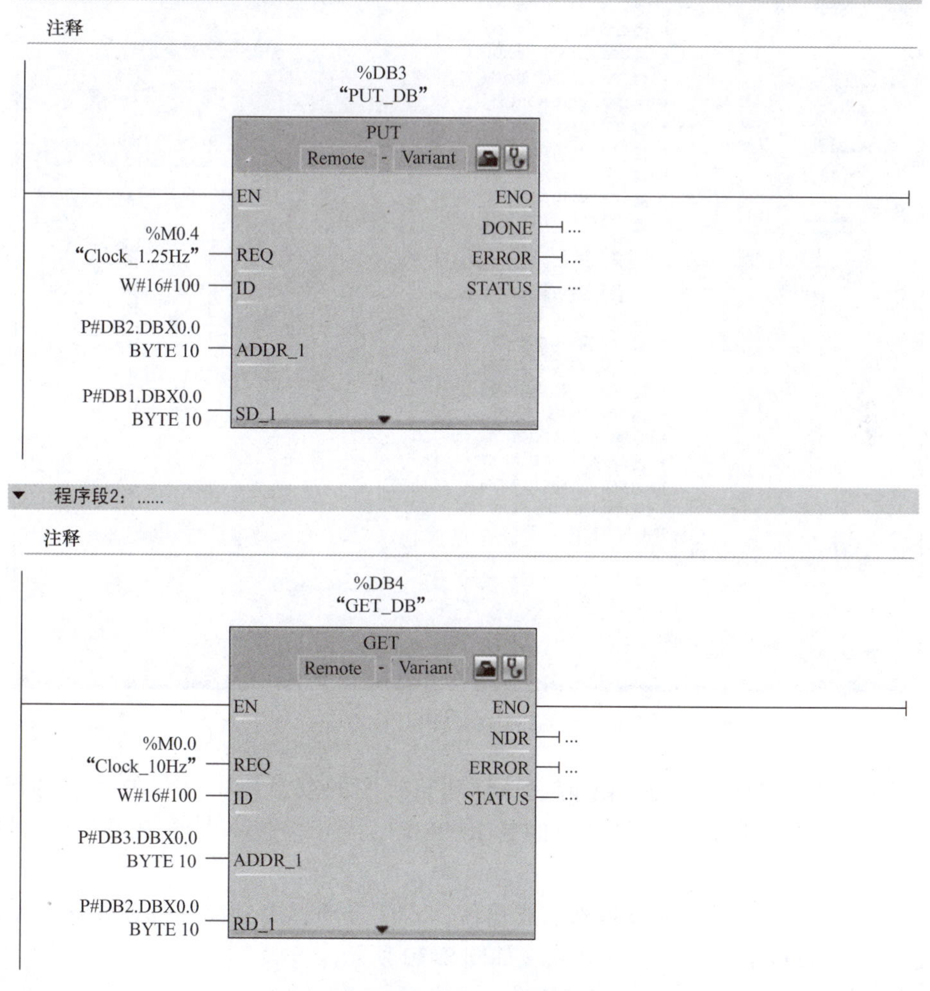

图 8-27　PLC_1 的程序

8.3　S7-1200 PLC与HMI的通信

8.3.1　S7-1200 PLC与西门子触摸屏的通信

实例3：实现S7-1200 PLC与西门子触摸屏的通信。实现过程如下：

（1）新建项目　打开博途软件，创建新项目，命名为“S7-1200与西门子触摸屏通信”。

（2）添加PLC设备　在TIA博途软件项目视图的项目树中，双击“添加新设备”按钮，添加PLC新设备，命名为“PLC1”，这里选择的是CPU1214C，版本V4.1，如图8-28所示。

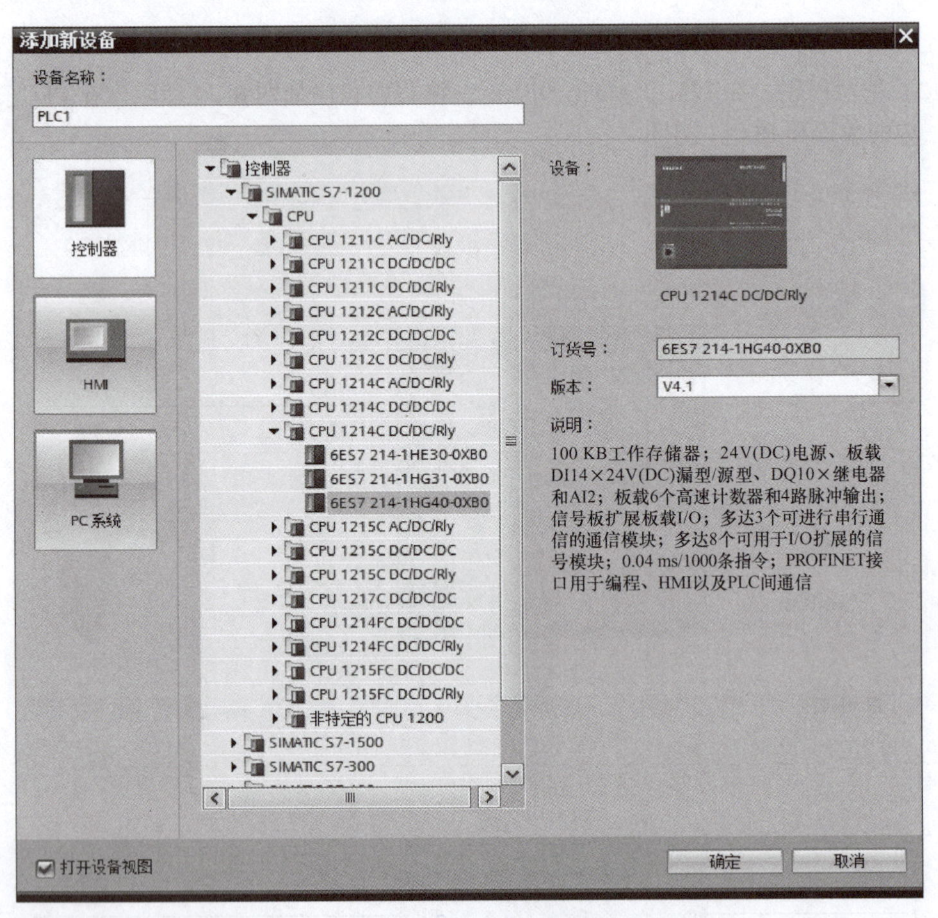

图8-28　添加PLC设备

（3）添加触摸屏设备　在TIA博途软件项目视图的项目树中，双击“添加新设备”按钮，添加触摸屏新设备，这里选择的是KP900 Comfort，版本V15.0.0.0，如图8-29所示。

（4）触摸屏组态　触摸屏设备添加成功后，软件自动弹出触摸屏设置向导，在此可以选择默认形式，直接单击“完成”按钮，如图8-30所示。

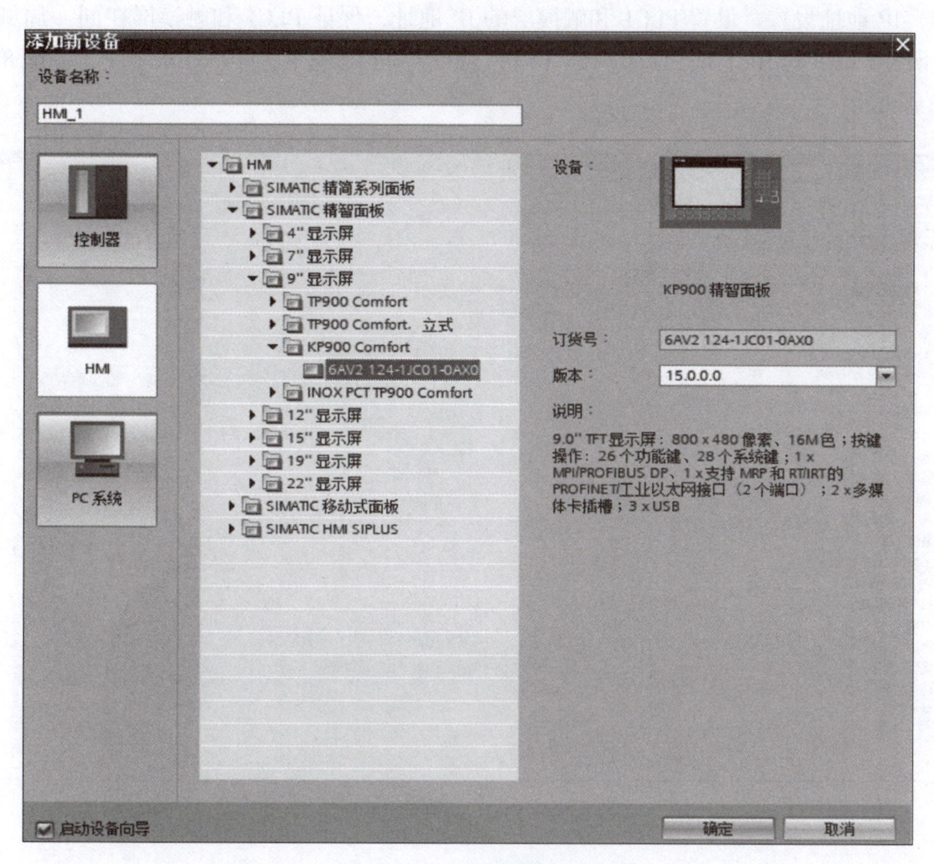

图 8-29　添加触摸屏设备

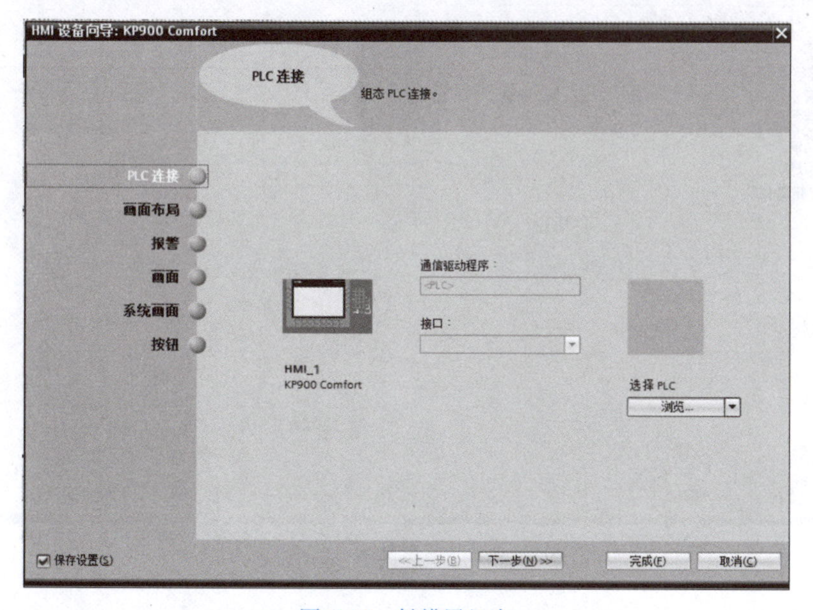

图 8-30　触摸屏组态

(5) IP 地址设置　设置 PLC1 和触摸屏的 IP 地址，保证 PLC1 和触摸屏在同一局域网内。此处，设置 PLC1 的 IP 地址为 192. 168. 0. 1，触摸屏的 IP 地址为 192. 168. 0. 2，如图 8-31 和图 8-32 所示。

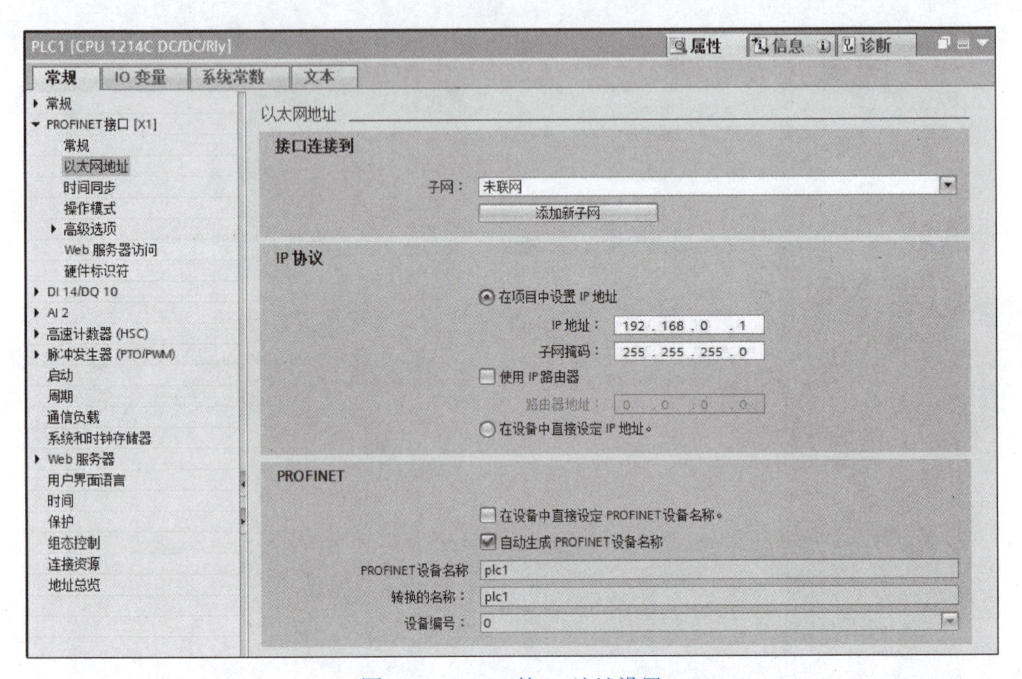

图 8-31　PLC1 的 IP 地址设置

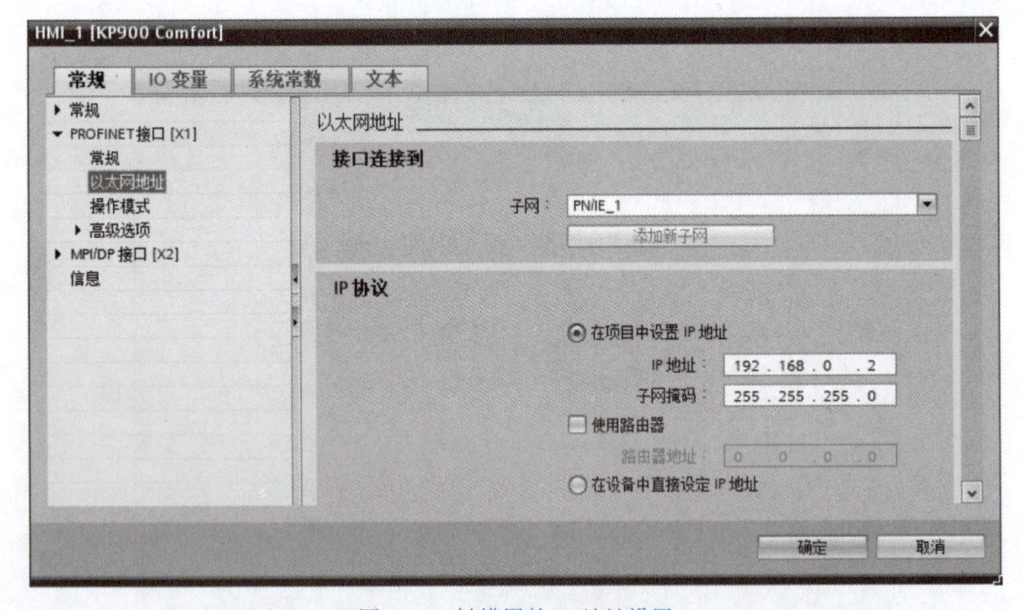

图 8-32　触摸屏的 IP 地址设置

(6) 连接 PLC1 和触摸屏　单击项目根目录下的“设备和网络”，并用鼠标连线 PLC1 与触摸屏的通信网口。连线成功后，如图 8-33 所示，PLC1 和触摸屏之间的通信组态完成。

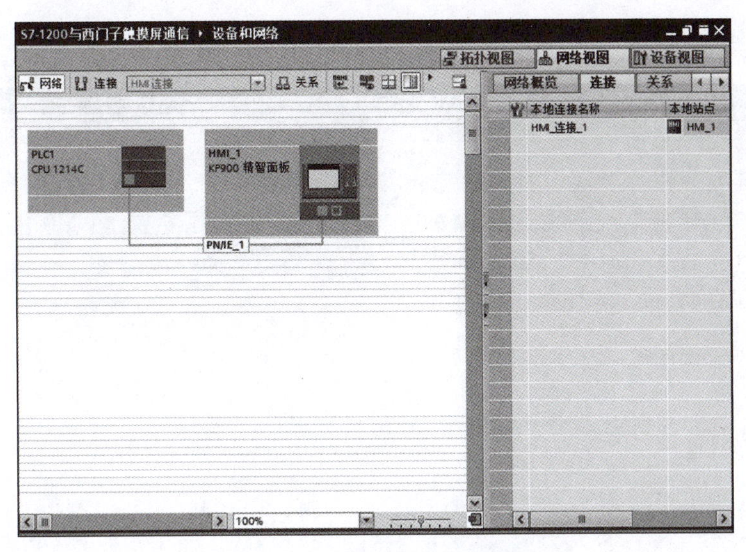

图 8-33　PLC1 和触摸屏的连接

（7）添加 PLC 变量　双击 PLC1 下的“默认变量表”，添加如图 8-34 所示的变量。

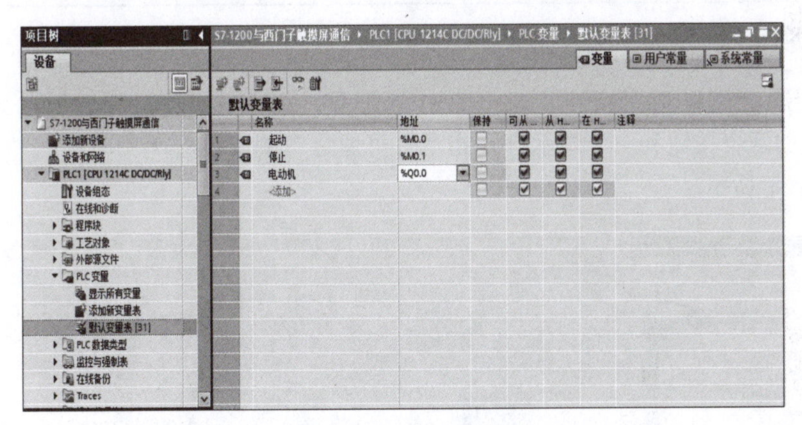

图 8-34　PLC1 变量表

（8）编写 PLC 程序　在 PLC_1 Main（OB1）中编写的程序如图 8-35 所示。

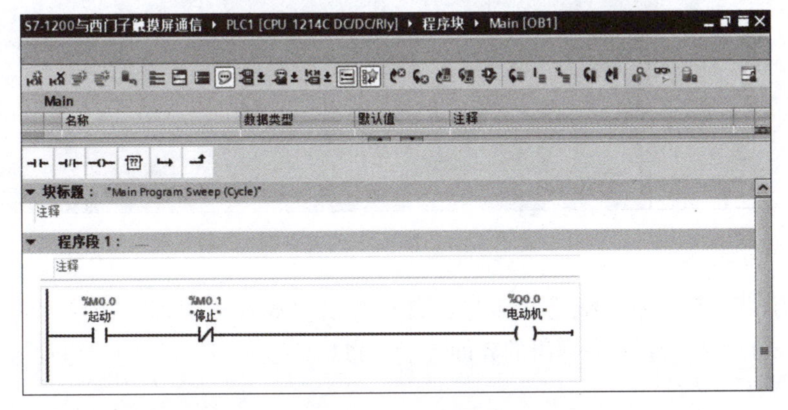

图 8-35　PLC1 的程序

（9）添加触摸屏变量　双击 HMI_1 下的“默认变量表”，添加如图 8-36 所示的变量。

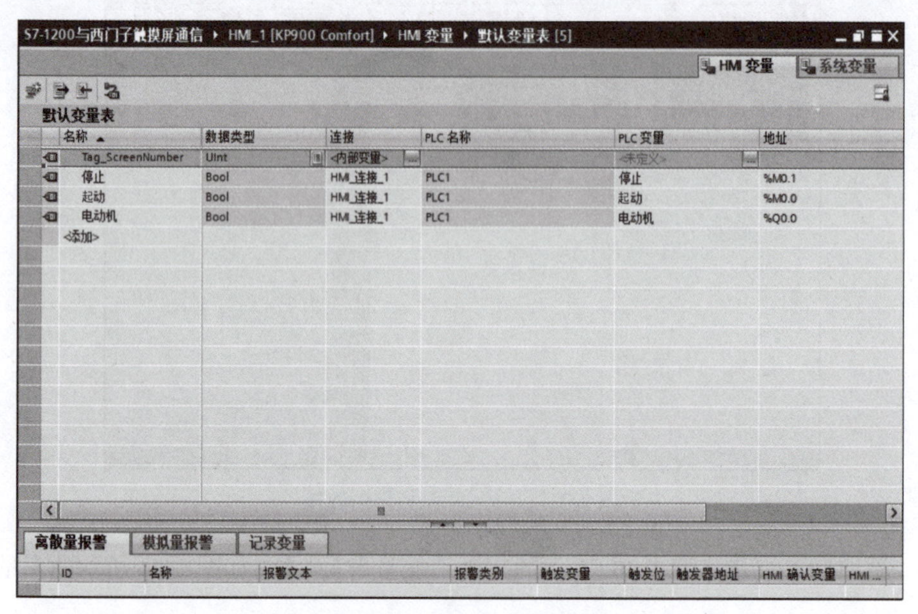

图 8-36　HMI_1 变量表

（10）绘制触摸屏画面控件　双击 HMI_1 下的“添加新画面”，添加“画面 1”，在“画面 1”添加两个按钮和一个指示灯（指示灯可通过右侧窗口选择“库”→“全局库”添加），如图 8-37 所示。

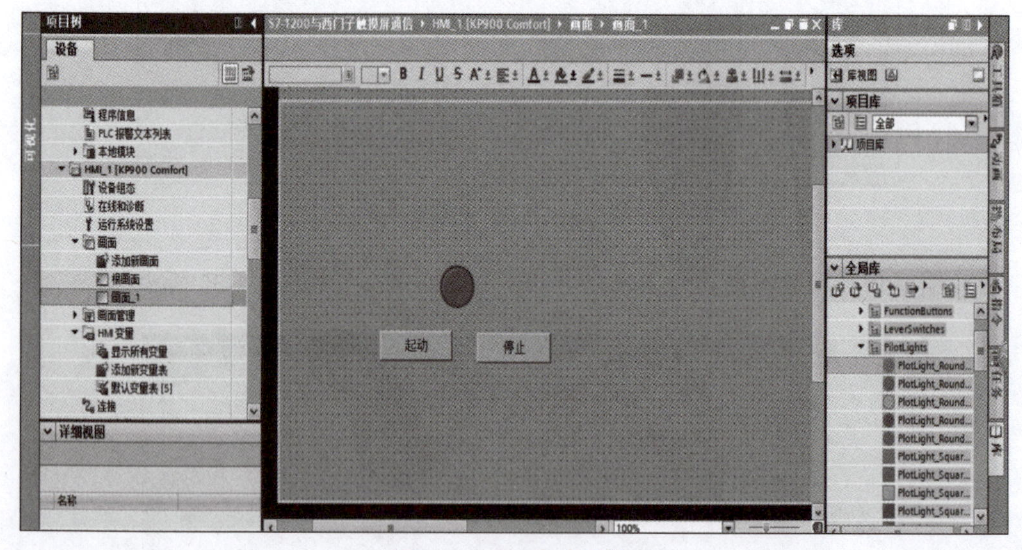

图 8-37　画面 1 的控件

（11）指示灯变量设置　双击指示灯，自动弹出“属性”界面，选择“常规”，在“变量”一栏中单击扩展按钮▭，在弹出的界面选择“PLC 变量”，对应选中“电动机”，如图 8-38 所示。

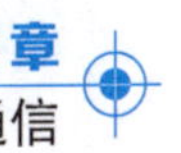

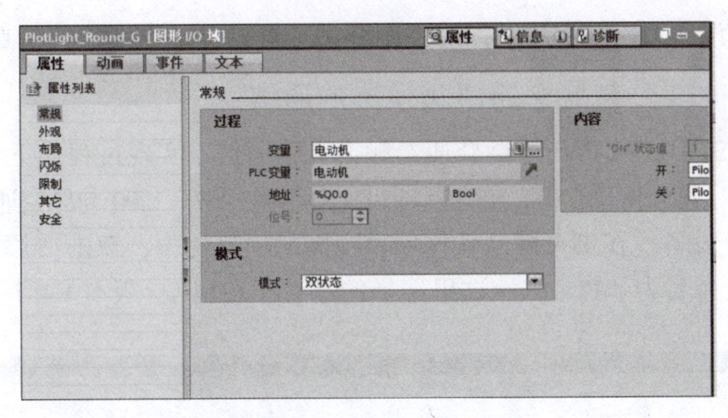

图 8-38　指示灯变量设置

（12）指示灯动画设置　单击指示灯“动画”菜单，单击“显示”下的“添加新动画”按钮，选择“外观”，在变量栏选择“电动机”，单击下方“范围”下的“添加”按钮，添加“0”和“1”两种状态，分别将背景色设为“红色”和“绿色”，如图 8-39 所示。

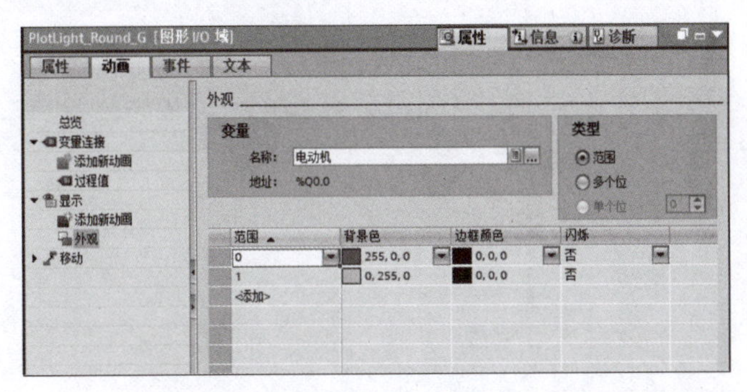

图 8-39　指示灯动画设置

（13）按钮事件设置　右键单击起动按钮，弹出“属性”界面，选择“事件”→“单击”→“添加函数”→“编辑位”→“置位位”，在变量右边添加 PLC 变量“起动”，如图 8-40 所示。对“停止”按钮进行同样设置。

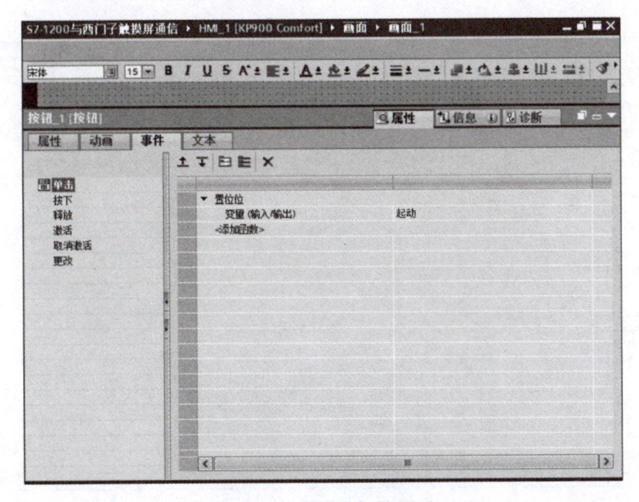

图 8-40　按钮事件设置

（14）下载与仿真　将 PLC 和触摸屏程序分别下载到设备中，进行仿真测试。

8.3.2　S7-1200 PLC 与昆仑通泰触摸屏的通信

实例 4：实现 S7-1200 PLC 与昆仑通泰触摸屏的通信。实现过程如下：

（1）新建项目　打开博途软件，创建新项目，命名为“S7-1200 与昆仑通泰触摸屏通信”。

（2）添加 PLC 设备　在 TIA 博途软件项目视图的项目树中，双击“添加新设备”按钮，添加 PLC 新设备，命名为“PLC1”，这里选择的是 CPU1214C，版本 V4.1，如图 8-41 所示。

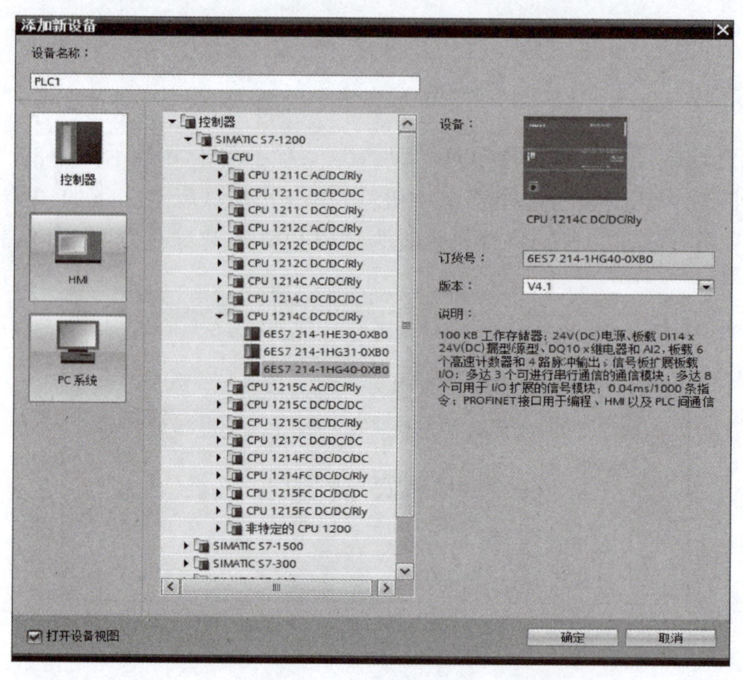

图 8-41　添加 PLC 设备

（3）IP 地址设置　选中 CPU 模块的“以太网地址”，设置 IP 地址为 192.168.0.1，如图 8-42 所示。

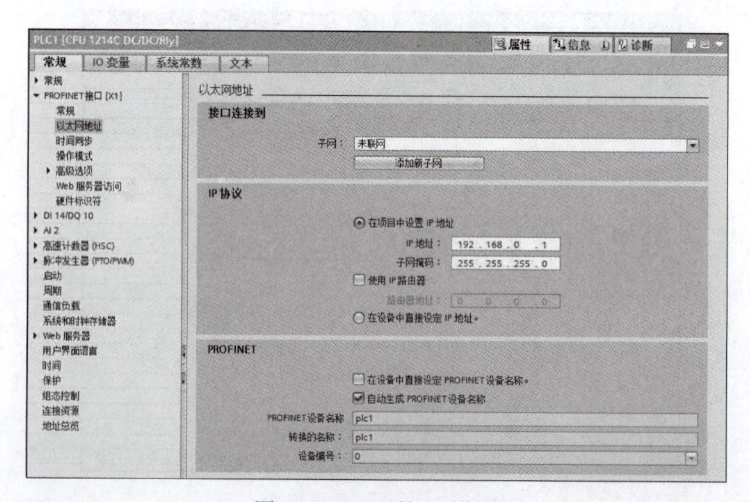

图 8-42　PLC 的 IP 设置

(4) 添加触摸屏设备　打开昆仑通泰的组态软件 MCGS，新建一个项目，选择触摸屏型号，如图 8-43 所示。

(5) 触摸屏设备组态　选定好触摸屏型号后，在弹出的对话框中单击“设备窗口”选项卡，然后单击“设备组态”按钮，如图 8-44 所示。

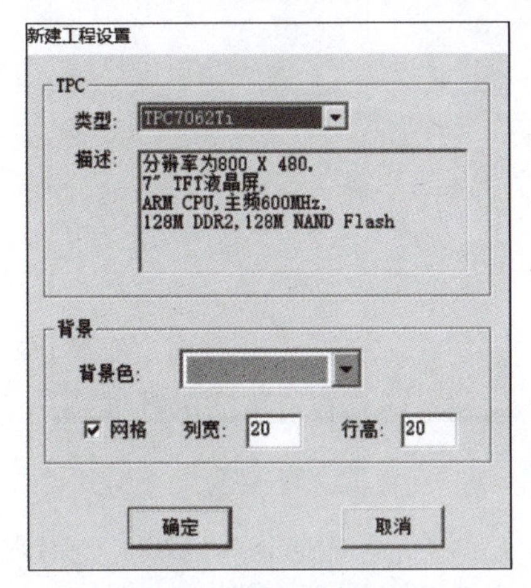

图 8-43　添加触摸屏设备

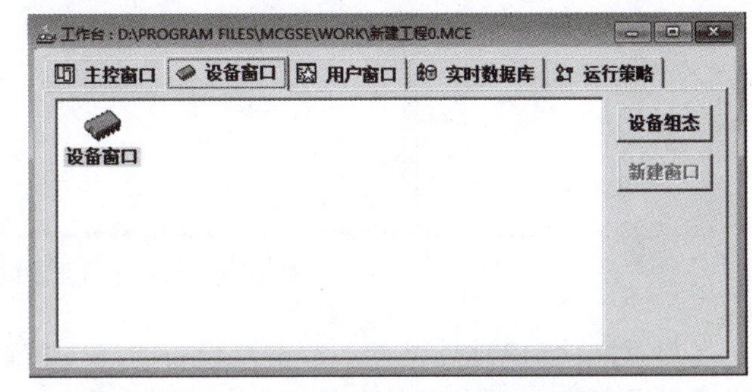

图 8-44　触摸屏设备组态

(6) 添加通信驱动设备　单击“设备组态”按钮后，在弹出的对话框中单击“设备管理”，选择需要的通信驱动，这里选择“Siemens－1200”，如图 8-45 所示。然后单击“确认”按钮，“设备管理”窗口就会出现刚才添加的设备，双击它完成添加，如图 8-46 所示。

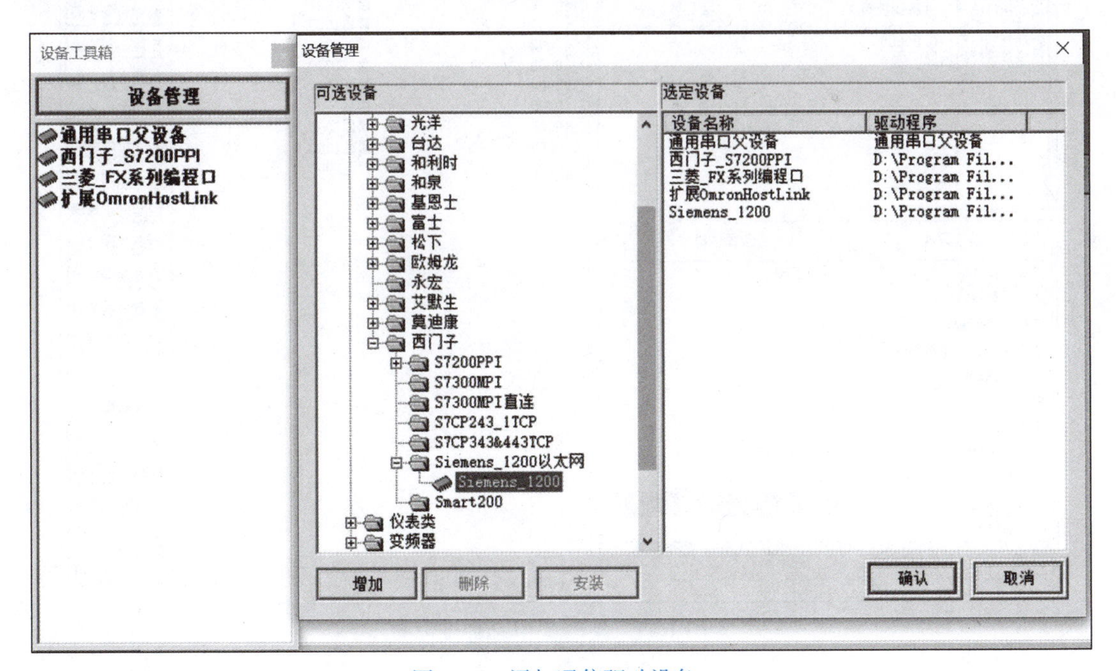

图 8-45　添加通信驱动设备 1

图 8-46　添加通信驱动设备 2

（7）触摸屏 IP 地址设置　双击“设备组态”窗口的“设备 0 - Siemens_1200”，出现“设备编辑窗口”，进行通信参数设置。找到“本地 IP 地址”项，设置本机 MCGS 的 IP 地址，此处设置为 192.168.0.2，“远程 IP 地址”为通信的 S7 - 1200 PLC 的 IP 地址，此处设置为 192.168.0.1，如图 8-47 所示。

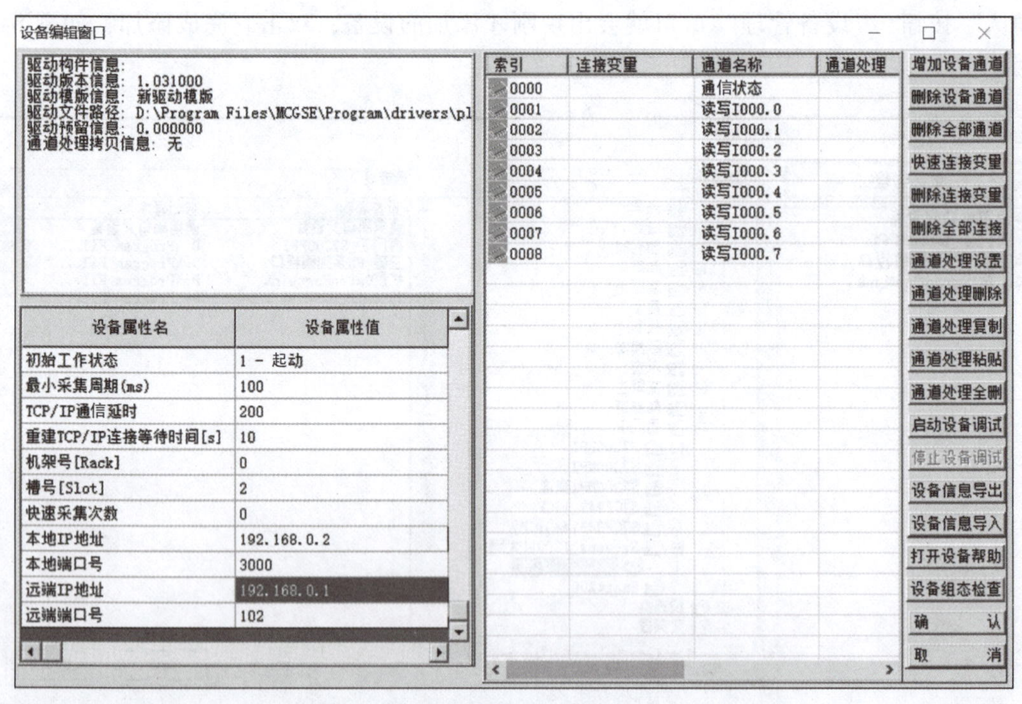

图 8-47　触摸屏 IP 地址设置

思考题与习题

8-1　什么是 OSI 参考模型？

8-2　西门子工业以太网通信方式有哪些？

8-3　西门子 S7 通信有什么特点？

8-4　S7－1200 PLC 与 S7－1200 PLC、S7－1200 PLC 与触摸屏通信的 IP 地址设置有什么要求？

8-5　S7－1200 PLC 采用以太网 TCP 进行通信时，需要使用哪些通信指令？其主要参数的含义是什么？

8-6　S7－1200 PLC 采用 S7 通信时，需要使用哪些通信指令？其主要参数的含义是什么？

8-7　触摸屏与 S7－1200 PLC 是如何进行信号传递的？

8-8　简述 S7－1200 PLC 与昆仑通泰触摸屏通信驱动的添加方法和通信参数的设置步骤。

参 考 文 献

[1] 向晓汉．西门子 S7－1200 PLC 学习手册：基于 LAD 和 SCL 编程［M］．北京：化学工业出版社，2019.

[2] 廖常初．S7－1200 PLC 编程及应用［M］．3 版．北京：机械工业出版社，2017.

[3] 李庆海，王成安．触摸屏组态控制技术［M］．北京：电子工业出版社，2015.

[4] 沈治．PLC 编程与应用：S7－1200 PLC［M］．北京：高等教育出版社，2019.

[5] 姚晓宁．S7－1200 PLC 技术及应用［M］．北京：电子工业出版社，2018.

[6] 朱文杰．S7－1200 PLC 编程设计与应用［M］．北京：机械工业出版社，2017.

高等职业教育“互联网+”创新型系列教材

电气控制与PLC技术(S7-1200)

工作手册

主　编　张君霞　王丽平
副主编　陈光伟
参　编　杨辰飞　李春亚

院　　系 ______________________

专　　业 ______________________

班　　级 ______________________

学　　号 ______________________

姓　　名 ______________________

指导教师 ______________________

机 械 工 业 出 版 社

目　录

模块 1　PLC 实验 …… 1

1.1　基本指令 …… 1

1.2　定时器及计数器指令 …… 2

1.3　常用功能指令 …… 4

1.4　典型电动机控制 …… 5

1.5　抢答器控制 …… 6

1.6　天塔之光控制 …… 7

1.7　十字路口交通灯控制 …… 8

模块 2　实训 …… 10

2.1　三相异步电动机减压起动控制电路装调 …… 10

2.2　三层电梯的 PLC 控制系统 …… 21

模块1

PLC实验

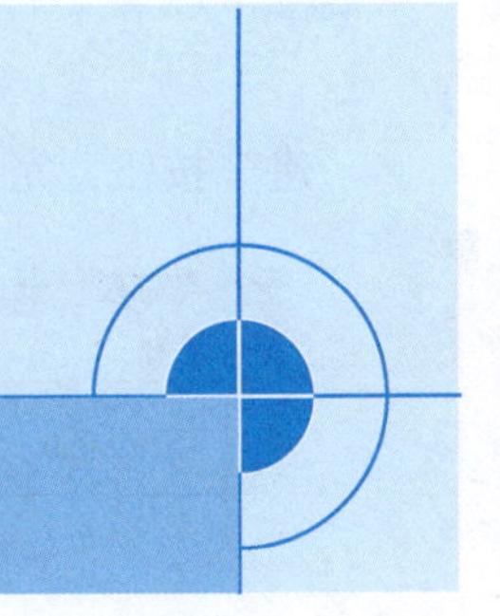

1.1 基本指令

1.1.1 实验目的

1. 熟悉西门子 S7－1200 系列 PLC，了解各硬件部分的结构及作用。
2. 掌握常用基本指令的使用方法。
3. 熟悉西门子 TIA 博途软件的基本使用方法。
4. 培养学生规范操作、科学严谨的工作态度和工匠精神。

1.1.2 实验设备

1. PLC 实验装置　　一套
2. 编程计算机　　一台
3. 网线　　一条
4. 连接导线　　若干

1.1.3 实验内容及步骤

1. 复习常用基本指令的功能及用法

1）常用位逻辑指令。

2）置位、复位指令。

3）上升沿、下降沿指令。

2. 分析并下载运行练习程序

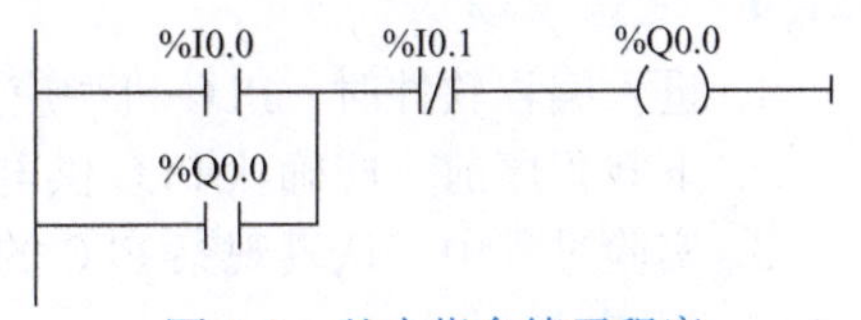

图 1-1　基本指令练习程序

1）练习程序 1，如图 1-1 所示。

2）置位、复位指令练习程序，如图 1-2、图 1-3 所示。

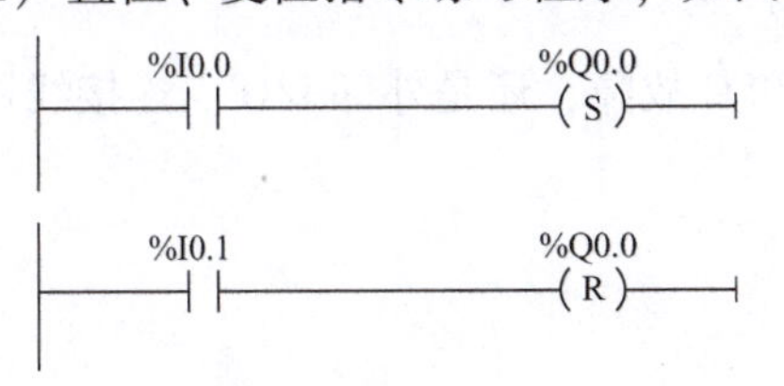

图 1-2　置位、复位指令练习程序

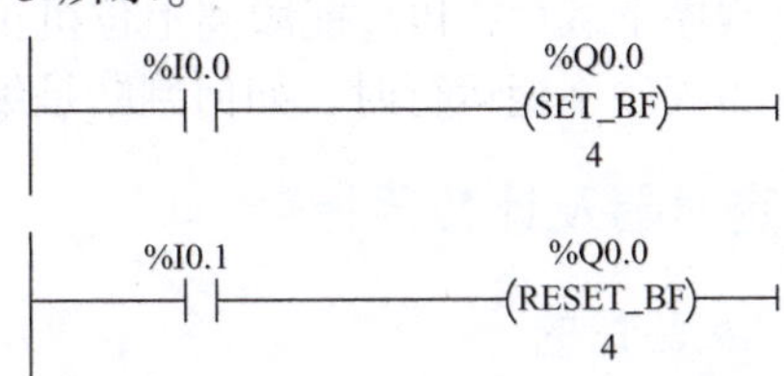

图 1-3　置位、复位位域指令练习程序

3）上升沿、下降沿指令练习程序，如图 1-4、图 1-5 所示。

3. 程序的编辑

（1）创建新项目　在项目视图中，选中菜单栏中“项目”，单击“新建”命令，或者直接单击工具栏中“新建”按钮，弹出“创建新项目”对话框，输入项目名称，单击“创建”按钮，完成新建项目。

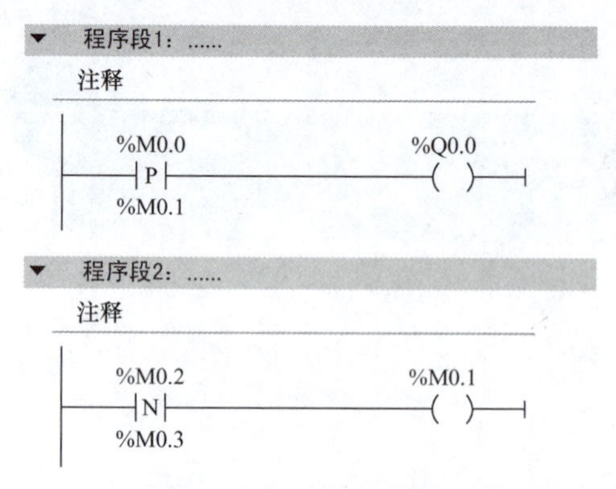

图 1-4　扫描操作数的信号沿指令练习程序

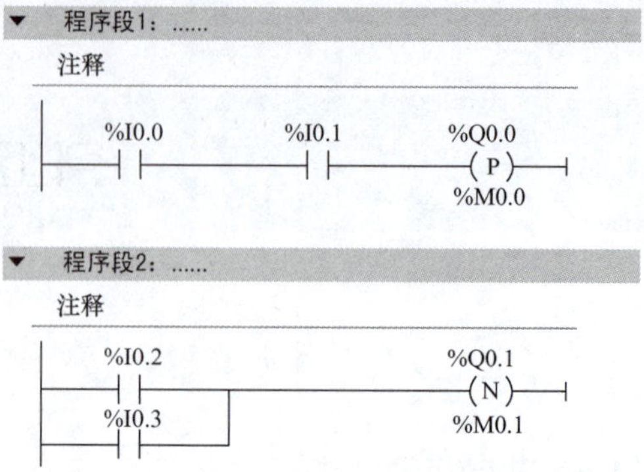

图 1-5　信号沿置位操作数指令练习程序

（2）硬件组态　根据实训装置硬件进行组态，具体步骤参见 5.3 节。

（3）编制程序　建立变量表，进入程序页面编辑程序并保存，具体步骤参见 5.3 节。

4. I/O 分配

输入	输出
SB0 ~ SB3：I0.0 ~ I0.3	HL0 ~ HL3：Q0.0 ~ Q0.3

5. 程序下载及调试

1）连接 PLC 与上位计算机及外围设备。

2）程序下载。确保 S7－1200 PLC 与计算机使用网线连接，且 S7－1200 PLC 已经通电。设置好计算机、PLC 的以太网通信属性。下载程序，具体步骤参见 5.3 节。

3）程序调试。按下输入按钮，观察不同逻辑状态下 HL0、HL1、HL2、HL3 指示灯的状态并记录。也可单击工具栏中的“启用/禁用监视”按钮，在线监控程序运行情况。

1.1.4　注意事项

1. 进入编程软件时，PLC 机型应选择正确，否则无法正常下载程序。
2. 下载程序前，应确认 PLC 供电正常。
3. 实验过程中，认真观察 PLC 的输入/输出状态，以验证分析结果是否正确。

1.1.5　思考与讨论

1. 在 I/O 接线不变的情况下，能更改控制逻辑吗？
2. 程序下载后，PLC 能脱离上位机正常运行吗？
3. 当程序不能运行时，如何判断是编程错误、PLC 故障，还是外部 I/O 点连接线错误？

1.2　定时器及计数器指令

1.2.1　实验目的

1. 掌握常用定时指令的使用方法。
2. 掌握计数器指令的使用方法。
3. 掌握 TIA 博途软件的基本使用方法。
4. 培养学生规范操作、科学严谨的工作态度和工匠精神。

1.2.2　实验设备

1. PLC 实验装置　　　　一套

2. 编程计算机　　　　　　一台
3. 网线　　　　　　　　　一条
4. 连接导线　　　　　　　若干

1.2.3 实验内容及步骤

1. 复习

复习定时器、计数器指令的功能及用法。

2. 分析并运行练习程序

1）定时器练习程序，如图1-6、图1-7所示。

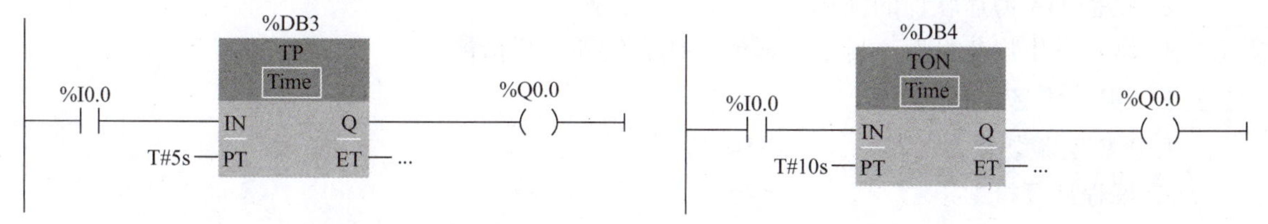

图1-6　脉冲定时器指令练习程序　　图1-7　接通延时定时器指令练习程序

2）方波发生器练习程序，如图1-8所示。

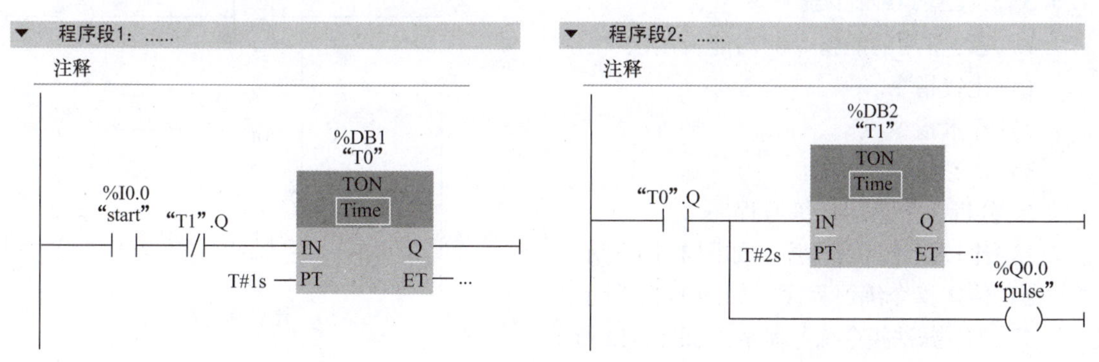

图1-8　方波发生器练习程序

3）增计数器练习程序，如图1-9所示。

4）自行设计减计数器程序（参照增计数器）。

3. I/O分配

输入　　　　　　　　输出

S0～S3：I0.0～I0.3　　HL0～HL1：Q0.0～Q0.1

4. 程序下载及调试

1）连接PLC与上位计算机及外围设备。

2）使用TIA Portal软件，编译实训程序，确认无误后，将程序下载至PLC。

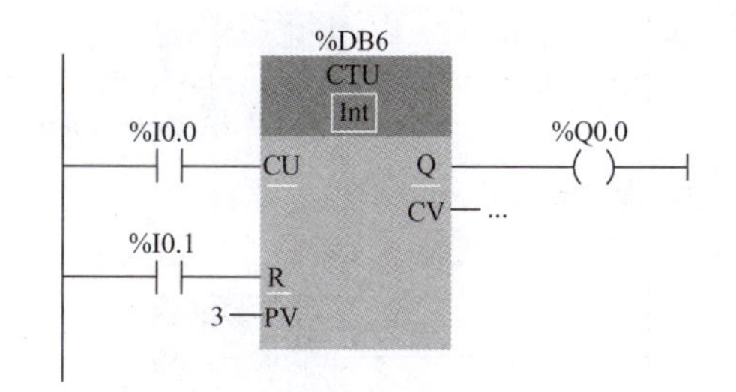

图1-9　增计数器指令练习程序

3）拨动开关S0～S3，观察开关处于不同逻辑状态下HL0、HL1指示灯的状态并记录。

1.2.4 注意事项

1. S7－1200 PLC四种类型的定时器，分别为脉冲定时器（TP）、接通延时定时器（TON）、关断延时定时器（TOF）、保持型接通延时定时器（TONR），注意各类型定时器的特点。

2. S7－1200 PLC 计数器指令有三种类型，分别是加计数器（CTU）、减计数器（CTD）、加减计数器（CTUD），可根据控制任务自行选用。

1.2.5 思考与讨论

S7－1200 PLC 定时器指令中，TP 和 TON 指令的差别是什么？

1.3 常用功能指令

1.3.1 实验目的

1. 掌握数据比较指令、数据传送指令、加法指令、减法指令的使用方法。
2. 熟悉 TIA 博途软件的使用。
3. 培养学生规范操作、科学严谨的工作态度和工匠精神。

1.3.2 实验设备

1. PLC 实验装置　　一套
2. 编程计算机　　一台
3. 网线　　一条
4. 连接导线　　若干

1.3.3 实验内容及步骤

1. 复习常用功能指令的功能及用法
1）比较指令。
2）算术指令。
3）传送指令。
2. 分析并下载运行练习程序
1）比较指令练习程序，如图 1-10 所示。
2）传送指令练习程序，如图 1-11 所示。
3）加、减法指令练习程序，如图 1-12 所示。

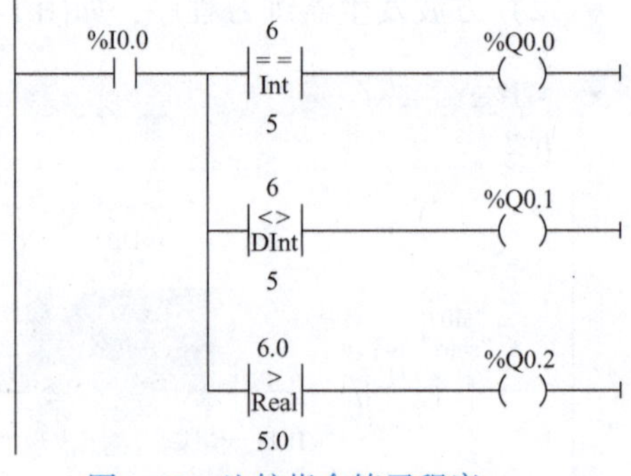

图 1-10　比较指令练习程序

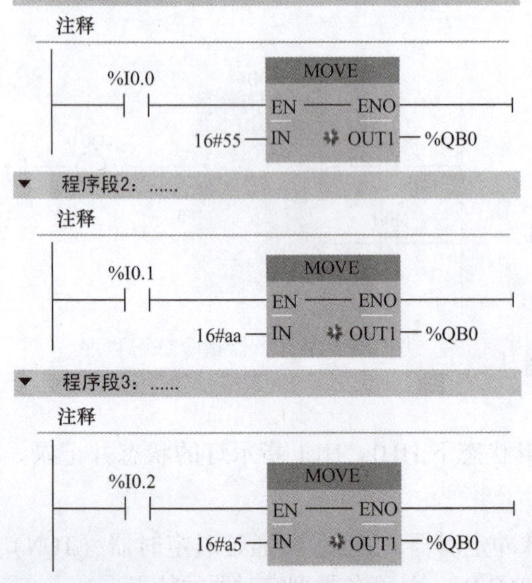

图 1-11　传送指令练习程序

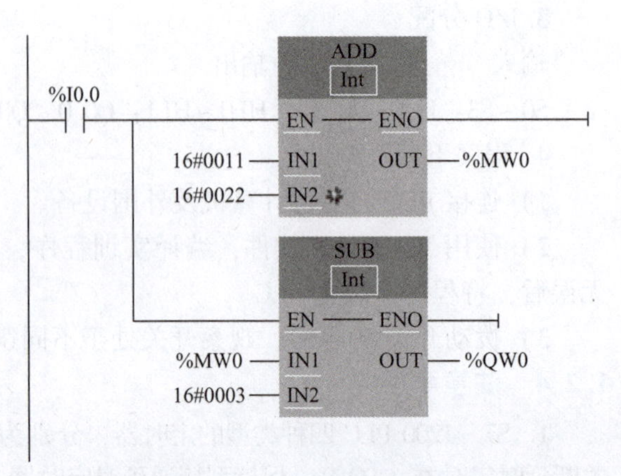

图 1-12　加、减法指令练习程序

3. I/O 分配

输入 输出

按钮 SB1 ~ SB3：I0.0 ~ I0.2 HL0 ~ HL15：Q0.0 ~ Q1.7

4. 程序下载及调试

1）连接 PLC 与上位计算机及外围设备。

2）使用 TIA Portal 软件，编译实训程序，确认无误后，将程序下载至 PLC。

3）按压按钮，观察 QB0、QW0 的值及 HL0 ~ HL15 指示灯的状态并记录。

1.3.4 注意事项

使用功能指令时，操作数的数据类型和长度需与指令要求一致。

1.3.5 思考与讨论

比较功能指令和基本逻辑指令在用法和作用上的差异。

1.4 典型电动机控制

1.4.1 实验目的

1. 掌握用 PLC 实现电动机的典型控制的方法。
2. 熟练掌握西门子 S7 - 1200 PLC 控制系统接线及调试步骤。
3. 熟悉编程的简单方法和步骤。
4. 培养学生规范操作、科学严谨的工作态度和工匠精神。

1.4.2 实验设备

1. PLC 实验装置 一套
2. 编程计算机 一台
3. 网线 一条
4. 连接导线 若干

1.4.3 实验内容及步骤

1. 编制典型电动机控制程序并调试

（1）点动控制 按下起动按钮 SB_1，电动机做星形联结运转，松开 SB_1 电动机即停。

（2）长动控制 按下起动按钮 SB_1，电动机做星形联结起动并持续运转，只有按下停止按钮 SB_3 时电动机才停止运转。

（3）正反转控制 按下起动按钮 SB_1，电动机做星形联结起动，电动机正转；按下起动按钮 SB_2，电动机做星形联结起动，电动机反转；如需正反转切换，应首先按下停止按钮 SB_3，使电动机处于停止工作状态，方可对其做旋转方向切换。

（4）星-三角换接起动控制 按下起动按钮 SB_1，电动机做星形联结起动；6s 后电动机转为三角形方式运行；按下停止按钮 SB_3，电动机停止运行。

2. I/O 分配表及接线图

（1）I/O 分配表 I/O 分配表见表 1-1。

表 1-1 I/O 分配表

输入		输出	
I0.0	正转起动 SB_1	Q0.0	接触器 KM_1
I0.1	反转起动 SB_2	Q0.1	接触器 KM_2

（续）

输入		输出	
I0.2	停止 SB_3	Q0.2	接触器 KM_3
		Q0.3	接触器 KM_4

（2）电动机控制主电路　电动机控制主电路如图 1-13 所示。

3. 程序下载及调试

1）连接 PLC 与上位计算机及外围设备。

2）根据控制任务编制实训程序，确认无误后，将程序下载至 PLC 中。

3）操作按钮 SB_1 ~ SB_3，观察记录程序运行情况和输出状态。

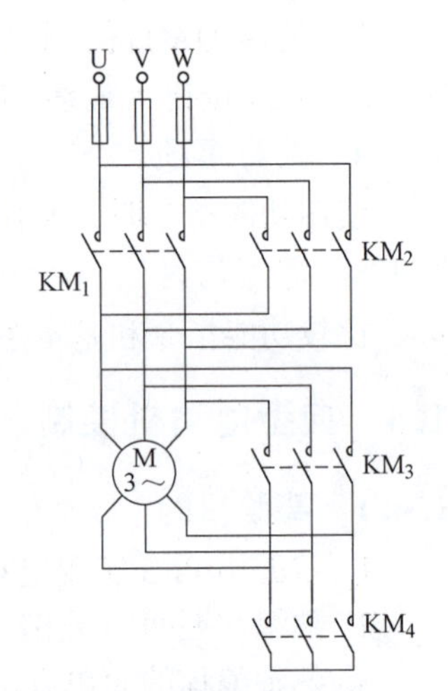

图 1-13　电动机控制主电路

1.4.4　注意事项

1. SB_1 ~ SB_3应选用自复式按钮。

2. 各程序中的各输入、输出应与外部实际 I/O 口正确连接。

1.4.5　思考与讨论

试比较 PLC 控制与继电器-接触器控制电路的区别与联系。

1.5　抢答器控制

1.5.1　实验目的

1. 掌握用 PLC 实现抢答器控制的方法。

2. 通过抢答器程序设计，掌握八段码显示装置的工作原理。

3. 掌握抢答器控制系统的接线、调试、操作方法。

4. 培养学生规范操作、科学严谨的工作态度和工匠精神。

1.5.2　实验设备

1. PLC 实验装置　一套
2. 编程计算机　一台
3. 网线　一条
4. 连接导线　若干
5. 八段码显示装置（见图 1-14）一套

1.5.3　实验内容及步骤

1. 控制要求

1）系统初始上电后，主控人员在总控制台上单击“开始”按键后，允许各队人员开始抢答，即各队抢答按键有效。

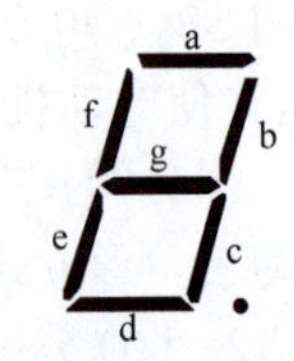

图 1-14　八段码显示装置

2）抢答过程中，1 ~ 4 队中的任何一队抢先按下各自的抢答按键（SB1、SB2、SB3、SB4）后，八段码显示装置显示当前的队号并使蜂鸣器发出响声，其他队的人员继续抢答无效。

3）主控人员对抢答状态确认后，单击“复位”按键，系统又继续允许各队人员开始抢答，直至又有一队抢先按下自己的抢答按键。

2. I/O 分配表（见表 1-2）

表 1-2　I/O 分配表

输　　入		输　　出	
I0.0	开始	Q0.0	蜂鸣器
I0.1	复位	Q0.1	a
I0.2	1 队抢答按键 SB1	Q0.2	b
I0.3	2 队抢答按键 SB2	Q0.3	c
I0.4	3 队抢答按键 SB3	Q0.4	d
I0.5	4 队抢答按键 SB4	Q0.5	e
		Q0.6	f
		Q0.7	g

3. 程序下载及调试

1）连接 PLC 与上位计算机及外围设备。

2）根据控制任务编制控制程序，确认无误后，将程序下载至 PLC 中。

3）点动“开始”按键，允许 1～4 队抢答。分别点动 SB1～SB4 按键，模拟四个队进行抢答，观察并记录系统响应情况。

1.5.4　注意事项

1. 各抢答按键 SB1～SB4 应选用自复式按键。

2. 程序中的各输入、输出应与外部实际 I/O 口正确连接，特别是注意输出口的连接，否则会显示乱码。

1.5.5　思考与讨论

根据四组抢答器，怎样设计五组抢答器程序？

1.6　天塔之光控制

1.6.1　实验目的

1. 熟悉功能指令的使用。
2. 掌握移位指令的使用及编程方法。
3. 用 PLC 构成各种灯光控制系统。
4. 培养学生规范操作、科学严谨的工作态度和工匠精神。

1.6.2　实验设备

1. PLC 实验装置　　一套
2. 编程计算机　　一台
3. 网线　　一条
4. 连接导线　　若干
5. 天塔之光显示实验板

天塔之光实验装置如图 1-15 所示。

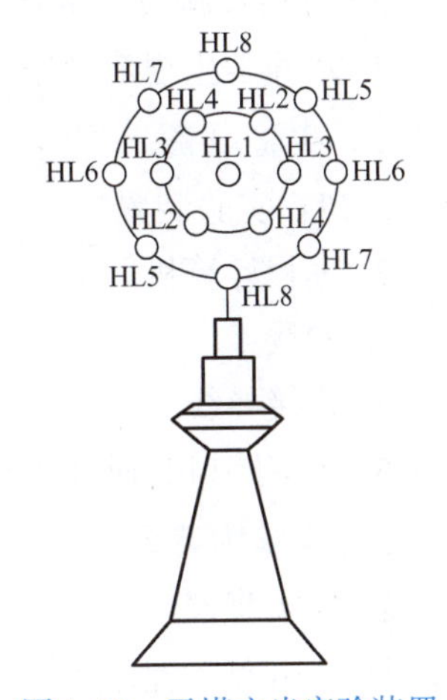

图 1-15　天塔之光实验装置

1.6.3　实验内容及步骤

1. 控制要求

1）依据实际生活中对天塔之光的运行控制要求，实现模拟控制。

2）按下“起动”按钮，PLC 运行后，灯光自动开始显示，每次只亮一盏灯，指示灯按以下规律循环显示：单灯依次点亮（各 1s），即 HL1→HL2→HL3→HL4→HL5→HL6→HL7→HL8→HL1→HL2…。

3）按下“停止”按钮，天塔之光控制系统停止运行。

2. I/O 分配表（见表 1-3）

表 1-3　I/O 分配表

输　入		输　出	
I0. 0	起动按钮	Q0. 0 ~ Q0. 7	指示灯 HL1 ~ HL8
I0. 1	停止按钮		

3. 程序下载及调试

1）连接 PLC 与上位计算机及外围设备。

2）根据控制任务编制控制程序，确认无误后，将程序下载至 PLC 中。

3）操作控制按钮，观察并记录系统响应情况。

1.6.4　注意事项

程序中的各输入、输出应与外部实际 I/O 口正确连接。

1.6.5　思考与讨论

请自行设计一种灯光控制效果并实现。

1.7　十字路口交通灯控制

1.7.1　实验目的

1. 了解交通灯的工作原理及操作方法。
2. 用 PLC 构成十字路口交通灯控制系统。
3. 培养学生规范操作、科学严谨的工作态度和工匠精神。

1.7.2　实验设备

1. PLC 实验装置　　一套
2. 编程计算机　　一台
3. 网线　　一条
4. 连接导线　　若干
5. 十字路口交通灯实验板　　一块

1.7.3　实验内容及步骤

1. 控制要求

图 1-16 所示是城市十字路口交通灯控制示意图，在十字路口的东、南、西、北方向装设有红灯、绿灯、黄灯，它们按照一定时序轮流发亮。信号灯受一个起动开关控制，当起动开关接通时，信号灯系统开始工作，具体的控制要求如图 1-17 所示；当起动开关断开时，所有信号灯熄灭。其中闪烁控制周期为 1s，亮 0. 5s，灭 0. 5s。

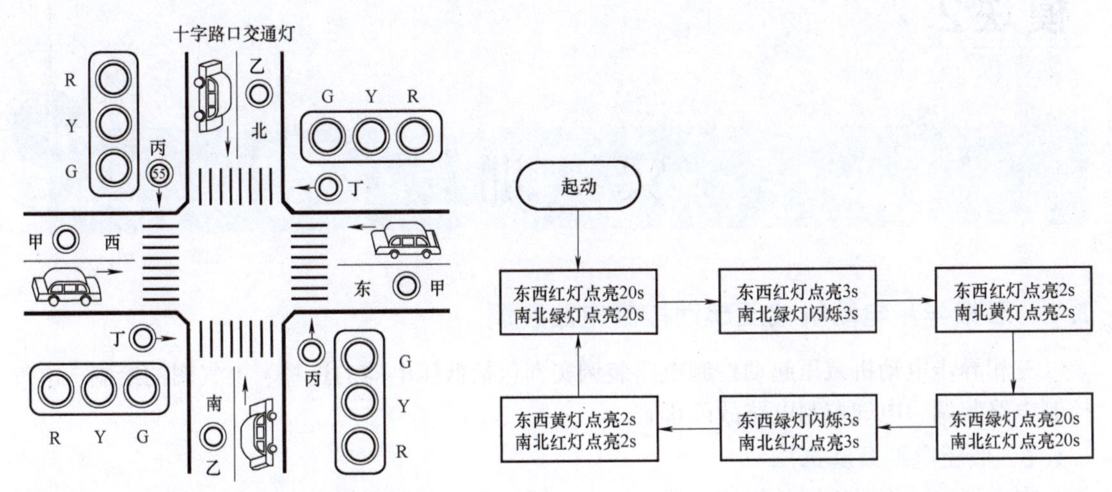

图 1-16　城市十字路口交通灯控制示意图

图 1-17　交通灯控制要求

2. I/O 分配表（见表 1-4）

表 1-4　I/O 分配表

输　入		输　出	
I0.0	起动开关	Q0.0	东西绿灯
		Q0.1	东西黄灯
		Q0.2	东西红灯
		Q0.3	南北绿灯
		Q0.4	南北黄灯
		Q0.5	南北红灯

3. 程序下载及调试

1）连接 PLC 与上位计算机及外围设备。

2）编制实训程序，确认无误后，将程序下载至 PLC。

3）合上“起动”开关，观察并记录系统响应情况。

1.7.4　注意事项

程序中的各输入、输出应与外部实际 I/O 口正确连接。

1.7.5　思考与讨论

考虑是否可以使用多种指令编写交通灯控制程序。

模块2

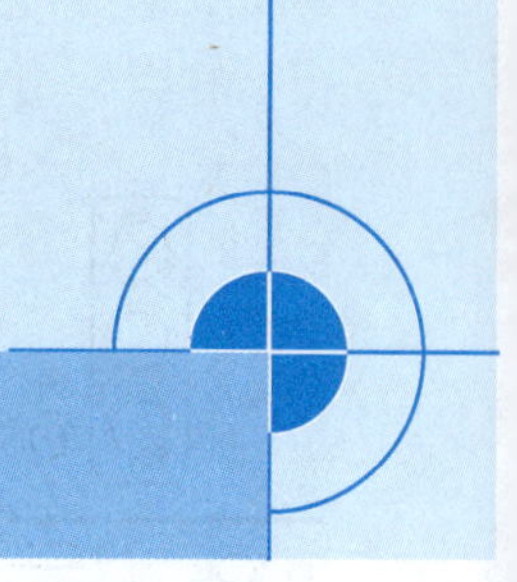

实　训

2.1　三相异步电动机减压起动控制电路装调

三相异步电动机减压起动控制电路装调实训包括低压电器的选择、电气图的绘制、电气控制电路装调、电气控制电路故障排查。

2.1.1　低压电器及其选择

在实训室，面对实际的低压电器，站在实践的角度对其进行再认识，是非常必要的。要熟悉元器件结构和原理、使用场合和技术参数，重点学会阅读元器件铭牌和说明书，包括规格、型号、性能、参数等，为电气元器件的选择、整定、使用、维护打下基础。

1. 常用低压电器

低压电器是指工作在交流1200V以下或直流1500V以下电路中的电器。低压电器种类繁多、用途广泛，随着电子技术的迅猛发展，低压电器新品种不断涌现，这里结合实训要求，列出三相异步电动机减压起动控制电路所用到的低压电器名称及技术数据供参考。

（1）熔断器　熔断器是一种最简单有效的保护电器，主要由熔体和安装熔体的熔管两部分组成。常用熔断器的技术数据见第1章中的表1-2。

（2）低压断路器　低压断路器是一种用来隔离、转换以及接通和分断电路的控制电器。DZ20系列低压断路器技术数据见表2-1。

表2-1　DZ20系列低压断路器技术数据

<table>
<tr><th rowspan="3">型　号</th><th rowspan="3">额定电流
/A</th><th rowspan="3">机械寿命/
电寿命/次</th><th rowspan="3">过电流
脱扣器
范围
/A</th><th colspan="6">短路通断能力</th></tr>
<tr><th colspan="3">交　流</th><th colspan="3">直　流</th></tr>
<tr><th>电压
/V</th><th>电流
/kA</th><th>cosφ</th><th>电压
/V</th><th>电流
/kA</th><th>时间常数
/s</th></tr>
<tr><td>DZ20Y－100</td><td rowspan="3">100</td><td rowspan="3">8000/4000</td><td rowspan="3">16
20
32
50
63
80
100</td><td rowspan="6">380</td><td>18</td><td>0.30</td><td rowspan="6">220</td><td>10</td><td rowspan="6">0.01</td></tr>
<tr><td>DZ20J－100</td><td>35</td><td>0.25</td><td>15</td></tr>
<tr><td>DZ20G－100</td><td>75</td><td>0.20</td><td>20</td></tr>
<tr><td>DZ20Y－200</td><td rowspan="3">200</td><td rowspan="3">8000/2000</td><td rowspan="3">125
160
180
200</td><td>25</td><td>0.25</td><td>20</td></tr>
<tr><td>DZ20J－200</td><td>35</td><td>0.25</td><td>20</td></tr>
<tr><td>DZ20G－200</td><td>70</td><td>0.20</td><td>25</td></tr>
</table>

（续）

型号	额定电流/A	机械寿命/电寿命/次	过电流脱扣器范围/A	短路通断能力					
				交流			直流		
				电压/V	电流/kA	$\cos\varphi$	电压/V	电流/kA	时间常数/s
DZ20Y－400	400	5000/1000	250 315 350 400	380	30	0.25	380	20	0.01
DZ20J－400					42	0.25		25	
DZ20G－400					80	0.20		30	
DZ20Y－630	630	5000/1000	400 500 630		30	0.25		25	
DZ20J－630					50	0.20		25	
DZ20Y－1250	1250	3000/500	630 800 1000 1250		50	0.20		30	
DZ20J－1250					65	0.20		30	

（3）主令电器　主令电器是在自动控制系统中用来发送控制指令或信号的操纵电器。常用按钮的技术数据见表2-2。

表2-2　常用按钮的技术数据

型号	型式	触头数量		信号灯		额定电压、电流和控制容量	按钮	
		常开	常闭	电压/V	功率/W		钮数	颜色
LA18－22	一般式	2	2				1	红绿黄白黑
LA18－44	一般式	4	4				1	红绿黄白黑
LA18－66	一般式	6	6				1	红绿黄白黑
LA18－22J	紧急式	2	2				1	红
LA18－44J	紧急式	4	4				1	红
LA18－66J	紧急式	6	6			电压：	1	红
LA18－$22X_2$	旋钮式	2	2			交流380V	1	黑
LA18－$22X_3$	旋钮式	2	2			直流220V	1	黑
LA18－44X	旋钮式	4	4				1	黑
LA18－66X	旋钮式	6	6			电流：5A	1	黑
LA18－22Y	钥匙式	2	2				1	锁芯本色
LA18－44Y	钥匙式	4	4			容量：	1	锁芯本色
LA18－66Y	钥匙式	6	6			交流300V·A	1	锁芯本色
LA19－11A	一般式	1	1			直流60W	1	红绿蓝黄白黑
LA19－11J	紧急式	1	1				1	红
LA19－11D	带指示灯式	1	1	6	<1		1	红绿蓝白黑
LA19－11DJ	紧急带指示灯式	1	1	6	<1		1	红
LA20－11	一般式	1	1				1	红绿黄蓝白
LL20－11J	紧急式	1	1				1	红

（续）

型号	型式	触头数量		信号灯		额定电压、电流和控制容量	按钮	
		常开	常闭	电压/V	功率/W		钮数	颜色
LA20 - 11D	带指示灯式	1	1	6	<1	电压：	1	红绿黄蓝白
LA20 - 11DJ	带灯紧急式	1	1	6	<1	交流 380V	1	红
LA20 - 22	一般式	2	2			直流 220V	1	红黄绿蓝白
LA20 - 22J	紧急式	2	2				1	红
LA20 - 22D	带指示灯式	2	2	6	<1	电流：5A	1	红黄绿蓝白
LA20 - 22K	开启式	2	2				2	白红或绿红
LA20 - 3K	开启式	3	3			容量：	3	白绿红
LA20 - 2H	保护式	2	2			交流 300V · A	2	白红或绿红
LA20 - 3H	保护式	3	3			直流 60W	3	白绿红

（4）交流接触器　接触器是一种用来频繁地接通或分断交、直流主电路及大容量控制电路的自动切换电器，常用于控制电动机。CJ20 系列交流接触器技术数据见第 1 章中的表 1-3。

（5）时间继电器　时间继电器感受部分在感受外界信号后，经过一段时间才能使执行部分动作，可实现延时控制，是一种常用的自动控制电器。JS7 - A 型空气阻尼式时间继电器技术数据见第 1 章中的表 1-6。

（6）热继电器　热继电器是一种保护电器，主要用于连续运转电动机的过载保护。JR16 系列热继电器的主要规格参数见第 1 章中的表 1-8。

2. 常用低压电器的选择

参见前面第 1 章中的 1.7 节的内容。

2.1.2　电气图的绘制

电气图是企业制造、检验电气产品的依据，是用户维护、改进电气设备的必备技术资料。电气图一般分为电气系统图和框图、电气原理图、电器布置图、电气安装接线图、功能图等。这里主要介绍电气原理图和电气安装接线图的绘制。

（1）电气图的绘制特点　电气图是一种简图，不是严格按照几何尺寸和绝对位置测绘的，而是用规定的图形符号、文字符号和图线来表示系统的组成及连接关系而绘制的。

电气图的主要描述对象是电气元器件和连接线。电气图中的图形符号和文字符号必须符合最新的国家标准。电气图中各电器接线端子用字母数字符号标记。凡是被线圈、绕组、触头或电阻、电容等元器件所隔开的线段，都标以不同的电路标号。

（2）电气原理图的绘制　电动机控制电路是由一些电气元器件按一定的控制关系连接而成的，这种控制关系反映在电气原理图（简称原理图）上。为了能顺利地安装接线、检查调试和排除线路故障，必须认真设计原理图。要弄清线路中各电气元器件之间的控制关系及连接顺序；分析线路控制动作，以便确定检查线路的步骤方法；明确电气元器件的数目、种类和规格；对于比较复杂的线路，应弄懂是由哪些基本环节组成的，分析这些环节之间的逻辑关系。

为了方便线路投入运行后的日常维修和故障排除，必须按规定给原理图标注线号。应将主电路与辅助电路分开标注，各自从电源端起，各相线分开，依次标注到负载端。标注时应做到：各段导线均有线号，并且一线一号、不得重复。

电气原理图的绘制原则参看第2章第2.1节。

（3）绘制安装接线图　原理图是为方便阅读和分析控制原理而用“展开法”绘制的，并不反映电气元器件的结构、体积和实际安装位置。为了便于安装接线、检查线路和排除故障，必须根据原理图，绘制安装接线图（简称接线图）。在接线图中，各电气元器件都要按照在安装底板（或电气控制箱、控制柜）中的实际安装位置绘出；元器件所占据的面积按它的实际尺寸依照统一的比例绘制；一个元器件的所有部件应画在一起，并用虚线或点画线框起来。各电气元器件之间的位置关系视安装底板的面积大小、长宽比例及连接线的顺序来决定，并要注意不得违反安装规程。

绘制好的接线图应对照原理图仔细核对，防止错画、漏画，避免给制作电路和试车过程造成麻烦。

（4）制订元器件明细表　对原理图中的电气元器件按照技术要求进行选择，然后用表格的形式直观地表明控制电路所用的元器件名称与电气符号、元器件型号与规格、元器件数量、在电路中的作用等，作为备料、维护之用。

2.1.3　控制电路的制作步骤

（1）检查电气元器件　安装接线前应对所使用的电气元器件逐个进行检查，避免电气元器件故障与线路错接、漏接造成的故障混在一起。对电气元器件的检查主要包括以下几个方面：

1）电气元器件外观是否清洁完整；外壳有无碎裂；零部件是否齐全有效；各接线端子及紧固件有无缺失、生锈等现象。

2）电气元器件的触头有无熔焊粘连、变形、严重氧化锈蚀等现象；触头的闭合、分断动作是否灵活；触头的开距、超距是否符合标准；接触压力弹簧是否有效。

3）电器的电磁机构和传动部件的动作是否灵活；有无衔铁卡阻、吸合位置不正等现象；新品使用前应拆开清除铁心端面的防锈油；检查衔铁复位弹簧是否正常。

4）用万用表或电桥检查所有元器件的电磁线圈（包括继电器、接触器及电动机）的通断情况，测量它们的直流电阻值并做好记录，以备检查线路和排除故障时作为参考。

5）检查有延时作用的电气元器件的功能，如时间继电器的延时动作、延时范围及整定机构的作用；检查热继电器的热元件和触头的动作情况。

6）核对各电气元器件的规格与图样要求是否一致。例如电器的电压等级、电流容量；触头的数目、开闭状况；时间继电器的延时类型等。

电气元器件先检查后使用，避免安装、接线后发现问题再拆换，提高制作电路的工作效率。

（2）固定电气元器件

1）电气元器件在控制板（或柜）上的布置原则如下：

① 体积大和较重的电器应安装在控制板的下面。

② 发热元器件应安装在控制板的上面，并注意使感温元件与发热元器件隔开。

③ 弱电部分应加屏蔽和隔离，防止强电部分以及外界对其造成干扰。

④ 需要经常维护检修、操作调整用的电器（如可调电阻、熔断器等），安装位置不宜过高或过低。

⑤ 应尽量把外形及结构尺寸相同的电气元器件安装在一排，以利于安装和补充加工，而且易于布置、整齐美观。

⑥ 考虑电气维修，电气元器件的布置和安装不宜过密，应留有一定的空间位置，以利

于操作。

⑦ 电器元器件布置应适当考虑对称，可从整个板布置考虑对称，也可从某一部分布置考虑对称。

2）电气元器件的相互位置。各电气元器件在控制板上的大体安装位置确定之后，就可着手具体确定各电器之间的距离，它们之间的距离应从如下几方面考虑：

① 电器之间的距离应便于操作和检修。

② 应保证各电器的电气距离，包括漏电距离和电气间隙，这些数据可从各标准中查阅。

③ 应考虑有些电器的飞弧距离，例如低压断路器、接触器等在断开负载时形成电弧将使空气电离，所以在这些地方其电气距离应增加。

3）固定电气元器件方法如下：

①定位。将电气元器件摆放在确定好的位置后，用尖锥在安装孔中心做好记号。元器件应排列整齐，以保证连接导线做得横平竖直、整齐美观，同时尽量减少弯折。

②打孔。用手钻在做好的记号处打孔，孔径应略大于固定螺钉的直径。

③固定。板上所有的安装孔均打好后，用螺钉将电气元器件固定在安装底板上。固定元器件时，应注意在螺钉上加装平垫圈和弹簧垫圈。紧固螺钉时将弹簧垫圈压平即可，不要过分用力。防止用力过大将元器件的塑料底板压裂造成损坏。若用不锈钢万能网孔板，则无须打孔，用螺钉将电气元器件固定在安装底板上即可。

（3）照图接线　接线时，必须按照接线图规定的走线方位进行。一般从电源端起按线号顺序接，先接主电路，然后接辅助电路。

接线前应做好准备工作：按主电路、辅助电路的电流容量选好规定截面积的导线；准备适当的线号管；使用多股线时应准备烫锡工具或压接钳。

接线应按以下的步骤进行：

1）选择适当截面积的导线，按接线图规定的方位，在固定好的电气元器件之间测量所需要的长度，截取适当长短的导线，剥去两端绝缘外皮。为保证导线与端子接触良好，要用电工刀将芯线表面的氧化物刮掉；使用多股芯线时要将线头绞紧，必要时应烫锡处理。

2）走线时应尽量避免导线交叉。先将导线校直，把同一走向的导线汇成一束，依次弯向所需的方向。走线应做到横平竖直、拐直角弯。做线时要将拐角做成90°的“慢弯”，导线的弯曲半径为导线直径的3～4倍，不要将导线做成“死弯”，以免损坏绝缘层和损伤线芯。做好的导线束用铝线卡（钢精轧头）垫上绝缘物卡好。

3）将成形好的导线套上写好的线号管，根据接线端子的情况，将芯线煨成圆环或直接压进接线端子。

4）接线端子应紧固好，必要时加装弹簧垫圈紧固，防止电器动作时因振动而松脱。

接线过程中注意对照图样核对，防止错接。必要时用试灯、蜂鸣器或万用表校线。同一接线端子内压接两根以上导线时，可以只套一只线号管；导线截面积不同时，应将截面积大的放在下层，截面积小的放在上层。所使用的线号要用不易褪色的墨水（可用环己酮与龙胆紫调合），用印刷体工整地书写，防止检查线路时误读。

（4）检查电路和试车　制作好的控制电路必须经过认真的检查后才能通电试车，以防止错接、漏接及电器故障引起电路动作不正常，甚至造成短路事故。检查线路应按以下步骤进行。

核对接线：对照原理图、接线图，从电源端开始逐段核对端子接线的线号，排除漏接、错接现象。重点检查辅助电路中易错接处的线号，还应核对同一根导线的两端是否错号。

检查端子接线是否牢固：检查所有端子上接线的接触情况，用手一一摇动、拉拔端子上的接线，不允许有松脱现象，避免通电试车时因虚接造成麻烦，将故障排除在通电之前。

万用表导通法检查：这是在控制电路不通电时，用手动来模拟电器的操作动作，用万用表测量线路通断情况的检查方法。应根据电路控制动作来确定检查步骤和内容；根据原理图和接线图选择测量点。先断开辅助电路，以便检查主电路的情况，然后再断开主电路，以便检查辅助电路的情况。主要检查下述内容。

1）主电路不带负载（电动机）时相间绝缘情况；接触器主触头接触的可靠性；控制电路及热继电器热元件是否良好、动作是否正常等。

2）辅助电路的各个控制环节及自保、联锁装置的动作情况及可靠性；与设备的运动部件联动的元器件动作的正确性和可靠性；保护电器动作的准确性等情况。

2.1.4 三相异步电动机Y-△减压起动控制电路装调

1. 任务目的

1）掌握Y-△减压起动控制电路的工作原理。

2）掌握Y-△减压起动控制电路的安装和调试（软线配线）。

3）培养学生规范操作、科学严谨的工作态度和工匠精神。

2. 任务内容

有一台三相交流异步电动机（JO2－32－4，3kW），额定电压为380V，额定电流为6.47A，△联结，额定转速为1430r/min，现需要对它进行Y-△减压起动控制，并安装与调试，如图2-1所示。

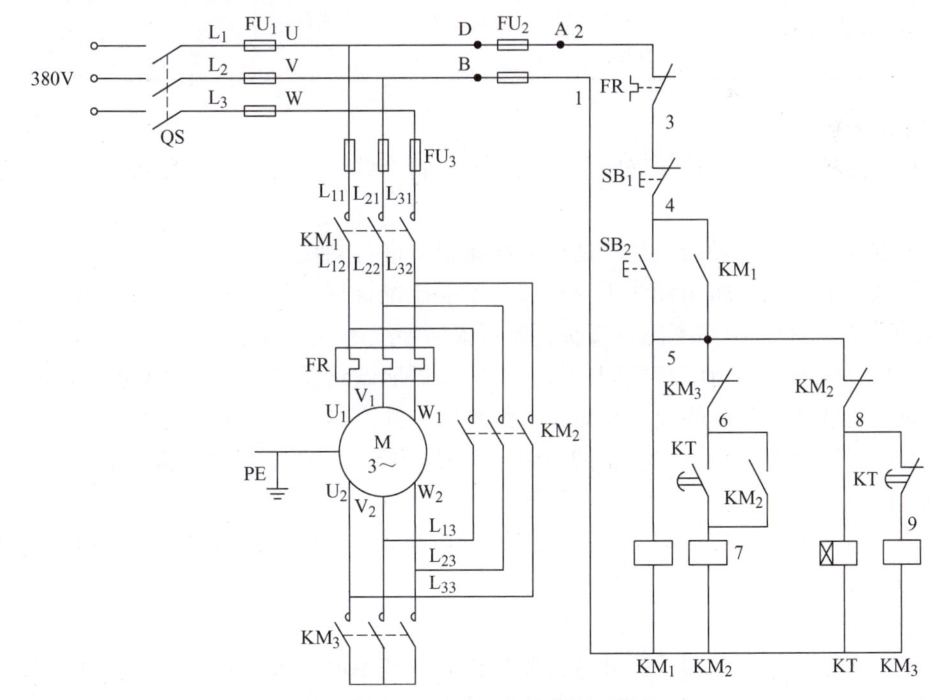

图2-1 Y-△减压起动控制电路

3. 工具、仪表、材料和电气元器件

1）工具：测电笔、螺钉旋具、尖嘴钳、斜口钳、剥线钳、电工刀等。

2）仪表：MF47 型万用表、5050 型绝缘电阻表、T301 - A 型钳形电流表。

3）器材：控制板 1 块（500mm × 600mm × 20mm）。行线槽：18mm × 25mm 导线规格。主电路采用 BV2. 5mm^2（黑线）塑铜线，控制电路采用 BVR1mm^{2}塑铜线（红色），按钮控制电路采用 BVR0. 5mm^{2}塑铜线（红色），接地线采用 BVR1mm^{2}塑铜线 R（黄绿双色）。编码套管、螺钉、冷压端子、平垫圈型号和数量按需要而定。

4）元器件明细表见表 2-3。

表 2-3 Y-△减压起动控制电路元器件明细表

序号	名称	型号与规格	单位	数量	备注
1	三相电动机	JO2 - 32 - 4，3kW，额定电压为 380V，额定电流为 6. 47A，△联结，额定转速为 1430r/min	台	1	
2	开启式负荷开关	HZ1 - 30	个	1	
3	交流接触器	CJ10 - 20，线圈电压为 380V	个	3	
4	热继电器	JR16 - 20/3，额定电流为 10 ~ 16A	个	1	
5	时间继电器	JS7 - 2A，线圈电压为 380V	个	1	
6	熔断器及熔芯配套	RL1 - 60/25	套	6	
7	熔断器及熔芯配套	RL1 - 15/2	套	2	
8	三联按钮	LA10 - 3H 或 LA4 - 3H	个	2	
9	接线端子排	JX2 - 1015，500V，10A，15 节或配套自定	条	1	

4. 板前线槽布线工艺

1）按电路图的要求，按照确定的走线方向进行布线。可先布主电路线，也可先布控制电路线。

2）截取长度合适的导线，选择适当剥线钳钳口进行剥线。

3）接线不能松动、露出铜线不能过长、不能压绝缘层，从一个接线桩到另一个接线桩的导线必须是连续的，中间不能有接头，不得损伤导线绝缘及线芯。

4）各电气元器件与行线槽之间的导线，应尽可能做到横平竖直，变换走向要垂直。

5）进入行线槽内的导线要完全置于行线槽内，并应尽可能地避免交叉。

6）装线时不要超过行线槽容量的 70%，以便于能方便地盖上线槽盖，也便于以后的装配和维修。

7）一个电气元器件接线端子上的连接导线不得多于两根，每节接线端子板上的连接导线一般只允许连接一根。

5. 操作工艺

1）配齐所用的电气元器件，并进行质量检验。其中电气元器件应完好无损，各项技术指标应符合规定的要求，否则应予以更换。

2）在控制板上安装所有的电气元器件，并贴上醒目的文字符号。安装时，组合开关、熔断器的受电端子应安装在控制板的外侧；元器件排列要整齐、匀称、间距合理，且便于元器件的更换；紧固电气元器件时用力要均匀，紧固程度要适当，做到既要使元器件安装牢固，又不使其损坏。

3）按接线图进行板前明线布线和套编码套管。做到布线横平竖直、整齐、分布均匀、紧贴安装面、走线合理；套编码套管要正确；严禁损伤线芯和导线绝缘；接点牢靠，不得松动，不得压绝缘层，不反圈及不露铜过长等。

4）根据电路图检查控制板布线的正确性。

5）安装电动机。

6）可靠地连接电动机和按钮金属外壳的保护接地线。

7）连接电源、电动机等控制板外部的导线。

8）自检，校验合格后，通电试车。通电时，必须经指导教师同意后，由指导教师接通电源，并在现场进行监护。出故障后，学生应独立进行检修。若需带电检查时，也必须有教师在现场监护。

9）通电试车完毕后，停转、切断电源。先拆除三相电源线，再拆除电动机负载线。

6. 注意事项

1）螺旋式熔断器的接线要正确，以确保用电的安全。

2）接触器联锁触头接线必须正确，否则将会造成主电路中两相电源的短路事故。

3）通电试车时，应先合上 QS，再按下 SB_2 看控制是否正常，再按下 SB_1 后观察有无制动。

4）操作应在规定的定额时间内完成，同时要做到安全操作和文明生产。

7. 评分标准

评分标准见表2-4。

表2-4　评分标准

序号	主要内容	考核要求	评分标准	配分
1	元器件安装	（1）按图样的要求，正确利用工具和仪表，熟练地安装电气元器件 （2）元器件在配电板上布置要合理，安装要准确、紧固 （3）按钮盒不固定在板上	（1）元器件布置不整齐、不匀称、不合理，每个扣4分 （2）元器件安装不牢固、安装元器件时漏装螺钉，每个扣4分 （3）损坏元器件，每个扣10分	20
2	布线	（1）要求美观、紧固、无毛刺，导线要进行线槽 （2）电源和电动机配线、按钮接线要接到端子排上，进出线槽的导线要有端子标号，引出端要用别径压端子	（1）电动机运行正常，但未按电路图接线，扣15分 （2）布线不美观，主电路、控制电路每根扣4分 （3）接点松动、接头露铜过长、反圈、压绝缘层，标记线号不清楚、遗漏或误标，每处扣4分 （4）损伤导线绝缘或线芯，每根扣5分	60

（续）

序号	主要内容	考核要求	评分标准	配分
3	通电试验	在保证人身和设备安全的前提下通电试验一次成功	（1）时间继电器及热继电器整定值错误各扣5分 （2）主、控电路配错熔体，每个扣5分 （3）1次试车不成功扣10分；2次试车不成功扣15分；3次试车不成功扣20分	20

8. 实训报告要求

1）观察实训结果，写出动作过程。

2）指出控制电路中时间继电器起何作用，该电路采用的是通电延时继电器还是断电延时继电器？

3）调节时间继电器的动作时间，观察时间继电器动作时间对电动机起动过程的影响。

4）若在实训中发生故障，画出故障现象的电气原理，并分析故障原因及排除方法。

2.1.5 电气控制电路故障排查

1. 电气控制电路的特点

电气控制电路一般由按钮、开关、继电器、接触器、指示灯及连接导线组成。它们在电路中的表现形式可以归结为两种：线圈和触头。对于线圈来说有通、断、短三种状态。通，指线圈阻值为正常值，将其接上额定电压就能够吸合或动作；断，指线圈阻值为∞，表明其已经损坏，不能再使用；短，指线圈阻值小于正常值，但不为零，说明线圈内部匝间短路，若将其接上额定电压，则不能产生足够的电磁力，接触器将不能正常吸合，从而使触头接触不上或接触不良，也应该更换。对于触头来说，有通、断、接触不良三种状态，第一种为正常状态，后两种为非正常状态。

2. 电气控制电路检查的基本步骤及方法

电气设备故障的类型大致可分为两大类：一是有明显外表特征并容易被发现的，如电动机、电器的显著发热、冒烟甚至发出焦臭味或火花等；二是没有外表特征的，此类故障常发生在控制电路中，由于元器件调整不当、机械动作失灵、触头及压接线端子接触不良或脱落，以及小零件损坏、导线断裂等原因所引起。一般依据的步骤如下：

（1）初步检查　当电路出现故障后，切忌盲目随便动手检修。在检修前，通过问、看、听、摸、闻来了解故障前后的操作情况和故障发生后出现的异常现象，寻找显而易见的故障，或根据故障现象判断出故障发生的原因及部位，进而准确地排除故障。

（2）缩小故障范围　经过初步检查后，根据电路图，采用逻辑分析法，先主电路后控制电路，逐步缩小故障范围，提高维修的针对性，就可以收到准而快的效果。

（3）测量法确定故障点　测量法是维修工作中用来准确确定故障点的一种行之有效的检查方法。常用的测试工具和仪表有万用表、钳形电流表、绝缘电阻表、试电笔、示波器等，测试的方法有电压法（电位法）、电流法、电阻法、跨接线法（短接法）、元器件替代法等。主要通过对电路进行带电或断电时的有关参数如电压、电阻、电流等的测量，来判断元器件的好坏、设备的绝缘情况以及线路的通断情况，查找出故障。这里主要介绍电阻法和电压法。

1）电阻法。电阻法就是在电路切断电源后，用仪表（主要是万用表欧姆档）测量两点之间的电阻值，通过对电阻值的对比，进行电路故障检测的一种方法。在继电器-接触器控制系统中，主要是对电路中的线圈、触头进行测量，以判断其好坏。利用电阻法对线路中的断线、触头虚接、导线虚焊等故障进行检查，可以找到故障点。

采用电阻法查找故障的优点是安全，缺点是测量电阻值不准确时易产生误判断，快速性和准确性低于电压法。因此，电阻法检修电路时应注意：检查故障时必须断开电源；如被测电路与其他电路并联时，应将该电路与其他并联电路断开，否则会产生误判断；测量高电阻值的元器件时，万用表的选择开关应旋至合适的电阻档。

电阻法分为两种：电阻分阶测量法和电阻分段测量法。

① 电阻分阶测量法。若按下 SB_2，KM_1 不吸合，FU_2 完好，可采用电阻法排查故障。图 2-2 所示为电阻分阶测量法示意图，图 2-3 所示为电阻分阶测量流程图。

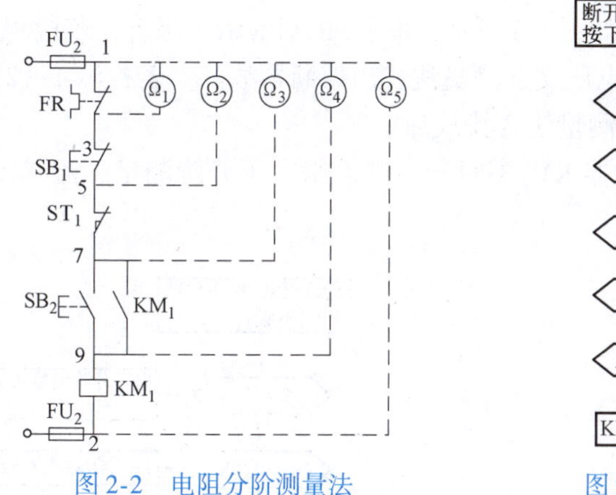

图 2-2　电阻分阶测量法

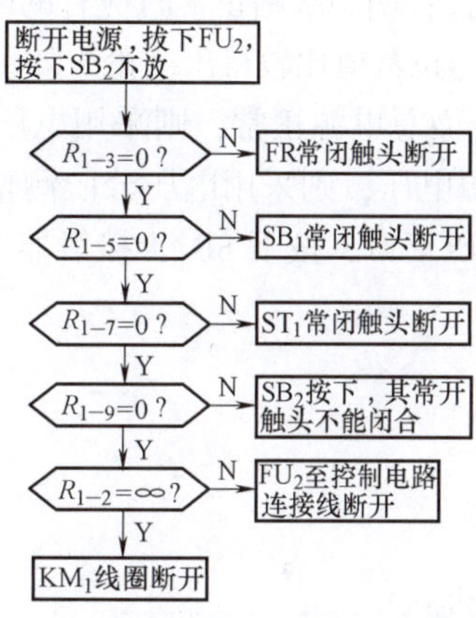

图 2-3　电阻分阶测量流程图

② 电阻分段测量法。电阻分段测量法如图 2-4 所示，测量检查时先切断电源，再用合适的欧姆档逐段测量相邻点之间的电阻，查找故障流程如图 2-5 所示。

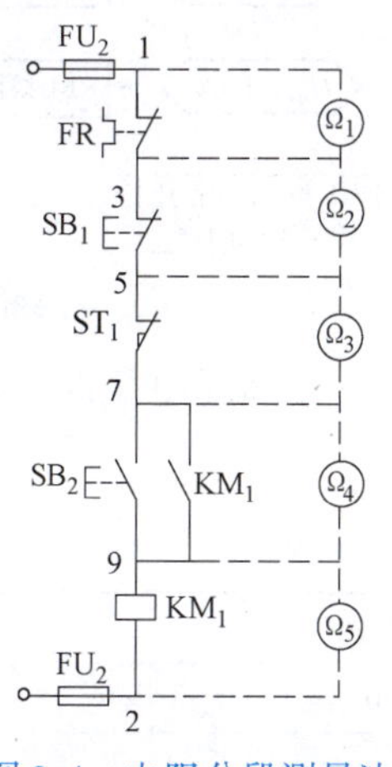

图 2-4　电阻分段测量法

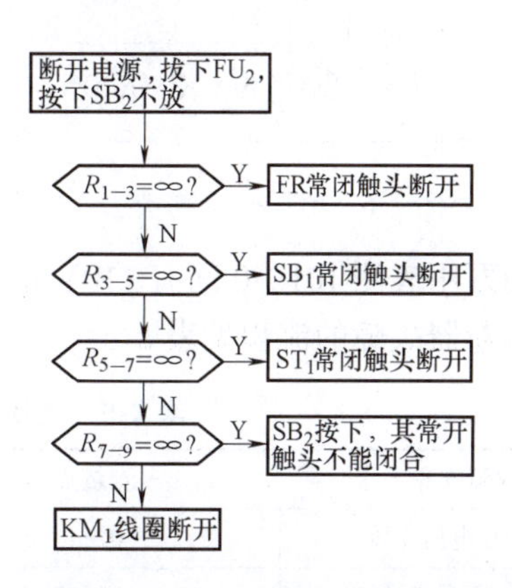

图 2-5　电阻分段测量流程图

2）电压法。电压法就是在通电状态下，用万用表电压档测量电路中各节点之间的电压值，与电路正常工作时应具有的电压值进行比较，以此来判断故障点及故障元器件的所在处。该方法不需拆卸元器件及导线，同时电路处在实际使用条件下，提高了故障识别的准确性，是故障检测采用最多的方法。

① 试电笔。低压试电笔是检验导线和电气设备是否带电的一种常用检测工具，但只适用于检测对地电位高于氖管启辉电压（60～80V）的场所，只能定性检测，不能定量检测。当电路接有控制和照明变压器时，用试电笔无法判断电源是否断相；氖管的启辉发光消耗的功率极低，由绝缘电阻和分布电容引起的电流也能启辉，容易造成误判。因此，初学者最好只将其作为验电工具。

②示波器。示波器用于测量峰值电压和微弱信号电压。在电气设备故障检查中，主要用于电子线路部分检测。

③万用表电压测量法。使用万用表测量电压，测量范围很大，交直流电压均能测量，是使用最多的一种测量工具。检测前应熟悉预计有故障的线路及各点的编号，清楚线路的走向和元器件位置；明确线路正常时应有的电压值；将万用表的转换开关拨至合适的电压倍率档，并将测量值与正常值比较得出结论。如图2-6所示，按下SB_2后KM_1不吸合，若检测1－2间无110V电压，而总电源正常，则采用电压交叉测量法找出熔断器故障。若检测1－2间有正常的110V电源电压，则采用电压分阶测量法查找故障。

电源电压正常，按下SB_2，接触器KM_1不吸合，则采用电压分阶测量，流程图如图2-7所示。

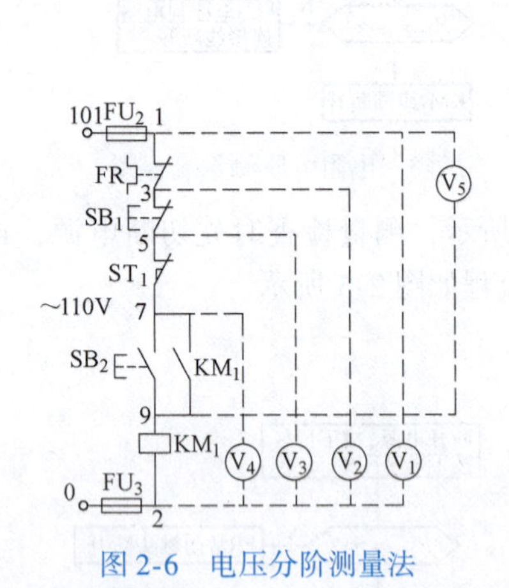

图2-6 电压分阶测量法

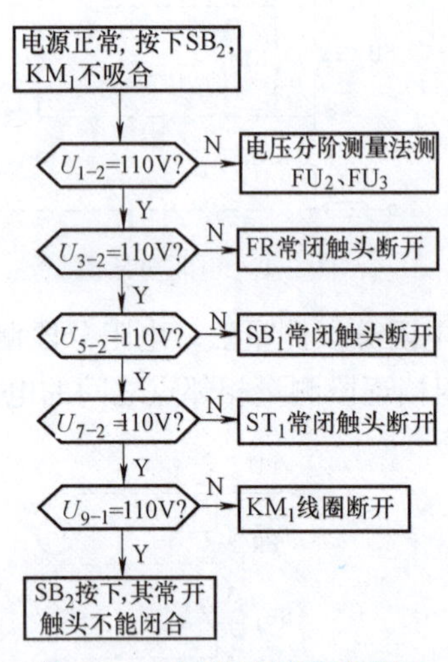

图2-7 电压分阶测量流程图

当用万用表测101－0间有110V正常电源电压，但1－2间无电压时，用电压交叉测量法查找熔断器故障的流程见表2-5。

表2-5 电压交叉测量法查找熔断器故障

故障现象	测量点	电压值/V	故障点
101－0电压正常	0－1	0	FU_2熔丝断
1－2间无电压	101－2	0	FU_3熔丝断

3. 处理电气故障实例

现以三相异步电动机减压起动控制电路（见图2-1）为例，说明故障处理的方法。

（1）故障例1

1）故障现象：合上三相刀开关，按下起动按钮SB_2，电动机不转。

2）原理分析（倒推）：电动机不转→

KM_1主触头未闭合→KM_1→KM_1线圈未吸合→应集中检查KM_1线圈得电与否

KM_3主触头未闭合→KM_3→KM_3线圈未吸合→应集中检查KM_3线圈得电与否

3）具体测量如下：

电阻法：在电源断开的情况下，用万用表欧姆档进行测量。

局部测量法：即对触头和线圈逐个逐段进行测量，从而判断故障部位。

整体测量法：以D点为参考，一支表笔固定在D点，另一支表笔测B点，以通断状态判断FU_2的好坏；再依次测各接线点（注意按下SB_2），对各段各点接通情况进行判断。

电压法：在通电情况下，用万用表电压档测量，将一支表笔固定在某个点，另一支表笔测其他各点对该点的电位。

一般情况电压法与电阻法要灵活应用，但要注意电压法是在通电情况下进行的测量，绝不可用电阻档去测量，否则，万用表将被烧坏。

（2）故障例2

1）故障现象：合上电源，电动机一直低速运转。

2）原理分析：时间继电器没有动作→延时断开常闭触头没有断开→常开触头没有闭合→检查时间继电器线圈是否有电。

总的来说，查找电气故障，首先要原理清楚，操作熟练；其次要思路清晰，措施得当。要在较强的理论指导下进行工作，只有这样，才能触类旁通，培养起真正扎实的排查故障的能力。

2.2 三层电梯的PLC控制系统

2.2.1 实训目的

1. 熟悉电梯的工作原理。

2. 掌握多输入量、多输出量、逻辑关系较复杂的PLC程序编写方法。

3. 掌握TIA博途软件输入、检查、修改程序和运行监控PLC等操作方法。

4. 培养学生规范操作、科学严谨的工作态度和工匠精神。

2.2.2 实训装置

图2-8是三层电梯实训面板图。

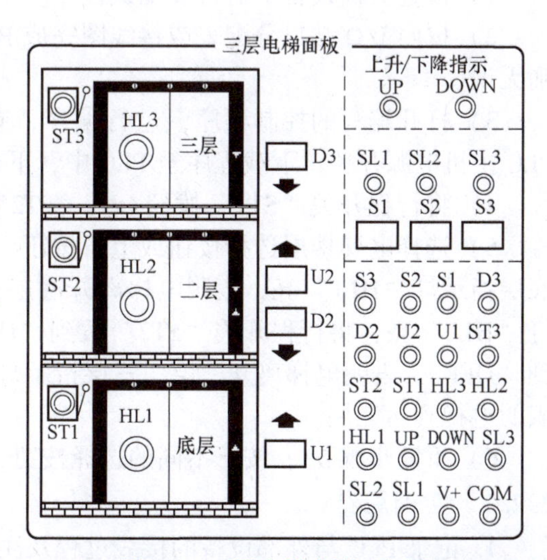

图2-8 三层电梯实训面板图

2.2.3 控制要求

1）总体控制要求：电梯由安装在各楼层电梯口的上升下降呼叫按钮（U1、U2、D2、D3）、电梯轿厢内楼层选择按钮（S1、S2、S3）、上升下降指示（UP、DOWN）、各楼层到位行程开关（ST1、ST2、ST3）组成。电梯自动执行呼叫。

2）电梯在上升的过程中只响应向上的呼叫，在下降的过程中只响应向下的呼叫，电梯向上或向下的呼叫执行完成后再执行反向呼叫。

3）电梯等待呼叫时，同时有不同呼叫时，谁先呼叫执行谁。

4）具有呼叫记忆、内选呼叫指示功能。

5）具有楼层显示、到站声音提示功能。

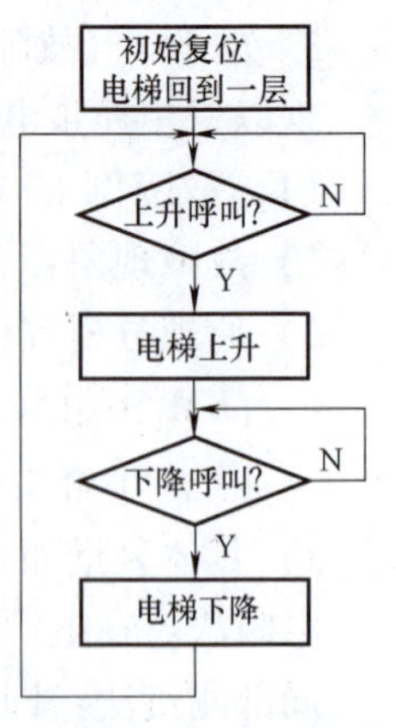

图 2-9　程序流程图

2.2.4　程序流程图

程序流程图如图 2-9 所示。

2.2.5　I/O 分配

I/O 分配及功能表见表 2-6。

表 2-6　三层电梯 I/O 分配及功能表

PLC 地址（PLC 端子）	电气符号（面板端子）	功能说明	PLC 地址（PLC 端子）	电气符号（面板端子）	功能说明
I0.0	S3	三层内选按钮	Q0.0	HL3	三层指示
I0.1	S2	二层内选按钮	Q0.1	HL2	二层指示
I0.2	S1	一层内选按钮	Q0.2	HL1	一层指示
I0.3	D3	三层下呼按钮	Q0.3	DOWN	轿厢下降
I0.4	D2	二层下呼按钮	Q0.4	UP	轿厢上升
I0.5	U2	二层上呼按钮	Q0.5	SL3	三层内选指示
I0.6	U1	一层上呼按钮	Q0.6	SL2	二层内选指示
I0.7	ST3	三层行程开关	Q0.7	SL1	一层内选指示
I1.0	ST2	二层行程开关	Q1.0	蜂鸣器	到站声
I1.1	ST1	一层行程开关			

2.2.6　操作步骤

1）检查实训设备中器材及调试程序。

2）按照 I/O 端口分配表或接线图完成 PLC 与实训模块之间的接线，认真检查，确保正确无误。

3）打开编写的控制程序，进行编译，有错误时根据提示信息修改，直至无误，打开 PLC 主机电源开关，下载程序至 PLC 中，下载完毕后将 PLC 设为“RUN”状态。

4）将行程开关“ST1”拨到 ON，“ST2”与“ST3”拨到 OFF，表示电梯停在底层。

5）选择电梯楼层选择按钮或上下按钮。例如：按下“D3”电梯方向指示灯“UP”亮，底层指示灯“HL1”亮，表明电梯离开底层。将行程开关“ST1”拨到“OFF”，二层指示灯“HL2”亮，将行程开关“ST2”拨到“ON”表明电梯到达二层。将行程开关“ST2”拨到“OFF”，表明电梯离开二层。三层指示灯“HL3”亮，将行程开关“ST3”拨到“ON”，表明电梯到达三层。

6）重复步骤 5），按下不同的选择按钮，观察电梯的运行过程。

2.2.7　实训总结

1. 记录 PLC 与外部设备的接线过程及注意事项。
2. 总结电梯控制程序的主要控制逻辑及实现方法和指令。